U0268837

小流域坝系工程建设可行性研究报告编制实务

汪习军　王英顺　主编

黄河水利出版社
·郑州·

内 容 提 要

在黄土高原多沙粗沙区小流域开展大规模的淤地坝建设，是防治水土流失、发展当地农业生产、改善生态环境、减少入黄泥沙、确保黄河长治久安的重大举措。本书根据主管部门颁发的《小流域坝系工程建设可行性研究报告编制暂行规定》（以下简称《规定》）和编制、审查研究报告的实践经验，对现行《规定》的内容要求和技术要点逐条进行了论述，并结合实际编制案例，对报告编写方法、内容和易出现的问题进行了评析，对进一步规范小流域坝系工程建设可行性研究报告编制具有实用、借鉴价值。可供从事水土保持工程规划设计人员阅读参考，也可作为大专院校相关专业师生的参考书。

图书在版编目（CIP）数据

小流域坝系工程建设可行性研究报告编制实务/汪习军，王英顺主编. —郑州：黄河水利出版社，2010.5

ISBN 978-7-80734-810-8

Ⅰ.①小… Ⅱ.①汪… ②王… Ⅲ.①小流域—坝地—建设—可行性研究—研究报告—编制 Ⅳ.①S157.3

中国版本图书馆 CIP 数据核字（2010）第 080382 号

出 版 社：黄河水利出版社

地址：河南省郑州市顺河路黄委会综合楼14层　　邮政编码：450003

发行单位：黄河水利出版社

发行部电话：0371-66026940、66020550、66028024、66022620（传真）

E-mail：hhslcbs@126.com

承印单位：河南省瑞光印务股份有限公司

开本：787 mm×1 092 mm　1/16

印张：25.25

字数：453 千字　　印数：1—1 100

版次：2010 年 5 月第 1 版　　印次：2010 年 5 月第 1 次印刷

定价：59.00 元

《小流域坝系工程建设可行性研究报告编制实务》编写人员

主　　编：汪习军　王英顺

副 主 编：田安民　段菊卿　刘烜娥

编写人员：汪习军　王英顺　田安民

段菊卿　刘烜娥　张金柱

闵惠娟　雷　毓　王　楠

前　言

黄土高原是我国水土流失最严重、生态环境最脆弱的地区。严重的水土流失，使该区农业生产条件恶劣，农民生活贫困，区域经济发展相对滞后；同时，造成黄河泥沙问题严重，给黄河防洪安全带来严重的危害。加快黄土高原地区水土流失治理步伐，已成为一项紧迫而重大的战略任务。

淤地坝是一项源于生产实践、服务于生产实践的重要的沟道治理措施，大规模开展淤地坝建设，发挥拦泥、蓄水、缓洪、淤地等综合功能，建设高产稳产基本农田，对促进当地农业增产、农民增收，有效减少入黄泥沙，促进土地利用方式和农村产业结构调整，推动和保障水土流失综合治理，具有重要作用。

为了规范和加强小流域坝系工程建设可行性研究报告的编制工作，黄河水利委员会（以下简称黄委）颁发了《小流域坝系工程建设可行性研究报告编制暂行规定》（以下简称《规定》），成为小流域坝系工程建设可行性研究报告编制的重要技术文件和各级主管部门对小流域坝系工程建设可行性研究报告进行技术审查的重要依据。为了便于在工作中正确理解和准确把握其相关内容，作者根据从事淤地坝工程建设管理的实践经验，编写了《小流域坝系工程建设可行性研究报告编制实务》，以期对加强淤地坝建设与管理有所裨益。

本书的章节设置与《规定》基本一致，共分十二章。除第五章“总体布局与规模”个别节有调整外，其余各章都设置了与《规定》对应的节次，并按节分别设置了《规定》要求、技术要点、案例剖析、应注意的问题等四部分内容。提出了编写可行性研究报告应把握的主要技术和工作要点；引用近年来小流域坝系工程建设可行性研究报告编制的实例，对报告的编写内容进行评析，以期得到取长补短之效果；强调并分析了小流域坝系工程建设可行性研究报告编制实践中容易出现的问题,希望在今后的小流域坝系工程建设可行性研究报告的编制中得到纠正。

小流域坝系工程建设可行性研究报告的编制还有不少问题有待进一步研究,由于成书时间较短,错漏之处在所难免,敬请读者批评指正。

编　者

2009 年 10 月

目　录

前　言

第一章　综合说明 …………………………………………………… (1)

第二章　基本情况 …………………………………………………… (6)

　第一节　自然概况 ………………………………………………… (6)

　第二节　社会经济状况 …………………………………………… (29)

　第三节　水土流失概况 …………………………………………… (34)

第三章　淤地坝工程现状与分析 …………………………………… (45)

　第一节　水土保持生态建设现状 ………………………………… (45)

　第二节　淤地坝建设现状分析 …………………………………… (51)

　第三节　淤地坝现状评价 ………………………………………… (60)

第四章　坝系建设目标 ……………………………………………… (66)

　第一节　指导思想 ………………………………………………… (66)

　第二节　编制依据 ………………………………………………… (72)

　第三节　建设原则 ………………………………………………… (74)

　第四节　建设目标 ………………………………………………… (78)

第五章　总体布局与规模 …………………………………………… (89)

　第一节　坝系工程总体布局原则与思路 ………………………… (89)

　第二节　坝系单元划分 …………………………………………… (103)

　第三节　坝系单元内中小型淤地坝配置 ………………………… (120)

　第四节　坝系单元以外工程数量确定 …………………………… (144)

　第五节　坝系总体布局与规模确定 ……………………………… (148)

　第六节　比选方案 ………………………………………………… (165)

　第七节　方案对比分析 …………………………………………… (171)

　第八节　方案推荐 ………………………………………………… (184)

　第九节　土地利用结构分析 ……………………………………… (189)

第六章　坝系工程设计 ……………………………………………… (192)

　第一节　设计标准 ………………………………………………… (192)

　第二节　骨干坝设计 ……………………………………………… (197)

第三节　典型中小型淤地坝设计 ……………………………………………(243)
第七章　监测设施建设 ……………………………………………………(253)
第一节　监测内容 ……………………………………………………………(253)
第二节　监测站点布设原则 …………………………………………………(257)
第三节　监测站点建设 ………………………………………………………(260)
第四节　监测实施方案 ………………………………………………………(262)
第八章　施工组织设计 ……………………………………………………(267)
第一节　建设时序分析 ………………………………………………………(267)
第二节　工程建设进度 ………………………………………………………(275)
第三节　施工条件 ……………………………………………………………(278)
第四节　施工方法 ……………………………………………………………(281)
第九章　工程建设与运行管理 ……………………………………………(296)
第一节　建设管理 ……………………………………………………………(296)
第二节　运行管理 ……………………………………………………………(309)
第十章　投资估算 …………………………………………………………(321)
第一节　工程概况 ……………………………………………………………(321)
第二节　编制依据 ……………………………………………………………(324)
第三节　编制方法 ……………………………………………………………(325)
第四节　工程总投资 …………………………………………………………(340)
第五节　资金筹措 ……………………………………………………………(343)
第六节　年度投资 ……………………………………………………………(345)
第十一章　效益分析与经济评价 …………………………………………(347)
第一节　效益分析 ……………………………………………………………(347)
第二节　经济评价 ……………………………………………………………(358)
第十二章　结　论 …………………………………………………………(367)
第一节　综合评价 ……………………………………………………………(367)
第二节　可研结论 ……………………………………………………………(369)
附　录 ………………………………………………………………………(372)
小流域坝系工程建设可行性研究报告编制暂行规定 ………………………(372)
参考文献 ……………………………………………………………………(396)

第一章 综合说明

综合说明是小流域坝系工程建设可行性研究报告的概要，应根据《小流域坝系工程建设可行性研究报告编制暂行规定》（以下简称《规定》）要求，按层次、分段落把可行性研究报告中的主要内容进行提炼和简述，以便使审阅者在最短的时间内对拟建的小流域坝系有概括性和整体性的宏观了解。

一、《规定》要求

简述小流域的地理位置、所在支流（段）、行政隶属、流域面积、所属侵蚀类型区及侵蚀量等。

简述自然条件、社会经济状况、土地利用（人均土地、耕地等）。

简述小流域治理现状（主要是沟道治理现状）和存在的主要问题。

简述建设目标、任务。

简述总体布局及规模。

简述土地利用规划❶。

简述工程建设期的总投资与资金筹措，以及进度安排。

简述运行期管理方式。

简述坝系工程建设项目的综合效益。

附小流域位置示意图和小流域坝系工程特性表（表式参见《规定》）。

二、技术要点

综合说明是在总结提炼可行性研究（以下简称可研）报告第二章至第十二章内容的基础上，简述小流域坝系建设的基本特征、分析论证及计算评价而确定的结论性意见，简述小流域的位置及其与已安排小流域坝系的相对位置，附小流域坝系工程特性表。

综合说明的总体要求是用简练的文字反映小流域坝系的整体性特征，因此在编写中要高度概括。首先应重点简述与坝系建设密切相关的基本情况与指

---

❶土地利用规划内容为《小流域坝系工程可行性研究报告编制暂行规定》颁发后，在可行性研究报告编制与评审过程中，经主管部门同意增加的内容，近年来各地在可行性研究报告编制过程中均作为一节。

标;然后重点简述各对应章节分析论证的结论性意见;工程特性表应按要求填写,小流域位置图应反映安排小流域坝系在省(区)、县内的位置及与已安排小流域坝系的相对位置。

三、案例剖析

徐川小流域坝系工程可行性研究报告❶的“综合说明”及其评析。

(一)案例

徐川小流域位于甘肃省通渭县西南部,流域中心距离县城 10 km,系黄河流域渭河水系散渡河的一级支流(徐川小流域地理位置图略),属黄土丘陵沟壑区第三副区。小流域总面积 63.62 km^2,水土流失面积 63.62 km^2。流域内地形破碎,沟壑纵横,共有大小支、毛沟 171 条,沟壑密度 2.69 km/km^2。主沟道由徐川河、杜家河和孛家河三条支流汇聚而成,全长 13.5 km,平均比降 2.82%,沟道断面呈 U 形。流域内多年平均降水量 441.7 mm,多年平均侵蚀模数 8 100 $t/(km^2 \cdot a)$,多年平均输沙量 51.83 万 t。

流域内土壤组成主要有黑麻土、黄绵土、红黏土和山地麻土,其中以黑麻土分布最为普遍。全流域覆盖平襄镇的双堡、马岔、斜洼、孟河、亢川、张庄、兴隆、卢董等 8 个行政村,总人口 9 372 人,其中农业劳动力 3 749 人,人口密度 147 人/km^2。流域人均土地 0.68 hm^2,人均耕地 0.38 hm^2,人均基本农田为 0.21 hm^2,年人均纯收入 1 287 元。农业生产以种植业为主,基础设施条件较差,经济结构单一,生产力水平低于当地平均水平。

截至 2005 年底,流域已初步治理水土流失面积 2 957.40 hm^2,占水土流失面积的 46.5%。建成小型拦蓄工程 184 处。

根据徐川小流域沟道特征及水土流失特点,针对目前流域沟道现状工程数量少,对流域洪水泥沙不能有效控制的实际,在流域坝系工程布局上,以充分考虑防洪安全并最大限度地控制水沙为指导思想,通过现场查勘和坝系布局设计,经过方案比选,确定该小流域坝系工程建设规模为:新建淤地坝工程 24 座,其中骨干坝 14 座,中型淤地坝 7 座,小型淤地坝 3 座。总控制流域面积 58.79 km^2,占流域总面积的 92.41%。工程总库容 1 341.22 万 m^3,其中拦泥库容784.86万 m^3,滞洪库容 556.36 万 m^3,可淤地面积达到 105.00 hm^2。

坝系工程总投资 2 789.84 万元,其中中央投资 1 714.71 万元,占 61.46%,地方配套1 075.13万元,占 38.54%。总投资中骨干坝投资 2 192.69 万元,占

❶《徐川小流域坝系工程可行性研究报告》由定西龙腾水利水保工程规划设计院和安定区关川河流域综合治理指挥部编制,编制时间为 2006 年 8 月。

78.60%；中型坝投资 551.60 万元，占 19.77%；小型坝投资 45.55 万元，占 1.63%。单坝平均投资：新建骨干坝 156.62 万元，新建中型淤地坝 78.80 万元，新建小型淤地坝 15.18 万元。中央与地方（含群众）投资比例为：骨干坝 65∶35，中型坝 50∶50，小型坝 30∶70。资金筹措方案见表 1－1。

表 1－1　徐川小流域坝系建设资金筹措情况

项目名称	总投资（万元）	中央投资（万元）	中央投资占比（%）	地方匹配（万元）
骨干坝	2 192.69	1 425.25	65	767.44
中型坝	551.60	275.80	50	275.80
小型坝	45.55	13.66	30	31.89
合计	2 789.84	1 714.71	61.46	1 075.13

根据坝系工程建设规模及工程投资情况，并结合当地工程队施工能力及流域内现有劳动力情况，确定坝系工程建设期为 4 年，从 2007 开始，至 2010 年结束。分年度实施进度安排及分年度投资计划见表 1－2。

表 1－2　徐川小流域坝系工程分年度实施安排

坝系工程	第一年		第二年		第三年		第四年		小计	
	座数	投资（万元）	座数	投资（万元）	座数	投资（万元）	座数	投资（万元）	座数	投资（万元）
骨干坝	4	797.86	4	458.41	3	446.98	3	489.44	14	2 192.69
中型坝	2	157.30	1	93.71	2	138.24	2	162.35	7	551.60
小型坝	1	25.74	1	12.85	1	6.96			3	45.55
合　计	7	980.90	6	564.97	6	592.18	5	651.79	24	2 789.84

经计算，在设计年限内，坝系工程年均保土 47.62 万 t，保土效益达到 92.41%；骨干坝总蓄水量可达 4 167.32 万 m^3，年蓄水量 195.77 万 m^3，30 年经济计算期，项目总经济效益 6 760.76 万元，净现值 282.33 万元，效益费用比 1.19，内部回收率 8.19%，投资回收年限为 13.72 年。项目建设具有较高的经济效益，各项经济指标均符合经济可行要求。

通过本项目建设，不仅能形成徐川小流域坝系较高的综合运用水平，提高坝系防洪保收能力，消除县城河堤的潜在威胁，有效防治水土流失，减少输入渭河的泥沙。坝地的大幅度增加，也可促使徐川小流域 630 hm^2 坡耕地退耕还林还草，为农村产业结构调整、带动当地农业经济可持续发展、提高群众生活水平、加快生态环境建设，创造良好条件。徐川小流域坝系工程特性见表1－3。

表1－3　徐川小流域坝系工程特性

小流域名称			徐川小流域	
建设地点			甘肃省通渭县	
建设期			2007～2010年	
项目			单位	数量
流域概况		流域面积	km^2	63.62
		流域人口	人	9 372
		劳动力	个	3 749
		林草覆盖度	%	15.41
		水土流失面积	km^2	63.62
		土壤侵蚀模数	$t/(km^2\cdot a)$	8 100
		治理面积	hm^2	2 957.40
		治理程度	%	46.5
		多年平均降水量	mm	441.7
		沟道常流水流量	m^3/s	—
		多年平均径流量	万m^3	211.85
		多年平均输沙量	万t	51.83
沟道工程现状	数量	水库	座	0
		骨干坝	座	0
		小型坝	座	0
	指标	骨干坝控制面积	km^2	—
		总库容	万m^3	—
		拦泥库容	万m^3	—
		已拦泥	万m^3	—
		可淤地面积	hm^2	—
		已淤地面积	hm^2	—
设计指标	淤积年限	骨干坝 四级	年	20
		骨干坝 五级	年	20
		中型坝	年	10
		小型坝	年	5
	洪水重现期（年）	骨干坝 四级	设计/校核	30/300
		骨干坝 五级	设计/校核	20/200
		中型坝	设计/校核	20/50
		小型坝	设计/校核	10/30

项目		单位	数量 新增	数量 累计
工程规模	骨干坝	座	14	14
	淤地坝 中型坝	座	7	7
	淤地坝 小型坝	座	3	3
	骨干坝控制面积	km^2	58.79	58.79
	坝系总库容	万m^3	1 341.22	1 341.22
	坝系拦泥库容	万m^3	784.86	784.86
	设计淤地面积	hm^2	105.00	105.00
工程量	土方	万m^3	222.28	
	石方	m^3	948	
	混凝土	m^3	456.95	
	钢筋混凝土	m^3	2 354.65	
	合计	万m^3	222.66	
主要材料用量	水泥	t	841.06	
	钢材	t	50.93	
	砂子	m^3	2 126.42	
	碎石	m^3	3 101.22	
	木材	m^3	45.95	
	柴油	t	1 197.2	
用工		万工日	129.12	
投资	总投资	万元	2 789.84	
	其中 中央	万元	1 714.71	
	其中 地方	万元	1 075.13	
效益	年拦沙能力	万t	47.62	
	可灌溉面积	hm^2	—	
	年可增产粮食	t	785	
经济指标	单位库容投资	元/m^3	2.08	
	单位拦泥投资	元/m^3	3.55	
	经济净现值	万元	282.33	
	效益费用比		1.19	
	内部回收率	%	8.19	
	投资回收年限	年	13.72	

（二）案例评析

《徐川小流域坝系工程可行性研究报告》的“综合说明”，通过对可研报告的高度提炼，简短地介绍了徐川小流域的基本情况、工程布局等，尤其是根据徐川小流域沟道特征及水土流失特点，针对流域目前无沟道工程等实际问题，在流域坝系布局上充分考虑了防洪安全，同时又体现了最大限度控制水沙的指导思想，可使审阅者对可研报告的科学合理性产生较好的印象。本综合说明如果能够严格按照《规定》要求，明确提出和增加存在的主要问题、建设目标与任务、土地利用规划、坝系运行管理方式等内容，其完整性将会得到进一步提升。

另外，在已审的可研报告中，本章内容也有采用分节叙述的方式，虽然可行，但增加了该章的篇幅，不太符合以简要叙述为主要特征的综合说明的基本要求，不予提倡。

四、应注意的问题

在“综合说明”编写时要按照《规定》要求的内容，既要条理清晰、内容全面，又要突出重点，简明扼要，不重复、不漏项，尤其是基础数据的采用一定要统一，避免出现同一个概念数据前后文不一致的现象。

第二章　基本情况

小流域基本情况是规划、可行性研究工作的基础，应通过实地查勘和调查等方法，收集工程所在区域的计划、统计、农业、民政、水行政等部门各类相关基础资料。

基本情况包括自然概况、社会经济状况、水土流失概况等三部分内容。

第一节　自然概况

一、《规定》要求

（一）地理位置

主要说明小流域的地理位置、坐标、所在支流、行政区域、流域面积等。

（二）地貌地质

简述小流域的地形地貌、沟壑密度、高程、相对高差及坡度组成等地貌特点。

简述小流域地质构造、地层岩性等地质特征和有关坝系工程建设的地质条件及天然建筑材料等。

（三）土壤植被

简述地面组成物质及特征，说明土壤种类、分布、土壤厚度等。

说明植被类型、结构分布、覆盖度等。

（四）气象水文

（1）说明小流域气温、无霜期、日照、季风（包括强度）等气象特征（表格形式参见《规定》）。

（2）说明小流域降水、蒸发、暴雨时空分布等特征（表格形式参见《规定》）。

（3）说明小流域径流特性、洪水特性、输沙规律等。

根据《规定》相关表格要求内容及调查资料确定坝系工程建设所需的年径流参数、不同频率的洪水过程线、输沙模数等。

（五）沟道特征分析

（1）采用 A. N. strahler 沟道分级原理（最小等级沟长≥300 m）对沟道特征

进行定量分析。量算各级沟道的流域面积、沟长、比降、沟床宽等特征值，进行分级分类统计（表格形式参见《规定》）。

（2）绘制沟道组成结构图（标明沟道分级编号）。

（3）描述沟道形状，各级沟道之间关系，左右岸分布情况。

（4）绘制各级典型沟道纵断面图，说明现状淤地坝的建设情况和淤积情况。

二、技术要点

自然概况主要从地理位置、地貌地质、土壤植被、气象水文、沟道特征分析五个方面进行描述。

（一）地理位置

小流域所处的自然地理位置，代表了小流域所在区域空间位置及宏观、微观地理特征。小流域的地理坐标反映了小流域的空间范围。在描述小流域坝系地理位置时，应分别说明小流域所处的地理坐标（经、纬度），所属行政区域及其方位，所属支流水系以及与周边重要市、县（旗）、镇的相对位置、与已建小流域坝系的相对位置、小流域面积等。

（二）地质地貌

地质条件主要说明岩性和地质构造。岩性是指岩石的基本特性，它对土壤类型、风化产物、风化过程及其抗蚀能力都有重要影响，与沟蚀的发生和发展以及崩塌、滑坡、泻溜、泥石流等侵蚀活动有着密切关系。所以，岩性是影响流域特征的所有环境因子中较稳定的因子，它提供了塑造景观的材料；地质构造是形成流域的基础，由于构造运动会引起地面上升或下降，导致侵蚀基准面发生变化，地形也随之变化；以岩石为基础的地貌，不仅为培育发展各种生物资源提供了必要的条件，而且直接或间接地影响着流域内各种措施的配置与布局。

小流域范围内的岩性调查主要包括区域内的岩石种类、性质、分布规律及岩石的透水条件。坚硬的岩石（如花岗岩、花岗片麻岩、石英岩、石灰岩、石英砂岩）一般坚固、致密、强度大，只要没有构造现象就不会漏水，宜于修建各种类型的坝。半坚硬的岩石（如页岩、胶结疏松的砂岩、泥炭岩、砂质页岩）一般适宜修建小型库坝工程，但对其软弱夹层必须认真处理，使坝基能直接置于比较完整、新鲜的岩石上。黏土和黄土层一般漏水很小或不漏水，可以筑坝。砂卵石渗漏较大，小型水库的坝址最好不要选在砂卵石层很厚的地方。砂砾石地基建坝时均需采取防渗及排渗措施。

小流域范围内的地质构造是指断层、岩层产状、节理裂隙发育程度及规律、溶洞的分布范围及规律等。断层是兴建水工建筑物的不利地质因素，地质调查时必须将坝内、坝址附近的断层构造调查清楚。岩石的节理裂隙发育程度与坝库的渗漏和水工建筑物的稳固有密切关系，一般节理发育、岩石破碎强烈的地段，往往是漏水的主要通道，而大量的渗漏又会改变基础地质条件，引起后患。对表面坚固而易溶于水成为溶洞的石灰岩、大理岩，要调查清楚溶洞的发育范围及其规律，并做好处理，以免漏水。

地貌是小流域的微观特征，它包括地面坡度、坡长、坡形、相对高差以及沟壑密度等。一般情况下，地面坡度愈大、坡长越长、坡形越陡，其径流流速愈大，土壤侵蚀愈强烈。因此，在简述小流域地质地貌时，对沟壑密度、高程、相对高差及坡度组成等地貌特征应结合万分之一地形图，采取实地调查的方法进行描述，同时对坝系工程建设的地质条件及建设的条件、天然建筑材料的资源、坝系建设潜力等也应逐一说明。

（三）土壤植被

1. 土壤

土壤主要描述土壤性状、土壤种类、土体结构及土壤的空间分布规律。

土壤物质的机械组成对建坝起着一定的作用，一般砂性土壤砂粒较粗，土壤孔隙率大，其透水性较好，适宜作水坠坝的土料，而壤质或黏质土壤透水性就较砂性土壤差，适宜作水坠坝或碾压坝土料。据西北水土保持研究所调查结果，黄土的透水性能随着砂粒含量的减少而降低（见表2－1）。

表2－1　黄土砂粒含量与渗透率关系

砂粒含量（%）（粒径0.5～0.05 mm）	前30 min平均渗透率（mm/min）	稳定渗透率（mm/min）
86.5	4.76	2.5
39.5	2.64	1.1
36.5	1.89	0.8
32.5	1.42	0.6

土壤结构越好，透水性与持水量越大。黄土高原的调查研究表明，随着土壤团粒结构的增加，土壤渗水能力也随之增大。如黑垆土的团粒含量在40%左右时的渗透能力，比松散无结构的耕层（一般含团粒小于5%）要高出2～4倍。

2. 植被

植被是影响水土流失的重要因素之一，本节植被的描述应包括植被类型、结构分布、覆盖度等。地表植被可以通过改变地表粗糙度、地表水分环境和各种动力场的时空变化来减弱水土流失动力强度，从而起到控制水土流失的作用。

编写土壤植被内容时，应对地面组成物质及特征和土壤种类、分布、土壤厚度进行勘测，调查小流域土地利用现状和植被类型、结构，测量各种植被的面积，计算植被覆盖度，对调查和现场勘查情况进行叙述，文字要简练，内容要全面。

（四）气象水文

编写气象部分内容，首先要收集气象水文资料，确定资料系列年限，资料系列年限应在25年以上，如果所在小流域没有气象水文资料或水文资料不完整时，可借用典型小流域水文资料或采用插补、延长等技术补充资料系列；其次要正确计算水文气象的各个特征值，比如：年降雨量、蒸发、暴雨时空分布等。

水文计算一般有三种方法：一是有洪水、泥沙实测资料时，应根据资料条件及工程设计要求，采取不同的方法计算设计洪水和输沙量，并通过相关资料分析论证其合理性；二是洪水、泥沙资料缺乏时，可利用同类地区或工程附近地区的径流站、水文站实测资料，或调查洪水、泥沙资料，通过综合分析确定洪水和输沙量；三是工程附近既无径流站、水文站实测资料，同类地区也没有资料时，可根据有关规范或当地水文手册计算不同设计频率洪量模数、洪峰流量模数和洪水过程线等。

1. 设计暴雨量

设计暴雨量是指设计范围内某一选定频率下的暴雨量。设计暴雨量可采用各地水文手册中给定的方法和参数进行计算。计算时，首先从水文手册中查出流域多年平均最大24小时降雨量$\overline{H}_{24}$及变差系数C_v值，再由C_v值、C_s值确定皮尔逊—Ⅲ曲线，进而查出相应的模比系数K_P值。然后按下列公式计算设计暴雨量。

$$H_{24P} = K_P \cdot \overline{H}_{24} \tag{2-1}$$

式中：H_{24P}为频率为P的24小时暴雨量，mm；$\overline{H}_{24}$为多年平均最大24小时降雨量，mm；K_P即频率为P的皮尔逊—Ⅲ曲线模比系数。

2. 设计洪峰流量

设计洪峰流量是指设计范围内某一选定频率下的洪峰流量，通常有设计洪峰流量和校核洪峰流量，坝系规划中淤地坝一般采用校核洪峰流量。如果淤地坝设计中布设溢洪道，需根据设计洪峰流量及洪水过程来确定其尺寸。

根据《水土保持治沟骨干工程技术规范》(SL 289—2003)的规定,洪峰流量至少采用两种方法计算,并将计算结果相互校核,最终确定合理的设计洪峰流量。

1)推理公式法计算设计洪峰流量

按下列公式计算:

$$Q_m = 0.278 \times \frac{h}{\tau} F \tag{2-2}$$

$$\tau = 0.278 \times \frac{L}{mJ^{1/3} Q_m^{1/4}} \tag{2-3}$$

式中:Q_m 为设计洪峰流量,m^3/s;h 为净雨深,mm,在全面汇流时,代表相应于 τ 时段的最大净雨深,在部分汇流时,代表单一洪峰对应的面平均净雨深;F 为流域面积,km^2;τ 为流域汇流历时,h;L 为沿沟道从出口断面至分水岭的最长距离,km;m 为汇流参数(见表 2-2);J 为沿流程 L 的平均比降(以小数计)。

表 2-2　不同下垫面条件的 m 值

类型	雨洪特性,沟道特性、土壤植被的简单描述	推理公式洪水汇流参数 m 值		
		$\theta=1\sim10$	$\theta=10\sim30$	$\theta=30\sim90$
Ⅰ	植被条件差,以荒坡、梯田或少量的稀疏林为主的黄土丘陵沟壑区,旱作物较多,沟道呈宽浅型,间隙性水流,洪水陡涨陡落	1.00~1.30	1.30~1.60	1.60~1.80
Ⅱ	植被条件一般,以稀疏林、针叶林、幼林为主的黄土丘陵沟壑区或流域内耕地较多	0.60~0.70	0.70~0.80	0.80~0.95
Ⅲ	植被条件良好,以灌木林、乔木林为主的黄土丘陵沟壑区,治理度达 40%~50%,沟床多砾石、卵石,两岸滩地杂草丛生,大洪水多为尖瘦型,中小洪水多为矮胖型	0.30~0.40	0.40~0.50	0.50~0.60

注:此表可作为在无资料条件下确定 m 值的参考,表中 $\theta = L/J^{1/3}$,L、J 定义同上。

2)洪水调查法计算设计洪峰流量

若流域内有历史大洪水调查资料时,可利用本流域或借用邻近流域的最大流量变差系数 C_v 值及偏差系数 C_s,进行设计洪峰流量的计算。

(1)测定洪峰流量。根据洪痕高程、过水断面、沟道比降,按下列公式计算:

$$Q = \omega C \sqrt{Ri} \tag{2-4}$$

$$C = \frac{1}{n} R^{1/6} \tag{2-5}$$

式中:Q 为明渠均匀流公式计算的洪峰流量,m^3/s;ω 为沟道横断面过水面积,m^2;C 为谢才系数;R 为沟道横断面水力半径,为过水断面面积与湿周的比值,m;i 为水力比降,为上下断面洪痕点的高差与两断面间沿沟道间距的比值;n 为糙率,可根据沟道特征选用。

(2)调查洪水经验频率。按下列公式计算:

$$P = \frac{m}{n+1} \times 100\% \tag{2-6}$$

式中:P 为调查洪水经验频率,%;m 为在已调查的几次洪水系列中由大到小的顺序位;n 为调查年与洪水发生年的年份之差,a。

(3)调查洪水的重现期。调查洪水的重现期与经验频率有以下关系:

$$N = 1/P \tag{2-7}$$

式中:N 为调查洪水重现期,a;P 为调查洪水经验频率,%。

(4)设计洪峰流量计算。有一个洪水调查值时,设计洪峰流量按下列公式计算:

$$\left.\begin{aligned} \overline{Q} &= \frac{Q'_P}{K'_P} \\ Q_P &= K_P \overline{Q} \end{aligned}\right\} \tag{2-8}$$

式中:$\overline{Q}$ 为最大流量系列的均值,m^3/s;Q'_P为已知重现期的洪峰流量调查值,m^3/s;K'_P为相应于调查洪水频率 P'的模比系数;Q_P 为频率为 P 的设计洪峰流量,m^3/s;K_P 为频率为 P 的模比系数,由 C_v 及 C_s 的皮尔逊—Ⅲ曲线 K_P 表中查得。

有两个洪水调查值时,设计洪峰流量按下列公式计算:

$$\left.\begin{aligned} \overline{Q}_1 &= \frac{Q'_{P1}}{K'_{P1}} \\ \overline{Q}_2 &= \frac{Q'_{P2}}{K'_{P2}} \\ Q_P &= K_P \left(\frac{\overline{Q}_1 + \overline{Q}_2}{2} \right) \end{aligned}\right\} \tag{2-9}$$

式中:$\overline{Q}_1$、$\overline{Q}_2$ 为两次调查洪水的平均设计洪峰流量,m^3/s;Q'_{P1}、Q'_{P2}为已知重现期的洪水调查值,m^3/s;K'_{P1}、K'_{P2}为相应于调查洪水频率 P'_1 和 P'_2 的模比系数。

3)经验公式法计算设计洪峰流量

经验公式法计算设计洪峰流量可采用洪峰面积相关法或综合参数法。

(1)洪峰面积相关法。按下列公式计算:

$$Q_P = CF^n \tag{2-10}$$

式中:Q_P 为频率为 P 的设计洪峰流量,m^3/s;F 为流域面积,km^2;C、n 为经验参数和指数,可采用当地经验值。

(2)综合参数法。按下列公式计算:

$$Q_P = C_1 H_P^{\alpha} \lambda^m J^{\beta} F^n \tag{2-11}$$

$$\lambda = \frac{F}{L^2} \tag{2-12}$$

$$H_P = K_P \overline{H}_{24} \tag{2-13}$$

式中:Q_P 为频率为 P 的设计洪峰流量,m^3/s;C_1 为洪峰地理参数;H_P 为频率为 P 的流域中心点 24 小时暴雨量,mm;λ 为流域形状系数;J 为主沟道平均比降,‰;F 为流域面积,km^2;L 为流域长度,km;K_P 为频率为 P 的模比系数,用 C_v 及 C_s 的皮尔逊—Ⅲ曲线 K_P 表中查得;$\overline{H}_{24}$ 为流域多年平均最大 24 小时降雨量,mm,由当地水文手册查得;α、m、β、n 为经验参数,可采用当地经验值。

经验公式法通常适用于面积较大的小流域,而淤地坝大多修建于面积较小的流域内,因此该方法只能用于估算,作为对比分析的参考依据。利用经验公式计算设计洪峰流量,需要应用小流域水文资料或与其他方法计算结果进行校验,选定合理的设计洪峰流量。

3. 设计洪水总量

推求设计洪水总量是为了计算淤地坝防洪库容。包括设计洪水总量和校核洪水总量,淤地坝坝系工程规模的确定一般采用校核洪水总量。

设计洪水总量一般采用设计暴雨间接推求,其频率与设计洪峰的频率相同。至于设计暴雨的时段应取多长,需根据流域淤地坝工程规模及泄洪能力的大小而确定。一般采用 24 小时的设计暴雨所产生的洪量作为设计洪水总量。

(1)推理公式法计算设计洪水总量。按下列公式计算:

$$W_P = 0.1 \alpha H_P F \tag{2-14}$$

式中:W_P 为设计洪水总量,万 m^3;α 为洪量径流系数,可采用当地经验值;H_P 为频率为 P 的流域中心点 24 小时暴雨量,mm;F 为流域面积,km^2。

(2)经验公式法计算设计洪水总量。按下列公式计算:

$$W_P = AF^m \tag{2-15}$$

式中:W_P 为设计洪水总量,万 m^3;F 为流域面积,km^2;A、m 为洪量地理参数及指数,可由当地水文手册中查得。

4. 设计洪水过程线

设计洪水过程线是流域洪水随时间的变化过程。小流域的洪水过程线多简化为三角形、梯形、抛物线等形式,并通过某一曲线形状系数来反映洪峰、洪量和涨洪历时之间的关系。淤地坝设计通常采用三角形过程线法,推求设计洪水过程线。

(1)三角形洪水过程线法。三角形洪水过程线见图 2-1。

洪水总量计算公式为:

$$W_P = 0.18 Q_P T \quad (2-16)$$

式中:W_P 为设计洪水总量,万 m^3;Q_P 为设计洪峰流量,m^3/s;T 为洪水总历时,h。

(2)洪水总历时。按下列公式计算:

$$T = 5.56 \times \frac{W_P}{Q_P} \quad (2-17)$$

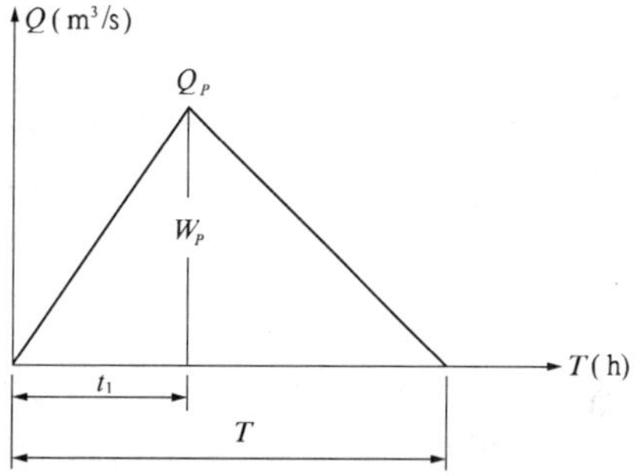

图 2-1 三角形洪水过程线

式中:T 为洪水总历时,h;W_P 为设计洪水总量,万 m^3;Q_P 为设计洪峰流量,m^3/s。

(3)涨水历时。按下列公式计算:

$$t_1 = \alpha_{t_1} T \quad (2-18)$$

式中:t_1 为涨水历时,h;α_{t_1} 为涨水历时系数,视洪水产汇流条件而定,其值变化在 0.1~0.5 之间;T 为洪水总历时,h。

5. 多年平均输沙量

多年平均输沙量应包括悬移质输沙量和推移质输沙量两部分,按下列公式计算:

$$\overline{W}_{sb} = \overline{W}_s + \overline{W}_b \quad (2-19)$$

式中:$\overline{W}_{sb}$ 为多年平均总输沙量,万 t;$\overline{W}_s$ 为多年平均悬移质输沙量,万 t;$\overline{W}_b$ 为多年平均推移质输沙量,万 t。

1)悬移质输沙量计算

(1)有水文站泥沙资料。水文站具有 20 年以上连续系列的泥沙实测资料,可直接作为设计依据,直接统计多年平均输沙量;不足 20 年的应进行插补延长。

(2)无泥沙资料或者资料系列短。对于无泥沙资料或者资料很少时,泥沙计算应按照以下方法确定:①根据邻近相似流域的实测资料,采用类比法估算;②根据工程所在地区输沙模数图查算。

根据地区水文手册中多年平均输沙模数等值线图，查得多年平均输沙模数。对于面积较大的流域按下列公式计算：

$$\overline{W}_s = \sum M_{si}F_i \tag{2-20}$$

式中：$\overline{W}_s$ 为多年平均悬移质输沙量，万 t；M_{si} 为分区输沙模数，万 t /(km^2 · a)，可根据输沙模数等值线图确定；F_i 为分区面积，km^2；i 为分区序号(编号)。

流域面积较小时，输沙模数为一确定的值，上述公式可简化为：

$$\overline{W}_s = M_sF \tag{2-21}$$

式中：$\overline{W}_s$ 为多年平均输沙量，万 t；M_s 为输沙模数，万 t/(km^2 · a)，可根据输沙模数等值线图确定；F 为流域面积，km^2。

(3)经验公式法。按下列公式计算：

$$\overline{M}_s = K\,\overline{M}_0^b \tag{2-22}$$

式中：$\overline{M}_s$ 为多年平均输沙模数，万 t/km^2；$\overline{M}_0$ 为多年平均径流模数，万 m^3/km^2；b、K 为指数和系数，可采用当地经验值。

2)推移质输沙量计算

(1)有水文站泥沙资料。对于有水文站实测资料的地区，推移质输沙量应根据水文站推移质实测资料进行计算。

(2)无水文站实测资料地区，可按以下方法推算：

a. 利用工程所在地区相似河流或水库推移质与悬移质的比例关系，按下列公式计算：

$$\overline{W}_b = B\,\overline{W}_s \tag{2-23}$$

式中：$\overline{W}_b$ 为多年平均推移质输沙量，万 t，$\overline{W}_s$ 为多年平均悬移质输沙量，万 t；B 为比例系数，一般取 0.05 ~0.15。

b. 通过调查已成坝库淤积情况，利用已成坝库淤积量和进出库泥沙测验资料计算推移质输沙量。按下列公式计算：

$$\overline{W}_b = W_1 - (\overline{W}_s - W_2) \tag{2-24}$$

式中：$\overline{W}_b$ 为多年平均推移质输沙量，万 t；W_1 为多年平均坝库拦沙量，万 t；W_2 为多年平均坝库排沙量，万 t；$\overline{W}_s$ 为多年平均悬移质输沙量，万 t。

(五)沟道特征分析

《规定》要求，对沟道特征进行分析时，采用 A. N. strahler 沟道分级原理对沟道特征进行定量分析，首先对沟道分级进行划分，其划分方法为：从流域上游开始，以最小(沟长≥300 m)不可分支的毛沟为Ⅰ级沟道，两个Ⅰ级沟道汇合后的下游为Ⅱ级沟道，两个Ⅱ级沟道汇合后的下游沟道为Ⅲ级沟道，以此类推，流域出口所在沟道为最高级别沟道；然后对各级沟道进行量算，量算时要分清各级沟道之间关系和左右岸分布情况，填制沟道特征分析表；再绘制沟道组成结构图。

沟道特征分析要注意总结和分析对淤地坝建设影响较大的沟道形状、比降、宽度及两岸沟坡坡度等指标的特征，论述其不同级别沟道建设淤地坝的适应性及在布设淤地坝时应注意的问题，为小流域坝系布局提供依据。

三、案例剖析

火山沟小流域坝系建设可行性研究报告❶的“自然概况”及其评析。

（一）案例

1. 地理位置

火山沟小流域地处山西省河曲县南部，位于黄河东岸的一级支流县川河中游北岸，距县川河入黄口 30 km，地理坐标为东经 111°8′46″～111°29′10″、北纬 39°6′20″～39°13′10″。流域近似于长方形，东西长 10.42 km，南北宽 8.01 km，流域总面积 83.38 km^2。

2. 地质地貌

（1）地质。火山沟小流域地质构造比较简单，地震级度为六级，岩层走向总趋势是向南倾斜，出露地层主要有：上古生界奥陶系、下古生界二叠系石灰岩，新生界的第三系、第四系地层，第四系地层分布广泛，主要是风成黄土，黄土覆盖厚度 50～200 m，黄土质地疏松，抗蚀性差，部分一、二级沟道及主沟道下游部分河床出露石灰岩地层，部分沟道河床出露砂砾石堆积层。

（2）地貌。流域地处黄土丘陵沟壑区第一副区，北高南低，最高海拔 1 420.5 m，最低海拔 1 015.7 m，相对高差 404.8 m，沟壑密度为 3.64 km/km^2。流域地貌以梁峁为主，山高坡陡、沟壑纵横，梁峁起伏。由于地质、地貌的原因，崩塌是该流域的主要地质灾害，水土流失极其严重。流域内 5°以上的坡面占总面积的 95.8%，土地坡度组成见表 2－3。

3. 土壤植被

流域内的土壤以灰褐土为主，成土母质为第四纪黄土，大致分为 3 种形式，即：流域上游梁峁坡，地表土壤为黄土质灰褐土；流域中游一带分布沙壤性灰褐土；下游分布黄土状淡灰褐土。该类土壤成土母质为第四纪黄土，土层深厚，质地均一，土质较粗，结构疏松，抗蚀性差。

---

❶《火山沟小流域坝系建设可行性研究报告》由山西润恒水土保持生态环境工程咨询有限公司编制，编制时间为 2005 年 12 月。

表 2－3　火山沟小流域土地坡度组成

总面积	坡度组成结构									
	<5°		5°～15°		15°～25°		25°～35°		>35°	
	面积	占比例	面积	占比例	面积	占比例	面积	占比例	面积	占比例
(km²)	(km²)	(%)	(km²)	(%)	(km²)	(%)	(km²)	(%)	(km²)	(%)
83.38	3.52	4.22	17.71	21.24	17.30	20.75	13.58	16.29	31.27	37.50

火山沟流域内林草覆盖度较低，自然植被分布于非耕地和农田边缘，主要有针茅、沙蓬、沙棘、沙蒿、狗尾草等低矮稀疏的旱生植物群落。随着坡面治理和退耕还林项目的实施，人工植被有了一定的发展，人工草地以苜蓿为主，主要分布在村庄周围坡度较大的退耕地；人工灌木林以柠条为主，主要分布于距村较远的交通便道的陡坡地和峁坡上；人工乔木林以杨树为主，成片林主要集中于火山沟流域的上游和小河沟流域的两岸坡。流域其他地方成片林较少，但有零星乔木分布，主要有杨树、榆树、刺槐等树种，村庄周围有零星果树。流域内林草覆盖面积为 9.87 km^2，林草覆盖度为 11.8%。

4. 气象水文

流域内没有水文、气象观测站点，气象资料参照河曲县气象站的观测资料，水文泥沙资料参照《忻州地区水文水利计算手册》和有关《规范》标准来计算。

(1)气象。流域地处中纬度地区，属温带大陆性季风气候，其气候特点为：四季分明，冬季受蒙古高压气流控制，寒冷多雪；春季温暖干燥多风沙；夏季受海洋性季风影响，炎热而雨量集中；秋季凉爽短促。年平均气温变化在 5～8 ℃之间，多年平均气温 6.8 ℃，光照资源丰富，年日照时数 2 855 h，日照率在 60% 以上，全年太阳辐射量为 615 kJ/cm^2，年平均大于等于 10 ℃的积温为 2 580 ℃，全年日照变化在 2 600～3 700 h，年平均风速 2.0 m/s。流域每年 11 月中旬封冻，次年 3 月中旬解冻。火山沟小流域气象特征值见表 2－4。

表 2－4　火山沟小流域气象特征

气象站名	气温(℃)			≥10℃积温(℃)	年日照时数(h)	无霜期(d)	年总辐射量(kJ/cm²)	大风日数(d)	平均风速(m/s)	观测年限(a)
	年最高	年最低	年平均							
河曲	37	－30	6.8	2 580	2 855	120	615	37	2.0	41

(2)降雨。火山沟小流域多年平均降水量为462.30 mm，最大年降水量715.3 mm(1967年)，最小年降水量211.4 mm(1965年)。降水的年内变化较大，1~3月份，在大陆气团的控制之下，空气干燥，降水很少，仅占全年降水量的3.3%；4~6月份，受南方热带暖温空气北上影响，降水量占全年降水量的11.6%；7~9月份，受季风影响，降水历时短且强度大，占全年降水量的76%；10~12月份，受北方干冷空气影响，降水减少，降水量占全年降水量的9.1%。火山沟小流域降水特征详见表2-5。

表2-5　火山沟小流域降水特征

雨量站	年降水量(mm)					最大24小时降水量(mm)	多年平均汛期降水量(mm)	多年平均暴雨次数
	最大		最小		多年平均			
	数值	年份	数值	年份				
河曲	715.3	1967	211.4	1965	462.3	106.5	351.3	4

(3)水文泥沙分析。流域属季节性河流，汛期形成历时很短的洪水径流，洪水量占到全年径流总量的80%左右，多年平均径流量为56.92万m^3，洪水泥沙含量高。

根据山西省企业标准《淤地坝工程技术规范》(晋Q834—85)，骨干坝、中小型淤地坝设计水文泥沙分析计算采用24 h降雨量。

a.不同频率24 h暴雨量计算。不同频率24 h暴雨量采用下式计算：

$$H_{24P} = K_P \overline{H}_{24} \tag{2-25}$$

式中：H_{24P}为频率为P的24 h暴雨量，mm；K_P为频率为P的皮尔逊—Ⅲ型曲线模比系数；$\overline{H}_{24}$为最大24 h暴雨均值，mm。

查山西省《淤地坝工程技术规范》表D-4，河曲最大24 h暴雨均值$\overline{H}_{24}$ = 56.0 mm，变差系数C_v = 0.55；再根据表D-3查得不同频率所对应的模比系数K_P值，见表2-6。

表2-6　不同频率所对应的模比系数K_P值

频率P(%)	10	5	3.3	2	1	0.5	0.33
K_P	1.72	2.10	2.34	2.58	2.96	3.34	3.55

根据以上分析可以得到不同频率24 h暴雨量，如表2-7。

表 2－7　火山沟小流域不同频率 24 h 暴雨量

频率 P(%)	10	5	3.3	2	1	0.5	0.33
H_{24P}(mm)	96.32	117.6	131.04	144.48	165.76	187.04	198.8

b. 设计洪峰流量。设计洪峰流量采用下式计算：

$$Q_P = C_1 H_{24P} F^{2/3} \qquad (2-26)$$

式中：Q_P 频率为 P 的洪峰流量，m^3/s；C_1 为洪峰相关地理参数，查得 C_1 为0.17；H_{24P}为频率为 P 的 24 h 暴雨量，mm；F 为坝控流域面积，km^2。

根据以上计算得出不同频率条件下流域洪峰模数，见表 2－8。

表 2－8　火山沟小流域不同频率洪峰模数

洪水重现期(a)	10	20	30	50	100	200	300
洪峰流量模数($m^3/(s \cdot km^2)$)	16.37	19.99	22.28	24.56	28.18	31.80	33.80

c. 设计洪水总量计算。设计洪水总量采用下式计算：

$$W_P = KR_P F \qquad (2-27)$$

式中：W_P 为频率为 P 的设计洪水总量，万 m^3；F 为淤地坝坝控面积，km^2；K 为小面积洪水折减系数，按表 2－9 选用，取 0.8；R_P 为设计次暴雨的一次洪水模数，万 m^3/km^2，可根据山西省《淤地坝工程技术规范》表 D－5 查得。

表 2－9　小面积洪水洪量折减系数 K 值

流域面积(km^2)	<50	50～300
K	0.6～0.8	0.8～1.0

根据以上计算，火山沟小流域不同频率设计次暴雨的一次洪水模数见表2－10。

表 2－10　火山沟小流域不同频率设计次暴雨的一次洪水模数

频率 P(%)	10	5	3.3	2	1	0.5	0.33
R_P(万 m^3/km^2)	2.016	3.256	4.016	5.158	6.861	8.634	9.692

d. 不同频率洪水过程线确定。该流域不同频率洪水过程线采用概化三角形过程线法。根据《水土保持治沟骨干工程技术规范》(SL 289—2003)中洪水历

时计算公式：

$$T_P = 5.56 \frac{W_P}{Q_P} \qquad (2-28)$$

式中：T_P 为洪水总历时，h；其他符号同前。

涨水历时公式为：

$$t_1 = \alpha_{t_1} T_P \qquad (2-29)$$

式中：t_1 为涨水历时，h；α_{t_1} 为涨水历时系数，该流域取 0.25。

e. 流域年均输沙量计算。根据水土流失现状，本次可研侵蚀模数取 10 000 $m^3/(km^2 \cdot a)$，计算出流域每年土壤侵蚀量为 83.38 万 m^3。

5. 沟道特征分析

（1）沟道分级。本次可研采用 A. N. strahler 沟道分级原理，取最小等级沟长≥300 m 对沟道进行分级分析。从流域上游开始，沟长≥300 m 的支毛沟为Ⅰ级沟道，两个Ⅰ级沟道汇合后的下游沟道为Ⅱ级沟道，两个Ⅱ级沟道汇合后的下游沟道为Ⅲ级沟道，低级沟道汇入高级沟道，高级沟道不变，以此类推，依次为Ⅳ、Ⅴ级沟道。每级沟道流域面积为该沟段及其上游的全部汇水面积，沟道长度为该沟段的长度，比降为该沟段的比降，沟床宽度为该沟段的平均沟床宽度。以各级沟道和沟段为单元进行统计分析，量算各级沟道的流域面积、沟长、比降、沟床宽等特征值，进行分级分类统计。

（2）沟道组成及建坝潜力分析。火山沟小流域由白道反沟、东沟、瓦窑坡沟、火山沟、小河沟 5 条大支沟，翟家洼沟、马安桥沟、梅梅叉沟、紫河、胡家坪沟 5 条小支沟，以及直接汇入县川河的坡面组成，总面积为 83.38 km^2，沟道总长度为 303.46 km。沟道分布见图 2－2，沟道统计结果见表 2－11，主要支沟特征统计见表 2－12。

a. 白道反沟流域。白道反沟流域如图 2－3，总面积 4.94 km^2，主沟道长度为 4.71 km，为一典型的树叶形状沟道，主沟道较发育，中下游为 U 形沟道，支沟短小，全为 V 形沟道，坡陡沟深。Ⅰ级沟道共 27 条，沟道集水面积都小于 0.5 km^2；Ⅱ级沟道有 5 条，包括 9 个沟段，其中 1 号沟道的 3 沟段、3 号沟道的 1、2 沟段集水面积在 0.5～1.0 km^2 之间；Ⅲ级沟道 1 条，包括 17 个沟段，其中 1、2、4、6 沟段集水面积在 1.0～3.0 km^2 之间，12～17 沟段集水面积在3.0～5.0 km^2 之间，较平缓的沟段，相应沟底较宽，两岸较陡，平均在 50°以上。

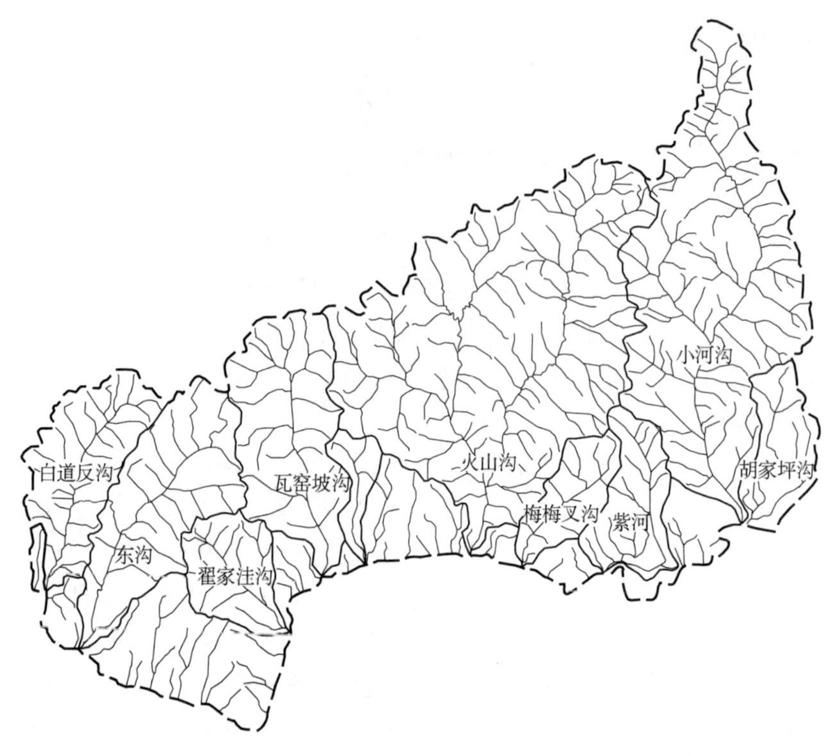

图 2-2　火山沟小流域片沟道组成示意图

表 2-11　火山沟小流域沟道特征值统计

沟道等级	沟道数量/沟段数量	集水面积（km²）	平均沟长（km）	平均比降（%）	沟道断面形状
Ⅰ	370	0.02～0.64	1.50～0.02	0.50～38.0	V形
Ⅱ	75～159	0.14～2.33	0.01～1.64	0.30～21.17	V形
Ⅲ	14/123	0.70～9.91	1.67	0.27～35.56	多为V形
Ⅳ	3/31	11.22～16.77	7.00	1.00～4.10	U形
Ⅴ	1/5	23.24	4.84	3.00	U形

白道反沟流域内无成片的乔木林，梁顶为耕地，坡面以荒草为主，有少量的人工柠条片和退耕后的人工苜蓿草地。

白道反沟流域涉及白道反村、夏堰村、西坡村3个自然村，3个村全部在沟梁上，其中白道反村、夏堰村位于沟口两岸上，西坡村位于沟的中部东岸，坝系建设不会造成村庄及其他基础设施淹没。沟内无现状淤地坝工程，耕地全部在梁上，坝系建成后，可增加三村的沟坝地，退耕梁坡地还林还草，同时改善上地交通。当地群众特别支持坝系建设。

表 2－12 火山沟小流域主要支沟特征值统计

沟道名称	沟道组成(条)					流域面积(km^2)	主沟长(km)	主沟落差(m)	平均比降(‰)
	Ⅰ	Ⅱ	Ⅲ	Ⅳ	Ⅴ				
白道反沟	27	5	1			4.94	4.71	229.99	20.48
东沟	19	2	1			7.06	5.93	346.60	17.10
瓦窑坡沟	22	6	1			6.87	4.90	201.00	24.37
火山沟	106	23	5	2	1	23.32	8.58	215.53	39.80
小河沟	95	21	2	1		16.91	9.80	219.97	44.54
翟家洼沟	15	3	1			2.63	2.87	197.00	14.57
马安桥沟	2	1				1.09	2.36	185.00	12.73
梅梅叉沟	14	2	1			2.28	3.18	126.50	25.14
紫河	15	3	1			2.94	4.19	168.00	24.92
胡家坪沟	8	2	1			2.62	3.84	219.00	17.51
其他	48	7				12.71			
合计	371	75	14	3	1	83.38			

白道反沟流域主沟道纵断面如图 2－4，由图中可以看出 A、B 两点上平缓，为理想的坝址，其 A 点上游面积 4.24 km^2，B 点上游面积 2.02 km^2。初步考虑，白道反沟流域可在 A 点建一座骨干坝，B 点建设一座中型淤地坝，在沟口建设小型淤地坝，解决当地群众耕地和交通。

b. 东沟流域。东沟流域如图 2－5，总面积 7.06 km^2，为树叶形状沟流域，主沟道较发育，长 5.93 km，沟底基石出露，基石出露面不高，存在多道石坎，沟两岸坡度较陡，支沟短陡，全为 V 形沟道，坡陡沟深。Ⅰ级沟道共 19 条，除 1 号、3 号、17 号 3 条支沟集水面积大于 0.5

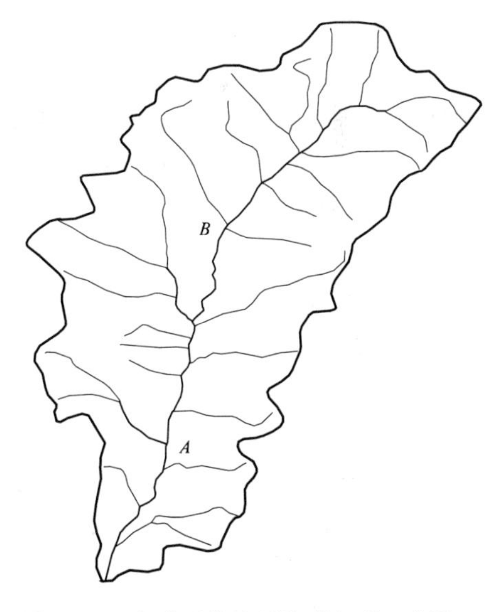

图 2－3 白道反沟流域沟道组成示意图

km^2 以外，其余沟道集水面积都小于0.5 km^2；Ⅱ级沟道有2条，包括7个沟段，其中1号沟道的1沟段、2号沟道1、2沟段集水面积在0.5～1.0 km^2 之间，1号沟道的2、3、4沟段集水面积在1.0～3.0 km^2 之间；Ⅲ级沟道1条，包括11个沟段，其中1、2、4、5沟段集水面积在3.0～5.0 km^2 之间，7～11沟段集水面积在5.0 km^2 以上，沟底平缓的沟段多呈U形沟道，沟底比降较大的沟段为典型的V形沟道，两岸较陡，平均坡度在45°以上。

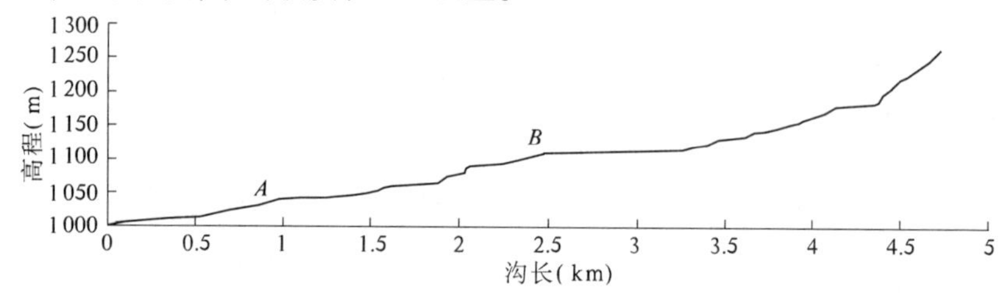

图2－4　白道反沟流域主沟道纵断面图

东沟流域内无成片的乔木林，梁顶为耕地，坡面以荒草为主，有少量的人工柠条片和退耕后的人工苜蓿草地，有一片杨树幼林。

东沟流域只涉及夏堰村，位于沟口右岸梁上。沟内无现状淤地坝工程，没有沟坝地，耕地主要为梁顶地。坝系建设不涉及村庄道路受淹影响等问题。坝系建成后，可增加村庄的沟坝地，退耕梁坡地还林还草，同时改善上地交通，治理沟道严重的水土流失。当地群众特别支持坝系建设。

图2－5　东沟流域沟道组成示意图

东沟流域主沟道纵断图如图2－6，由图中可以看出有 *A*、*B*、*C* 三个大的跌坎，跌坎上游沟道平缓，为理想的坝址，其 *C* 点上游面积较小，*B* 点上游面积3.51 km^2，*A* 点至 *B* 点区间面积3.0 km^2。初步考虑，东沟流域可在 *A*、*B* 两点各建一座骨干坝，在沟口建设小型淤地坝，解决当地群众耕地和交通。

c. 瓦窑坡沟流域。瓦窑坡沟流域如图2－7，总面积6.87 km^2，为树叶形状流域，主沟道较发育，长4.90 km，支沟短陡，全为V形沟道。Ⅰ级沟道共22条，沟道集水面积都小于0.5 km；Ⅱ级沟道有6条，包括8个沟段，其中4号沟道的1、2沟段，5号沟道及6号沟道的1、2沟段集水面积在0.5～1.0 km^2 之间；Ⅲ级沟道1条，包括13个沟段，其中1沟段集水面积在0.5～1.0 km² 之间；2、3、4沟段集水面积在1.0～3.0 km² 之间；5～10沟段集水面积在3.0～5.0 km² 之间；11、12、13沟段集水面积在5.0 km² 以上。

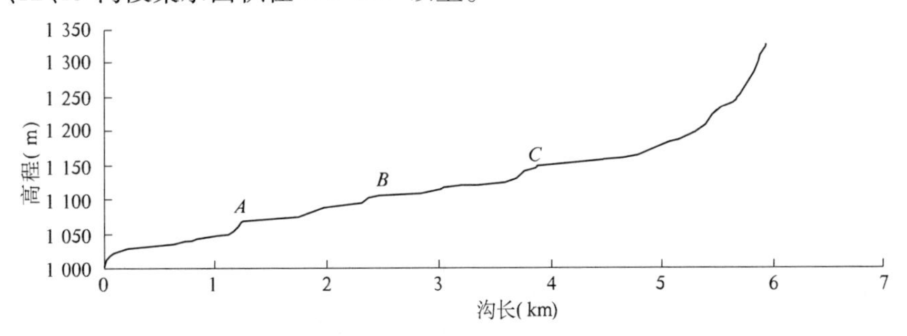

图2-6　东沟流域主沟道纵断面图

瓦窑坡沟流域的沟头有少量乔木林，其密度较低，梁顶为耕地，坡面以荒草为主，有零星乔木，有少量的人工柠条片和退耕后的人工苜蓿草地。

主沟道上游现有水沟骨干坝(XG01)1座，控制面积3.0 km²，工程由主体大坝加临时溢洪道组成，没有涵卧放水设施，现淤积距坝顶还有2 m，再有4年将淤满，失去调洪能力。紧接水沟骨干坝下游有现状水沟南中型淤地坝1座，控制面积0.9 km²，坝高8 m，已淤满。

瓦窑坡沟流域距沟口1 km处左岸梁上为瓦窑坡村，在沟头有水沟村，位于梁顶上，作为坝系建设比较理想，不会造成淹没村庄等损失。沟底除现有坝地外，没有别的耕地，有一条村间道路从沟底通过。

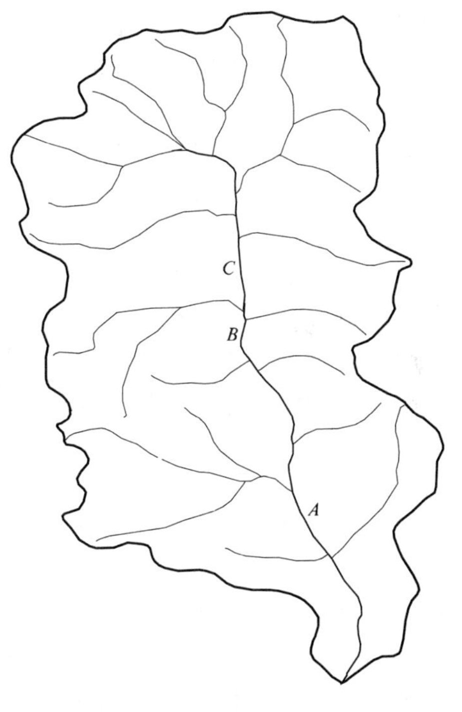

图2-7　瓦窑坡沟流域沟道组成示意图

瓦窑坡沟流域主沟道纵断面如图2-8，由图中可以看出，在*A*点距沟口不远处有一较大的石陡坎，其下游没有适合的坝址可选，*C*点为现有的水沟骨干坝，很快淤平，需要加固，*B*点为现状水沟南中型淤地坝，已淤平，*A*点到*C*点的区间面积为3.0 km^2,可在 A 点上游新建骨干坝,该坝位于瓦窑村旁边,建成后可起到防洪、拦泥、通路作用。初步考虑,瓦窑坡沟流域可在 A 点新建一座骨干坝,加固 C 点现有骨干坝。

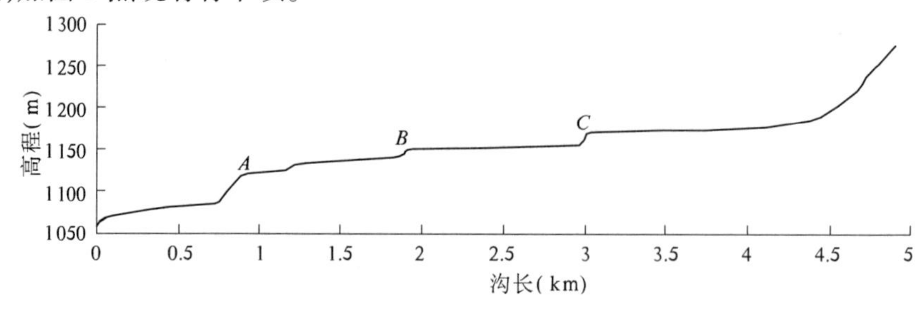

图2－8　瓦窑坡沟流域主沟道纵断面图

d. 火山沟流域。火山沟流域如图2－9,总面积23.32 km^2,由三条支沟组成,左岸支沟较长,右岸支沟较短,呈枝杈状分布。Ⅰ级沟道共106条,集水面积在0.5～1.0 km^2 之间的沟道有1条;Ⅱ级沟道有23条,包括50个沟段,其中集水面积在0.5～1.0 km^2 之间的沟段有21段,均具备打坝条件;Ⅲ级沟道5条,包括28个沟段,其中集水面积在0.5～1.0 km^2 之间的沟段有3段,集水面积在1.0～3.0 km^2 之间的沟段有6段,集水面积在3.0～5.0 km^2 之间的沟段有15段,集水面积在5.0 km^2 以上的沟段有4段;Ⅳ级沟道2条,包括20个沟段,集水面积在5.0 km^2 以上;Ⅴ级沟道1条,包括5个沟段,集水面积在5.0 km^2 以上,其中最大达到了23.24 km^2。Ⅲ级以上沟道沟底较宽,呈U形沟道。

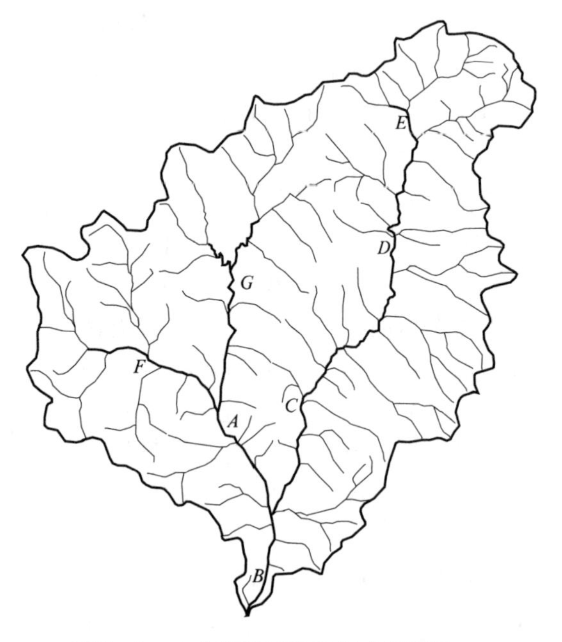

图2－9　火山沟流域沟道组成示意图

火山沟流域内有火山村、太子店村、文武坡村,边缘涉及单寨村(乡政府)、龙角脑村,村庄人口较多,耕地面积较广,村庄都位于梁顶,坝系建设不会影响村庄、耕地及人口的安全。

流域的上游有小片乔木林，梁顶为坡耕地，沟坡为荒草，有零星乔木，沟深坡陡，水土流失严重。

沟内有现状火山骨干坝（XG02）1座，控制面积9.96 km^2，坝高31 m，现已将拦泥库容、滞洪库容全部淤满，淤泥面距坝顶仅有2 m，淤地面积13.64 hm^2，已耕种面积6.82 hm^2。工程由大坝主体工程和临时溢洪道两大件组成，急需加固配套。除此之外，沟内没有别的耕地、道路、工矿等。

火山沟流域左侧主沟道纵断面如图2－10，根据流域面积可布设3座骨干坝。火山沟流域右岸支沟现状火山骨干坝，可考虑加固配套，在其上游有两条支沟，面积大于3.0 km^2，可考虑在淹没线外分别建一座骨干坝。

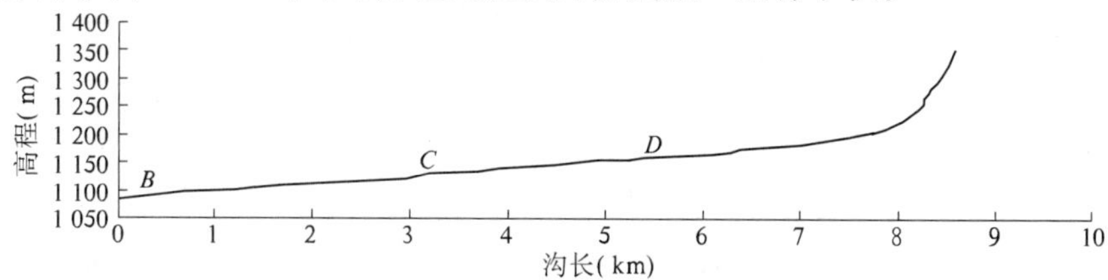

图2－10　火山沟流域左侧主沟道纵断面图

初步考虑，火山沟流域新建4座骨干坝，加固配套1座骨干坝，在其上游为单寨乡政府驻地，村庄人口多，耕地少，为尽快淤地，根据实地条件，布设1座中型淤地坝和1座小型淤地坝。

e. 小河沟流域。小河沟流域如图2－11，总面积16.91 km^2，为一狭长树叶形状流域，主沟长9.87 km。Ⅰ级沟道共95条，集水面积均在0.5～1.0 km^2以下；Ⅱ级沟道有21条，包括46个沟段，其中集水面积在0.5～1.0 km^2之间的沟段有17段，均具备打坝条件；Ⅲ级沟道2条，包括34个沟段，其中集水面积在1.0～3.0 km^2之间的沟段有17段，具备打坝条件的有12段，集水面积在3.0～5.0 km^2之间的沟段有7段，集水面积在5.0 km^2以上的沟段有10段；Ⅳ级沟道1条，包括14个沟段，集水面积在5.0 km^2以上，Ⅳ级沟道沟底较宽，为宽U形沟道。

小河沟流域涉及西坡、狄家洼、龙角脑、胡家坪四个自然村，西坡位于流域沟头，胡家坪位于沟口，狄家洼、龙角脑位于沟道中部右岸，西坡、狄家洼、龙角脑都位于梁顶，坝系建设不影响村庄的基础设施，不会造成淹没损失。胡家坪位于沟口梁上，对建坝基本没有什么影响，但应注意建坝后，沟道上游来水减小，人员向沟底迁建。

小河沟流域为狭长沟道，现状治理度较高，沟道两岸有成片的乔木林，梁顶坡地也较平缓。

小河沟流域主沟纵断面如图 2－12，小河沟口 *A* 点现有胡家坪骨干坝，控制流域面积 9.42 km^2，坝高 25 m，现已淤积 20 m，该坝只有大坝主体工程一大件，没有泄水设施，原坝高 20 m，1993 年淤平后，当地群众自己在原坝体上加高 5 m，由于没有设计，加坝坝体上游坡度较陡，近于垂直，实达不到防洪作用，事实上该坝虽运行正常，实无防洪拦沙能力，急需加固配套。在小河沟的中间地段 *D* 点现有狄家洼中型淤地坝，实起骨干坝作用，原因是在其上游原修建了西坡骨干坝，由于没有正常泄水工程，1993 年水毁，这样就加大了狄家洼坝的控制面积，起着骨干坝作用，工程由大坝主体一大件组成，没有泄水设施，目前运行正常，坝高 20 m，淤泥 18 m，基本淤平。在狄家洼坝的上游淤泥面上有近年建的狄家洼北中型淤地坝 1 座，坝高 8 m，坝体碾压质量较差。在狄家洼中型淤地坝的下游，胡家坪骨干坝的淤泥尾部 *B* 点，有近年修建狄家洼南中型淤地坝 1 座，坝高 8 m，还没有淤积，坝体碾压质量较差。

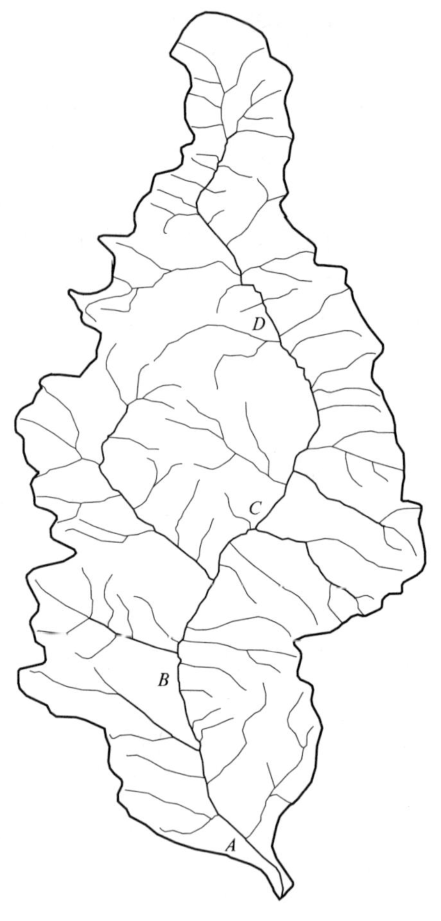

图 2－11　小河沟流域沟道组成示意图

小河沟流域总面积 16.91 km^2，可按 4 个坝系单元来控制，分别建 4 座骨干坝，新建 3 座，加固配套 1 座。

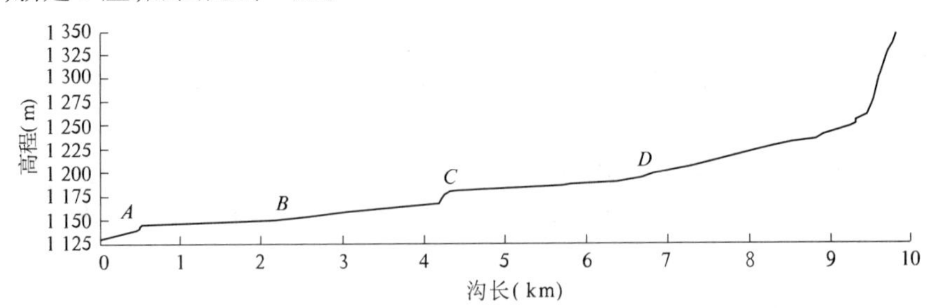

图 2－12　小河沟流域主沟道纵断面图

f. 其他沟道。除上述5个完整的小流域外，火山沟小流域还有直接汇入县川河，面积小于3.0 km^2 的支沟，分别为翟家洼沟、马安桥沟、梅梅叉沟、紫河、胡家坪沟，面积分别为2.63 km^2、1.09 km^2、2.28 km^2、2.94 km^2、2.62 km^2，其沟底比降较大，沟道断面形状呈U形，部分沟道底部出露基岩，两岸坡较陡，沟口梁顶有村庄，植被稀少。考虑分别建设中型淤地坝。

（二）案例评析

火山沟小流域坝系工程可研报告简述了地质构造、地层岩性等地质特征，说明了主要地质灾害是崩塌，还应对建坝的地质条件和建坝的主要建筑材料等情况进行简述。

在简述土壤植被时，阐述了土壤种类、土壤分布，植被类型、结构分布、覆盖度等，论述比较清楚，文字简练，内容较完善。

在叙述气象水文特征时，由于该小流域无水文测站，采用了邻近气象站资料说明气象、降水特征，且资料系列在30年以上，满足气象、水文资料的需要，值得借鉴；对小流域的径流、洪水、泥沙特性进行了分析计算，给出了不同设计频率洪量、洪峰模数和不同频率的洪水过程线，并列表说明。计算不同设计频率洪量、洪峰模数时，应采用两种或两种以上的计算方法进行相互分析论证，综合确定，说明采用的结果，同时要绘制不同频率的洪水过程线。

按照《规定》要求，依据沟道分级原理，对沟道等级、沟道组成结构、各级沟道特征进行了分析统计。火山沟小流域事实上是一个由5条较大支沟和5条较小支沟共同组成的流域片，在沟道组成及建坝潜力分析方面，对每一条沟道的特点、组成、植被、村宅布局、现状淤地坝的建设情况和建坝潜力都进行了描述与分析，绘制了每一条沟道的流域范围结构图和沟道纵断面图，说明可研的基础工作做得扎实、到位，从而使人们对小流域的沟道组成及村庄布局有一个较为清晰的了解，如果在每一条小流域平面图上再增加现状淤地坝的相对位置，就更加全面了。

四、应注意的问题

（一）地理位置

地理位置的编写内容比较简单，编写时按照地形图上的位置和《规定》的内容编写，在地理位置图中应反映已建坝系的相对位置。

（二）地貌地质

编写地貌地质内容时，一是要做好外业勘查工作，二是注意地质资料的收集，三是要调查收集坝系区域内的沟道形状、地质条件及筑坝材料的分布与储量,特别是能够说明筑坝的潜力和建设条件等方面的资料与内容。

(三)土壤植被

简述地面组成物质及特征、土壤种类、土壤分布及厚度等内容时,文字宜简练,按流域的完整性,从流域的梁峁顶、上中下游主沟沟道及支沟等分区域进行介绍;在简述植被类型、结构分布、覆盖度时,应在现场调查的基础上,对现有的植被类型及相关内容进行论述。

(四)气象水文

在编写气象水文内容时,因为水文、气象资料是设计淤地坝的最基本数据,而坝系建设的小流域大部分没有实测资料,因此在借用其他流域或站点资料时,一定要说明资料来源,与本流域的相对位置,并对其资料的代表性、相关性、可靠性做出评价。黄土高原地区绝大多数小流域无水文观测站,在计算设计暴雨洪水、输沙量时,一定要用各地最新的水文手册和暴雨洪水图集,并注明其编制时间,同时要注意水文手册和暴雨洪水图集使用的范围;如果有水文测站资料,尽量采用大于25年的资料系列;水文、气象资料是决定工程规模、工程安全的关键性数据,在资料使用和计算时一定要认真分析,尽量采用两种以上的方法进行分析论证,合理选用。

(五)沟道特征分析

利用A. N. strahler沟道分级原理对沟道特征进行分析时,要注意沟道的分布、左右岸分布状况和各级沟道之间关系。在调查的基础上对各级沟道建坝潜力进行初步分析,提出淤地坝建设的初步意向。

其实,利用A. N. strahler沟道分级原理进行沟道特征分析,是按《规定》提出的新要求。以往的坝系规划并未在这方面做出明确的要求,在坝系可行性研究报告的技术评审中,一些专家也提出了不同的看法。主要问题与分歧点在于:一是这种方法与传统的河道分级顺序正好相反,以往我们更习惯于一级支流(沟)、二级支流(沟)的分级方法是由干流开始,往上游分级,而A. N. strahler沟道分级方法则是从沟道的源头开始。好在通过这些年的实践,各级设计与管理人员逐步统一并认可了这种分级方法。二是这种方法试图说明在某一确定的小流域,存在一个规律性的东西,那就是某一级沟道对某一类型淤地坝的适宜性。如适宜建中小型淤地坝的沟道为Ⅱ、Ⅲ级沟道,而适宜于建骨干坝的沟道又多为Ⅲ、Ⅳ级沟道。这一点从前述案例中也可以看出。但上述结论是否只有通过沟道分析才能够得出来呢?这一点则不尽然。根本的原因是控制各类淤地坝的因素不是沟道级别,而是沟道某一断面以上的流域面积。在坝系布局中称为单坝控制面积,过小的沟道面积不足以布置淤地坝,面积大的沟道可以通过淤地坝的串联布设,将沟道分成若干段分而治之。可以根据设计者对流域地质地貌和村庄道路的分析,提出坝系布局方案,与 A. N. strahler 的分析方法并无必然的联系。同时,大家在工作实践中也都有一种体会,那就是花费了大量的时间和精力进行沟道分级的研究与分析,其实在坝系布局时并不是非有不可的。为此,一些专家建议取消该部分内容的要求。当然,这一点需经建设主管部门的认可,或对《规定》进行修订后,再按新的规定要求进行编制。

第二节　社会经济状况

社会经济状况主要包括:行政区划、土地利用现状、经济状况和基础设施建设情况四部分内容。

一、《规定》要求

(一)行政区划

简述所涉及的乡、村总人口,人口密度,农业劳动力等。

分别说明不同地类、不同级别沟道上的人口分布特点、淹没影响。

(二)土地利用现状

简述土地总面积、不同土地类型的面积、利用情况和结构等。

分析小流域土地利用现状及存在的问题(用表格表示,表格形式见《规范》)。

(三)经济状况

简述小流域农业(包括农、林、牧、副业等)及乡镇(包括村办工业)企业的生产水平,经济结构、比例,总产值和农民收入状况。

(四)基础设施建设情况

简述小流域的交通、通讯、供水、供电、居民点建设等情况。

绘制小流域社会经济现状图(在沟道组成结构图上标明行政区划、土地利用分布、工矿企业建筑物及居民点分布、交通、供电线路等信息)。

二、技术要点

(1)收集小流域内所涉及的乡、村总人口,人口密度,农业劳动力等,这类资料可以从乡政府计划、统计等部门或涉及的村委会获取。根据大比例尺小流域地形图,结合实地查勘,可获取不同地类、不同级别沟道上的人口分布特点、淹没影响。

坝系建设的淹没影响主要是通过小流域村庄、道路、耕地等基础设施及林、草、矿产资源的分布特点的描述，说明坝系建设可能造成的淹没损失。说明坝系建设的有利条件与不利因素。

(2)在土地利用现状的编写时，应在实地调绘的同时，采用样方抽查方法对小流域不同土地类型进行现场调查，绘出土地利用现状图；然后简述不同土地类型的面积、土地利用的情况和结构，重点分析小流域土地利用现状及存在的问题，为农村产业结构的调整打下基础。

(3)简述经济状况时，首先要调查收集农、林、牧、副、渔等及乡镇(包括村办工业)企业的生产水平及产值，其次分析其经济结构、比例，总产值和农民收入状况，最后进行简述。这类资料可以从各级政府计划、统计、农业、民政及其他部门获取。

(4)阐述小流域基础设施建设情况时，应对影响坝系建设的交通道路、电网、居民点及通讯、供水等情况进行重点介绍；按照《规定》绘制小流域社会经济现状图时，与坝系建设相关的各种信息要尽可能地标明在小流域地形图上。

三、案例剖析

徐川小流域坝系工程可行性研究报告的“社会经济状况”及其评析。

(一)案例

1. 行政区划

徐川小流域属甘肃省通渭县所管辖，涉及平襄镇的双堡、马岔、斜洼、孟河、亢川、张庄、兴隆、卢董等8个行政村，总人口9 372人，农业劳动力3 749人，农村人口密度147.3人/km^2，人口自然增长率为8‰。流域内人口分布比较分散，双堡村、孟河村、亢川村、兴隆村和芦董村人口分布相对集中，均在1 000人以上，其余村庄人口分布相对稀少，大部分在700～900人。流域内各行政村人口分布如表2－13。

流域内行政村及交通道路等基础设施在沟道的分布：流域人口居住主要分布在主支沟河流阶地上或上游半山坡上。Ⅰ级沟道人口居住较多，农户居住位置均较高；Ⅱ级沟道人口主要分布在河流阶地上，马岔村位于$Ⅱ_5$中下游两岸一级阶地上，距河床25 m，斜洼村位于$Ⅱ_6$上游左岸阶地上和下游右侧阶地上，兴隆村位于$Ⅱ_{15}$、$Ⅱ_{16}$、$Ⅱ_{19}$两岸阶地上，村庄位置均较高，距沟床约20 m，亢川村位于$Ⅱ_{24}$上游的左岸半山腰上；Ⅲ级沟道居住人口相对较多，较为分散，大部分农户居住在沟道右岸距沟底25 m以上的阶地上。

表 2-13　徐川小流域各行政村人口、基本农田分布

乡(镇)	行政村	人口	基本农田(hm^2)			人均产粮(kg)	人均纯收入(元)
			合计	梯田	川台地		
平襄镇	双堡	1 231	282.23	268.23	14.00	463	1 324.9
	马岔	794	173.73	173.73		442	1 339.7
	斜洼	854	194.82	182.15	12.67	461	1 370.4
	孟河	1 791	329.37	302.37	27.00	371	1 379.0
	亢川	1 103	173.20	173.20		317	1 388.3
	张庄	924	141.25	141.25		308	1 383.6
	兴隆	1 346	285.48	285.48		428	1 373.6
	卢董	1 329	394.64	371.17	23.47	599	800.2
合计		9 372	1 974.72	1 897.58	77.14	425	1 287

交通道路：徐川流域出口接通渭县县城，通甘公路从流域左岸沟口 0.63 km 处跨徐川河主沟穿越孛家河支沟而过；并有县乡道路沿杜家河与孛家河的分水岭南上直达兴隆村，长约 11.89 km，村级土路和田间生产便道广泛分布于流域内川台地和梁峁坡上。输变电线路分布于流域沟道川台地及其以上梁峁坡上，位置较高。

沟道工程建设的淹没影响：坝系工程勘察选择坝址时，主要考虑了骨干坝回水及淤积面高程与所处沟道分布村庄、道路高低情况以及可能淹没的川台地数量大小，尽量避免造成较大淹没损失，以使工程建设投资尽可能做到费省效宏。但是，由于受沟道坝址地形条件、坝系单元布局等方面的影响，仍有少量村级交通道路、农户、耕地被淹没，通过广泛征求当地群众及当地政府意见，对于因坝系工程建设造成的道路占地、农户搬迁、耕地淹没等损失，由当地政府承诺无偿解决，所需费用不占用工程建设资金。

2. 土地利用现状

(1)土地利用现状。流域总土地面积为 63.62 km^2，现有总耕地 3 510.31 hm^2，占流域总面积的 55.18%，其中坡耕地 1 535.60 hm^2，梯田及川台地 1 974.71 hm^2，林地面积 790.88 hm^2，天然草地 84.40 hm^2，人工草地 107.41 hm^2，其他用地 1 007.61 hm^2，荒地 861.39 hm^2。土地利用比例农∶林∶牧为 55.18∶12.43∶3.01。徐川小流域土地利用现状见表 2-14。

(2)土地利用现状分析。流域土地资源较为丰富，人均土地 0.68 hm^2，人均耕地 0.38 hm^2，人均基本农田 0.21 hm^2。通过几十年的小流域治理，以梯田建设为主的水土保持治理措施对种植结构和产业结构的调整创造了极其有利的条

件，但是现状土地利用结构仍不合理，农业用地面积偏大，占土地总面积的55.18%，坡耕地面积占到农耕地面积的43.75%；林牧地面积偏小，占土地总面积的15.44%；荒地占土地总面积的13.54%。土地利用存在的主要问题是由于水土流失严重所导致的耕地面积减少、地力降低以及人口的持续较快增长与基本农田发展较慢之间的矛盾。

表2－14　徐川小流域土地利用现状

项目	农地			林地			草地	其他用地	荒地	合计
	小计	坡耕地	梯田及川台地	小计	乔木	灌木				
面积(hm^2)	3 510.31	1 535.6	1 974.71	790.88	355.9	434.98	191.81	1 007.61	861.39	6 362
比例(%)	55.18	24.14	31.04	12.43	5.59	6.84	3.01	15.84	13.54	100

3.经济状况

该流域农村各业总产值为1 551.60万元，其中农业总产值为1 192.31万元，占总产值的76.85%；林业产值25.05万元，占总产值的1.61%；牧业产值207.99万元，占总产值的13.40%；副业产值126.25万元，占总产值的8.14%。该流域经济状况见表2－15、表2－16。

表2－15　徐川小流域社会经济现状

辖区	省(区)		甘肃省
	县(旗)		通渭县
	镇	个	1
	村	个	8
人口	户	户	1 854
	总人口	人	9 372
	农业人口	人	9 279
	农业劳动力	个	3 749
	人口密度	人/km^2	147.3
社经指标	总土地面积	km^2	63.62
	水土流失面积	km^2	63.62
	人均土地	hm^2	0.68
	人均耕地	hm^2	0.38
	人均基本农田	hm^2	0.21
产值	总	万元	1 551.60
	人均	元	1 672
收入	总	万元	1 193.70
	人均	元	1 287

表 2-16　徐川小流域农业经济结构现状

项目	农业				林业	牧业	副业	合计
	小计	粮食	油经	其他				
产值(万元)	1 192.31	786.60	405.71		25.05	207.99	126.25	1 551.60
比例(%)	76.85	50.70	26.15		1.61	13.40	8.14	100.00

该流域农村经济类型属自给自足的农业生产经济模式，经济水平较低，长期以来沿袭以粮为主的生产方式，农业生产靠天吃饭的局面尚未得到根本改变，自我发展和抵御自然灾害的能力十分有限。随着退耕还林(草)政策的深入推广和人口高速持续增长，以及受地形条件的制约，修筑梯田发展沟坝地受到限制，而坝地在农业生产中的高效与高保收率使沟道工程建设备受青睐和欢迎，淤地坝拦泥造地变为基本农田增加的主要途径，坝系农业日益成为提高人们生活水平、改善农业生产条件、调整农村产业结构、进行区域生态环境建设和经济社会可持续发展的重要基础和保障。

4. 基础设施建设情况

通甘公路、县乡公路沿杜家河与孛家河支沟间分水岭纵穿而过，流域内乡村道路等畅通便利，省道、县道以及乡村道路等组成了流域内发达便捷的交通道路网络。输变电线路遍布全流域乡(镇)、行政村及村民小组，其中沿徐川河主沟两岸川台地和县乡公路两侧分布有高压输变电线路，流域内实现了村村通电。移动通讯网络覆盖了流域60%以上的面积范围，村村通程控电话。由于流域内蓄水设施相对缺乏，难以实施集中供水工程，部分村、组居民人畜饮水采取打井取水，绝大部分居民以水窑(窖)集雨工程解决人畜饮用问题。

(二)案例评析

《徐川小流域坝系工程可行性研究报告》按《规定》的要求，简述了小流域内所涉及的乡、村总人口，人口密度，农业劳动力等，论述了小流域的土地总面积、不同土地类型的面积、利用情况和结构等，内容较全面、详细。对土地利用现状进行了分析，增加了小流域土地利用现状表，说明了农林牧用地的比例，找出了土地利用存在的主要问题和矛盾。

在论述不同地类、不同级别沟道上的人口分布特点时比较详细，从报告中可看出不同级别沟道村庄的分布状况：Ⅰ级沟道人口居住较多，农户居住位置均较高；Ⅱ级沟道人口主要分布在河流阶地上；Ⅲ级沟道居住人口相对较多，较为分散，大部分农户居住在沟道右岸距沟底25 m以上的阶地上。同时该报告在沟道工程建设的淹没影响方面阐述也比较全面，考虑了工程建设尽量避免造成较大淹没损失，达到费省效宏的效果。

在简述农、林、牧、副业的产值和总产值时，对经济结构现状进行了分析。还应对乡镇（包括村办工业）企业的生产水平和农民收入状况等进行简要说明。

由于将流域内行政村及交通道路等基础设施建设内容放在行政区划里进行了介绍，所以在小流域基础设施建设情况的简述中，有关道路的表述简单明了。

四、应注意的问题

编写该部分内容时，要在现场实地勘查中做好勘查记录，以便在报告编制中，准确地描述不同地类、不同级别沟道上的人口分布特点和沟道工程建设的淹没影响。

编写经济状况内容时，应注意分析土地利用现状以及产业结构调整，找准土地利用现状存在的问题，为沟道坝系建设和促进小流域土地利用结构的合理调整提供切实可靠的依据。

在简述基础设施建设情况时，要注意表达的顺序和内容的完整性，尤其对流域内的道路网、通讯网、输电线路网和施工用水用电等进行简要说明。

第三节　水土流失概况

一、《规定》要求

（一）土壤侵蚀状况

分析论述流域所在地区主要侵蚀方式和特点，说明不同侵蚀强度的面积、侵蚀量及其分布（用表格形式表述，表格样式见《规范》）。

（二）侵蚀模数分析与确定

通过不同地貌单元的侵蚀模数，加权平均计算流域平均侵蚀模数，或用淤地坝淤积量反推流域平均侵蚀模数，并与当地水文手册值进行比较分析，确定小流域侵蚀模数。

二、技术要点

水土流失概况主要包括土壤侵蚀状况和侵蚀模数分析与确定两方面内容。

（一）土壤侵蚀状况的描述

在论述流域所在地区主要侵蚀方式和特点等内容时，应在调查收集小流域内土壤侵蚀的类型、特点、强度、分布、面积的基础上，通过小流域所在地区主要侵蚀方式和特点的分析，说明不同侵蚀强度的面积、侵蚀量及其分布，并以表格的形式列出小流域侵蚀面积及强度分布等指标。这类资料严格地讲要采用实地调查的方法获取，实际中也可以从各级政府水行政主管部门获取。

土壤侵蚀的方式主要有水蚀、风蚀、重力侵蚀和冻融侵蚀。一年四季各种侵蚀方式交替进行，夏、秋季水蚀严重，尤其在7～9月，水蚀、重力复合侵蚀最为严重；冬季至来年春季植被覆盖度低，风力侵蚀十分严重；春季岩体解冻，土壤水分蒸发，冷热变化，斜坡、谷坡泻溜侵蚀严重，多为重力侵蚀与冻融侵蚀同时发生。

“土壤侵蚀分类分级标准法”就是根据《土壤侵蚀分类分级标准》(SL190—96)及所在小流域不同地类、不同地面坡度及林草覆盖度、沟壑密度、沟谷占坡面面积比例等，对流域土壤侵蚀模数进行分析计算的方法。土壤侵蚀强度分级标准见表2－17。

表2－17 土壤侵蚀强度分级标准

侵蚀级别	平均侵蚀模数(t/(km² · a))	平均流失厚度(mm/a)
微度	<200,500,1 000	<0.15,0.37,0.74
轻度	200,500,1 000～2 500	0.15,0.37,0.74～1.9
中度	2 500～5 000	1.9～3.7
强度	5 000～8 000	3.7～5.9
极强度	8 000～15 000	5.9～11.1
剧烈	>15 000	>11.1

(二)侵蚀模数的分析与确定

侵蚀模数的分析与确定是一项基础性和关键性的工作。侵蚀模数是否准确，直接影响到坝系建设中工程规模的确定。

常用的小流域土壤侵蚀模数确定方法有水文手册法、土壤侵蚀分类分级标准法和坝库工程淤积调查分析法等三种。水文手册法的依据是各地的水文手册，由于各地水文手册多为20世纪七八十年代出版，难以反映近二三十年土壤侵蚀模数的变化情况。土壤侵蚀分类分级标准法的依据是《土壤侵蚀分类分级标准》(SL190—96)，由于同一侵蚀强度分级的级内侵蚀模数上下限相差幅度较大，如强度侵蚀区的上下限分别为5 000～8 000 t/(km² · a)，极强度侵蚀区的上下限分别为8 000～15 000 t/(km² · a)，其级内上下限的差别接近一倍，用哪个值较为合理，实践中很难把握，也就难以准确确定其侵蚀模数。坝库工程淤积调查分析法的依据是小流域内现有淤地坝的淤积情况，一般来说，这种方法能够较好地反映流域实际土壤侵蚀状况，但受建坝时间、工程运行方式等条件的制约，往往建坝时间久远的工程已淤满并失去拦泥作用，难以准确确定淤满的具体时间和淤满后是否还有大洪水条件下的滞洪落淤;而建坝时间较短的工程,虽没有泥沙排出,但时间过短,近几年的干旱或多雨都可能造成土壤侵蚀模数分析值偏小或偏大。

由于坝系建设的小流域多无实测水文泥沙资料,各种方法不同程度地存在一定的不足,使得土壤侵蚀模数的确定往往需要多种方法相互印证。

1. 水文手册法

所谓“水文手册法”就是通过当地《水文手册》中的“土壤侵蚀模数等值线图”和小流域所在位置,查算所在小流域的土壤侵蚀模数值。

这种方法的优点是简单易行,同时,由于《水文手册》是由当地主管部门颁发执行的,具有一定的权威性,常被专家所认可。

这种方法存在的问题是:由于各地水文手册出版时间早,难以反映近期流域治理及地表植被等变化对小流域土壤侵蚀模数的影响。

2. 土壤侵蚀分类分级标准法

土壤侵蚀分类分级标准法分析计算流域土壤侵蚀模数采用如下步骤。

第一步:根据《土壤侵蚀分类分级标准》面蚀分级指标表(见表2-18)在万分之一地形图上分别统计不同强度区水土流失面积。

表2-18 面蚀分级指标

<table>
<tr><td colspan="2">地面坡度</td><td>5°~8°</td><td>8°~15°</td><td>15°~25°</td><td>25°~35°</td><td>>35°</td></tr>
<tr><td rowspan="4">非耕地林草覆盖度(%)</td><td>60~70</td><td colspan="3">轻 度</td><td></td><td></td></tr>
<tr><td>45~60</td><td></td><td></td><td></td><td></td><td>强 度</td></tr>
<tr><td>30~45</td><td></td><td colspan="2">中 度</td><td>强 度</td><td>极强度</td></tr>
<tr><td><30</td><td></td><td></td><td rowspan="2">强度</td><td rowspan="2">极强度</td><td rowspan="2">剧 烈</td></tr>
<tr><td colspan="2">坡 耕 地</td><td>轻 度</td><td>中 度</td></tr>
</table>

第二步:根据《土壤侵蚀分类分级标准》沟蚀分级指标表(见表2-19),在万分之一地形图上分析计算沟壑密度、沟谷占坡面面积比例,并确定沟谷土壤侵蚀强度级别。

表2-19 沟蚀分级指标

沟谷占坡面面积比例(%)	<10	10~25	25~35	35~50	>50
沟壑密度(km/km^2)	1~2	2~3	3~5	3~5	>7
强度分级	轻度	中度	强度	极强度	剧烈

第三步:根据《土壤侵蚀分类分级标准》重力侵蚀强度分级指标表(见表2-20),分析流域重力侵蚀强度级别。

表 2-20　重力侵蚀强度分级指标

崩塌面积占坡面面积比(%)	<10	10~15	15~20	20~30	>30
强度分级	轻度	中度	强度	极强度	剧烈

第四步:根据《土壤侵蚀分类分级标准》风力侵蚀强度分级表(见表 2-21),分析流域风力侵蚀强度级别。

表 2-21　风力侵蚀强度分级指标

级别	床面形态(地表形态)	植被覆盖度(%)(非流沙面积)	风蚀厚度(mm/a)	侵蚀模数(t/(km^2·a))
微度	固定沙丘,沙地和滩地	>70	<2	<200
轻度	固定沙丘,半固定沙丘,沙地	70~50	2~10	200~2 500
中度	半固定沙丘,沙地	50~30	10~25	2 500~5 000
强度	半固定沙丘,流动沙丘,沙地	30~10	25~50	5 000~8 000
极强度	流动沙丘,沙地	<10	50~100	8 000~15 000
剧烈	大片流动沙丘	<10	>100	>15 000

第五步:套绘土壤侵蚀分类图。一般采用两幅同比例的土地利用图和坡度组成图进行套绘。在套绘过程中,机修梯田的坡度按小于5°考虑,其余各图斑取其相应坡度的均值,套绘出土壤侵蚀分类图。在图上量出每一侵蚀级的面积,填制水土流失现状表(见表 2-22)。

表 2-22　×××小流域水土流失现状

侵蚀级别	侵蚀形式	各级面积(km^2)	占总面积比(%)	分布范围
轻度				
中度				
强度				
极强度				
剧烈				

第六步:依据《土壤侵蚀分类分级标准》,确定每一级别的侵蚀模数。

第七步:采用加权平均法计算流域平均侵蚀模数。

加权平均法求出流域平均侵蚀模数 $\overline{M}$,采用下式计算:

$$\overline{M} = (F_1 \times M_1 + F_2 \times M_2 + \cdots + F_n \times M_n)/F \qquad (2-30)$$

式中:$\overline{M}$ 为流域平均侵蚀模数,t/(km² · a);$\overline{M}_1, \overline{M}_2, \cdots, \overline{M}_n$ 分别代表各侵蚀级别的侵蚀模数(在各级别面积内按植被覆盖度、坡度和坡长等情况取值);F_1, $F_2, \cdots, F_N$分别代表各侵蚀级别的面积,km²;F 为流域总面积,即 $F = F_1 + F_2 + \cdots + F_n$,km²。

将水土流失现状表中各级面积和土壤侵蚀强度分级标准表中相应的侵蚀模数值代入上式,计算结果列于表 2-23。

表 2-23　土壤侵蚀模数计算结果

级别	侵蚀面积(km²)	侵蚀量(t)	侵蚀模数(t/(km² · a))
Ⅱ轻度			
Ⅲ中度			
Ⅳ强度			
Ⅴ极强度			
Ⅵ剧烈			
合计			

这种方法的优点是:其侵蚀强度的确定是根据流域不同地类、地面坡度、植被覆盖度、沟壑密度等分块加权平均确定的,对无实测水土流失资料的小流域无疑更有针对性。

这种方法的缺点是:一是工作量相对较大,需要在万分之一地形图上绘制土壤侵蚀分类图;二是由于同一侵蚀强度级内侵蚀模数上下限相差幅度较大,如强度侵蚀区的上下限分别为 5 000 t/(km² · a) 和 8 000 t/(km² · a),极强度地区的上下限分别为 8 000 t/(km² · a) 和 15 000 t/(km² · a),同强度级内上、下限土壤侵蚀模数的差别接近一倍,用哪个值较为合理,实践中较难把握,也就难以十分准确计算其侵蚀模数。

3. 坝库工程淤积调查分析法

所谓"坝体工程淤积调查分析法",就是通过对小流域内现有淤地坝或水库工程淤积量的测量和工程建设年份、控制面积、淤满年份、枢纽组成及运行方式等的调查,分析计算流域土壤侵蚀模数的方法。

坝库工程淤积调查分析法确定流域土壤侵蚀模数采用以下步骤。

第一步:现状坝库工程的调查与勘测。内容包括工程名称、控制面积、建设年份、淤满年份、本工程上下游坝库工程建设年份及其拦蓄影响等(见表 2-24)。

表 2－24　坝库工程淤积调查分析

工程名称	控制面积（km^2）	建设年份（年）	总库容（万 m^3）	淤积库容（万 m^3）	已淤库容（万 m^3）	淤满年份（年）	枢纽组成	运行方式	上游工程名称	下游工程名称	侵蚀模数（$t/(km^2 \cdot a)$）	平均侵蚀模数（$t/(km^2 \cdot a)$）

第二步：根据工程枢纽组成、淤满与否、运行方式及坝体工程布局情况，确定坝控范围的土壤侵蚀模数及计算方法。

（1）采用滞洪排清的运行方式、由大坝和放水工程组成的淤地坝或小水库工程分以下几种情况：

a. 未淤满的坝库工程，且上游无其他坝库工程，其控制范围的侵蚀模数按下式计算：

$$M_i = \frac{\gamma V_{淤}}{nF_i} \tag{2-31}$$

式中：M_i 为编号为 i 的坝库工程控制范围的土壤侵蚀模数，$t/(km^2 \cdot a)$；γ 为泥沙干容重，t/m^3；$V_{淤}$ 为坝库工程淤积量，m^3；n 为坝库工程实际淤积年数，a；F_i 为坝库工程控制流域面积，km^2。

b. 上游有早于或等于本工程建设年份的未淤满的坝库工程，本工程可按式（2－31）计算区间控制面积的侵蚀模数。

c. 上游有晚于本工程建设年份的坝库工程，不论淤满与否，仍可按式（2－31）分析计算控制范围的土壤侵蚀模数。但应注意：上式中的坝库工程淤积量应按本工程和上游工程淤积量之和计算，上式中的坝库工程控制流域面积则应取本工程的区间控制面积和上游工程的控制面积之和计算。

d. 上游有早于本工程建设年份的坝库，并在本工程运行期间淤满的坝库工程，本工程控制范围的侵蚀模数可按式（2－32）计算：

$$M_i = \frac{\gamma V_{淤}}{n_1 F_{区} + n_2(F_{区} + F_{上})} \tag{2-32}$$

式中：n_1、n_2 分别为本工程建设至上游工程淤满年数、上游工程淤满年份至调查年份的年数，a；$F_{区}$、$F_{上}$ 分别为本工程控制的区间面积和所有工程的控制流域面积，km^2；其余符号意义同前。

e. 已淤满的工程，可以通过调查淤满年份，合理确定式(2－31)和式(2－32)的实际淤积年数，分析计算控制范围的土壤侵蚀模数。

(2)采用排(泄)洪运行方式、由大坝和放水工程组成的淤地坝或小水库工程，其控制范围的侵蚀模数，可采用坝库工程排沙比的方法进行估算。但由于无实测资料，且排沙比受洪水大小、来洪过程等因素影响较大，其估算值仅供参考。

(3)由土坝、放水工程和溢洪道“三大件”组成的坝库工程，其排沙比受洪水大小、来洪过程及淤积程度等因素影响更大，往往很难用淤积量估算控制范围的土壤侵蚀模数。

坝体工程淤积调查分析法的优点是：能够较为准确地反映流域在坝库工程运行期间的实际土壤侵蚀模数状况。在下垫面变化不大、无实测资料、有建成时间较长的坝库工程的小流域，具有较好的应用效果。

坝体工程淤积调查分析法的缺点是：受建坝时间、工程运行方式等条件的制约，往往建坝时间长的工程已淤满，并失去拦泥作用，难以准确确定淤满的具体时间和淤满后是否还有大洪水条件的滞洪落淤；而建坝时间较短的工程，虽未有泥沙排出，但时间过短，近几年的干旱少雨或丰水多雨都可能造成土壤模数分析值偏小或偏大。

由于上述计算方法不同程度地存在着一定的缺陷，因此应采取多种方法进行综合分析计算，相互印证，合理确定。

三、案例剖析

盐沟小流域坝系工程可行性研究报告的❶“水土流失概况”及其评析。

(一)案例

1. 土壤侵蚀状况

(1)土壤侵蚀特点。盐沟小流域属典型的黄土丘陵沟壑区，受水力侵蚀和重力侵蚀的交织作用，黄土及近代坡积物其水蚀与重力侵蚀同步演化并相互影响。一般而言，梁峁地带面蚀向细沟和浅沟演化，并进一步发展成切沟，最后发展成冲沟。

冲沟形成后，地面切割进一步加剧，地面坡度变陡，重力侵蚀加剧。从侵蚀部位分析，该流域地貌类型按基本地貌单元可分为沟间地和沟谷地两类，以沟缘线为界其上部为沟间地，下部为沟谷地。沟间地的梁峁顶坡面平缓；梁峁坡顶端

---

❶《盐沟小流域坝系工程可行性研究报告》由黄河水土保持绥德规划设计研究院编制，编制时间为 2006 年 4 月。在编辑过程中，编者对原报告的内容作了适当的删改。

向下坡度逐渐增大，变化于5°～15°之间；梁峁再向沟谷方向延伸进入梁峁斜坡段，坡度为15°～25°，呈现细沟、浅沟等侵蚀形态；在峁边线坡度转缓，在潜蚀作用下陷穴、洞穴侵蚀发育。沟谷地中的谷坡较梁峁坡陡，多为25°～70°，重力侵蚀严重，常有泻溜、崩塌、滑坡发生，形成重力侵蚀带。该区土壤侵蚀强度沟谷地大于沟间地。这是该流域土壤侵蚀的重要特点。

(2)土壤侵蚀方式。本流域土壤侵蚀的类型有：水力侵蚀（包括面蚀、沟蚀）、重力侵蚀（包括滑坡、崩塌和泻溜）和风力侵蚀。雨滴溅蚀主要分布在坡面平缓的梁峁坡顶；面蚀主要分布在梁峁上段距顶部一定距离产生薄层地表径流处，其特点是有大量纹沟出现；沟蚀主要分布在25°以上的梁峁斜坡中下段的凹形坡面及峁坡下部的坡面渠湾，其特点是呈平行群体分布；洞穴侵蚀大多发生在谷坡中上部及沟头部分；重力侵蚀一般发生在大于60°的谷坡和沟头部分；风力侵蚀主要分布在峁顶和梁峁之间的鞍部。流域各地貌单元侵蚀方式见表2－25。

表2－25　流域各地貌单元侵蚀方式

地貌类型	地貌单元	地面坡度	主要侵蚀方式
梁峁	梁峁顶	5°～15°	轻度鳞片侵蚀
	梁峁坡	5°～25°	中、强度面蚀，极强度面蚀和浅沟侵蚀
沟谷	谷坡	25°～70°	重力侵蚀（泻溜、崩塌、滑坡）
	沟台	5°～8°	微度、轻度面蚀和细沟侵蚀
	沟坡	＞15°	剧烈崩塌、潜蚀
	沟床	1.44‰～16‰	剧烈下切、侧蚀

(3)侵蚀程度。盐沟小流域总土地面积92.19 km^2，水土流失面积92.19 km^2，沟壑密度为3.4 km/km^2，平均土壤侵蚀模数1.46万t/(km^2·a)，其中轻度侵蚀面积1.75 km^2，占流失面积的1.9%，中度侵蚀面积8.02 km^2，占流失面积的8.7%，强度侵蚀面积10.88 km^2，占流失面积的11.8%，极强度侵蚀面积17.33 km^2，占流失面积的18.8%，剧烈侵蚀面积54.21 km^2，占流失面积的58.8%（见表2－26），年均流失量138.3万t。

2.侵蚀模数的分析与确定

按照水利部颁发的《土壤侵蚀分类分级标准》，考虑土地坡度、下垫面条件以及降雨量等因素，对流域的土壤侵蚀强度进行分析，见表2－26。通过不同地貌单元的侵蚀模数，按各侵蚀强度所占的面积和比例加权平均计算流域侵蚀模数为14 648 t/(km^2·a)。

根据陕西省《榆林地区实用水文手册》多年侵蚀模数图，查得盐沟小流域多年平均侵蚀模数为 15 500 t/(km^2 · a)(资料年限为 1956 ~ 1980 年)。

表 2 - 26　盐沟小流域水土流失现状

流域面积(km^2)	不同侵蚀强度面积(km^2)										侵蚀模数(万 t/(km^2 · a))	沟壑密度(km/km^2)
	轻度		中度		强度		极强度		剧烈			
	面积	占%	面积	占%	面积	占%	面积	占%	面积	占%		
92.19	1.75	1.9	8.02	8.7	10.88	11.8	17.33	18.8	54.21	58.8	1.46	3.4

通过对盐沟小流域 8 座现状淤地坝实测淤积资料分析,计算得该流域多年平均侵蚀模数为 14 525 t/(km^2 · a),见表 2 - 27。

表 2 - 27　盐沟小流域现状淤地坝淤积量推算侵蚀模数计算

坝名	坝控面积(km^2)	淤积年限(年)	淤积量(万 t)	侵蚀模数(万 t/(km^2 · a))	建坝年份	淤满年份	工程等级
柳树峁坝	5.54	14	148.5	1.91	1990	2005	骨干坝
白家崖窑	3.97	12	47.25	0.99	1992	2004	骨干坝
红星坝	10.88	15	171.45	1.05	1978	1993	大型坝
黑家寺	3.1	21	166.05	2.55	1978	1999	大型坝
细嘴子坝	5.4	21	170.1	1.50	1973	1994	中型坝
张家沟	2.83	31	132.3	1.51	1973	2004	大型坝
大沙峁	1.5	31	58.05	1.25	1973	2004	中型坝
罗沟坝	1.29	32	64.125	1.55	1972	2004	中型坝
合计(平均)	34.51		903.8	1.452 5			

柳树峁骨干坝位于流域最上游,黄河上中游管理局 1989 年下达工程计划任务书,1990 年 11 月建成,坝控面积为 5.54 km^2,工程枢纽由坝体和放水建筑物组成,设计坝高为 25.5 m,经过十多年运行,淤泥面距坝顶 4.5 m,已淤库容 111 万 m^3,剩余库容 45 万 m^3,在运行期间没有出现任何问题,目前运行良好。因此,侵蚀模数的计算时段为 1990 ~ 2004 年(14 年)。

白家崖窑骨干坝位于流域中下游的段家沟上游,1992 年建成,坝控面积为 3.97 km^2,工程枢纽由坝体和放水建筑物组成,设计坝高为 30 m,经过十多年运行,淤泥面距坝顶16.8 m,已淤库容 35 万 m^3,剩余库容 78 万 m^3,在运行期间没有出现任何问题,目前运行良好。因此,侵蚀模数的计算时段为 1992 ~ 2004 年(12 年)。

红星大型淤地坝位于流域中上游的水湾沟中游,1978 年 4 月建成,坝控面积为 10.88 km^2,工程枢纽由坝体、溢洪道和竖井放水建筑物组成,设计坝高为 23 m,总库容 194 万 m^3,拦泥库容 127 万 m^3,1994 年,淤积到 17.4 m 时,放水建筑物局部损坏，失去了拦蓄作用，淤泥面距坝顶 5.6 m，已淤库容 127 万 m^3，剩余库容 67 万 m^3，因此侵蚀模数的计算时段为 1978～1993 年（15 年）。

黑家寺淤地坝位于流域下游右岸的黑家寺沟中游，该坝修建于 1977 年 11 月，坝控面积为 3.1 km^2，修建初期工程枢纽组成只有坝体，无放水设施，坝高为 20 m，总库容 144.3 万 m^3，1999 年淤至距坝顶 3.2 m 的现淤泥面高度，已淤库容 103 万 m^3，该村群众为了保证该坝安全，在坝体右侧的基岩上开挖了深 4.6 m、宽 4.5 m 的石质溢洪道，从此，该坝就失去了拦蓄能力，因此本次侵蚀模数的计算时段为 1978～1999 年（21 年）。

细嘴子淤地坝位于流域下游右岸的细嘴子沟中下游，坝控面积为 5.4 km^2，该坝修建于 1973 年，坝高为 33.5 m，总库容 195 万 m^3，无放水设施，1994 年当淤地坝淤至距坝顶 6.0 m 的泥面高度时，左侧坝体被冲开宽 3 m、深 3 m 的冲口，已淤库容 126 万 m^3。此后，由于管理问题，冲口逐年扩大，目前已形成了宽 16.4 m、深 13 m 的冲口，因此本次侵蚀模数的计算时段为1973～1994年（21 年）。

张家沟淤地坝位于流域中游右岸的郑家沟上游，坝控面积为 2.83 km^2，该坝修建于 1973 年，总坝高 16.0 m，总库容 100.6 万 m^3，无放水设施。2005 年调查时，已淤库容 98 万 m^3，淤地坝淤至距坝顶 0.5 m，未发现坝体损坏现象，因此本次侵蚀模数的计算时段为1973～2004年（31 年）。

大沙峁淤地坝位于流域中游左岸的刘家沟上游，坝控面积为 1.5 km^2，该坝修建于 1973 年，总坝高 15.0 m，总库容 49.8 万 m^3，无放水设施。2005 年调查时，已淤库容 43 万 m^3，淤地坝淤至距坝顶 1.0 m，未发现坝体损坏现象，因此本次侵蚀模数的计算时段为 1973～1994 年（31 年）。

罗沟淤地坝位于流域上游右岸的水湾沟上游，坝控面积为 1.29 km^2，该坝修建于 1972 年，总坝高 13.2 m，总库容 47.3 万 m^3，无放水设施。2005 年调查时，淤地坝淤至距坝顶 0.5 m，未发现坝体损坏现象，因此本次侵蚀模数的计算时段为 1972～2004 年（32 年）。

通过以上分析，由不同地貌单元的侵蚀模数加权平均计算的流域侵蚀模数为 14 648 t/(km^2·a)，而用现状淤地坝反推的侵蚀模数为 14 525 t/(km^2·a)，由《榆林地区实用水文手册》多年侵蚀模数图查得的多年平均侵蚀模数 15 500 t/(km^2·a)（资料年限为 1956～1980 年），考虑到经过几十年流域的治理，坡面治理度已达到 38.7%，较以前有明显提高，因此侵蚀模数较以前有了一定程度的减小，因此本次可研侵蚀模数取 1.5 万 t/(km^2·a)是符合流域实际的。

（二）案例评析

《盐沟小流域坝系工程可行性研究报告》对小流域内土壤侵蚀的机理、特点和侵蚀方式、程度等进行了较详细地阐述，并以表格的形式列出了流域各地貌单元侵蚀方式，比较清晰。

盐沟小流域坝系工程的侵蚀模数分析与确定，采用了不同地貌单元的侵蚀模数加权平均、现状淤地坝调查、《榆林地区实用水文手册》多年侵蚀模数等值线图等三种方法，对小流域侵蚀模数进行了分析与计算。由不同地貌单元的侵蚀模数加权平均计算的流域侵蚀模数为 14 648 t/(km^2·a)；用现状淤地坝反推时，通过对流域内现有的柳树峁坝、白家崖窑、红星坝、黑家寺、细嘴子坝、张家沟、大沙峁、罗沟坝 8 座淤地坝的淤积现状的调查与分析得侵蚀模数为 14 525 t/(km^2·a)；通过《榆林地区实用水文手册》多年侵蚀模数图查得的多年平均侵蚀模数为 15 500 t/(km^2·a)（资料年限为 1956～1980 年），最后在分析三种方法所得不同数据时，又考虑到经过几十年流域的治理，坡面治理度已达到 38.7%，较以前有明显提高，侵蚀模数较以前有了一定程度的减小，因此本次可研侵蚀模数取 1.5 万 t/(km^2·a)。这种采取多种方法综合确定小流域土壤侵蚀模数的方法值得借鉴和推广。

四、应注意的问题

（1）土壤侵蚀状况的描述，要通过小流域的实地调查，选择典型的区域与样方进行分析，给出不同地貌单元侵蚀强度及其分布、侵蚀面积和侵蚀量等量化指标，为侵蚀模数分析与确定提供可靠的基础数据。

（2）在分析确定小流域侵蚀模数时，要注意所应用资料的可靠性。对于加权平均计算流域平均侵蚀模数时，应注意不同地貌单元的侵蚀模数的确定。利用当地水文手册值时，要注意手册刊印的时间，因为编制的水文手册具有时间性，随着时间的推移和气象、水文条件的变化，其使用时要进行修正，这方面可向当地水文部门咨询或尽量采用新版水文手册。利用水文站资料时，应对资料系列的年限予以说明，资料系列年限一般宜在 30 年以上，对资料的代表性与类比性加以说明。淤积量反推流域平均侵蚀模数时，对已建淤地坝的调查要尽可能详细，尤其是淤积量确定要进行勘测。在根据淤积量推算侵蚀模数的计算中，除应调查并列表说明坝名、控制面积、建坝时间、淤满时间、淤积量等要素外，还应说明调查坝的枢纽结构型式、淤满前后的运行方式，并应附现状工程布局简图，以便确定和协调各坝之间的拦蓄关系，采用不同的计算方法，分析计算各自控制范围的侵蚀模数。

第三章 淤地坝工程现状与分析

第一节 水土保持生态建设现状

一、《规定》要求

简述小流域水土保持生态建设现状、治理程度及措施结构等。
简述开展水土保持综合治理的作用和效果。
分析小流域开展水土保持工作的经验及存在的主要问题。
简述当地政府和群众对开展水土保持工作的积极性、认识和要求。

二、技术要点

在"第二章基本情况"中,对小流域的自然概况、社会经济状况、水土流失概况等作了分析交待,这是从小流域的自然、社会环境等方面为随后进行的工程布局、工程设计等提供支持的。本章则是专门对水土保持治理的成效、经验等进行总结,以便为随后进行的工程布局、工程设计等进一步提供技术支持,增强可行性研究报告的科学性、合理性。

水土保持生态建设是从生态环境建设的角度看待水土保持工作的,其实质内容与以前所说的水土保持综合治理区别不大,建设的措施依然可以划分为生物措施、工程措施、耕作措施及预防监督措施等,也可以分为坡面治理措施和沟道治理措施。本章是在全面反映水土保持生态建设现状的基础上,再对其中的淤地坝工程进行重点分析评价。

就本节内容而言,《规定》要求对有关内容进行简述,也就是报告内容不必过细过长,但其基础工作一定要扎实可靠。其中小流域水土保持生态建设现状、治理程度及措施结构等应该在现状调绘的基础上完成,并且要形成与原地貌相对应的水土保持生态建设现状图。水土保持综合治理的作用和效果要在调查统计的基础上完成,切不可撇开流域自身实际照抄照搬。

本节内容的形成过程应通过以下步骤来完成。

（一）准备工作

准备工作主要包括技术资料、技术文件以及野外现场调查必需的仪器设备等的收集与准备。主要工作内容有：

（1）准备技术资料，如技术规范、地形图、外业调查表格等；

（2）准备外业工作所需仪器设备及有关工具，如勘探及测量工具等；

（3）拟订外业工作路线、进度安排；

（4）编制水土保持生态建设现状调查提纲。水土保持生态建设现状调查的内容一般包括：

a. 水土保持生态建设成果调查。在调查了解小流域开展水土保持工作的起始时间（年）、主要发展阶段、各阶段工作的主要特点的基础上，掌握各项治理措施的保存面积，各类水土保持工程的数量、质量。

另外，为更好地服务下一步的分析工作，在调查水土保持生态建设成绩的同时，应尽可能全面地掌握各项措施与工程的布局是否合理，水土保持淤地坝工程的分布与作用等。

b. 各项治理措施和小流域综合治理的基础效益（保水、保土）、经济效益、社会效益、生态效益调查。

c. 水土保持治理经验及存在问题的调查。水土保持治理经验调查，包括治理措施配置经验和组织管理经验。水土保持措施配置经验，着重了解各项水土保持治理措施如何结合开发、利用水土资源，为发展农村市场经济、促进群众脱贫致富奔小康服务的具体做法，其中包括有关治理措施配置内容的规划、设计、施工、管理、经营等各环节技术控制等；水土保持组织管理经验，应了解掌握如何发动群众、组织群众，如何动员各有关部门和全社会参与水土保持生态建设，如何用政策调动干部和群众积极性等具体经验。

水土保持存在问题的调查，着重了解工作过程中的失误和教训，包括治理方向、治理措施、经营管理等方面工作中存在的问题。同时了解客观上的困难和问题，包括经费困难、物资短缺、人员不足、坝库淤满需要加高、改建等问题。

d. 当地政府和群众对开展水土保持工作的积极性、认识和要求的调查。

（二）外业调查

外业工作包括收集资料、实地调查、现场走访和成果核查等工作。

（1）资料收集。收集水土保持生态工程建设情况、地方经济发展情况等资料。

（2）实地调查。实地调查一般有两类：一是现场调绘，利用大比例尺地形图（一般为1/10 000），进行实地调绘，将小流域土地利用情况、水土保持措施、村庄、道路等落实到图纸上,即图斑到位;二是现场测量,按照调查提纲的要求,利用一定的测量仪器对淤地坝等现状工程的运行指标进行测量。

(3)现场走访。通过现场走访有关干部群众,进一步了解和掌握开展水土保持综合治理的作用和效果,了解广大群众对小流域开展水土保持工作的看法,小流域开展水土保持工作经验及存在问题,以及当地政府和群众开展水土保持工作的积极性、认识和要求。

(4)成果核查。核查外业收集的资料、任务完成情况及工作成果,对有问题的资料、遗漏的工作要采取措施,及时补救,确保外业工作质量。

(三)内业整理与分析

对照《规定》要求,选用适当方法,整理和综合分析各种基础资料与外业调查成果。分别就小流域水土保持生态建设现状、治理程度及措施结构,开展水土保持综合治理的作用和效果,小流域开展水土保持工作的经验及存在的主要问题,当地政府和群众对开展水土保持工作的积极性、认识和要求等,对调查资料进行汇总、分析,为编制报告做好素材积累。

(四)编写报告

本节需要通过文字表达的内容相对较多,所以在文字材料的组织上应下工夫,避免出现前后内容矛盾、前后思路分歧、前后思想抵触等问题。就当前的实际情况而言,设计人员在编写本节内容时,一定不能远离主题,一定要深入研究,深入思考,不可随意而为、随心所欲,不假思索地信手拈来。

1. 小流域水土保持生态建设现状、治理程度及措施结构

报告可以简要说明治理的难点、治理的主要措施、治理模式、治理历程、治理的主要项目、治理的面积、措施结构分析等,并且可以通过表格的形式将治理现状直观地反映出来。

小流域水土保持生态建设现状包括两方面内容:一是流域内各项水土保持治理措施的面积,主要包括水地、坝地、梯田、林(乔木林、灌木林、经济林等)、草、果园等;二是流域内现有沟道工程的规模、数量等,主要包括小水库、淤地坝、谷坊、塘坝等。

小流域水土保持治理程度,系指小流域水土保持治理总面积占小流域水土流失面积的百分数。

措施结构可用单项措施面积占小流域水土保持治理总面积的百分数来反映。

2. 开展水土保持综合治理的作用和效果

在治理措施效果及作用方面,报告内容应尽可能地通过定量描述的方法,客观反映流域本身的实际情况;切不可一概采用定性描述或照搬一些“放之四海

而皆准”的理论来代替。

3. 小流域开展水土保持工作的经验及存在的主要问题

对现场调查过程中了解到的经验及存在问题进行分析、提炼，形成条理清晰、切合实际的文字报告。

4. 当地政府和群众对开展水土保持工作的积极性、认识和要求

同分析小流域开展水土保持工作的经验及存在的主要问题一样，当地政府和群众对开展水土保持工作的积极性、认识和要求等内容，也要在认真调查研究的基础上客观、据实反映，既不夸大也不缩小。

三、案例剖析

盐沟小流域坝系工程可行性研究报告的“水土保持生态建设现状”及其评析。

（一）案例

1. 水土保持生态建设现状

在党和各级政府的关怀和指导下，该流域的干部群众自 20 世纪 50 年代就开始了水土流失治理工作，并取得了明显成效。据统计，截至 2004 年底，共完成水土流失治理面积3 664.56 hm^2，占流域面积的 39.76%，其中：基本农田1 137.31 hm^2，人工造林 2 477.25 hm^2，人工种草 50.0 hm^2。在现状治理措施中基本农田占 31.04%，人工造林占 67.60%，人工种草占1.36%，水土保持治理措施现状见表 3－1。今后的治理方向重点应转向沟道工程建设，大力建设坝地、水地等高质量的基本农田，保障封山禁牧，退耕还林还草，实行生态环境的自我修复。

2. 水土保持生态建设的作用和效果

(1)通过坡面措施建设，流域内局部区域的水土流失得到了有效的控制。

(2)提高了林草覆盖率(已达 26.8%)，流域生态环境初步有所改善。

(3)增加了基本农田面积，改善了农业生产条件，调整了农村产业结构，促进了流域内坡耕地的退耕还林还草。

(4)提高了群众生活水平，增加了收入。

3. 治理的经验及存在的问题

(1)治理经验。主要有以下几点：

a. 该流域属黄河中游粗泥沙集中来源区，严重的水土流失使河流泥沙含量增大，粗泥沙输入黄河，给黄河下游造成严重威胁，减少河流泥沙的重点就是抓好沟道工程建设。该流域在 20 世纪 90 年代，在流域上游的老王沟和流域下游的段家沟分别实施了柳树峁、白家崖窑等两座治沟骨干工程，在快速拦沙减沙的同时，也淤出了基本农田，拦沙和生产效益较好。

表 3-1　盐沟小流域水土保持治理措施现状

乡(镇)、村名		总面积(km^2)	基本农田(hm^2)				林地面积(hm^2)				草地面积(hm^2)	治理面积合计(hm^2)	治理度(%)
			梯田	台坝地	水地	合计	乔木林	灌木林	经济林	小计			
上高寨乡	徐家东沟	3.61	32.53	8.83	0	41.36	39.79	111.83	11.13	162.75	5.40	209.51	58.04
	徐家峁上	5.78	38.23	0.56	0	38.79	121.47	45.27	1.68	168.42	0.91	208.12	36.01
	徐家西畔	4.51	49.23	1.82	0	51.05	35.45	128.13	1.99	165.57	1.89	218.51	48.45
	段家沟	4.22	174.15	6.27	2.22	182.64	35.30	24.53	5.81	65.64	4.18	252.46	59.82
	白家崖窑	3.54	17.35	3.03	0	20.38	34.39	32.59	0	66.98	0	87.36	24.68
	上高寨	6.85	31.27	9.30	0	40.57	57.65	90.75	1.73	150.13	3.46	194.16	28.34
	郑家前沟	6.19	74.29	5.98	0	80.27	92.51	136.95	1.90	231.36	3.61	315.24	50.93
	郑家后沟	3.39	37.53	3.43	0.55	41.51	30.66	47.49	4.42	82.57	3.89	127.97	37.75
	斗范梁	3.56	22.89	1.23	0	24.12	46.09	35.17	3.69	84.95	1.93	111.00	31.18
	稍店则	4.22	22.53	1.83	0	24.36	37.49	122.91	0	160.40	1.97	186.73	44.25
	陈家泥沟	5.91	42.25	5.16	0	47.41	112.27	75.41	5.09	192.77	1.68	241.86	40.92
	水湾沟	3.48	32.13	7.55	0	39.68	17.69	25.66	1.29	44.64	3.48	87.80	25.23
	高家洼上	1.71	13.98	6.65	0.41	21.04	18.24	2.00	0	20.24	0	41.28	24.14
	木瓜树峁	4.01	5.19	0.35	0	5.54	29.47	55.62	5.55	90.64	0	96.18	23.99
	贺家寨	2.38	26.28	3.41	0	29.69	22.71	26.99	5.48	55.18	0.52	85.39	35.88
	高砭梁	4.13	20.24	5.52	0	25.76	186.06	44.07	1.57	231.70	0.89	258.35	62.55
	柳树峁	5.14	54.07	9.81	1.56	65.44	63.67	39.83	0.23	103.73	2.77	171.94	33.45
	吕家沟	2.88	34.50	139.90	0	174.40	54.31	29.30	4.80	88.44	1.44	264.25	91.75
	小计	75.51	728.64	220.63	4.74	954.01	1 035.22	1 074.50	56.36	2 166.08	38.02	3 158.11	41.82
刘国具乡	白家铺	4.66	47.92	10.71	0	58.63	13.45	22.26	3.23	38.94	3.95	101.52	21.79
	白家后洼	3.80	27.39	7.55	0	34.94	4.05	108.25	8.25	120.55	0.61	156.10	41.08
	高昌	2.47	15.48	0.65	0	16.13	12.72	42.03	0	54.75	4.11	74.99	30.36
	王家洼	2.32	19.28	2.41	0	21.69	12.81	20.99	6.68	40.48	0.36	62.53	26.95
	郝家洼	1.14	7.57	0	0	7.57	1.85	2.10	0	3.95	1.49	13.01	11.41
	王元	1.29	12.40	3.57	0	15.97	16.11	8.21	2.42	26.74	0.94	43.65	33.84
	草垛楞	0.98	10.50	17.87	0	28.37	15.22	9.56	0.98	25.76	0.52	54.65	55.77
	小计	16.66	110.54	42.76	0	183.3	76.21	213.4	21.56	311.17	11.98	506.45	30.40
合计		92.17	869.18	263.39	4.74	1 137.31	1 111.13	1 287.9	77.92	2 477.25	50.00	3 664.56	39.76

b. 该流域属黄土丘陵沟壑区第一副区，水土流失严重。根据该区小流域泥沙来源分析：沟间地与沟谷地面积比为 4∶6 或 1∶1，沟间地产沙量占总产沙量的 50.1%，沟谷地产沙量占总产沙量的 49.9%。因此，治理水土流失必须坚持沟道工程措施与坡面措施相结合，在坡面治理上坚持工程（梯田）措施和植物措施相结合，进一步加大退耕还林还草力度，注重生态自我修复，有效降低坡面侵蚀强度。

c. 治理与管护并重，制定了优惠的政策，责、权、利相结合，能充分调动广大群众治理水土流失的积极性，保护好治理成果。

(2)存在的主要问题。主要有以下几点：

a. 盐沟流域为黄河中游粗泥沙集中来源区，由于资金困难，只注重了坡面措施的治理，而忽视了沟道工程的建设和管护，造成全流域治理措施单一，措施配置不合理，防护作用较低，不能满足拦蓄洪水泥沙和水土保持生态环境建设的要求。

b. 实施沟道工程必须从实际出发，进行科学规划，精心布局、合理设计坝系结构，才能保证工程安全。该流域自20世纪70年代以来，先后建设了不少淤地坝，由于缺乏科学规划，流域内缺少控制性骨干工程，控制洪水泥沙的能力较差，部分大型淤地坝已经淤满，失去了拦沙作用。

c. 作为黄河中游粗泥沙集中来源区，生态自我修复和退耕还林还草是治理水土流失的有效途径，但该流域自然条件差，人口密度较大，仅靠坡面梯田建设基本农田难以解决群众的口粮自给，群众对退耕还林还草有后顾之忧，必须加强沟道工程建设，拦泥淤地，扩大基本农田面积，才能巩固退耕还林还草成果。

(二)案例评析

盐沟小流域采用文表结合的方法，将流域在水土保持生态建设现状方面的内容反映得比较翔实。但还应按《规定》要求"简述当地政府和群众对开展水土保持工作的积极性、认识和要求"，并尽量采用量化指标描述水土保持生态工程建设现状及效果，以增强报告的说服力。

(1)水土保持生态建设现状部分，因为有很详细的插表，所以尽管文字不是很多，但《规定》所要求的内容反映得比较齐全；并在这些数据资料后边，紧接着提出了今后的治理重点应转向沟道工程建设，大力建设坝地、水地等高质量的基本农田，保障封山禁牧，退耕还林还草，实行生态环境的自我修复。行文流畅，衔接自然，紧扣了主题。

(2)水土保持生态建设的作用和效果部分量化指标等偏少，除林草覆盖率已达26.8%外，再无其他量化指标，说服力不足。

(3)治理经验部分，其第一条经验的本意应当是淤地坝是高效的治理措施，第二条是坚持沟道工程措施与坡面措施相结合是一条好的治理之路，经验的实质内容较好，应进一步予以提炼。

在"存在的主要问题"部分的论述中，其第一条通过对有关问题的反映，说明了本流域应该加强沟道工程的建设和管护；第二条说明了本流域缺少淤地坝工程；而第三条"必须加强沟道工程建设，才能巩固退耕还林还草成果"放到经验部分效果将要好一些。

四、应注意的问题

从目前的情况来看，本节最值得注意的问题就是要避免"漏调"现象，尤其是现状淤地坝的情况必须反映出流域的真实情况。一些流域在对待众多小型淤地坝的时候，自认为现状小型淤地坝对整个项目的规模影响不大，因此忽略了一些工程的存在，造成水土保持生态建设现状图等现状资料的淤地坝数量比实际少，可能会给审查者造成“隐瞒现状成绩”、有“套取国家资金”的嫌疑；一些流域在对待存在水毁现象的工程时，由于想更多地争取国家投资，希望所列工程都能成为投资相对较多的“新建”项目，不希望出现投资相对低一些的“旧坝加固”项目等，因此将一些现状的水毁工程有意隐瞒，这不仅会给审查者造成不良的印象，更重要的是这种隐瞒直接导致对水毁工程原因分析的缺失，以及如何从规划布局及工程设计、施工、运行等环节中避免工程水毁的论证，对项目的总体论证极为不利。

第二节　淤地坝建设现状分析

一、《规定》要求

分别说明骨干坝和中、小型淤地坝的数量、控制面积。

列表分类说明淤地坝工程的结构、技术经济指标，表格形式见表3－2。

绘制小流域淤地坝工程现状分布图。

表3－2　淤地坝工程现状

工程编号	沟道编号	坝名	坝型	建坝时间	控制面积(km^2)	坝高(m)	库容(万m^3)			淤地面积(hm^2)			枢纽结构	备注
							总	拦泥	已淤	可淤	已淤	利用		
			骨											
			骨											
骨干坝小计														
			中											
			中											
中型坝小计														
			小											
			小											
小型坝小计														
合计														

注：工程编号由建设性质、类型和序号组成，X—现状，G—规划，G—骨干坝，Z—中型坝，X—小型坝，序号按沟道编号顺序排列。如第23号规划骨干坝的工程编号为GG23。

(一)拦沙蓄水作用分析

分析说明淤地坝的拦沙能力和水资源利用情况。

(二)保收能力分析

分析现状淤地坝的淤积利用情况和增产效果;以现状骨干坝(大型淤地坝)控制范围为单元(骨干坝控制范围以外所有中小型淤地坝按一个单元处理),分析保收能力,见表3-3。

表3-3 坝系现状保收能力分析

单元名称	淤地面积(hm^2)	保收面积(hm^2)	保收率(%)
×××单元 ⋮ 骨干坝未控区			
合计			

注:×××为骨干坝名。

(三)防洪能力分析

分析骨干坝及坝系工程的整体防洪能力,见表3-4。

表3-4 淤地坝现状防洪能力分析

沟道编号	工程名称	控制面积(km^2)	枢纽组成	库容(万 m^3)		设计洪水总量(万 m^3)						剩余防洪能力(年)
				总	剩余	0.2%	0.3%	0.5%	1.0%	2.0%	5.0%	
全流域												

二、技术要点

本节是针对水土保持建设现状中淤地坝工程的建设现状所进行的分析。按照常理,工作步骤应该和第一节的情况一样,一般也要经过准备阶段、外业调查、内业整理与分析和编写报告等阶段。但对一条流域而言,外业调查等工作一般都是统一组织、集中人力、集中时间统一完成。因此,本节的许多基础工作都应该在前阶段完成,这里只是对前阶段工作成果进行分析与提炼。

作为一份相对完整的分析报告,本节首先需要通过文字、表格、图纸等三种方式相互配合地交待清楚小流域淤地坝工程的建设过程、现有淤地坝的数量、布局、利用及管护状况,以及现有各类坝库工程的建设年份、控制面积、总库容、枢纽组成、淤积情况、现状质量、运行方式及存在问题等。在此基础上,再进行以下分析。

(一)拦沙蓄水能力分析

应包括每座单坝蓄水保土能力分析和现状坝系整体蓄水保土能力分析两方面的分析内容。同时从利用的角度出发,分析说明淤地坝的水资源利用情况,对其蓄水能力进行延伸分析。

（二）保收能力分析

所谓坝地保收，是针对农作物减产成灾情况而言的，坝地淹水后作物产量与正常产量相比，减产等于或小于20%为保收，减产大于20%为不保收，与淹水深度、淹水历时、淤积厚度有关。对于黄土高原特定的环境，当淹水深度小于作物秆高的1/3（经验值多为70～80 cm）时，淹水历时和淤积厚度一般对作物保收影响不大，因此通常只重点考虑淹水深度一个因子。坝地防洪保收是针对某一特定洪水标准而言的。在坝地面积一定的情况下，洪水标准不同，坝地防洪保收能力和所需条件也不同。目前，坝地防洪保收的洪水频率多采用10年一遇。保收能力分析首先需要分析现状淤地坝的淤积利用情况和增产效果；在此基础上，以现状骨干坝（或大型淤地坝）控制范围为单元，分析各单元及整个流域坝地的保收面积和保收率。

（三）防洪能力分析

淤地坝防洪能力也是针对某一特定洪水标准而言的。洪水标准不同，工程防洪能力也不同。《规定》要求通过对不同频率（5.0%、2.0%、1.0%、0.5%、0.3%、0.2%）的设计洪水的分析计算，在分别对每座骨干坝防洪能力分析的基础上，对现状坝系的整体防洪能力作出分析评价。现状坝系的整体防洪能力通常为坝系中骨干坝的最低防洪能力。

单项工程的防洪能力分析可根据工程枢纽组成的结构不同，分别采用以下两种方法：一是对由坝体和放水工程组成的“两大件”工程，应用上述不同频率设计洪水总量，分别与现状工程的剩余库容量进行比较，分析评价其防洪能力；二是对设有溢洪道的工程，应通过调洪演算，分析评价相应工程的防洪能力。

三、案例剖析

盐沟小流域坝系工程可行性研究报告的“淤地坝工程现状分析”及其评析。

（一）案例

盐沟小流域的淤地坝工程是从20世纪70年代开始的，由于缺乏规划，坝系中缺少控制性骨干工程，坝系结构不合理，20世纪90年代，在黄河水利委员会的支持下，先后修建了两座骨干坝，使流域局部的防洪拦沙能力得到了加强。截至2005年，全流域共有骨干坝2座，控制流域面积9.51 km^2；保存较完好的大型淤地坝4座，控制流域面积22.21 km^2；中小型坝3座。总库容达到1 043万m^3，可淤地61.8 hm^2，已淤库容753.3万m^3，已淤地55.5 hm^2，淤地坝工程建设现状见表3－5。

表 3－5　盐沟小流域淤地坝工程现状

乡（镇）	坝名	所在村名	控制面积（km^2）	坝高（m）	库容（万 m^3）			淤地面积（hm^2）			拦泥面距坝顶高度（m）	枢纽组成	施工方法	建坝时间	存在问题	备注
					总	已淤	剩余	可淤地	已淤地	已利用地						
上高寨	柳树峁	柳树峁	5.54	25.5	155	110	45	10.6	10.6	8	4.5	二大件	水坠	1990	已淤满	骨干坝
	白家崖窑	段家沟	3.97	30	113	35	78	8.4	2.3	0	16.8	二大件	水坠	1992	正常	骨干坝
	红星坝	水湾沟	10.88	23	194	127	67	8.3	8.3	5.6	7.2	三大件	水坠	1978	竖井已坏	大型坝
	张家沟坝	后郑家沟	2.83	16	100.6	98	2.6	8	8	8	0.5	坝体	水坠	1973	已淤满	大型坝
	大沙峁	木瓜树峁	1.5	15	49.8	43	6.8	2.3	2.1	2	1	坝体	水坠	1973	已淤满	中型坝
	徐西畔坝	徐西畔	1.2	12	44	44	0	2.5	2.5	2.4	0.5	坝体 溢洪道	水坠	1971	已淤满	中型坝
	罗沟坝	柳树峁	1.29	13.2	47.3	47.3	0	3.3	3.3	3.3	0.5	坝体	水坠	1972	已淤满	中型坝
	小计		27.21		703.7	504.3	199.4	43.4	37.1	29.3						
刘国具	黑家寺	白家铺	3.1	20	144.3	123	21.3	7.7	7.7	6.3	3.2	坝体 溢洪道	水坠	1978	已淤满	大型坝
	细嘴子坝	白家后洼	5.4	33.5	195	126	69	10.7	10.7	9.3	6.0	坝体	水坠	1970	已淤满	大型坝
	小计		8.5		339.3	249.0	90.3	18.4	18.4	15.6						
总计			35.71		1 043.0	753.3	289.7	61.8	55.5	44.9						

1. 拦沙蓄水作用分析

盐沟小流域现状淤地坝控制流域面积35.71 km^2，总库容1 043万m^3，拦泥库容793.5万m^3，已淤库容753.3万m^3，剩余库容289.7万m^3。根据现状坝的结构及淤积情况分析：柳树峁骨干坝总库容155万m^3，拦泥库容110万m^3，已淤库容110万m^3，拦泥库容已经淤满，尚有一定的滞洪库容，其年蓄水能力为44.32万m^3，占流域总量的6.01%，虽然拦泥库容已经淤满，但滞洪库容仍可滞洪拦沙，其年拦沙能力为8.3万t，占流域总量的6.01%；白家崖窑骨干坝总库容113万m^3，拦泥库容75万m^3，已淤库容35万m^3，剩余库容78万m^3，尚有一定拦泥和滞洪库容，其年蓄水能力为31.76万m^3，占流域总量的4.31%，其年拦沙能力为6.0万t，占流域总量的4.3%；红星大型淤地坝总库容194万m^3，拦泥库容（拦泥库容为溢洪道底以下库容）127万m^3，剩余库容67万m^3，尚有一定拦泥和滞洪库容，其年蓄水能力为67万m^3，占流域总量的5.81%，其年拦沙能力为16.3万t，占流域总量的11.8%；张家沟淤地坝总库容100.6万m^3，已淤库容98万m^3，剩余库容2.6万m^3，年蓄水能力为2.6万m^3，占流域总量的0.23%，拦沙能力为2.6万t，占流域总量的3.1%；大沙峁中型淤地坝总库容49.8万m^3，已淤库容43万m^3，剩余库容6.8万m^3，年蓄水能力为6.8万m^3，占流域总量的0.59%，拦沙能力为2.3万t，占流域总量的1.6%；徐西畔中型淤地坝总库容44.0万m^3，已淤库容44万m^3，已失去拦泥蓄水能力；罗沟中型淤地坝总库容47.3万m^3，已淤库容47.3万m^3，已失去拦泥蓄水能力；黑家寺大型淤地坝总库容144.3万m^3，已淤库容123万m^3，剩余库容21.3万m^3，由于开设了溢洪道，已失去拦泥蓄水能力；细嘴子大型淤地坝总库容195.0万m^3，已淤库容126万m^3，剩余库容69.0万m^3，由于坝体左侧毁坏，因而已失去拦泥蓄水能力。

综上分析，盐沟小流域现状坝系蓄水能力为173.78万m^3，占流域来水总量的18.8%，拦沙能力为35.5万t，占流域总来沙量的26.8%。盐沟小河流域现状淤地坝蓄水拦沙能力计算见表3－6。

2. 坝系保收能力分析

盐沟小流域现状坝可淤地面积61.8 hm^2，目前已淤地55.5 hm^2，根据流域现状坝系工程的类型及数量，计算现状坝系到工程全面发挥效益时达到的设计淤地面积在不同设计暴雨频率条件下的淹水深度（见表3－7），与坝地种植农作物的耐淹水深及泥沙淤积允许厚度进行比较，计算坝地在10年一遇洪水条件的淹没水深均大于0.8 m。经过计算，该流域的所有两大件的淤地坝在10年一遇的洪水条件下的水淹深度均超过了0.8 m，不能达到保收要求。对设有溢洪道的淤地坝，由于溢洪道的高程已与淤泥面齐平，溢洪道能及时排出库内的洪水，

表 3－6　盐沟小流域现状淤地坝蓄水拦沙能力计算

坝名	控制面积（km^2）	库容（万 m^3）			蓄水能力		拦沙能力		备注
		总库容	拦泥库容	剩余库容	蓄水量（万 m^3）	蓄水率（%）	拦沙量（万 t）	拦沙率（%）	
柳树峁	5.54	155.0	110.0	45.0	44.32	6.01	8.3	6.0	两大件
白家崖窑	3.97	113.0	35.0	78.0	31.76	4.31	6.0	4.3	两大件
红星坝	10.88	194.0	127.0	67.0	67.0	5.81	16.3	11.8	三大件
张家沟坝	2.83	100.6	98.0	2.6	2.6	0.23	2.6	3.1	坝体
大沙峁	1.5	49.8	43.0	6.8	6.8	0.59	2.3	1.6	坝体
徐西畔坝	1.2	44.0	44.0	0	0	0	0	0	坝体、溢洪道
罗沟坝	1.29	47.3	47.3	0	0	0	0	0	坝体
黑家寺	3.1	144.3	123.0	21.3	21.3	1.85	0	0	坝体、溢洪道
细嘴子坝	5.4	195.0	126.0	69.0	0	0	0	0	坝体坏
合计	35.71	1 043.0	753.3	289.7	173.78	18.80	35.5	26.8	

表 3－7　盐沟河流域现状淤地坝坝地淹水深度计算

坝名	控制面积（km^2）	淤地面积（hm^2）		不同设计频率洪水淹水深度（m）			
		可淤	已淤	2%	3.33%	5%	10%
柳树峁	5.54	10.6	10.6	4.39	3.82	3.14	2.35
白家崖窑	3.97	8.4	2.3	3.97	3.45	2.84	2.13
红星坝	10.88	8.3	8.3	—	—	—	—
张家沟坝	2.83	8.0	8.0	2.97	2.58	2.12	1.59
大沙峁	1.5	2.3	2.1	5.48	4.76	3.91	2.93
徐西畔坝	1.2	2.5	2.5	—	—	—	—
罗沟坝	1.29	3.3	3.3	3.25	2.83	2.32	1.74
黑家寺	3.1	7.7	7.7	—	—	—	—
细嘴子坝	5.4	10.7	10.7	7.27	6.32	5.19	3.89

因此，坝地能够达到保收要求，故现状坝系的保收面积为 18.5 hm^2，保收率为 33.3%。

3. 现状坝系防洪能力分析

坝系工程防洪能力主要取决于大型坝或骨干坝抵御洪水能力。盐沟小流域现状坝系中有骨干坝2座，柳树峁骨干坝位于主沟道上游，1990年建成，控制面积仅5.54 km^2，为两大件工程（坝体和放水涵管），目前泥面距坝顶4.5 m，已淤库容110万 m^3，剩余库容45万 m^3；白家崖窑骨干坝位于流域下游的段家沟上游，控制面积3.97 km^2，1992年建成，为两大件工程，坝前泥面至坝顶16.8 m，已淤库容35万 m^3，剩余库容78万 m^3；红星大型淤地坝位于流域上游的水湾沟中游，控制面积为10.88 km^2，修建于1978年，工程枢纽为三大件，总库容194万 m^3，剩余库容67万 m^3，溢洪道宽8.0 m，深4.0 m，长60 m，坝前泥面距坝顶高7.2 m；张家沟大型淤地坝位于流域中下游的郑家沟上游，控制面积为2.83 km^2，修建于1973年，工程枢纽为坝体一大件，总库容100.6万 m^3，剩余库容2.6万 m^3，坝前泥面距坝顶高0.5 m；黑家寺大型淤地坝位于流域下游的黑家寺沟中游，控制面积为3.1 km^2，修建于1978年，工程枢纽为坝体和溢洪道，总库容144.3万 m^3，剩余库容21.3万 m^3，溢洪道宽4.5 m、深4.6 m、长23 m，坝前泥面距坝顶高3.2 m；细嘴子大型淤地坝位于流域中下游的细嘴子沟下游，控制面积为5.4 km^2，修建于1970年，工程枢纽为坝体一大件，总库容195万 m^3，剩余库容69万 m^3，坝前泥面距坝顶高6.0 m。

对有溢洪道的工程，在防洪能力分析中由现有滞洪库容及溢洪道的下泄能力通过调洪演算分析确定；对无溢洪道的工程，在防洪能力分析中由现有滞洪库容与流域的一次设计洪水总量分析防洪能力。通过对以上淤地坝的分析计算，分别得到红星坝溢洪道的最大下泄流量为36 m^3/s，防洪能力为30年一遇洪水；黑家寺淤地坝溢洪道的最大下泄流量为13 m^3/s，防洪能力为50年一遇洪水；柳树峁骨干坝防洪能力不足50年一遇洪水；白家崖窑骨干坝的防洪能力大于300年一遇洪水；张家沟坝的防洪能力不足10年一遇洪水；细嘴子坝的防洪能力为200年一遇洪水（见表3-8）。

通过盐沟小流域骨干坝和大型淤地坝的防洪能力分析，可以看出：除白家崖窑骨干坝可以达到防洪要求外，其余工程均达不到相应的防洪标准，必须进行加固改建。

4. 水资源

（1）水资源量。项目区水资源主要来源是天然降雨产生的地表水和地下水。区内多年平均降水量为428.9 mm，多年平均径流深80.0 mm，地表水径流总量737.53万 m^3。

地下水资源利用形式主要为河川基流和潜水开采，因区内缺乏具体的地质及水文地质资料，本次参照《榆林地区地下水资源评价》以总排泄量代替地下水资源量。河川基流泄量按潜水量的50%计算。项目区河川基流量为78.8万 m^3，地下潜水量为 157.6 万 m^3，地下水资源总量为 236.4 万 m^3，重复量 78.8 万 m^3。

表 3－8　盐沟小流域坝系现状防洪能力分析

沟道编号	工程名称	控制面积(km^2)	枢纽组成	库容(万 m^3)		溢洪道下泄能力(m^3/s)	设计洪水总量(万 m^3)							剩余防洪能力(频率)
				总	剩余		10%	5%	3.33%	2%	1%	0.50%	0.33%	
Ⅲ$_{1}$	柳树峁	5.54	两大件	155	45		25.2	33.5	40.2	46.3	55.5	65.1	71.5	<2%
Ⅲ$_{7}$	白家崖窑	3.97	两大件	113	78		18.0	24.0	28.8	33.2	39.8	46.7	51.2	>0.33%
Ⅲ$_{4}$	红星坝	10.88	三大件	194	67	36	49.4	65.8	78.9	91.0	109.1	127.9	140.4	<3.3%
Ⅱ$_{28}$	张家沟坝	2.83	两大件	100.6	2.6		12.9	17.1	20.5	23.7	28.4	33.3	36.5	<10%
Ⅱ$_{10}$	大沙峁	1.5	两大件	49.8	6.8		6.8	9.1	10.9	12.5	15.0	17.6	19.4	10%
Ⅱ$_{45}$	徐西畔坝	1.2	坝、溢洪道	44	0		5.5	7.3	8.7	10.0	12.0	14.1	15.5	<10%
Ⅱ$_{14}$	罗沟坝	1.29	两大件	47.3	0		5.9	7.8	9.4	10.8	12.9	15.2	16.6	<10%
Ⅲ$_{11}$	黑家寺	3.1	坝、溢洪道	144.3	21.3	13	14.1	18.7	22.5	25.9	31.1	36.4	40.0	<2%
Ⅲ$_{10}$	细嘴子坝	5.4	坝体	195	69		24.5	32.6	39.2	45.1	54.1	63.5	69.7	0.5%

项目区水资源总量为 895.1 万 m^3。

（2）水资源特性。流域地表水资源具有资源量少、时空分布不均等特点，大多数沟道有常流水，常流水流量为 15～25 L/s。受降雨因素的影响，时空分布不均匀，地表径流主要集中在 6～9 月份，约占全年总量的 80%，多以洪水的形式形成，急涨暴落，含沙量高，开发利用难度大。

流域地下水主要是降雨补给，由于地形破碎，地面坡度大，侵蚀切割较深，加之地表透水性差，对地下水的形成、赋存不利，地下水资源相对缺乏。另外，由于自然条件差，工、农业生产发展缓慢，目前农业灌溉多采用零星引灌，由于用水量相对较小，对地下水位影响不大，处于稳定状态。

（3）水资源利用现状。区内水利配套设施落后，无完整的灌溉渠系，目前是利用简易引水渠道引用沟道常流水实施灌溉，灌溉面积为 4.7 hm^2，年取水量为 1.41 万 m^3。总人口7 114人，年用水量 12.98 万 m^3，现有大小牲畜 9 869 羊单位，年用水量 3.6 万 m^3，年用水总量 17.98 万 m^3，利用现状见表 3－9。

表 3－9　水资源利用现状

项目	水资源总量(万 m^3)				利用现状(万 m^3)				利用率(%)	
	地表	地下	重复量	合计	农田	人口	牲畜	合计	占地表	占地下
盐沟	737.5	236.4	78.8	895.1	1.41	12.98	3.6	17.98	2.4	7.6

由于供水基础设施落后，目前水资源利用程度极低，仅占地表水资源量的2.4%，占地下水资源量的7.6%，尚有极大的开发利用潜力。

(二)案例评析

在现状部分，报告通过对《规定》表式内容的合理扩充，利用《盐沟小流域淤地坝工程现状表》将各淤地坝的坝址位置、枢纽组成、施工方法、建坝时间、淤积情况、拦泥面距坝顶高度、存在问题等现状清晰地表现了出来，达到了笔墨不多、内容丰富的效果。

在拦沙蓄水作用分析方面，报告通过对现有工程的总库容、拦泥库容、已淤库容、年蓄水能力、年拦沙能力等的逐坝分析，得出了盐沟小流域现状坝系蓄水能力为173.78万 m^3，占流域来水总量的18.8%，拦沙能力为35.5万t，占流域总来沙量的26.8%，对现有工程拦沙蓄水作用分析得比较透彻。

按照《规定》要求，在拦沙蓄水作用分析部分应当还有水资源利用分析内容。为了进行专项分析，盐沟小流域将"水资源利用分析"调整到了后边，并作为一个独立单元进行了专门分析。通过对水资源数量、水资源特性、水资源利用现状的分析，得出了流域由于供水基础设施落后，目前水资源利用程度极低(仅占地表水资源量的2.4%，占地下水资源量的7.6%)，尚有很大的开发利用潜力。

在坝系保收能力分析方面，对《规定》表式进行了改造，将2%、3.33%、5%、10%等不同频率淹水深度表现出来，以增加结论的说服力。

在防洪能力分析方面，针对每座工程的剩余库容，对照其10%、5.0%、3.3%、2.0%、1.0%、0.5%、0.33%等频率的设计洪水总量，反映了各单项工程及工程整体的防洪能力。

四、应注意的问题

淤地坝工程现状分析应当由两大部分内容构成：一是工程现状，二是现状分析。工程现状是基础，现状分析是目的。

在工程现状部分应注意两点：一是注意文字描述的准确性，同上节的情况一样，这部分需要通过文字表达的核心内容也比较多，所以在文字材料的组织上一定要深入研究，深入思考，切不可脱离主题，前后抵触等；二是这部分内容需要通过文字、表格、图纸等三种方式相互配合地交待清楚小流域淤地坝工程的现状，一定要注意文字、表格、图纸的相互一致，避免出现前后矛盾的现象。

淤地坝工程现状分析部分，一要注意避免分析过程中缺项漏项，二要注意分析结论与各类数据之间的相互统一，三要注意有关分析指标的准确性。

第三节　淤地坝现状评价

一、《规定》要求

（一）工程布局评价

（1）分析骨干坝在沟道内的布局情况、控制范围、单坝可淤地面积与控制面积比值的合理性（以单坝或坝系单元列表分析）。

（2）分析骨干坝、中小型淤地坝在各级沟道的分布、配置情况。

（3）从防洪、拦泥、淤地、生产、水资源利用方面分析评价骨干坝、中小型淤地坝在各级沟道上的“拦、蓄、种”功能组合关系和作用。

（二）工程运行管护评价

说明工程的淤积、生产利用，运行管护情况和建筑物运行安全状况，见表3－10。

评价工程运行管护措施及效果。

表3－10　淤地坝工程运行管护现状

编号	坝型	工程名称	剩余淤积年限（年）	主体工程运行情况			管护措施	维修意见
				坝体	溢洪道	泄水洞		
	骨							
	骨							
	中							
	中							
	小							
	小							

（三）工程建设的主要经验与存在问题

分析坝系作用的发挥程度（与原设计对比）。

总结淤地坝工程布局特点、建设和运行管护经验。

分析工程结构布局、配置、运行管护等方面存在的主要问题。

二、技术要点

淤地坝现状评价包括三方面的内容，一是工程布局评价，二是工程运行管护评价，三是对工程建设的主要经验与存在问题进行总结。其中工程布局评价和工程运行管护评价，首先要交待清楚工程布局和工程运行管护状况，在此基础上再进行有针对性地评价。

（一）工程布局评价

淤地坝工程布局评价应结合小流域沟道工程布局图进行，以便给人以直观了解。布局评价的重点应包括以下几方面的内容：

（1）淤地坝工程布局情况。在图文表述的基础上，重点说明小流域现状骨干坝控制范围与小流域面积的比值，以及现状骨干坝控制范围与小流域可建骨干坝控制面积的比例，以说明小流域坝系建设所处的阶段。这样就能够在一定程度上反映出小流域淤地坝工程布局与规模建设潜力，对以后研究落实小流域坝系工程布局与规模埋下伏笔。至于《规定》中所要求的“单坝可淤地面积与控制面积比值的合理性”，只能说明小流域中某一单项工程的规模与其控制范围的相对合理程度，不能说明小流域淤地坝工程总体布局的科学性与合理性。因此，为进一步增强可研报告的科技含量，这里就应该重点说明小流域现状骨干坝控制范围与小流域面积的比值，以及现状骨干坝控制范围与小流域可建骨干坝控制面积的比例。

（2）各类淤地坝在各级沟道的分布、配置情况。这是在小流域整体布局分析基础上的进一步深入，重点说明现有各类淤地坝的分布及其配置比例是否合理。这种分析对已经初步形成坝系的小流域进一步研究坝系的配套完善有着重要的意义。但就近年来的实践来看，大多数小流域坝系建设尚未形成一定规模，尤其是一些小流域只零星分布着几座关联性不强的各类淤地坝，这种分析对此类小流域则无太大的必要。如果是这种情况，可将重点放在各类淤地坝在各级沟道的分布及其规模数量的定性分析方面。

（3）各类淤地坝的综合开发利用及其功能组合关系与利用的分析。对初具坝系规模的小流域应按照《规定》的要求，从防洪、拦泥、淤地、生产、水资源利用等方面，分析评价各类淤地坝在各级沟道上的“拦、蓄、种”功能组合关系和作用。对尚未形成坝系的小流域则应提出坝系布局中存在的薄弱环节，为进一步研究落实坝系的布局做好铺垫。

（二）工程运行管护评价

应在实地调查了解现状淤地坝的运行管护办法、机制、体制、效果的基础上，对淤地坝运行状况、管护机制和运行效果分别进行评价，为研究确定小流域坝系运行管护方案奠定基础。

（三）工程建设的主要经验与存在问题

在调查研究的基础上，根据本流域的特点，从工程布局、建设管理、运行管护等方面，分别总结其经验及存在问题。

三、案例剖析

盐沟小流域坝系工程可行性研究报告的“淤地坝现状评价”及其评析。

（一）案例

1. 工程布局评价

（1）全流域控制规模。盐沟小流域建设的大型坝分别分布在主沟道的上游区和下游的支沟道的中上游区。从单坝淤地面积与控制面积的比值分析，流域现状坝淤地面积和坝控面积的比值为 1.73%（1/58），因此该流域现状坝淤地规模也不能满足坝系生产保收的要求，单坝淤地面积与控制面积的比值见表 3－11。从坝系控制规模分析，现状大型坝（含骨干坝）坝控面积为 31.7 km^2，占流域总面积的 34.4%，控制规模远远不能满足坝系建设的要求。

表 3－11　盐沟小流域单坝淤地面积与控制面积比值

坝名	坝型	建坝时间	控制面积（km^2）	淤地面积（hm^2）	淤地面积与控制面积比（%）
柳树峁	骨干坝	1990	5.54	10.6	1.91
白家崖窑	骨干坝	1992	3.97	8.4	2.12
红星坝	大型坝	1978	10.88	8.3	0.76
张家沟坝	大型坝	1973	2.83	8.0	2.83
大沙峁	中型坝	1973	1.5	2.3	1.53
徐西畔坝	中型坝	1971	1.2	2.5	2.08
罗沟坝	中型坝	1972	1.29	3.3	2.56
黑家寺	大型坝	1978	3.1	7.7	2.49
细嘴子坝	大型坝	1970	5.4	10.7	1.98
合计			35.71	61.8	1.73

（2）支沟控制规模。盐沟小流域具有骨干坝控制条件的Ⅲ级（$F>3\ km^2$）沟道有11条，柳树峁骨干坝布设在主沟道上游，控制面积为5.54 km^2；白家崖窑骨干坝布设在流域中下游的段家沟上游，控制面积为3.97 km^2，占段家沟支沟总面积的81%；黑家寺大型坝布设在流域下游右岸的黑家寺沟的中游，控制面积为3.1 km^2，占黑家寺支沟总面积的75.6%；细嘴子坝布设在流域下游细嘴子沟的中游段，控制面积为5.4 km^2，占该支沟总面积的80%；红星坝布设在流域上游水湾沟的中游段，控制面积为10.88 km^2，占水湾沟支沟总面积的79%；张家沟坝布设在流域下游郑家沟的上游段，控制面积为2.83 km^2，占郑家沟支沟总面积的24.5%。以上6座大坝虽然分别布设在6条较大的沟道内，但均不同程度地存在着一定的问题：红星坝控制规模偏大，需要在其控制范围内增设控制性工程；郑家沟支沟控制规模偏小，需要在其中下游增设控制性工程；黑家寺、细嘴峁、柳树沟坝、红星坝、张家沟等工程本身存在坝体安全问题，均需进行加高、配套。另外，尚有大佛寺沟、热峁沟、小沟、阴沟、源上沟等五条较大支沟没有得到控制，需增设骨干坝。

（3）坝系配套。盐沟小流域现状坝系只有2座骨干坝、4座大型坝、3座中小型淤地坝，在防洪、拦沙、蓄水、生产综合利用等方面，取得了一定效益，但布坝密度偏低，尚未形成坝系，有些坝已无拦蓄洪水泥沙的能力，防洪能力低，急需要加高配套。

2. 工程运行管护分析

盐沟小流域的现状淤地坝均由所在行政村进行管护。在暴雨前后，各村民委员会集体投劳对其进行维修加固。对水毁严重、群众难以投劳维修加固的工程，由村民委员会申请县水利局以防汛资金解决。淤地坝工程运行管护情况见表3－12。

3. 工程建设的主要经验与存在的问题

（1）主要经验有以下几点：

a. 流域坝系建设应以骨干坝建设为骨架，合理配套中小型淤地坝，才能保证坝系安全，实现水土资源的持续利用。盐沟流域的淤地坝建设是从20世纪70年代开始的，由于缺乏科学规划，仅在部分支沟的上游和主沟道上修建了少量大型坝，缺少中小型淤地坝与之配套，坝系布局及结构不合理。坝系建设的实践证明，只有以骨干坝建设为骨架，合理配套中小型淤地坝，才能保证坝系安全，实现水土资源的持续利用。

表 3－12　盐沟小流域淤地坝工程运行管护情况

坝型	工程名称	剩余淤积年限(年)	坝体运行情况			管护措施	维修意见
			坝体	溢洪道	放水工程		
骨干坝	柳树峁	8	正常	无	正常	联合管护	加高配套
骨干坝	白家崖窑	10	正常	无	正常	联合管护	不加高
大型坝	红星坝	0	正常	正常	坏	联合管护	加高配套
大型坝	张家沟坝	0	正常	无	无	联合管护	加高配套
中型坝	大沙峁	0	正常	无	无	联合管护	加高配套
中型坝	徐西畔坝	0	正常	正常	无	联合管护	不加高
中型坝	罗沟坝	0	正常	无	无	联合管护	加高配套
大型坝	黑家寺	0	正常	正常	无	联合管护	加高配套
大型坝	细嘴子坝	0	毁坏	无	无	联合管护	加高配套

b. 沟道工程建设是保证流域坡耕地退耕还林还草、实现生态自我修复的根本措施。该流域属黄土丘陵沟壑区第一副区，人口密度较大，基本农田仅靠水平梯田建设难以保证群众的粮食自给，群众退耕还林还草有后顾之忧，更谈不上实现生态自我修复，只有加强沟道工程建设，拦泥淤地，扩大基本农田面积，才能调整农业产业结构，为发展当地生产提供有力的支持，巩固退耕还林还草成果。

c. 推广水力筑坝、定向爆破筑坝和机械化筑坝技术，是加快沟道工程建设进度、提高工程质量的重要保证。

(2)存在的问题主要有五点：

a. 沟道坝系尚未形成，工程布局不完善。盐沟小流域建设的 2 座骨干坝和 4 座大型坝分别分布在主沟道的上游区和 6 条支沟道的上游，从拦沙的角度分析，尚有 5 条较大支沟缺少骨干坝控制，并缺少与其相配套的中小型淤地坝，从全流域的角度分析，沟道坝系尚未形成。

b. 大型坝的防洪能力严重不足。根据现状坝的淤积情况分析：目前只有白家崖窑骨干坝的防洪能力可达到 300 年一遇的洪水，细嘴子坝的剩余库容可以达到 200 年一遇防洪标准，但由于该坝坝体毁坏而失去了防洪能力；红星大型淤地坝的防洪能力为 30 年一遇的洪水，其余 5 座坝的防洪能力均为 10 年一遇设计洪水标准，防洪能力低，需要进行加固改建，以提高流域坝系工程的整体防洪能力。

c. 大多数淤地坝已淤满，病险严重。该流域的淤地坝除白家崖窑和柳树峁两座骨干坝是 20 世纪 90 年代建成外，其余坝均是 70 年代建设的，经过 30 多年的运行，绝大多数已淤满，存在着严重的病险，急需进行加高和配套。

d. 淤地坝管理有待于进一步完善。该流域的淤地坝大多建设于 20 世纪 70 年代、90 年代，由于管理措施不完善，造成部分淤地坝出现不同程度的水毁现象。红星大型坝由于管理不善，造成放水建筑物毁坏，致使其实际拦泥坝高未达到设计淤积高度，降低了拦泥效益。细嘴子大型坝由于管理不善造成坝体左端毁坏，完全失去了拦蓄能力。

e. 由于主沟道中游区域的村庄、道路集中，坝址条件受到限制，造成主沟道个别骨干坝控制面积偏大。欲使全流域的洪水泥沙得到全面控制，本次可研在骨干坝坝址选择中就要尽量避免工程对村庄和住户的淹没，对个别重要工程，采取增设溢洪道的形式降低坝高，减少淹没损失。

（二）案例评析

在工程布局评价方面，报告分别从全流域控制规模、支沟控制规模、坝系配套等 3 个方面，对流域工程布局进行了评价。并通过逐坝对流域现状坝淤地面积和坝控面积比较，得出了流域现状坝淤地规模既不能满足坝系生产保收的要求，也远远不能满足坝系建设的总体要求。整个评价工作层次分明，评价结论依据充分，具有一定的说服力。

在工程建设的主要经验与存在问题方面，流域坝系建设应以骨干坝建设为骨架，沟道工程建设是保证流域坡耕地退耕还林还草、实现生态自我修复的根本措施等经验，很能说明项目立项的必要性，总结得很好。对小流域淤地坝建设管理中存在问题的分析，基本反映了流域的实际状况，对项目立项很有益。其中最后一个问题：由于主沟道中游区域的村庄、道路集中，坝址条件受到限制，造成主沟道个别骨干坝控制面积偏大等，就很实际地为本次可研在骨干坝坝址选择上提出了客观要求，从而达到了整个可研报告前后贯通，有一气呵成之效。

四、应注意的问题

在工程布局评价和工程运行管护评价时，应首先确定各自的评价方法、评价指标体系等，利用一定的评价手段，并通过一定的指标体系，最终得出评价结论。这一系列的评价过程及其结论，将对主要经验与存在问题的提出予以支持。其最终目的是为下一步可研报告的核心内容进行铺垫。

在总结工程建设的主要经验与存在问题时，要深入研究，深入思考，牢记可研报告的初衷，牢记该部分内容对整个报告的服务功能，避免经验多多但离题太远。

第四章　坝系建设目标

第一节　指导思想

一、《规定》要求

针对小流域的具体特点和存在的主要问题，从治理水土流失、改善生态环境、促进退耕还林还草和经济社会发展等方面阐述小流域坝系建设的宗旨，提出本小流域坝系建设的指导思想。

二、技术要点

（一）确定小流域坝系建设指导思想的思路

针对特定小流域的具体特点和生态建设存在的主要问题，从有效治理水土流失、改善农业生产基本条件、促进退耕还林还草和经济社会可持续发展等多个方面，阐述小流域坝系建设的宗旨，提出该小流域坝系建设的指导思想。

（二）小流域坝系建设指导思想确定过程

第一，掌握小流域自然特征及沟道工程现状，作为确定小流域坝系建设指导思想的基本依据，主要指标有：地形地貌、沟道特征、水土流失特点、沟道工程现状及生态工程治理现状等。

第二，重点分析小流域沟道特征及建坝条件，并在1/10 000地形图上逐条沟道初选骨干坝坝址，初步确定各类淤地坝的总体布局和建设规模。

第三，经过实地踏勘，逐坝进行坝址位置选取，并对拟建坝址断面进行实地测量，依据实测数据和其他基础数据，进行宏观分析计算，据此分析计算结果，确定小流域坝系建设的指导思想。

第四，对确定的小流域坝系建设指导思想，依据其确定过程、自然条件和当地经济社会发展的总体要求加以评价。

（三）坝系建设指导思想的区域性特征

在黄土高原地区，小流域坝系建设的主要目的就是最大限度地控制洪水泥沙。对于不同区域的小流域，其地貌类型各不相同，坝系布局重点不尽一致，坝系建设指导思想也应各具特点。这就要求在充分考虑不同地貌类型、不同沟道特征等因素的基础上，经合理分析评价，因地制宜地确定各自的坝系建设指导思想。

根据《黄土高原地区水土保持淤地坝规划》，在黄土高原地区开展小流域坝系建设的重点区域主要有黄土丘陵沟壑区、黄土高塬沟壑区和土石山区三个二级类型区，其沟道特征可以概化为复合型沟道、宽浅型沟道和窄深型沟道三种类型。根据小流域沟道特征不同，其坝系建设的指导思想一般具有以下特点：

（1）复合型沟道小流域。地貌特征一般为梁峁坡相对较缓，沟谷坡较陡，沟壑纵横，沟壑密度多在 2.5 ~ 4.5 km/km^2 之间，地形支离破碎，沟道断面既有 U 形，也有 V 形，一些流域在主沟道下游有部分基岩裸露，其坝系布局的重点在于主沟道和两岸的各大支沟，其指导思想通常是分段、分支沟控制洪水泥沙。

（2）宽浅型沟道小流域。地貌特征多为梁峁顶及沟坡较缓，沟岸基岩大面积裸露，沟道宽浅，断面多呈倒梯形或宽 U 形，沟壑密度多在 1.0 ~ 2.5 km/km^2 之间。这些小流域由于受地形条件的影响，主沟道不适宜建坝，其坝系布局的重点在于主沟道两岸的各大支沟，其指导思想主要是分支沟控制洪水泥沙。

（3）窄深型沟道小流域。地貌特征多为沟道深切，切割深度多达 100 ~ 300 m，沟道断面多呈窄 U 形和 V 形的窄深型沟道，基岩绝大部分裸露，沟岸较陡，大部分成直立状，沟壑密度多在 4.5 ~ 6.0 km/km^2 之间。这类小流域坝系布局的重点在于主沟道，坝系建设的指导思想则是采取主沟道建设控制性骨干坝，分区间控制小流域洪水泥沙。

（四）坝系建设指导思想的阶段性特征

黄土高原地区土地辽阔，小流域众多，各小流域的淤地坝建设基础不尽相同，坝系建设所处的阶段各异，面临的主要问题各有区别，其坝系建设指导思想也应各有侧重。这就首先需要确定本流域所处的建设阶段，根据所处阶段确定坝系建设的宗旨，实事求是地来确定各自的坝系建设指导思想。

坝系的形成过程大致可分为建设期、配套完善期和相对稳定期三个阶段。

1. 坝系建设阶段

坝系建设阶段是指小流域沟道开始修建淤地坝到小流域坝系框架基本形成，小流域洪水泥沙初步得到控制，部分淤地坝开始投入生产的阶段。

坝系建设阶段的主要任务是：通过淤地坝的建设，拦蓄洪水泥沙，提高坝系对小流域洪水泥沙的控制率；利用淤地坝前期蓄水，发展灌溉、水产等农业综合开发，提高水资源的利用率。

2. 坝系配套完善阶段

坝系基本实现了对小流域洪水泥沙的控制后，随着工程运行期限的延长，坝系中的多数淤地坝开始种植收益，并逐步达到或接近设计淤积年限。

坝系配套完善阶段的主要任务是：通过对坝系的配套和完善，实现坝系对小流域洪水泥沙的可持续利用；按照坝系的分工，实现坝系工程的拦泥、淤地、生产、滞洪等综合效益。

3. 坝系相对稳定阶段

坝系在每3~5年进行一次加高，一次加高量不超过1 m的条件下，坝系中的骨干坝的防洪保安能力能够持续维持在坝系设防标准以上；坝系的防洪保收能力达到10年一遇的防洪标准；坝系中各类淤地坝的年平均淤积厚度在0.3 m以下。

坝系相对稳定阶段的主要任务是：根据坝系运行与坝地淤积情况，每3~5年对坝体进行一次加高培厚（加高的高度在1 m以下），维系坝系的防洪能力，实现坝系对小流域洪水泥沙的可持续利用和拦泥、淤地、生产、滞洪等综合效益的持续发挥。

三、案例剖析

（一）速机沟小流域坝系工程可行性研究报告[1]的"指导思想"及其评析

1. 案例

以最大限度控制主沟道和左岸支沟的洪水泥沙为目标，在流域中上游主沟道和左岸支沟建设骨干坝分段控制区间洪水泥沙，在主沟道下游川台地集中的地方布设以蓄水灌溉为主的骨干坝；根据地方经济发展的需要，在小支毛沟内适当建设中小型淤地坝，使流域形成以防洪拦泥为主、结合灌溉淤地生产的沟道坝系工程。通过科学布设，合理确定骨干坝和中小型淤地坝的布局和规模，在最大限度控制流域内洪水泥沙的同时，有效利用水沙资源建立起稳产高产的沟坝地和水浇地，解决流域内群众的粮食和饲料问题，实现农村生活条件的逐步改善和农民收入的持续增长，促进土地利用结构的调整，加快退耕还林还草建设步伐，为流域生态环境的改善和减少入黄粗泥沙奠定基础。

2. 案例评析

速机沟小流域位于内蒙古自治区准格尔旗西南部，是黄河流域一级支流皇甫川的二级支沟，小流域面积105.20 km^2，属于黄土丘陵沟壑区，同时也是黄河

---

[1]《内蒙古自治区准格尔旗速机沟小流域坝系工程可行性研究报告》由黄河上中游管理局规划设计研究院编制，完成时间为2005年8月。

中游粗泥沙集中来源区。沟道断面呈倒梯形和U形。沟道平均比降1.05%，小流域右岸支沟坡度较缓，断面多为U形；左岸支沟大多呈短、浅、窄形状沟道，主沟道下游沟道较平缓，沟床呈宽浅型，沟道两岸村庄和川台地分布密集。小流域平均沟壑密度5.76 km/km^2。小流域多年平均侵蚀模数16 500 t/(km^2·a)。目前小流域中游右岸支沟有2座骨干坝和5座中型淤地坝。

速机沟小流域沟道建坝条件较好。其中主沟道中上游沟道较窄，农村居民分布在梁峁顶，沟道内淹没损失小，适宜建设骨干坝，分段控制区间洪水泥沙；主沟道下游沟道较平缓，沟床呈宽浅型，沟道两岸村庄和川台地分布密集，选择骨干坝坝址时，多受到淹没损失的限制；小流域右岸支毛沟发育完整，现状坝分布集中，有一定的治理基础，配置一定数量的骨干坝和淤地坝，能尽快形成坝系防治体系；主沟道中上游及左岸支沟砒砂岩大面积裸露，支毛沟分布多，粗沙来源比较集中，加之沟道内尚无淤地坝工程，新建一定数量的骨干坝和淤地坝，可以形成较为完整的工程防治体系，有效拦截粗泥沙。因此，指导思想中确定速机沟小流域坝系建设重点在主沟道和左岸支沟。

小流域水沙特征分析，确定小流域中上游及左岸支沟是泥沙的主要来源区，因此在提出小流域坝系建设指导思想中，以最大限度控制主沟道和左岸支沟的洪水泥沙为目标，在流域中上游主沟道和左岸支沟建设骨干坝分段控制区间洪水泥沙；根据地方经济发展的需要，在主沟道下游川台地集中的地方布设以蓄水灌溉为主的骨干坝，提高水资源利用率；在小支毛沟内适当建设中小型淤地坝，使流域形成以防洪拦泥为主、结合灌溉淤地生产的沟道坝系工程。通过科学布设，合理确定骨干坝和中小型淤地坝的总体布局和建设规模，在最大限度控制流域内洪水泥沙的同时，有效利用水沙资源建立起稳产高产的沟坝地和水浇地，解决流域内群众的粮食和饲料问题，实现农村生活条件的逐步改善和农民收入的持续增长，加快退耕还林还草建设步伐，促进农村经济发展，为减少入黄粗泥沙创造条件。

速机沟小流域坝系建设指导思想的提出，主要是在实地踏勘小流域沟道特征和建坝条件的基础上，针对小流域的具体特点和沟道坝系建设存在的主要问题，通过对小流域水沙特征进行分析，掌握了小流域泥沙集中来源区主要在左岸支沟和主沟道中上游砒砂岩严重裸露区域，右岸支沟现状坝分布较多，据此初步确定了速机沟小流域坝系建设的重点在小流域中上游主沟道和左岸各大支沟，以建设控制性骨干坝为主，分段控制区间洪水泥沙，也符合该流域位于黄河粗泥沙集中来源区，重点以小流域坝系建设为主的黄土高原淤地坝规划总体要求，这样的坝系建设指导思想是比较符合小流域实际的。

(二)渝河流域下游片坝系工程可行性研究报告[1]的"指导思想"及其评析

1. 案例

在充分考虑现状水库和已建骨干坝的基础上,以骨干坝建设为重点,兼顾现状淤地坝的加固配套建设,完善小流域片内沟道坝系结构,提高沟道工程综合防洪和水资源利用能力;密切结合当地群众生产生活需要和新农村建设需要,适当布设中小型淤地坝,与流域片内原有水库和现状骨干坝相互联合,形成完整的小流域坝系结构,以最大限度发挥小流域坝系工程的防洪、拦泥、灌溉和生产效益。有效利用水沙资源发展稳产高产的沟坝地和水浇地,解决流域内群众的粮食和饲料问题,巩固退耕还林还草成果,以水土资源的可持续利用维系良好的生态环境,为小流域农业增产、农民增收、农村经济可持续发展以及新农村建设创造有利条件。

2. 案例评析

渝河流域下游片小流域位于宁夏回族自治区隆德县和甘肃省静宁县接壤地区,属渭河上游葫芦河流域一级支流渝河的下游片,属黄土丘陵沟壑区第三副区。平均沟壑密度 1.10 km/km^2,主沟道断面形状大都呈 U 形。小流域多年平均侵蚀模数 4 800 $t/(km^2 \cdot a)$。小流域片内现有小(一)型、小(二)型水库 7 座,已建成骨干坝 9 座,中小型淤地坝 18 座。

针对渝河流域下游片主川和朱庄河主沟道下游为川台地和居民区不适宜布坝,其他支沟具有支毛沟发育完整、建坝条件较好,而现状坝库多、居民点密集等特点,结合沟道工程现状和存在的问题,提出了小流域坝系建设的指导思想。

渝河流域下游片小流域坝系建设的指导思想,是在充分考虑小流片现状水库和现状坝运行基础上,针对目前小流域片沟道工程存在的实际问题提出的。以骨干坝建设为重点,配套完善小流域片内的沟道工程,与流域片内原有水库和现状骨干坝相互联合,形成完整的小流域坝系结构,以最大限度发挥小流域坝系工程的防洪、拦泥、灌溉和生产效益。这样的小流域坝系建设指导思想与小流域实际相吻合,也解决了目前小流域存在的实际问题,针对性比较强。

(三)元坪小流域坝系工程可行性研究报告[2]的"指导思想"及其评析

1. 案例

上游各支沟全拦全蓄,各大支沟在全拦全蓄的同时,在其干沟范围内实现上

---

[1]《宁夏回族自治区隆德县渝河流域下游片坝系工程可行性研究报告》由黄河上中游管理局规划设计研究院编制,完成时间为 2008 年 3 月。

[2]《陕西省横山县元坪小流域示范坝系工程可行性研究报告》由黄河上中游管理局规划设计研究院编制,完成时间为 2003 年 3 月。

拦、中蓄、下灌的目标。以骨干坝建设为重点,结合现状坝,配套完善小流域内沟道工程,提高沟道工程的拦沙、防洪能力,使之尽快形成完善的小流域坝系结构,确保坝系的安全运行和效益的正常发挥。

2. 案例评析

元坪小流域位于陕西省横山县南部,属无定河一级支流芦河的一级支沟,地貌类型属黄土丘陵沟壑区第一副区,也是黄河中游粗泥沙集中来源区,流域面积131.4 km^2,流域平均沟壑密度2.16 km/km^2。平均侵蚀模数为13 000 $t/(km^2 \cdot a)$。截至2002年底,已建成小(二)型水库4座,骨干坝4座,大型淤地坝10座,中型淤地坝32座,小型淤地坝25座。

该流域存在的主要问题是控制性骨干坝较少,支沟多以中型淤地坝控制,且大多数已淤满,病险严重,主沟道各坝亦已淤满,基本丧失了防洪能力。因此,急需配套完善小流域坝系结构,以骨干坝建设为重点,结合现状坝,配套完善小流域内沟道工程,提高沟道工程的拦沙、防洪能力,使之尽快形成完善的小流域坝系结构,确保坝系的安全运行和效益的正常发挥。

根据元坪小流域沟道特征、水土流失特点和沟道坝系工程现状,针对流域沟道坝系建设中存在的问题,分析水沙运行规律、流域经济发展、人口环境、农业生产结构调整等需求,按照拦泥、淤地、发展农业经济的总体要求,确定元坪小流域坝系工程总体布局,提出了坝系建设的指导思想。该坝系建设的指导思想和思路,是充分结合现状坝的运行情况以及存在的问题,针对流域实际确定的,以骨干坝建设为重点,结合现状坝,配套完善小流域内沟道工程,提高沟道工程的拦沙、防洪能力,使之尽快形成完善的小流域坝系结构,确保坝系的安全运行和效益的正常发挥,这样的坝系建设指导思想比较符合小流域坝系建设实际。

四、应注意的问题

对于不同的小流域,其现状坝布局、存在的问题以及沟道内村庄、道路、农田、工矿企业分布状况等各不相同,坝系建设的指导思想也应因地制宜地确定。

(一)对现状坝分布较多的小流域坝系,确定其指导思想应注意的问题

在黄土丘陵沟壑区第一、二副区,对于现状淤地坝分布较多的小流域进行坝系建设,总体来说是属于坝系配套完善工程。例如在无定河、窟野河、秃尾河及延河流域,目前已建成大、中、小型淤地坝约1.62万座,在以上支流选择进行小流域坝系建设,其坝系建设的指导思想的分析与确立,首先应对现状淤地坝及其淤积、运行情况进行实地踏勘和现场测量,摸清沟道工程运行中存在的主要问题,在此基础上有针对性地提出坝系建设的指导思想。

在黄土丘陵沟壑区第三副区，沟道工程的建设现状往往是围绕水资源利用兴建了许多淤地坝和小(一)型、小(二)型水库，现状坝库分布较多，在该区域选择小流域坝系工程建设，应在充分考虑现状水库和现状骨干坝的基础上，以骨干坝建设为重点，合理利用水沙资源为主要目的，配套完善整个小流域内沟道工程，提高沟道工程综合防洪和水资源利用能力。

在黄土高原其他类型区，现状淤地坝分布相对较少，一般不属此列。

(二)对无现状坝的小流域坝系，确定其指导思想应注意的问题

在无现状坝的小流域进行坝系建设，在按照常规进行自然特征和建坝条件分析的同时，应重点考虑小流域主沟道居民分布位置、交通道路状况、耕地分布现状，以及坝系建设的淹没损失和居民搬迁问题，在充分考虑、排除并解决这些问题的基础上，经过实地踏勘，按照规范要求进行坝系布局。

(三)对居民及工矿企业分布较多的小流域坝系，确定其指导思想应注意的问题

据调查，随着区域开发建设及城镇经济发展，目前大约有三分之一的农村人口从生存条件较差的山丘区逐步迁移到交通相对方便的沟道内居住生活。因此，在许多小流域坝系建设中，流域内居民点、矿区开发以及交通道路均沿沟道分布，建坝造成淹没损失逐步增大，在一定程度上制约着小流域坝系工程建设，加大了淤地坝建设的难度。因此，在选择坝址时，要对小流域内居民点、工矿企业分布状况、沟道建坝条件、现状交通情况等进行全面了解，结合现状坝库控制、利用以及淤积情况，在尽量避免淹没损失和居民搬迁的前提下，合理确定坝系布局。

第二节　编制依据

一、《规定》要求

简述编制坝系建设可行性研究报告所依据的法律法规、技术规范、标准、水土保持规划、文件、规定等。

二、技术要点

编制依据主要包括，编制坝系建设可行性研究报告所依据和参考的法律法规、技术规范、标准、水土保持规划、文件、规定等条文的名称、发布(编制或制定)单位和时间等资料。

即使在不同行政区域和不同地貌类型区，编制小流域坝系建设可行性研究报告所依据的法律法规、技术规范、标准也是一致的。其不同之处主要是：不同行政区域和不同地貌类型区的水土保持规划、文件、技术资料等各不相同，这些应当是收集的重点内容。

在外业踏勘的同时，尽量收集全当地水土保持区划、专项规划、所在流域干支流规划，当地淤地坝技术手册和最新实用水文手册，以及附近小流域治理经验等相关技术资料，经过整理分析论证，确定可作为编制小流域坝系依据的主要技术资料。

三、案例剖析

乌拉素沟小流域坝系工程可行性研究报告❶的“编制依据”及其评析。

（一）案例

1. 法律法规依据

（1）《中华人民共和国水土保持法》；

（2）《中华人民共和国水土保持法实施条例》；

2. 技术规范和标准

（1）水利部《水土保持综合治理 规划通则》（GB/T 15772—1995）；

（2）水利部《水土保持综合治理 技术规范》（GB/T 16453.1—16453.6—1996）；

（3）水利部《水土保持综合治理 效益计算方法》（GB/T 15774—1995）；

（4）水利部《水土保持建设项目前期工作暂行规定》（2000）；

（5）水利部《水土保持治沟骨干工程技术规范》（SL 289—2003）；

（6）水利部黄河水利委员会黄河[2004]2 号《小流域坝系工程建设可行性研究报告暂行规定》；

（7）水利部《水土保持工程概（估）算编制规定》、《水土保持工程概算定额》水总[2003]67 号；

（8）水利部《黄土高原地区水土保持淤地坝工程建设管理暂行办法》水保[2004]144 号；

（9）内蒙古《黄土高原地区水土保持淤地坝工程建设管理细则》（试行）；

（10）水利部《水土保持生态建设工程监理管理暂行办法》水建管[2003]79 号。

---

❶《乌拉素沟小流域坝系工程可行性研究报告》由黄委会黄河上中游管理局规划设计研究院编制，编制时间为 2005 年 8 月。

3. 参考资料

(1)《内蒙古自治区水文手册》;

(2)《内蒙古黄河流域水土保持工程水文频率模型研究》;

(3)《内蒙古自治区水土保持治沟骨干工程技术手册》;

(4)《鄂尔多斯水土保持技术手册》;

(5)《淤地坝防洪保收技术》(黄河水利出版社,1997)。

(二)案例评析

各地编制小流域坝系建设可行性研究报告所依据的法律法规、技术规范、标准等基本一致,其不同之处主要在参考资料方面。乌拉素小流域参考的主要资料有:《内蒙古自治区水文手册》、《内蒙古黄河流域水土保持工程水文频率模型研究》、《内蒙古自治区水土保持治沟骨干工程技术手册》和《鄂尔多斯水土保持技术手册》。按照一般可行性研究报告编制的实际情况,在编制过程中必然要依据有关当地经济社会发展的总体规划(或文件)来确定坝系建设的有关发展目标,也要依据有关水土保持规划文件(如《黄土高原地区水土保持淤地坝规划》)来确定坝系的总体布局等。由于这些内容在一定程度上能够反映可行性研究报告依据性的强与弱,所以应尽可能地在此反映出来。

四、应注意的问题

确定小流域坝系建设编制依据时,应根据小流域所处的地貌类型区和行政区域,有针对性地搜集编制可研报告所需要的技术资料,这些技术资料是编制可研报告的主要技术参考资料。需要注意的是:技术资料应为相关主管部门批复或认可的资料。

第三节　建设原则

一、《规定》要求

简述坝系建设所遵循或坚持的原则。包括建设重点、坝系布局、建设管理、资金筹措等方面。

二、技术要点

坝系建设所遵循的原则是根据小流域坝系建设的指导思想,结合自然条件和社会经济条件等提出来的。其内容应包括建设重点、坝系布局、建设管理、资金筹措等方面。坝系建设原则与坝系建设指导思想应该相互统一。

(一)一般性原则

坝系建设应根据区域经济社会发展、生态建设战略目标与任务,依据当地自然条件、社会经济状况及水土流失规律制定建设目标和工程建设方案。坝系建设要与经济社会发展、水土资源保护与开发利用及生态建设相协调,以最小的投入获得最佳的经济、社会、生态效益,充分发挥坝系的拦泥、防洪和灌溉效益,达到综合利用水沙资源,尽快实现沟壑川台化。为此,坝系建设必须遵循以下原则。

1. 统筹兼顾原则

坝系建设应将小流域作为一个完整系统,综合考虑自然、经济、社会等诸多因素,统筹兼顾国家、集体和个人的利益,做到整体与局部的辩证统一,以达到坝系建设目标最优化。

2. 因地制宜原则

坝系建设应根据当地的自然环境、水土流失特点、经济社会发展方向与主要问题,从实际出发,因地制宜,因害设防,确定符合当地经济建设与自然规律的坝系建设模式。如水土流失严重地区,坝系建设应以拦泥淤地、发展生产为主要目标;干旱缺水地区,坝系建设还应充分兼顾缓洪蓄水、提高水资源利用率的目标。

3. 科学利用原则

坝系具有拦沙、淤地、蓄水等多重功效,要求在确定坝系建设目标时,必须进行系统分析,妥善处理坝系建设与经济社会发展之间的关系,合理选择骨干坝、中小型淤地坝、小塘坝,做到布局合理、综合开发、有效利用和保护水土资源。

4. 安全运行原则

把确保工程的防洪安全放在首位,合理配置骨干坝、中小型淤地坝、蓄水塘坝等各类工程,对于下游有村庄、道路、工矿企业及其他重要建筑物的淤地坝工程,必须进行充分论证,并要考虑对洪水泥沙的长期控制。

(二)坝系建设原则的区域性特征

由于各小流域所处区域不同,坝系建设原则也应突出流域所处的区域性特征。

1. 复合型沟道小流域

复合型沟道小流域坝系布局的重点在于主沟道和两岸的各大支沟,其指导思想通常是分段、分支沟控制洪水泥沙。主要建设原则是:骨干控制,大中小相结合,综合配套,节节拦淤等。

2. 宽浅型沟道小流域

宽浅型沟道小流域坝系布局的重点在于主沟道两岸的各大支沟,其指导思想主要是分支沟控制洪水泥沙。主要建设原则应是:统筹兼顾,注重效益,支沟拦淤,主沟利用等。

3. 窄深型沟道小流域

窄深型沟道小流域坝系布局的重点在于主沟道,坝系建设的指导思想则是采取主沟道建设控制性骨干坝,分区间控制小流域洪水泥沙。主要建设原则有:骨干坝为主,适当配置中小坝,控制水沙等。

(三)坝系建设原则的阶段性特征

由于各小流域淤地坝建设基础不尽相同,坝系建设所处的阶段各异,其坝系建设原则也应各有侧重,突出其阶段性特征。

1. 坝系建设阶段

坝系建设阶段的特点:坝系对小流域洪水泥沙的控制随着坝系建设的不断完善而逐步提高,包括区域控制(控制水土流失面积的大小)与时间控制(有效控制水土流失时间的长短),坝系中的大部分淤地坝还不能安全生产。因此,坝系建设阶段的主要任务是:以建设各类沟道工程为主,通过淤地坝的建设,拦蓄洪水泥沙,提高坝系对小流域洪水泥沙的控制率;利用淤地坝前期蓄水,发展灌溉、水产等农业综合开发,提高水资源的利用率。

2. 坝系配套完善阶段

坝系配套完善阶段的特点:坝系中的大部分淤地坝开始用于生产,但防洪保收能力普遍较低。由于工程的运行达到或接近设计淤积年限,坝系对小流域洪水泥沙的控制能力逐步降低,一些工程逐步失去持续拦泥作用。因此,坝系配套完善阶段的主要任务是:通过对坝系的配套和完善,实现坝系对小流域洪水泥沙的可持续利用;按照坝系的分工,实现坝系工程的拦泥、淤地、生产、滞洪等综合效益。

3. 坝系相对稳定阶段

坝系相对稳定阶段的特点:坝系中的骨干坝能够保障坝系的安全运行;各类淤地坝基本上能够保障坝地作物的安全生产;坝系的加高工程量显著降低,可以通过农田基本建设岁修的途径加以解决。因此,坝系相对稳定阶段的主要任务是:根据坝系运行与坝地淤积情况,每3~5年对坝体进行一次加高培厚(加高的高度在 1 m 以下），维系坝系的防洪能力，实现坝系对小流域洪水泥沙的可持续利用和拦泥、淤地、生产、滞洪等综合效益的持续发挥。

三、案例剖析

乌拉素沟小流域坝系工程可行性研究报告的“建设原则”及其评析。

（一）案例

（1）坚持以骨干坝建设为重点，合理配置中型淤地坝的原则。

（2）在坝系工程布局上，坚持骨干坝和中型淤地坝相互配合，联合运用的原则。

（3）立足于对小流域洪水泥沙的长期控制和水资源的合理利用，最大限度地发挥坝系工程的防洪、拦沙、淤地种植、蓄水灌溉和解决人畜用水等多种效益。

（4）中型淤地坝建设应结合流域经济发展对坝地的需要进行布设，尽量靠近村庄，集中连片。

（5）坝系建设管理严格执行“三制”管理制度，实行工程质量终身责任制，通过施工单位的质量保证、社会监理的质量控制和政府的质量监督等手段，达到保证工程质量的目的。

（6）流域坝系工程建设的投资应坚持中央补助、地方匹配、群众自筹相结合的多元化投资机制。

（二）案例评析

乌拉素沟小流域是皇甫川流域纳林川左岸的一级支沟，位于内蒙古自治区准格尔旗东南部，地处黄河中游粗泥沙集中来源区，为础砂岩分布的典型区域。现已有 5 座中型坝，却无一座控制性骨干坝，远不能满足流域防洪、拦泥、淤地生产的需要。因此，从坝系建设阶段性考虑，乌拉素沟小流域目前还处在坝系建设阶段，其坝系建设主要任务是：以建设各类沟道工程为主，通过淤地坝的建设，拦蓄洪水泥沙，提高坝系对小流域洪水泥沙的控制率；利用淤地坝前期蓄水，发展灌溉、水产等农业综合开发，提高水资源的利用率。按照统筹兼顾、因地制宜、科学利用等基本原则，从蓄水拦沙特别是拦粗沙角度分析，乌拉素沟小流域急需在流域主沟道及两岸各大支沟建设控制性骨干坝，使流域水沙资源得到有效利用，并根据需要合理地配置中小型淤地坝，达到防洪、拦蓄目的，使整个流域在尽可能短的时间内形成以骨干坝为单元，防、拦、蓄、灌、淤为一体的坝系布设格局。因此，首先确定了“坚持以骨干坝建设为重点，合理配置中型淤地坝”的原则。

乌拉素沟小流域现有的 5 座中型坝，在拦沙、蓄水、生产综合利用等方面已取得了一定效益。为保证这些效益的持续发展,因此在坝系工程布局上,确定了“坚持骨干坝和中型淤地坝相互配合,联合运用”的原则。

乌拉素沟流域水资源利用主要是解决人畜用水和灌溉沟道两岸的沟台地。长期水土流失和干旱,使流域内中下游许多人畜饮水井干枯,大部分地方无法满足需水要求,尤其在枯水期水资源供需矛盾更加突出。因此,在水资源利用等方面,确定了“立足于对小流域洪水泥沙的长期控制和水资源的合理利用,最大限度地发挥坝系工程的防洪、拦沙、淤地种植、蓄水灌溉和解决人畜用水等多种效益”的原则。

中型淤地坝建设应结合流域经济发展对坝地的需要进行布设,尽量靠近村庄,集中连片。这是从坝地利用等角度出发来确定的,也是每条小流域都应该坚持的基本原则。

在建设管理和资金筹措等方面,国家对小流域坝系建设项目有专门的要求,这些也应该作为小流域坝系可行性研究的基本原则。

四、应注意的问题

不同区域的小流域坝系建设原则的确定,首先要充分考虑不同地貌类型、不同沟道特征、现状坝布局和存在问题,在实地踏勘的基础上,确定坝系建设重点和应坚持的原则,其次对中小型淤地坝建设应结合流域经济发展对坝地的需求适当布设。

第四节　建设目标

一、《规定》要求

(一)建设目标分析论证

分析说明坝系可控制范围。

根据坝系控制范围内的侵蚀强度和产流产沙特点,分析计算坝系所需的拦泥库容、防洪库容和总库容。

根据流域沟道组成结构和各级沟道特点,结合淤地坝现状,分析各级沟道的坝地发展潜力,提出坝系建设的拦沙和淤地目标。

根据坝地发展潜力、人口分布和经济发展目标,提出退耕还林和土地利用结构调整的目标。

(二)建设目标

根据建设目标分析论证,提出坝系建设目标和主要指标(控制水土流失、拦沙、防洪、总库容、淤地、退耕还林、土地利用结构调整、土地生产率等指标)。

具体说明整个建设期和分期的拦泥、淤地数量。

简要说明坝系建设的其他目标(如生态、社会进步等方面)。

二、技术要点

坝系建设目标主要是根据小流域的建坝条件,分析说明坝系可控制面积;根据本流域的侵蚀强度和产流、产沙条件,分析计算坝系所需的拦泥库容、防洪库容和总库容;根据本流域的沟道特性,结合淤地坝现状,分析各级沟道的坝地发展潜力,提出坝系建设的拦沙和淤地目标;根据本流域坝地发展规模,人口、经济发展规划,提出退耕还林和土地利用结构调整的目标。

小流域坝系建设目标分析论证的主要内容应包括:根据分析论证提出坝系建设目标的主要指标,如控制率(控制面积/流域面积)、拦沙量、总库容、防洪库容、淤地面积、退耕还林面积、土地利用结构调整情况等;说明整个建设期和运行期的分期拦泥、淤地数量;说明坝系建设的其他目标,如水资源利用,生态、社会进步等方面。

(一)建设目标分析论证

1.分析说明坝系可控制范围

坝系可控制范围主要指坝系中所有骨干坝的控制范围。

骨干坝是小流域坝系的基本骨架,对坝系的形成与运用起着至关重要的作用。由于《水土保持治沟骨干工程技术规范》对骨干坝的工程规模规定得比较原则,而对单坝控制流域面积规定得较为具体,在前期工作的实践中,是以工程的库容规模为主,还是以控制面积为主,或是同时符合两个条件呢?这一点在坝系可行性研究的实践中往往较难把握。比如,在剧烈侵蚀区土壤侵蚀模数大于15 000 t/(km^2·a)的地区,要同时满足控制面积在3~5 km^{2}和多数库容为50万~100万m^{3}的条件就很困难。事实上,工程规模与单坝控制面积密切相关,而在坝系可行性研究报告的编制中,不同的布坝密度对坝系工程的总投资影响较大,因此有必要对骨干坝的单坝工程规模和单坝控制面积进行合理的分析与讨论。

1)技术规范对骨干坝单坝控制面积的规定

水利部2003年颁发的《水土保持治沟骨干工程技术规范》(SL 289—2003)对骨干坝的控制面积、工程规模和设计标准做了如下规定:

骨干坝单坝控制流域面积,在剧烈侵蚀区(侵蚀模数大于15 000 t/(km^2·a))一般为3 km^2;在极强度侵蚀区(侵蚀模数8 000~15 000 t/(km^2·a))一般为3~5 km^2;在强度侵蚀区(侵蚀模数5 000~8 000 t/(km^2·a))一般为3~8 km^2。

骨干坝的规模,多数库容为50万~100万 m^3,少数库容为100万~300万 m^3,个别库容为300万~500万 m^3。对库容大于500万 m^3 的骨干坝应进行专门研究;对库容小于50万 m^3 的淤地坝应执行《水土保持综合治理技术规范》(GB/T 16453.3—1996)。

2)骨干坝单坝控制面积合理范围的分析

分析和掌握不同侵蚀强度区骨干坝的单坝控制面积,对合理进行坝系布局、提出坝系布局方案极为重要。因此,坝系规划设计人员在进行坝系可行性研究工作之前,首先应分析所在小流域的土壤侵蚀强度和洪水特征值,并以此确定小流域坝系中骨干坝的布坝密度。

如前所述,如果按同时满足库容和控制面积条件有困难,那就应至少满足库容和控制面积条件之一。从一般意义上讲,工程规模与流域控制面积密切相关,但工程规模是指工程本身的大小,而非其所控制面积的大小。因此,这里以小流域洪水泥沙作为基本条件,分析不同侵蚀地区满足工程库容规模条件的合理控制面积。

为了分析符合规范规定的工程规模的骨干坝单坝控制面积,我们设定骨干坝的设计淤积年限为20年,300年一遇洪水的洪量模数为10万~13万 m^3/km^2,按下列公式分别计算不同规模和不同侵蚀强度区骨干坝控制面积的上、下限值:

$$F_{上1}=V_{上}/(M_{沙下}\times n+M_{洪下}) \quad (4-1)$$

$$F_{上2}=V_{上}/(M_{沙上}\times n+M_{洪上}) \quad (4-2)$$

$$F_{下1}=V_{下}/(M_{沙下}\times n+M_{洪下}) \quad (4-3)$$

$$F_{下2}=V_{下}/(M_{沙上}\times n+M_{洪上}) \quad (4-4)$$

$$F_{中}=(F_{上1}+F_{下2})/2 \quad (4-5)$$

式中:$F_{上1}$、$F_{上2}$、$F_{下1}$、$F_{下2}$分别为按单坝库容的上下限和区域侵蚀强度及洪量模数的上下限计算出的单坝控制面积的上限值和下限值,km^2;$V_{上}$、$V_{下}$ 分别为规范规定的不同规模工程的单坝库容上下限值,万 m^3;$M_{沙上}$、$M_{沙下}$分别为不同侵蚀强度区土壤侵蚀模数的上下限值,t/(km^2·a);n 为骨干坝的设计淤积年限(设定为20 a),a;$M_{洪上}$、$M_{洪下}$分别为校核洪水洪量模数的上下限值,万 m^3/km^2;$F_{中}$ 为对应不同工程规模和不同侵蚀强度区的单坝控制面积中间值,km^2。

分析结果：满足库容为 50 万～100 万 m^3 的骨干坝的单坝控制面积应为 1.17～5.74 km^2；满足库容为 100 万～300 万 m^3 的骨干坝的单坝控制面积应为 2.35～17.23 km^2；满足库容为 300 万～500 万 m^3 的骨干坝的单坝控制面积应为 7.04～28.72 km^2。满足不同库容规模和不同侵蚀强度区的骨干坝单坝控制面积见表 4－1。

表 4－1　不同库容规模和不同侵蚀强度区骨干坝单坝控制面积分析

总库容（万 m^3）	侵蚀强度（t/(km^2·a)）	单坝控制面积（km^2）				
		上限		下限		中间值
		$F_{上1}$	$F_{上2}$	$F_{下1}$	$F_{下2}$	$F_{中}$
50～100	5 000～8 000	5.74	4.02	2.87	2.01	3.88
	8 000～15 000	4.58	2.84	2.29	1.42	3.00
	15 000～20 000	3.10	2.35	1.55	1.17	2.14
100～300	5 000～8 000	17.23	12.07	5.74	4.02	10.63
	8 000～15 000	13.73	8.52	4.58	2.84	8.28
	15 000～20 000	9.31	7.04	3.10	2.35	5.83
300～500	5 000～8 000	28.72	20.12	17.23	12.07	20.40
	8 000～15 000	22.88	14.20	13.73	8.52	15.70
	15 000～20 000	15.52	11.73	9.31	7.04	11.28

从表 4－1 中可以看出，强度侵蚀区、极强度侵蚀区和剧烈侵蚀区多数骨干坝（库容在 50 万～100 万 m^3）的单坝控制面积应分别在 2.01～5.74 km^2、1.42～4.58 km^2 和 1.17～3.10 km^2 以内；少数骨干坝（库容在 100 万～300万 m^3）的控制面积分别可以放宽到 5.74～17.23 km^2、4.58～13.73 km^2 和 3.10～9.31 km^2；个别骨干坝（库容在 300 万～500 万 m^3）的控制面积分别可以达到 17.23～28.72 km^2、13.73～22.88 km^2 和 9.31～15.52 km^2。

3）不同库容规模和不同侵蚀强度区骨干坝单坝控制面积的中间值

从前面的分析可以看出以下几点：一是满足库容规模的工程控制流域面积的范围较规范规定的范围大，这是根据库容规模与小流域洪水泥沙的不同组合分析计算的结果，表示满足其库容规模的工程可能的控制面积范围；二是就规范规定的大多数工程（库容在 50 万～100 万 m^3）而言，其控制面积可能未突破规范规定的控制面积上限，但其下限超出了规范规定的控制面积下限，表明在很多情况下，满足 50 万～100 万 m^3 库容的工程其控制面积可能在 3 km^2 以下，这一点在近20年的工程建设实践中，我们也经常遇到；三是就规范规定的个别工程（库容在300万～500万 m^3）而言，其可能的控制面积基本上都在规范规定的控制面积上限以上，表明在一般情况下，满足300万～500万 m^3 库容的工程其控制面积在规范规定的上限8 km^2 以上。

坝系工程可行性研究的目的是解决坝系在小流域的总体布局问题。而在确定坝系工程的布局中，我们不仅要了解符合规范要求的库容规模的工程控制面积范围，更需要清楚不同侵蚀类型区、不同工程规模的控制面积中间值，并以此作为坝系可行性研究对象——小流域坝系布局的宏观控制指标。小流域坝系中骨干坝的座数应接近小流域可布坝范围面积与单坝控制面积中间值的比值。

从有关典型小流域坝系建设阶段历时调查统计我们得出：满足不同规模的单坝控制面积中间值，强度侵蚀区、极强度侵蚀区和剧烈侵蚀区多数骨干坝（库容在50万～100万 m^3）的单坝控制面积中间值分别为3.88 km^2、3.00 km^2 和2.14 km^2；少数骨干坝（库容在100万～300万 m^3）的控制面积中间值分别为10.63 km^2、8.28 km^2 和5.83 km^2；个别骨干坝（库容在300万～500万 m^3）的控制面积中间值分别为20.40 km^2、15.70 km^2 和11.28 km^2。需要说明的是符合50万～100万 m^3 库容，在剧烈侵蚀区单坝控制面积中间值为2.14 km^2，说明在该区修建骨干坝，要符合库容50万～100万 m^3 的条件，单坝控制面积多在3 km^2以下，而要符合3 km^2 以上的条件，其单坝库容则在100万 m^3 以上。

4）坝系可行性研究中骨干坝单坝控制面积的中间值

根据黄河上中游地区已建成骨干坝的统计分析，1986～2003年，黄河上中游地区共安排骨干坝1 714座，其中50万～100万 m^3 的工程有1 174座，100万～200万 m^3 的工程有318座，分别占安排工程总数的68.5%和18.6%。50万～200万 m^3 的工程占安排工程总数的87.1%，为安排工程的绝大多数。

也就是说，在过去的17年工程建设实践中，根据规范对治沟骨干工程规模的规定，实际建设的工程绝大多数的库容都在50万～200万 m^3。在2003年新修订的规范对工程规模没有变化的情况下，这一规模范围的工程，仍将是今后治沟骨干工程建设的绝大多数。因此，研究和分析这类工程的控制面积中间值，对进行坝系可行性研究的宏观控制，具有十分重要的意义。按照前述方法进行分析计算，可得到不同侵蚀强度区50万～200万 m^3 骨干坝单坝控制面积中间值（见表4－2）。

由表4－2可知，如果按照满足50万～200万 m^3 的工程规模进行骨干坝的布局，其单坝控制面积的中间值，在强度、极强度和剧烈侵蚀区应分别为6.75 km^2、5.29 km^2 和3.69 km^2。这一指标可以作为坝系可行性研究阶段，对不同侵蚀强度区进行坝系布局的宏观控制指标。

表 4－2　不同侵蚀强度区 50 万～200 万 m^3 骨干坝单坝控制面积分析

总库容（万 m^3）	侵蚀强度（$t/(km^2\cdot a)$）	单坝控制面积（km^2）				
		上限		下限		中间值
		$F_{上1}$	$F_{上2}$	$F_{下1}$	$F_{下2}$	$F_{中}$
50～200	5 000～8 000	11.49	8.05	2.87	2.01	6.75
	8 000～15 000	9.15	5.68	2.29	1.42	5.29
	15 000～20 000	6.21	4.69	1.55	1.17	3.69

在进行坝系可行性研究中，可根据不同侵蚀强度区骨干坝控制面积的中间值，按下式分析计算小流域坝系中骨干坝的大体数量：

$$N = F_{可}/F_{中} \tag{4-6}$$

式中：N 为小流域坝系中骨干坝的总数量，座；$F_{可}$ 为小流域中可建骨干坝的面积，km^2；$F_{中}$ 为小流域所在侵蚀强度区骨干坝单坝控制面积的中间值（可按表 4－2查得），km^2。

需要说明的是，按公式（4－6）计算的小流域骨干坝的座数是该流域在可行性研究中大体应控制的骨干坝的总数量，其准确数量还应在对小流域实地踏勘的基础上比选确定。

2. 分析计算坝系所需的拦泥库容、防洪库容和总库容

应根据坝系控制范围内的侵蚀强度和产流产沙特点，分析计算坝系所需的拦泥库容、防洪库容和总库容。首先根据流域骨干坝坝址条件勘察结果，拟定布设骨干坝的工程等级，确定坝系防洪标准和设计淤积年限（运行年限）。其次通过流域输沙模数（或侵蚀模数）、坝控流域面积、工程淤积年限，推算坝系控制范围内来沙量，分析确定所需设计拦泥库容。再根据坝系防洪标准的洪量模数，推算分析确定所需滞洪库容。最后由坝系所需的拦泥库容、防洪库容确定坝系工程建设的总库容。

3. 分析各级沟道的坝地发展潜力

应根据流域沟道组成结构和各级沟道特点，结合淤地坝现状，分析各级沟道的坝地发展潜力，提出坝系建设的拦沙和淤地目标。

坝地发展潜力的确定。一般是通过典型调查或经验指标，分析确定淤成单

位面积坝地需泥沙量。再根据已经确定的坝系控制范围内的来沙量,分析推求坝系所能淤积的坝地面积等指标。

坝系建设淤地目标的确定。首先应根据流域人口所需粮食等情况,依照当地坝地的生产能力(调查获得),分析推算流域所需坝地面积;再综合考虑坝地发展潜力等,计算坝系建设的淤地目标,并分析其合理性。

4. 提出退耕还林和土地利用结构调整的目标

应根据坝地发展潜力、人口分布和经济发展目标,提出退耕还林和土地利用结构调整的目标。根据坝地及坡耕地的生产能力,推算通过实现淤地目标的影响,可实现多少坡耕地退耕还林及对土地利用结构的调整,并分析其合理性及可行性。分析过程中要充分考虑流域人口分布情况(不均衡性)和经济发展目标。

(二)建设目标

(1)通过以上对坝系建设目标的分析论证,确定以下具体目标:

a. 坝系建成后,整体防洪能力达到的标准。

b. 流域坝系实施后,工程可控制水土流失面积及有关指标。如水土流失面积占流域(水土流失)总面积的比例、坝系工程拦泥库容、滞洪库容、总库容等。

c. 通过坝系工程建设,发展坝地总面积及人均坝地面积。

d. 坝地防洪保收目标。

e. 退耕还林、土地利用结构调整、土地生产率等指标。

(2)具体说明整个建设期和分期的拦泥、淤地数量。

(3)简要说明坝系建设的其他目标(如生态、社会进步等方面)。

三、案例剖析

盐沟小流域坝系工程可行性研究报告的“建设目标”及其评析。

(一)案例

根据盐沟小流域的水文、泥沙特点,针对现状坝系建设存在的主要问题,结合流域坝系建设与经济开发的特点,确定本次坝系建设的宏观目标为:通过坝系建设,提高坝系防洪、拦沙能力和水土资源利用率,使坝系拦、蓄、种等效益相结合,促进流域生态安全、粮食安全和经济社会的可持续发展。

1. 建设目标分析

(1)坝系的流域面积控制目标。按照坝系建设的基本原则,坝系要尽量控制流域面积,尽可能保证“洪水不出沟、泥沙不下泄”。

在黄土丘陵沟壑区第一副区，由于自然地貌和沟道组成结构的特点，坝系控制的流域面积控制规模一般在75%以上时，流域下游(或沟口)基本不会形成较大洪峰，因此本次可研以此推算骨干坝的最小控制目标。

即：

$$F_{坝系} = \sum F_{骨干坝} \geqslant F \times 75\% = 69.2\ \text{km}^2$$

式中：$F_{坝系}$为坝系流域面积控制规模，km^2；$F_{骨干坝}$为骨干坝控制面积，km^2；F为流域面积，km^2；

(2)拦沙目标。坝系建设水平年年末最小新增拦泥能力可采用下式计算：

$$W_{拦} = \frac{M_0(F - F_0)}{\gamma} \times y$$

式中：$W_{拦}$为坝系新增拦泥能力，m^3；M_0为流域平均侵蚀模数，t/(km^2·a)；F为流域坝系工程拟控制流域面积，km^2；F_0为流域坝系工程已控制流域面积，km^2；γ为泥沙干容重，t/m^3；y为拦泥年限。

根据上式计算，盐沟小流域新增拦泥目标为：拦蓄流域20年内1 553万m^3以上的泥沙。

(3)淤地目标：

a.流域经济发展对坝地的需求。盐沟流域现有人口7 114人，建设目标拟定的坝系单元控制范围(71.8 km^2)内的人口为5 301人，现有基本农田面积948.5 hm^2，粮食总产量82.16万kg，人均占有粮食155 kg。根据盐沟小流域农业经济发展及人口环境需求，结合生态环境建设要求，到坝系投入正常运行以后，人均0.20～0.27 hm^2基本农田(其中坝地0.04 hm^2)可保证该流域社会经济发展要求。共需基本农田面积1 060.2～1 413 hm^2(人口自然增长率按0.6%计算)，需要坝地面积176～212 hm^2，流域内现有的淤地坝可淤坝地61.9 hm^2，还需增加114～150 hm^2的坝地，即可满足农业经济发展的要求。

b.沟道的造地条件。流域建设水平年年末最大新增坝地面积，可采用下式计算：

$$A = \eta \frac{W_{拦}}{\omega}$$

式中：A为新增坝地面积，hm^2；η为淤地折算系数，为已建淤地坝实地调查的淤地模数与设计淤地模数之比，当调查统计资料来源于本流域或来源于地形条件十分相似的流域时,可取$\eta = 1$;$W_{拦}$ 为坝系新增拦泥能力,万 m^3;ω 为设计淤地模数,单位淤地面积所需的拦泥量,万 m^3/hm^2。

根据沟道分级、沟道特征分析及各级沟道建坝适宜性,在流域内选择能代表流域实际情况的坝系,推算其拦泥量与淤地面积的关系,并结合现状坝淤积情况,确定骨干坝每淤 1 hm^2 的坝地需 11.2 万 m^3 泥沙,中型淤地坝每淤 1 hm^2 的坝地需 7.97 万 m^3 泥沙,小型淤地坝每淤 1 hm^2 的坝地需 2.36 万 m^3 泥沙。全流域平均每淤 1 hm^2 的坝地需 10.1 万 m^3 泥沙。由此计算在坝控范围内流域的产沙在 20 年内可以发展淤成坝地 153 hm^2 以上,基本可以满足流域社会经济发展的淤地目标。

(4)防洪目标。根据《水土保持治沟骨干工程技术规范》及《陕西省治沟骨干工程技术手册》的规定,确定坝系结构中的骨干工程的防洪标准为 300 年一遇洪水,设计淤积年限取 20 年。考虑到流域工程地质条件,该流域多数骨干坝枢纽由坝体和放水工程两大件组成,个别坝枢纽组成为三大件。坝系建成后,将形成以骨干坝为骨架的坝系防洪体系。总体防洪能力提高到 300 年一遇洪水标准。

a. 满足防洪目标需要的滞洪库容。坝系滞洪能力是坝系拦蓄和削减坝系控制流域面积以内 300 年一遇的洪水,建设水平年最大新增滞洪能力可采用下式计算:

$$W_{滞} = W_{0.33}(F - F_0)$$

式中:$W_{滞}$ 为坝系新增滞洪能力,万 m^3;$W_{0.33}$为 300 年一遇洪量模数,万 m^3/km^2;F 为流域坝系工程拟控制流域面积,km^2;F_0 为流域坝系工程已控制流域面积,km^2。

根据上式计算,盐沟小流域新增滞洪能力为:拦蓄和削减 854 万 m^3 以上的洪水。

b. 坝系总库容。根据拦泥和滞洪目标,坝系建设新增总库容在 2 400 万 m^3 以上。

(5)淤地坝建设数量目标。盐沟小流域共有大小沟道 176 条,其中流域面积小于0.6 km^2 的沟道有 127 条,由于地形地貌、沟道比降、坝址断面等自然条件的限制,而适应于修建小型淤地坝的沟道有 76 条;流域面积在 0.6 ~3.0 km^2 的沟道有 38 条,这部分沟道适应于修建中型淤地坝;流域面积大于 3 km^2 的沟道共有 10(包括主沟道)条,是骨干工程的适宜控制范围。

根据《水土保持治沟骨干工程技术规范》(SL 289—2003)规定的骨干坝的面积控制规模一般为 3 ~8 km^2,则骨干坝(坝系单元)的建设数量按下列公式计算：

$$N_g = (F - F_0)/\alpha_{max/min}$$

式中：N_g 为坝系单元数量，座；F 为坝系工程拟控制流域面积，km^2；F_0 为现状工程已控制流域面积，km^2；$\alpha_{max/min}$ 为骨干坝单坝控制面积上限和下限，km^2；

因此，本次可研的骨干坝（坝系单元）拟建设数量目标为：

$$N_{g-max} \sim N_{g-min} = 10 \sim 28 \text{ 座}$$

2. *初拟建设目标*

综合盐沟坝系建设目标分析，提出本次可研的建设目标如下：

（1）坝系工程控制流域 69.2 km² 以上的水土流失面积。

（2）形成新增拦泥能力 1 553 万 m³ 以上。

（3）新增滞洪能力 854 万 m³ 以上。

（4）实现拦蓄流域坝控范围 20 年的洪水泥沙。

（5）坝系工程防洪能力达到 200～300 年一遇洪水标准。

（6）新增可淤坝地面积达到 114～150 hm²。

（7）骨干坝拟建设数量为 10～28 座。

（8）为流域坡耕地退耕还林（草）提供条件，生态环境得到初步改善，实现经济社会可持续发展。

（二）案例评析

盐沟首先根据小流域的水文、泥沙特点，针对现状坝系建设存在的主要问题，结合流域坝系建设与经济开发的特点，确定了坝系建设的宏观目标。在此基础上，又通过对坝系的流域面积控制目标、拦沙目标、淤地目标、防洪目标、淤地坝建设数量目标等的系统分析，初拟了 8 项建设目标。其中在各项指标的分析过程中，采用了定量计算的分析方法，增强了报告的说服力。如按照黄土丘陵沟壑区第一副区的经验数据（坝系控制流域面积在 75% 以上）推算骨干坝的最小控制目标应当为 69.2 km²；又如根据盐沟小流域农业经济发展及人口环境需求等，分析得出流域需增加 114～150 hm² 的坝地即可满足农业经济发展的要求等，从各目标的实际需求量、自然资源的可实现量等多个不同的层面上反映了各项目标确定的合理性。

四、应注意的问题

小流域坝系建设目标的确定不能千篇一律，小流域坝系建设的具体目标是在分析论证坝系建设目标的基础上确定的，不同的小流域坝系建设目标是根据各自的具体特点来确定的，要体现该流域的特点。

在确定不同地貌类型、不同侵蚀特征、不同治理程度、沟道内有无现状淤地坝、坝系建设潜力不同等情况下的小流域坝系建设目标时，要通过实地踏勘，在充分掌握小流域沟道组成结构和各级沟道特点、坝系控制范围内的侵蚀强度和产流产沙特点、建坝条件等主要因素的基础上，结合淤地坝现状，合理分析确定小流域坝系建设目标。进而根据小流域坝地发展潜力、人口分布和经济发展的实际需要，提出小流域退耕还林和土地利用结构调整的目标。

第五章　总体布局与规模

第一节　坝系工程总体布局原则与思路

在《规定》中，本条规定——“提出布局的思路和遵循的原则”是唯一一条在设节的章中未编入节的《规定》条文。为方便叙述并统一编写格式，本书将该部分内容列为第一节，原第一节至第八节编为第二节至第九节。

一、《规定》要求

提出布局的思路和遵循的原则。

二、技术要点

本章是小流域坝系可行性研究报告编制的核心内容。为加深对坝系总体布局与规模的理解，现将坝系布局与规模确定的有关基本概念、原则、方法介绍如下。

（一）小流域坝系建设的基本概念

1. 小流域坝系及其总体布局的基本内涵

《水土保持治沟骨干工程技术规范》（SL 289—2003）中第 1.0.4 条定义：“坝系是指以小流域为单元，通过科学规划、合理布设骨干坝和淤地坝等沟道工程，为提高沟道整体防御能力、实现流域水沙资源的合理开发和利用而建立的防治水土流失的沟道工程体系”。那么，小流域坝系通俗地可以理解为是建设在小流域沟道中的水土保持治沟骨干工程、中小型淤地坝、小型水库、塘坝以及谷坊组成的功能相互协调、有机结合、群体联防的沟道工程体系。其建设目的主要是拦蓄洪水，蓄浑排清，拦泥淤地，防止沟岸扩张，抬高侵蚀基准等。在治理黄河泥沙中主要发挥拦截泥沙的作用，保证泥沙不出沟；在发展地方经济中主要发挥发展坝地，增加基本农田，调整土地利用结构，为发展“三高”农业提供优良土地；在改善生态环境中主要以减少沟道冲刷、抬高侵蚀基准、变窄沟为宽川、变荒沟为良田为目的。

小流域坝系总体布局是指为实现坝系总体目标，在坝系建设总体框架下，遵循“安全、经济、有效”的原则，针对不同阶段坝系建设功能的要求，对建设要素进行有机组合、整体规划和安排。坝系总体布局属于规划的范畴，涉及坝系的规模、结构、时空分布、运行等诸多因素，既有静态要素，也有动态要素，既有时间要素，又有空间要素。概括地讲，坝系总体布局包括坝系建设规模、结构、空间布局、建设时序、水沙调用机制等五大要素，这五大要素是相互联系、有机结合的统一体。

2. 小流域坝系的形成过程、阶段划分及其主要工作内容

1)小流域坝系的形成过程与阶段划分

小流域坝系建设的最终目标是实现坝系相对稳定，达到坝系水土资源的可持续开发利用。所谓坝系相对稳定，是指小流域坝系工程建设总体上达到一定规模，通过治沟骨干工程、中小型淤地坝和塘坝群的联合调洪、拦泥和蓄水，使小流域洪水泥沙得到充分利用，在较大暴雨(200 年一遇)洪水条件下，坝系中的治沟骨干工程的安全可以得到保证；在较小暴雨(10 年一遇)洪水条件下，坝地作物可以保收；坝地年平均淤积厚度小于 30 cm，需要加高的坝体工程量相当于基本农田岁修的单位工程量。坝系来水来沙与坝体加高达到一种动态的相对稳定的状态，坝系可实现持续安全和高效利用。研究表明，相对稳定坝系的建设，往往需要经历坝系建设期、配套完善期和相对稳定期等三个阶段。分述如下：

(1)坝系建设期及其特点、任务与历时。坝系建设期，是指小流域沟道开始修建淤地坝到小流域坝系框架基本形成、小流域洪水泥沙初步得到控制、部分淤地坝开始投入生产的阶段。

坝系建设期的特点是：坝系以建设各类沟道工程为主，坝系对小流域洪水泥沙的控制随着坝系建设的不断完善而逐步提高，包括区域控制(控制水土流失面积的大小)与时间控制(有效控制水土流失时间的长短)，坝系中的大部分淤地坝还不能安全生产。

坝系建设期的主要任务是：通过淤地坝的建设，拦蓄洪水泥沙，提高坝系对小流域洪水泥沙的控制率；利用淤地坝前期蓄水，发展灌溉、水产等农业综合开发，提高水资源的利用率。

坝系建设期的历时：根据有关部门对陕北、晋西和内蒙古中西部地区已成坝系的调查(见表 5－1)，坝系建设期一般需要 20～30 年。

需要说明的是，由于历史的原因，受当时人们对坝系建设认识水平的制约，典型流域坝系建设期历时往往比理论分析时间要长。随着坝系建设理论的不断完善，坝系建设期必然会朝着科学、合理、高效地控制流域洪水泥沙，加快坝系相对稳定实现的方向发展。

表 5-1　典型小流域坝系建设期历时调查统计

省(区)	市(地区)	县(区、旗)	小流域	坝系建设期	
				建设时间	历时(年)
山西	吕梁	中阳	洪水沟	1954~1986	32
山西	吕梁	中阳	高家沟	1964~1982	18
山西	吕梁	离石	王家沟	1955~1986	31
山西	吕梁	离石	刘家湾	1956~1981	25
陕西	榆林	横山	赵石畔	1956~1980	24
陕西	榆林	横山	艾好峁	1976~1990	24
陕西	榆林	横山	元坪	1952~1985	33
陕西	延安	志丹	孙岔	1964~1985	21
陕西	延安	宝塔	碾庄	1956~1975	19
内蒙古	呼和浩特	清水河	范四窑	1969~1990	21
内蒙古	鄂尔多斯	准格尔	西黑岱	1975~1998	23
平均历时					24.6

(2)坝系配套完善期及其特点、任务与历时。坝系配套完善期,是指坝系基本实现了对小流域洪水泥沙的控制后,随着工程运行期限的延长,坝系中的多数淤地坝开始种植收益,但防洪保收标准普遍较低(低于10年一遇防洪标准),一些控制性骨干工程逐步达到或接近设计淤积年限,需要根据坝系运用情况,及时对坝系中的控制性骨干工程进行加固配套,以维持坝系对小流域洪水泥沙的长期控制。

坝系配套完善期的特点是:坝系中的大部分淤地坝开始投入生产,但防洪保收能力普遍较低(不足10年一遇防洪标准)。由于工程的运行达到或接近设计淤积年限,坝系对小流域洪水泥沙的控制能力逐步降低,一些工程逐步失去持续拦泥作用。通过加固配套完善可以显著提高坝系对小流域洪水泥沙的长期控制作用。

坝系配套完善期的主要任务是:通过对坝系的配套和完善,实现坝系对小流域洪水泥沙的可持续利用;按照坝系的分工,实现坝系工程的拦泥、淤地、生产、滞洪等综合效益。

坝系配套完善期的历时:一般需要10~20年的时间。在青海、甘肃、宁夏等省区的黄土丘陵沟壑区第三、四副区,由于土壤侵蚀模数小、沟道比降大等原因,坝系的配套完善期需要20~30年或更长的时间。

(3)坝系相对稳定期及其特点与任务。坝系达到相对稳定期的标志是:坝系在每3~5年进行一次加高,一次加高量不超过1.0 m的条件下,坝系中的骨干坝的防洪保安能力能够持续维持在坝系设防标准以上;坝系的防洪保收能力达到10年一遇的防洪标准;坝系中各类淤地坝的年平均淤积厚度在0.3 m以下。

坝系相对稳定期的特点是:坝系中的骨干坝能够保障坝系的安全运行;各类淤地坝(包括骨干坝)基本上能够保障坝地作物的安全生产;坝系的加高工程量显著降低,可以通过农田基本建设岁修的途径加以解决。

坝系相对稳定期的主要任务是:根据坝系运行与坝地淤积情况,每3~5年对坝体进行一次加高培厚,加高的高度在1.0 m以下,以维持坝系的防洪能力,实现坝系对小流域洪水泥沙的可持续利用和拦泥、淤地、生产、滞洪等综合效益的持续发挥。

在黄土丘陵沟壑区水土流失严重的地区,一般从坝系建设到形成相对稳定坝系需要经过30~50年的时间,而在土壤侵蚀模数小的地区,从坝系建设到形成相对稳定坝系则需要60~70年的时间。相对稳定坝系初步形成后,应重点加强坝系的运行管理,合理安排各类淤地坝的加高岁修,在保障坝系防洪安全的前提下,维持坝系安全利用与可持续拦泥作用。

2)不同时期坝系建设的主要内容

(1)坝系建设期的主要工作内容。坝系建设期的主要工作内容是通过各级沟道淤地坝的建设,逐步形成小流域坝系的基本骨架,实现对流域洪水泥沙的初步控制。就黄土丘陵沟壑区水土流失区小流域而言,大部分沟道还处在坝系建设期。

根据前述界定,坝系建设期是指小流域沟道开始修建淤地坝到小流域坝系框架基本形成、小流域洪水泥沙初步得到控制、部分淤地坝开始投入生产的时期。可知,坝系建设的起始时间容易界定,而坝系建设期的终止时间是小流域坝系框架基本形成、小流域洪水泥沙初步得到控制、部分淤地坝开始投入生产等三个条件的集合。为了实现坝系减沙和经济效益双赢的坝系合理布局,就要根据小流域洪水泥沙的运行规律,在现行淤地坝及治沟骨干工程技术规范的基本框架内,按照科学发展观,使坝系建设的综合效益最大化。为此需要注意以下几点:

a.合理确定坝系框架基本形成的时限。根据黄土丘陵沟壑区已初步建成的坝系统计,坝系的建设期一般为20~30年。坝系框架的基本形成时间是完全可以在人们的控制下进行的:3 年、5 年、10 年、20 年都可以做到。时间越短对泥沙的控制越有利。但尽早实现对流域洪水泥沙的控制并不意味着要在很短时间内配置完成流域坝系工程的建设任务。事实上,短时间、高强度地投资完成一条坝系的建设布局,并不符合科学发展观的要求。

b. 尽早实现坝系对小流域洪水泥沙的初步控制。一般来讲,完成坝系基本框架建设的小流域,其洪水泥沙就可以得到初步控制。但从投资效益出发,我们更希望在小流域坝系基本框架形成之前就实现小流域洪水泥沙的初步控制。这就需要通过小流域坝系的建设时序来调整。事实上,现有的很多典型流域在坝系建设之初就实现了小流域洪水泥沙的全面或基本控制,只是在工程设计标准、坝系后续建设等方面不同程度地存在一些问题,导致坝系运行中出现相应的问题,而这些问题是完全可以通过工程设计和坝系实施计划的落实来避免的。

c. 调洪调沙使部分淤地坝尽早投入生产。根据对黄土丘陵沟壑区已建成坝系的调查研究,坝系中各骨干坝的建设时序对坝系建设期的历时与效果影响较大。

应通过建坝顺序的调整,使流域洪水泥沙得到合理的利用,而不是在各坝库间平均分配。简单地、均衡地、短期内配齐各类淤地坝的做法是不可取的,处于坝系建设阶段初期的小流域尤其是这样。

(2)坝系配套完善期的主要工作内容。由于小流域本身固有的水沙特性及产汇流的差异性,完成坝系建设期的各类工程在经过一定的运行期后,会表现出不同的运行状况,有的工程淤满需要加高配套、生产利用;有的工程淤积缓慢,可以继续拦泥淤地。通过对小流域坝系运行状况的分析研究,从相对稳定的目标出发,协调好坝系中各类淤地坝的关系,提出坝系配套完善方案。在保障坝系安全的前提下,使各类淤地坝的功能得到尽可能地发挥,为最终实现坝系相对稳定创造条件。

在旧坝加固改建过程中,要正确处理好眼前利益与长远利益的关系,局部利益与整体利益的关系,经济效益与生态效益的关系,生产效益与坝系持续拦泥效益的关系。坝系布局中经常会碰到这样的问题:为了使旧坝淤出的坝地尽早得到利用,当地群众和地方有关部门往往要求采用开挖溢洪道的旧坝改建方案。对于确无加高条件且不能继续拦泥的工程这样做也无可厚非。但对于还可以继续拦泥的工程,仅仅出于对坝地的利用要求而开设溢洪道,使该工程丧失持续拦泥功能的做法则是不可取的。

坝系配套完善期的主要工作内容有:

a. 分析小流域坝系实现相对稳定的可行性。相对稳定坝系是坝系建设的理想阶段。由于农村经济社会的发展和各类基础设施的建设,改变了小流域沟道的自然条件,使得一些小流域或小流域的中下游,受村镇、交通道路等基础设施的制约,加大了实现小流域坝系相对稳定的成本,有的小流域甚至不可能实现坝系相对稳定。因此,不是所有的坝系都能够实现坝系相对稳定,但坝系中的某些子坝系或某些坝系单元实现相对稳定是可以肯定的。一般来讲,在Ⅰ、Ⅱ、Ⅲ级沟道内基础设施相对较差,坝系建设实现相对稳定的制约条件相对较少,可以实现坝系相对稳定;Ⅳ、Ⅴ级沟道内村庄道路等基础设施较多,实现坝系相对稳定往往受到制约。应根据小流域的具体情况,分析实现坝系相对稳定的可行性。对有可能实现相对稳定的坝系、子坝系和坝系单元,应采取可持续拦泥滞洪方案进行坝系的配套完善;对实现坝系相对稳定有较大制约条件的坝系,应以最大限度地发挥坝系控制洪水泥沙、维护已成坝系的安全运行、保护已有治理成果为目标,制定坝系配套完善方案。

b.确定坝系配套完善方案。应根据坝系及坝系单元实现坝系相对稳定的可行性,分别提出不同坝系单元的加固配套方案,并应遵循以下原则:

——坝系可持续拦泥方案优先的原则。在对坝系中的旧坝加固除险方案设计中,应该把坝系的可持续拦泥方案作为优先方案。只有具备可持续拦泥功能的坝系,才有可能形成相对稳定坝系。过早地开设溢洪道不仅会使淤地坝丧失持续拦泥的功能,而且也失去了小流域形成相对稳定坝系的基本条件。

——安全性原则。在进行坝系方案设计中,应始终遵循《水土保持治沟骨干工程技术规范》,将坝系的安全指标控制在适当的范围之内。漠视安全和无节制地提高安全防范标准同样都是不可取的。

——经济可行性原则。在有些情况下,对旧坝进行可持续拦泥改建会涉及移民搬迁、基础设施改建等一系列问题,改建方案还需要通过方案的比选来合理确定。

(3)坝系相对稳定期的主要工作内容。进入相对稳定期的坝系,在保障坝系安全与防洪保收的前提下,坝系能够持续稳定地发挥拦泥淤地生产作用。这一时期坝系建设管理的主要内容有:

a.合理安排各类淤地坝的加高岁修工程。相对稳定坝系形成后,并不能做到工程建设的一劳永逸。一般在进入坝系相对稳定的初期阶段,每隔3~5年应对淤地坝进行一次加高,以后随着坝系拦泥作用的持续发挥和坝地面积的不断增加,一次加高维持相对稳定的时间会逐渐增加。为了合理安排淤地坝加高的工程投入,应根据工程的运行情况,合理调整各类工程的加高时间,尽量做到轮流加高,避免集中加高带来的资金、人力与设备困难,维持坝系可持续拦泥、滞洪和发展生产的能力。

b. 及时处理坝系生产运行中出现的局部损坏等问题。进入坝系相对稳定期后，坝系管理的重点是坝系的运行管理。要保障坝系各项功能的正常发挥，就要加强坝系的维护与管理，及时处理坝系运行中出现的工程局部损坏问题。维护坝系工程设施的安全运行。

c. 建立坝系可持续发展基金。在坝系相对稳定期，坝系的生产效益显著。应利用这一优势条件积极建立坝系效益积累机制和坝系可持续发展基金。维持效益资金的积累和坝系加高工程投入的相对平衡。避免“坝地有人种，坝体无人管”的现象发生。

3）坝系形成过程及其阶段划分理论的应用

（1）黄土丘陵沟壑区淤地坝坝系建设阶段的总体评价。如前所述，坝系从建坝到形成相对稳定坝系要经历三个阶段，即坝系建设期、坝系配套完善期和坝系相对稳定期。目前黄土丘陵沟壑区淤地坝总体上处于坝系建设期；在陕晋蒙甘等省区的局部地区，部分现状淤地坝较多且已初步形成坝系的小流域处于配套完善期；目前在黄土丘陵沟壑区，达到相对稳定坝系的小流域还很少。

（2）当前坝系建设中应注意的问题，主要有以下几点：

a. 坝系建设期应合理安排坝系建设进度。根据黄土丘陵沟壑区已成坝系的调查研究和以上分析，坝系建设期的历时一般在20～30年，在此期间，坝系建设的进度应与坝系的形成过程相协调，坚持统一规划、分步实施、循序渐进的原则，并尽可能均衡地发展。一般来讲，在坝系建设初期适当加快建设进度，对促进坝系基本框架的快速形成与小流域泥沙的有效控制是有利的。但对还处在坝系建设初期的小流域，将所有工程集中在几年内完成的做法是不经济的，也是不可取的，既不利于坝地的快速形成，也不利于提高建设资金的时间价值。应抓住国家目前相对稳定的投资水平的有利时机，通过工程的优化布局与建设进度的合理调整，最大限度地发挥淤地坝拦泥滞洪、减少水土流失的作用。

b. 坝系配套完善期应重视坝系可持续拦泥作用的发挥。在坝系配套完善规划设计中，要始终把实现坝系可持续拦泥的目标放在首位，正确处理好眼前利益与长远利益的关系，为实现坝系相对稳定创造必要的工程条件和外部环境。在坝系基本形成的小流域，在较短的时间内完成小流域坝系的加固配套，对提高现有工程综合效益是有益的。应该注意的是，根据各工程的运行情况，适时安排加固配套工程，过早会加大坝系配套完善的资金投入，过晚会影响坝系的安全运行。

c. 坝系相对稳定期应探索坝系发展基金积累的途径，推行坝系可持续发展的管理模式。近年来，各地围绕淤地坝的“建、管、用”结合，以及“责、权、利”的统一，按照“谁管护，谁受益”的原则，积极探索坝系工程可持续发展运行的管理模式，并在股份合作、租赁承包和公开拍卖等方面取得了经验。今后，要积极探索坝系可持续发展基金的积累途径，推行坝系可持续发展管理模式，为实现坝系的相对稳定创造必要的经济社会条件。

（二）小流域坝系工程布局的基本原则

小流域坝系工程布局应在人与自然和谐相处的基础上，根据区域经济社会发展、生态建设的目标与任务，依据小流域的自然条件、社会经济状况及水土流失规律，制定规划目标和工程建设方案。实现坝系规划与区域经济社会发展、水土资源保护和开发利用及生态环境建设协调统一。以最小的投入获得最佳的经济、社会和生态效益。

1. 全面规划，沟坡兼治的原则

坝系规划应贯彻“预防为主，全面规划，综合防治，因地制宜，加强管理，注重效益”的水土保持方针，坚持“全面规划，沟坡兼治”的原则，防止“东沟打坝，西沟治坡”的片面行为。应充分考虑当地的自然环境与水土流失特点，制定符合当地实际与自然规律的流域综合治理模式。妥善处理好流域上游与下游、干沟与支沟、沟道与坡面、工程措施与植物措施、近期利益与长远利益的关系，坚持统筹安排，突出重点，量力而行，分步实施，合理确定建设规模，按照轻重缓急，制订实施方案，实行集中、连片、连续、以小流域为单元的综合治理。

从防治水土流失的角度看，小流域是水土流失的基本单元，坡面的涓涓细流汇成沟壑的凶猛山洪，坝系是小流域治理的最后一道防线，它能有效控制坡面治理措施所拦蓄不了的洪水和泥沙，变洪害为洪利。为有效解决一条小流域的水土流失和控制洪水的问题，并能掌握流域治理的主动权，必须从产流产沙的主要来源着手，将坡沟统一考虑。根据区域经济社会发展的总体目标，山、水、田、林、草、路、渠全面规划，综合治理。若光治沟不治坡，洪水问题解决不了，则坝库淤积、坝地冲毁很难避免；只治坡不治沟，不能充分利用水土资源发展生产，同时侵蚀基点也抬不高，沟底下切，沟岸扩张，治不住沟也保不住坡。因此，坡沟兼治，综合治理是坝系规划的重要原则，也是小流域治理的重要措施。

2. 坝系规划与农业生产、生态建设和治黄减沙相结合的原则

坝系规划应充分考虑流域经济建设、人口增长的情况，以及国家可能的投资力度与地方自筹能力、劳力、机械和技术力量等因素，实现发展当地农业生产、改善生态环境和治黄减沙的协调统一，确保流域经济社会的可持续发展。

3. 充分利用水沙资源，努力实现坝系相对稳定的原则

坝系规划应立足于对流域洪水泥沙的尽早和长期控制，通过对淤地坝科学

合理的时空布局,充分利用水沙资源,发挥坝系拦泥滞洪、淤地、灌溉等多种效益,把实现流域可持续发展和坝系相对稳定作为坝系规划的最终目标。应根据流域面积、沟道地形地质条件和库区淹没等情况,合理选择骨干坝、中小型淤地坝和塘坝坝址,并布置引洪漫地、沟滩地灌溉渠等,做到布局合理、经济可行、相互配合、联合运用,最大限度地发挥坝系的拦泥淤地、防洪保收作用,合理利用水沙资源,为早日实现坝系相对稳定创造条件。

4. 单坝工程规模与现行技术规范相适应的原则

坝系中各类坝库工程的单坝规模应分别符合《水土保持治沟骨干工程技术规范》(SL 289—2003)及《水土保持综合治理技术规范》(GB/T 16453.1～16453.6—1996)的要求,由于规范对不同规模的淤地坝的淤积年限、防洪标准作了明确规定,因而工程规模的控制因子就转为淤地坝的控制面积与流域土壤侵蚀模数。布坝密度可根据侵蚀强度拟定。就治沟骨干工程而言,在剧烈侵蚀区(侵蚀模数15 000 t/(km^2·a)以上),单坝控制面积一般为3 km^2 左右;在极强度侵蚀区(侵蚀模数8 000～15 000 t/(km^2·a)),单坝控制面积一般为3～5 km^2;在强度侵蚀区(侵蚀模数5 000～8 000 t/(km^2·a)),单坝控制面积一般为3～8 km^2。

5. 坝系配套,防洪安全的原则

为确保淤地坝和沟道坝地川台地以及其他建筑物的安全运行,坝系中治沟骨干坝工程承担着防洪保安的任务,规划应合理配置中小型淤地坝和小水库,对已丧失防洪能力的各类淤地坝应根据其在坝系中的位置与作用,及时安排配套加固,确保坝系防洪体系的安全有效。坝系规划必须考虑到坝系工程一旦发生水毁灾害,对流域内村庄、道路、工矿企业及其下游可能造成的灾害和损失,并进行必要的溃坝计算和可行性论证,确保坝系防洪安全。

(三)小流域坝系工程布局的基本思路

坝系建设的目的在于控制洪水泥沙,拦泥淤地,发展地方经济。因此,小流域坝系建设就必须满足拦减水沙和拦泥淤地两个建设目标,才能取得改善当地生产、生活条件和生态环境的效果。

根据小流域坝系的建设目标,按照坝系的布局原则,分析小流域淤地坝的分布及坝系布局的拦防薄弱环节,从尽可能最大限度地控制流域洪水泥沙的角度,进行骨干坝布局,以达到控制洪水泥沙的目的;对受地形、村庄、道路等影响的主沟道和较大支沟采取分段拦截的方式布设,亦可通过增设溢洪道降低坝高,减少淹没损失;在骨干坝布局时,应优先考虑淤地坝的改建加固,条件允许的可在上游增建拦洪坝,提高防洪能力,保护现状坝发展生产;骨干坝布局完成后,依据坝系单元内的人口、基本农田等社会经济条件,合理配置中小型淤地坝;对人口密集、用地需求较大、水土流失强度大的区域适当增加中小型淤地坝的密度,以满足防治水土流失和社会经济发展对坝系建设的要求。按照以上思路进行布局研究,使流域上下游、主支沟相互协调,形成拦、蓄、种、养相结合的可持续发展坝系工程。

(四)坝系工程布局方法简介

在黄土高原地区坝系建设的长期规划设计实践中,研究出了许许多多的坝系布局方法与模型,取得了可喜的成果,为该区的坝系建设提供了技术支撑。目前坝系建设可行性研究广泛采用的方法主要有综合平衡法和系统工程法两类,现简要介绍如下。

1.综合平衡法

综合平衡法也称为经验规划法。这是目前普遍采用的一种常规规划法,它是工程技术人员根据行政及业务部门管理人员的决策意向,在他们熟知的范围内进行流域调查或查勘,遵照有关规范的要求,利用自己的专业知识及经验进行人工智能干预决策而获得的一种规划方法。其工作步骤为:首先根据需要和可能确定控制性强、库容条件好的骨干坝和中小型淤地坝(包括小水库和塘坝),然后把需要新建的坝和加固配套的坝以及随着坝系发展必须合并或保留的坝确定下来,进行坝高、库容、淤地面积、工程量、投工、投资等设计指标计算分析,再对计算分析结果进行平衡、调整,提出布局的初步方案,然后将布局初步方案拿到实地进行比照,广泛征求地方政府和群众的意见,再对方案作进一步调整、修正和补充,最终按不同的布局思路确定两个以上方案进行对比分析优选最终方案。该方法简单、直观,十分适合基层单位使用,因此得到了普遍的应用,成为目前所常用的规划方法。但该方法也有其不足之处:第一,这种规划的合理性程度与规划人员的专业知识水平有很大关系,也受到当地群众利益的折中平衡思想很大影响;第二,由于人工计算效率不高,缺少多种方案的比较,定量分析缺少系统性;第三,在工程规划、水沙资源的利用等方面缺乏统筹考虑,往往是就工程论工程,不能从系统的角度来考虑,只是局部较优,谈不上整体优化。

2. 系统工程法

系统工程法包括整数规划法、非线性规划法和动态仿真规划法等,这几种方法均属于优化规划法范畴。

1)整数规划法

对坝系布局中的某一个坝址来说,有些指标往往只有二种可能,即有或者无,用数学方式描述就是0或者1。对布局中的淤地坝而言,如果建设,数学描述则为1,如果不建设,数学描述则为0;对淤地坝是否布设溢洪道来说,如果布设,数学描述则为1,如果不布设,数学描述则为0;在建设时序中,该坝如果某年兴建,数学描述则为1,如果某年不兴建,数学描述则为0。总之,这些指标都面临着两种选择,而且只能选择其中之一,不能兼而有之。这就是系统工程规划中的0—1型整数规划问题。利用穷举法将整个系统内预选的可能筑坝坝址数作为变量进行全排列,从中选择一种布局方案,将方案中的每个坝再按是否设置溢洪道、是否在某年兴建等条件再作排列,以此方法把整个坝系的所有建设方案进行全排列组合,逐方案进行计算,从中优选出坝系建设最佳设计方案。

在整个坝系内的可选坝址数量较多时,其方案组合十分庞大,一个有 n 个坝址的坝系,仅建坝布局方案全排列就有 2^n 个,如果每个方案再加上是否设置溢洪道,安排建坝顺序,其数量可能极大,因此在实际规划中往往采取一些措施来简化求解过程:一是简化计算变量,将对坝系整体规划影响较小的变量进行简化,如可根据地形条件预先设定溢洪道的布置方式,或按工程在小流域中的位置预先确定坝系建设顺序等;二是分解计算步骤,将坝系优化规划的步骤进行分解,如首先通过优化规划确定坝系布局,然后在优化布局的基础上,进行枢纽工程结构优化,最后进行建坝时序优化;三是采用枚举规划法,在规划计算中,当寻找到一个可行解后,就有一个目标值,如果它不是最优解,一定存在一组解使得目标值大于所求的目标值。把最优解的这个要求作为一个约束条件寻找可行解,依次进行,直至达到最终目标要求。在实际规划中这三种办法可根据情况进行组合、灵活掌握。

整数规划法是对综合平衡法的一种改进,将只能进行几种方案的比选,计算容量一下提高了若干个数量级,使得规划的结果更加准确、更加科学。但整数规划也存在着一定的局限性,主要表现在:一是决策变量不宜过多,否则对于庞大系统的求解将十分困难;二是必须借助计算机技术,否则无法想象。

2)非线性规划法

非线性规划是运筹学的重要分支,被广泛应用于最优设计、管理科学、质量控制等许多领域。它同线性规划具有相同的思路,都是在满足约束条件下选择最优解来实现决策目标。与线性规划不同的是,在目标函数或约束条件中,有一个或多个变量是非线性函数。非线性规划理论的核心问题,是寻找约束极值问题达到极值解的必要和充分条件,也就是最优性条件。

非线性规划数学模型的常见形式:

$$
\begin{cases}
\min f(X) \\
h_i(X)=0 \quad i=1,2,\cdots,m \\
g_j(X)\geqslant 0 \quad j=1,2,\cdots,l
\end{cases}
$$

其中,$X=(x_1,x_2,\cdots,x_n)^{\mathrm{T}}$ 是 n 维欧氏空间 E^n 中的向量(点);$f(X)$ 为目标函数;$h_i(X)=0$ 和 $g_i(X)\geqslant 0$ 为约束条件。

通常情况下,目标函数和约束条件均为自变量 X 的非线性函数。

线性规划的最优解如存在,只能在其可行域的边界上达到;而非线性规划的最优解如存在则可能在其可行域的任一点达到。

对于仅有等式约束条件的非线性规划问题,通常可采用消元法、拉格朗日乘子法和罚函数法,将其化为无约束条件的问题来解。但在实际问题中,多数问题不仅有等式约束,还有不等式约束,使得求解的过程变得复杂。

在求解含有等式和不等式约束条件的问题时,除了要使目标函数值不断下降(对极小化问题而言)之外,还要时刻注意解的可行性,即是否处于约束条件所限定的范围之内,这就给寻优工作带来很大的困难。为了简化计算,可以采用将不等式约束化为等式约束、将约束化为无约束、将非线性规划化为线性规划等方法。限于篇幅,具体的计算方法在此不作介绍,若在规划中涉及有关内容,可查阅有关书籍。

3)动态仿真规划法

动态仿真规划也称为系统动力学(System Dynamics,简称 SD),是研究社会—生态—经济系统的计算机仿真技术,被国外誉为“政策和策略的实验室”。动态仿真规划是根据实际系统建立的仿真模型在计算机上运行,按系统实际的运行机制自动进行跟踪、反馈和调控,具有良好的变目标动态跟踪与反馈机制,它避免了人为因素而造成的主观臆断与盲目性,是科学预测和决策的有效工具。坝系生态环境系统中存在着相互作用的正、负反馈环。正反馈环有自我强化功能和偏离目标的扩散行为,负反馈环有自调节性和动态跟踪目标的收敛行为,二者相互制约和促进,可使坝系系统处于增长或衰减相互抑制的动态稳定过程,达到相对稳定状态。

坝系的形成、发展和运行是一个复杂的动态系统过程,它与流域的植被覆盖度、土地利用、暴雨洪水、水土流失和人为生产活动等密切相关,影响因素多,关系复杂且相互制约,使坝系在复杂环境下产生多维动态变化。

坝系优化动态仿真的思路即根据这种特性,先确定骨干坝的最优布局(坝址)和淤地坝的布坝密度,然后初选较合适的坝高和拦泥坝高,随着时间推移和坝淤积高度增加,淤地面积增大,坝地拦蓄水深将减少,采用循序渐进的方法,当坝系总淤地面积占坝系所控制流域面积之比大于一定的允许值(可将坝系相对稳定系数作为主要控制指标之一),则认为坝系处于相对稳定状态,各坝的坝高、拦泥库容、滞洪库容、淤地面积、坝结构和建坝时序即为坝系的优化规划方案。

三、案例剖析

盐沟小流域坝系工程可行性研究报告的“坝系工程布局原则与思路”及其评析。

(一)案例

1. 布局原则

从盐沟小流域淤地坝建设现状看,该流域坝系结构尚未形成,缺少骨干坝控制。20 世纪 70 年代以后,分别在黑山寺沟、细嘴子沟、郑家沟、白家崖窑沟修建了部分淤地坝,目前除个别沟道的淤地坝得以保存外,其他绝大部分已冲垮。因此,该流域的坝系建设仍然任务艰巨。坝系建设应遵循以下原则:

(1)根据流域沟道特征、水土流失规律和沟道坝系工程现状,针对坝系运行中存在的问题,按照拦泥、淤地、坝系相对稳定的要求,结合流域经济发展、人口环境、农业生产结构调整等需求进行分析,合理布设坝系,最终实现坝系相对稳定。

(2)坝系布局以子坝系为单元,以骨干工程为主体,上下游兼顾、干支沟相承,形成全流域上下游、干支沟统筹协作、均衡分布、群体联防的骨干网络体系。

(3)最大限度地淤埋主干沟和较大支沟上的原始沟道,抬高主要沟道的侵蚀基准,利用坝地扩宽沟道的过水断面,以尽量减少洪水的有效汇集。

(4)最大限度地实现拦沙目标,合理配置淤地坝,最大限度地发挥坝系工程的淤地、种植、灌溉效益,以满足流域社会经济发展的需要。

2. 布局思路

坝系建设的目的在于控制洪水泥沙,拦泥淤地,发展当地生产,为最终实现坝系相对平衡打好基础。盐沟小流域坝系布局的薄弱环节主要在主沟以及Ⅲ级和Ⅳ级沟道上,支沟大、主沟缓、居民点分布多、住户位置低,针对实际情况,在坝系布局上,首先,要求最大限度地控制洪水较大的 9 条Ⅲ级支沟和 1 条Ⅳ级沟道,尽量削减主沟工程的洪水压力,对现状大型坝优先进行改建加固,上游增建控制性骨干坝,提高防洪能力,保护现状坝充分发展生产;其次,对主沟道和较大支沟采取分段拦截的方式布设骨干坝,对受地形、村庄、道路等影响的部分区域,通过调整坝址位置和增设溢洪道减少淹没损失;最后,合理配置中小型淤地坝,对人口密集、用地需求较大、水土流失强度大的区域适当增加中小型淤地坝的密度，以满足防治水土流失和社会经济发展对坝系建设的要求。使流域上下游、主支沟相互协调，形成拦、蓄、种、养相结合的坝系工程。

(二)案例评析

1. 坝系布局原则

盐沟坝系工程可研报告，根据流域沟道特征、水土流失规律和沟道坝系工程现状，提出按照拦泥、淤地、坝系相对稳定的要求，根据经济发展、人口环境、农业生产结构调整的需求，按照实现坝系相对稳定的要求进行坝系布设；在坝系布局时坚持以子坝系为单元，以骨干工程为主体，兼顾上下游、干支沟，使全流域形成统筹协作、均衡分布、群体联防的防洪体系；对主干沟和较大支沟，为抬高沟道的侵蚀基准，尽可能多布坝，减少单坝控制洪水面积，实现坝系工程对洪水泥沙的分段拦蓄，淤埋原始沟床，扩大坝地面积；在中小型淤地坝布局时，坚持最大限度地发挥坝系工程的淤地、种植、灌溉效益的原则，以满足流域社会经济发展的需要。其布局原则符合流域坝系建设发展的需要和要求。

2. 布局思路

盐沟坝系工程可研报告，针对该流域主沟、Ⅲ级和Ⅳ级沟道存在的坝系布局薄弱环节，以及主沟缓、居民点分布多、住户位置低的具体实际，首先，控制洪水较大的Ⅲ级支沟和Ⅳ级沟道，尽量削减主沟工程的洪水压力；其次，对主沟道和较大支沟采取分段拦截的方式布设骨干坝；对受地形、村庄、道路等影响的部分区域，通过增设溢洪道的方法降低坝高，减少淹没损失；第三，对现状大型坝优先改建加固，有条件的在上游增建骨干坝，保护现状坝充分发展生产；第四，对人口密集、用地需求较大、水土流失强度大的区域合理配置中小型淤地坝，满足防治水土流失和社会经济发展的要求。该布局思路能使盐沟小流域坝系在较短的时间内得到完善，妥善解决小流域主沟道居民点分布多、位置低等不利因素对坝系建设的影响，既能有效地控制流域的洪水泥沙，又能最大限度地发挥坝系工程的淤地、种植效益，满足流域社会经济发展的需要。

四、应注意的问题

小流域坝系建设的目的在于控制流域洪水泥沙，治理水土流失，减少河流泥沙，拦泥淤地，发展农业生产，促进流域经济社会可持续发展。因此，在拟定坝系布局原则及布局思路时，应从控制流域洪水泥沙，治理水土流失，减少河流泥沙，拦泥淤地，发展农业生产，促进流域经济社会可持续发展等多个方面出发，制定适宜的布局原则，使流域洪水泥沙和水土流失得到有效控制，河流泥沙能明显减少，最大限度地拦泥淤地，发展流域经济，促进经济社会可持续发展。

坝系布局思路是依据坝系布局原则，根据不同沟道特征、不同现状坝布局和存在问题，在实地调查的基础上，寻求解决控制流域洪水泥沙，减少水土流失和河流泥沙，发展流域经济的具体布局方略。因此，坝系布局思路的确立，应建立在流域沟道特征、水土流失特点、现状坝布局及其存在问题、社会经济条件等的全面分析研究的基础上，通过对流域进行实地调查与勘测，因地制宜地确定坝系总体布局思路。

第二节　坝系单元划分

一、《规定》要求

（一）划分原则

说明坝系单元（骨干坝与控制范围内中小型淤地坝的组合）的划分原则，主要从骨干坝单坝控制规模、面积最佳（合理），防洪风险、淹没损失最小，布设均衡等方面确定。

（二）坝系单元划分方法与步骤

按沟道分级顺序，结合骨干坝控制面积、坝址条件、淹没情况等初选骨干坝址，实地踏勘确定坝系单元的骨干坝址，量算控制面积。

（三）划分结果

列表说明坝系单元划分结果，表格形式见表5－2。

绘制坝系单元组成结构图。

表5－2　坝系单元划分结果

单元编号	所在沟道编号	单元名称	控制面积（km^2）	备注
		×××单元		
合计				

注：×××为骨干坝名称。

二、技术要点

（一）坝系单元的划分原则

1．单坝工程规模与现行技术规范相适应的原则

坝系单元内骨干坝的单坝规模，应符合《水土保持治沟骨干工程技术规范》（SL 289—2003）对骨干坝单坝控制面积和库容规模的要求。该规范1.0.7条和

1.0.8 条分别采用强制性条文对骨干坝的单坝控制面积和库容规模做出明确规定："骨干坝单坝控制流域面积，在剧烈侵蚀区（侵蚀模数大于 15 000 t/(km^2·a)）一般为 3.0 km^2；在极强度侵蚀区（侵蚀模数 8 000 ~ 15 000 t/(km^2·a)）一般为 3.0 ~ 5.0 km^2；在强度侵蚀区（侵蚀模数 5 000 ~ 8 000 t/(km^2·a)）一般为 3.0 ~ 8.0 km^2"。"骨干坝的规模，多数库容为 50 万 ~ 100 万 m^3，少数库容为 100 万 ~ 300 万 m^3，个别库容为 300 万 ~ 500 万 m^3。对库容大于 500 万 m^3 的骨干坝，应专门进行研究；对库容小于 50 万 m^3 的淤地坝，应执行《水土保持综合治理技术规范》(GB/T 16453—1996)"。执行该规范是坝系单元划分的基本要求。

2. 坝系综合效益最大化的原则

从单坝工程效益出发，一般在主沟道或较大的支沟建坝，由于沟道开阔、沟道比降小，易收到费省效宏、事半功倍的效果，但主沟道和较大支沟又是村庄、道路等基础设施相对密集的区域，布设骨干坝可能会产生一定的淹没损失，那么在坝系单元布设时，应进行坝系布局的空间调整，或采取分段拦截的布设方式，或通过增设溢洪道、降低坝高减少淹没损失等方法，按照综合效益最大化原则合理布设坝系单元。

3. 坝系中各骨干坝的防洪风险相当的原则

坝系的防洪标准是坝系中骨干坝的最低防洪标准。坝系的防洪标准主要取决于坝系中起控制作用的骨干坝的设计标准。坝系中骨干坝采用相同防洪标准是一种经济、安全的设计理念，此时坝系的防洪标准研究可转化为坝系中骨干坝的防洪标准研究问题。同一条小流域内，各坝系单元中骨干坝防御洪水标准应尽可能一致，使各个单元的防洪风险相当，同时也使系统在规范允许的范围内取得经济合理的防御标准。

（二）坝系单元划分的方法和步骤

1. 坝系单元划分方法

黄土高原地区 3 km^2 以上沟道是骨干坝建设的适宜沟道，因此在小流域坝系建设可行性研究的骨干坝布设和坝系单元划分时，首先，对小流域内 3 km^2 以上的较大支沟进行逐条分析，对无现状淤地坝的空白沟道，按照沟道的洪水泥沙条件和建坝条件，合理布设骨干坝坝系单元；对有现状淤地坝的沟道，分析现状淤地坝的控制面积、工程规模、洪水泥沙控制率及运行情况，对符合骨干坝规模条件的现状工程，在布局中要按坝系单元的要求，确定是否需要进行加固改建，以及加固改建方案；其次，从主沟道的建坝条件、防洪风险，结合淹没损失分析，采取分段拦截的方式，合理布设骨干坝坝系单元，做到分段控制，节节拦蓄；第三，从全流域的泥沙控制的需要分析，对无骨干坝坝系单元的未控区的较大支沟，采取设防标准取上限的方式布设中型淤地坝，以期最大限度地拦蓄洪水泥沙；第四，结合各坝系单元面积，将各行政村的面积、人口和基本农田面积划分到各坝系单元中，为中小型淤地坝的配置做好准备；第五，考虑社会经济发展的需要，在各坝系单元内合理配置中小型淤地坝。

2. 坝系单元划分步骤

1）淤地坝工程布局现状的分析与评价

简述淤地坝现状评价的结论意见，针对存在的问题，从骨干坝的布局入手，进行坝系的初步布设。

2）初拟骨干坝单坝控制面积范围

根据《水土保持治沟骨干工程技术规范》（SL 289—2003）和《水土保持综合治理技术规范》（GB/T 16453—1996）的规定，初步分析拟定坝系中各类工程的单坝控制面积范围。

3）初拟小流域坝系骨干坝布局意向

根据初步拟定的骨干坝单坝控制面积范围，综合流域沟道特征、地形和地质条件、现状工程布局、村庄和道路等基础设施分布状况，在万分之一地形图上，初步拟定小流域坝系中骨干坝的布局意向。各坝系单元初选骨干坝坝址不少于2个。

4）骨干坝坝址的实地踏勘

坝系是以骨干坝为基本单元进行布设的。因此，坝系单元划分的问题就转化为骨干坝坝址的选定问题。每个骨干坝坝址都成为坝系单元划分的基本界限。

骨干坝坝址的确定，必须在实地踏勘的基础上进行。对初拟的骨干坝坝址，按照由上而下的顺序，逐一进行实地坝址勘测。实地坝址勘测的主要内容包括：骨干坝所在小流域沟道的位置，坝址处地形、地质条件（两岸沟坡地质组成和基岩出露情况），沟道常流水的流量，放水建筑物布设位置，最大建坝高度，建坝材料的性质、数量和运输距离，实地测量坝址断面。对库区淹没情况进行调查，包括淹没村庄、道路、农地、林（果）地、泉水等。并着重从骨干坝控制面积、坝址条件、枢纽布置、建筑材料、施工方法、施工道路、淹没损失等方面进行分析比选，初步选定骨干坝的坝址位置。

骨干坝坝址的实地踏勘应注意以下几方面的问题：

（1）坝址应根据坝址区的地形、地质条件、坝型、坝基处理方式、枢纽组成及各建筑物的布置、施工条件等综合选定。

(2)坝址应避开较大弯道、跌水、泉眼、断层、滑坡体、洞穴等，坝肩不得有冲沟。

(3)筑坝材料的种类、性质、数量、位置和运输条件应满足坝型选择的要求。

(4)上游坝的坝脚与下游坝最高洪水位回水末端应保持一定的距离。

(5)库区淹没损失要小，对村镇、工矿、干线公路、高压线路的安全影响小。

5)提出坝系单元划分方案

根据骨干坝坝址实地踏勘与初选结果，在征询地方政府、业务部门和当地群众意见的基础上，初步提出坝系单元划分方案和骨干坝数量。

6)进行坝系单元合理性分析

在万分之一地形图上量算出各骨干坝的控制流域面积、坝高—库容—淤地面积特征曲线，根据淤地坝的控制面积、库容规模分析是否满足《水土保持治沟骨干工程技术规范》之规定，再对坝系单元的库区及上、下游的情况进行淹没、防洪风险分析。通过方案比选，综合确定坝系单元。

(三)坝系单元划分结果

(1)从控制泥沙均衡、淹没损失最小、防洪风险相当、群众生产需要等方面考虑，对初选坝址(坝系单元)进行排列组合，对坝址进行取舍，选择出 2 ~ 3 个布局方案作为小流域坝系建设的备选方案。

(2)列表说明各方案坝系单元的划分结果，表中应反映坝系单元编号、所在沟道编号、坝系单元名称、坝系单元控制面积以及坝系单元组成形式等，并对个别控制规模偏小或偏大的特殊坝系单元要进行必要性和重要性说明。

(3)采用框图的形式绘制小流域坝系单元组成结构图。

(4)坝系单元确定后，将流域内各行政村面积划分到各坝系单元中，按照坝系单元调查人口、基本农田面积。

三、案例剖析

盐沟小流域坝系工程可行性研究报告的“坝系单元划分”及其评析。

(一)案例

1. 坝系单元划分原则

(1)坝系单元骨干坝控制规模遵照《水土保持治沟骨干工程技术规范》(SL 289—2003)和《陕西省水土保持治沟骨干工程技术手册》之规定进行布局。

(2)坝系单元尽可能均衡控制洪水泥沙。

(3)根据Ⅳ级、Ⅴ级沟道的组成结构、道路、村庄分布及位置高低情况，按照淹没损失最小原则,合理确定坝系单元。

(4)坝系单元中的骨干坝建筑物等级规模尽可能一致,使各个单元的防洪风险相当。

(5)坝系单元内中小型淤地坝配置依据:一是坝址条件;二是群众生产用地需求。

2. 坝系单元中坝址选择

(1)在对流域基本情况、交通、村庄等全面了解的基础上,结合沟道建坝条件,在万分之一地形图上初选坝址。

(2)根据在万分之一地形图上初选坝址,进行实地坝址勘察。着重考虑坝址最佳的地形地质条件、库容充裕、筑坝材料易于就地取材原则初定坝址,测量坝址断面,绘制坝高—库容曲线。

(3)在万分之一地形图上量算初选坝址的控制面积。

(4)根据控制面积和坝高—库容曲线,分析库容、淤地面积是否符合规范,再结合淹没损失、防洪风险等通过调查选定坝址。骨干坝坝址条件见表5-3。

表5-3 骨干坝坝址条件情况调查

工程名称	坝址部位	坝址条件	建设性质
热峁	位于Ⅲ$_9$与主沟V$_1$交汇点Ⅲ$_9$沟道上游200 m处	沟道断面呈梯形,沟底宽15 m,两岸有基岩出露,高度为14 m,基岩以上为黄土,右岸取土,运距约70 m。放水建筑物置于左岸,沟内有常流水,可采用水坠方式施工	
白家后洼	位于Ⅲ$_{10}$与Ⅱ$_{51}$交汇处下游150 m处	坝址处沟道呈复型断面,底宽13 m,右岸有基岩裸露,出露高度16 m,卧管置于左岸,左岸一边取土,运距90 m,土质符合筑坝要求,沟内常流水量小,采用碾压施工,淹没损失小	
细嘴子	位于Ⅲ$_{10}$与Ⅰ$_{215}$交汇点上游100 m处	为加高加固坝,两岸有丰富的黄土,土料符合筑坝要求,右岸岩石出露,高度为13 m,左岸取土,运距约80 m。采用碾压施工方法。放水建筑物置于左岸,可加高15 m	加固

续表 5－3

工程名称	坝址部位	坝址条件	建设性质
黑家寺	位于$Ⅲ_{11}$与$Ⅰ_{232}$交汇点下游 50 m 处	为加高加固坝，左岸基岩裸露，右岸有丰富的黄土，土料符合筑坝要求，左岸取土，运距约 70 m。采用碾压施工方法。采用坝体和溢洪道两大件，可加高 10 m	加固
杜家峁	位于主沟道$Ⅴ_1$与$Ⅰ_{236}$交汇点上游 100 m 处	沟道断面呈梯形，沟底宽 35 m，左岸有基岩出露，高度为 5 m，基岩以上为黄土，两岸取土较方便，运距 80～90 m。放水建筑物置于左岸，溢洪道设于右岸，沟内有常流水，施工方式为水坠施工	新建
大佛寺	位于$Ⅲ_{12}$与$Ⅱ_{42}$交汇点上游 80 m 处	沟道断面呈梯形，沟底宽 12 m，左岸有基岩出露，高度为 23 m，基岩以上为黄土，右岸为黄土，取土筑坝较方便。沟内有常流水，施工采用水坠施工方式，无淹没损失	新建
胡铁沟坝	$Ⅱ_{13}$与$Ⅰ_{53}$交汇处至下游 50 m 段	坝址处为 V 形断面，口小肚大，基岩裸露于沟底，左、右岸为黄土性土，土质坚硬，隔水性能好，因此可将放水工程置于左岸，左岸有丰富的黄土性土壤，单边取土，取土运距 80 m 左右，土料符合筑坝要求，施工方便，沟道无常流水，施工采用碾压方式施工，无淹没损失	新建
南沟坝	$Ⅲ_5$与$Ⅱ_{12}$交汇处以上 100 m 处	坝址处沟道呈 V 字形，底宽 3 m，两岸边坡 40°左右，左岸岩裸露，高约 13.5 m，放水建筑物置于左岸，以上为黄土性土，土质符合筑坝要求，可两岸取土，运距 70 m 左右，沟内有常流水，可水坠筑坝，无淹没损失	新建
重壁梁	$Ⅲ_5$与$Ⅰ_{90}$交汇处以下 200 m 处	坝址处沟道呈 U 字形，底宽 13 m，两岸有基岩裸露，左岸岩裸露高约 5.5 m，右岸岩裸露高约 13.5 m，放水建筑物置于左岸，以上为黄土性土土质，符合筑坝要求，右岸取土，运距 70 m 左右，沟内有常流水，可水坠筑坝，无淹没损失	新建

续表 5－3

工程名称	坝址部位	坝址条件	建设性质
红星坝	Ⅲ$_5$、Ⅲ$_4$ 与Ⅳ$_2$ 交汇段的下游 50 m 处沟段	坝址处于主沟上游的水湾沟，为现状加固坝，右岸有基岩裸露，出露高度 4 m，以上为黄土性土，土料符合筑坝要求，左岸单边取土，运距 120 m 左右，施工方式为碾压施工。放水建筑物置于右岸，最大加高高度为 10 m	加固
驼岔	Ⅳ$_2$ 与Ⅰ$_{100}$ 交汇处向下游 50 m 处沟段	坝址处沟道呈梯形断面，底宽 30 m，两岸基岩裸露，出露高度 12 m，基岩以上有丰富的黄土，土料符合筑坝要求，两岸取土便利，取土运距 70 m，沟内有常流水，采用水坠施工，无淹没损失	新建
柳树峁	Ⅲ$_1$、Ⅲ$_2$ 与Ⅳ$_1$ 交汇段的上游向上 100 m 沟段	坝址处于主沟上游的水湾沟，为现状加固坝，无基岩出露，两岸均为黄土，右岸取土便利，运距 100 m，施工形式为碾压	加固
长梁峁	Ⅲ$_4$ 中游居民点上游附近	坝址处沟道为梯形断面，两岸有基岩裸露，出露高度 8 m，放水建筑物置于左岸，基岩以上有丰富的黄土，右岸取土，运距 90 m，土料符合筑坝要求，沟内有常流水，采用水坠施工，无淹没损失	新建
阴沟坝	Ⅱ$_{10}$、Ⅱ$_{11}$ 与Ⅲ$_3$ 交汇点距沟口 100 m 处沟段	坝址处沟道为梯形断面，右岸基岩裸露高 7.5 m，左岸为黄土，可取土，运距约 70 m。卧管置于左岸，有常流水，采用水坠筑坝，无淹没损失	新建
刘家峁	Ⅴ$_1$ 主沟与Ⅱ$_{29}$ 交汇的刘家沟下游距交汇点 100 m 处	坝址处沟道断面呈梯形，沟底宽 23 m，右岸基岩出露高度约 2 m，卧管置于右岸，左岸一边取土，运距 70 m 左右，土质符合筑坝要求，沟内无常流水，采用碾压施工，无淹没损失	新建

续表 5-3

工程名称	坝址部位	坝址条件	建设性质
张家沟	$Ⅱ_{28}$与$Ⅰ_{121}$交汇处上游50 m处	为现状加固坝,无基岩裸露,两岸有丰富的黄土,土料符合筑坝要求,右岸一边取土,运距80 m左右,沟内无常流水,采用碾压施工,无淹没损失	加固
三皇塔	$Ⅲ_{6}$与$Ⅰ_{129}$交汇点上游50 m处	沟道断面多呈梯形,沟底宽20 m,两岸有基岩出露,左岸高度为15 m,右岸高14 m,基岩以上为黄土,右岸一边取土,运距80 m左右。放水建筑物置于右岸,有常流水,可水坠施工	新建
郑家沟	$Ⅲ_{6}$与$Ⅰ_{138}$交汇处上游80 m处	坝址处沟道为梯形断面,沟底宽33 m,左岸基岩裸露,出露高度20 m,放水建筑物置于右岸,基岩以上有丰富的黄土,右岸取土便利,运距约90 m,土料符合筑坝要求,沟内有常流水,可水坠施工	新建
高昌坝	$Ⅲ_{8}$与$Ⅰ_{177}$交汇点下游100 m处	坝址处沟道为梯形断面,右岸有基岩裸露,出露高度8 m,放水建筑物置于右岸,基岩以上有丰富的黄土,两岸取土便利,运距70~80 m,土料符合筑坝要求,沟内有常流水,可采用水坠施工	新建
草垛塄	$Ⅲ_{8}$与$Ⅴ_{1}$交汇点上游300 m处	坝址处沟道为梯形断面,右岸有基岩裸露,出露高度15 m,放水建筑物置于右岸,基岩以上有丰富的黄土,两岸取土,运距约80 m,土料符合筑坝要求,沟内有常流水,采用水坠施工	
关道峁	位于主沟道$Ⅴ_{1}$与$Ⅲ_{8}$交汇下游,与$Ⅰ_{190}$交汇点下游80 m处	坝址沟道为梯形断面,左岸基岩裸露,出露高度18 m,放水建筑物置于右岸,可设置溢洪道,基岩以上有丰富的黄土,两岸取土,运距80 m,土料符合筑坝要求,沟内有常流水,可采用水坠施工,淹没损失小	新建

3. 划分过程

盐沟小流域产洪产沙较大的支沟有:长梁峁沟($Ⅳ_{1}$)、水湾沟($Ⅳ_{2}$)、阴沟($Ⅲ_{5}$)、郑家沟($Ⅲ_{6}$)、刘家沟($Ⅱ_{29}$)、段家沟($Ⅲ_{7}$)、源上沟($Ⅲ_{8}$)、热峁沟($Ⅲ_{9}$)、

细嘴子沟（$Ⅲ_{10}$）、黑家寺沟（$Ⅲ_{11}$）和大佛寺沟（$Ⅲ_{12}$）等 11 条较大支沟，在这 11 条沟道中，有 6 条沟道已布设了骨干坝或大型淤地坝，其沟道面积控制率为 20% ~83% 不等，而且部分工程已经淤满或出现病险，其余 5 条沟道均缺乏骨干坝控制。从控制洪水泥沙的需要分析，这 11 条沟道均需对已有工程进行加固改建，或需增设骨干坝。再从主沟道条件分析，尤其是中下游段需要建设 2 ~3 座骨干坝进行控制。基于该流域坝系在控制洪水泥沙方面存在的问题，在骨干坝布局设计中，以主沟道和 11 条支沟为主体，分别布设骨干工程，同时考虑社会经济需要，配置中小型淤地坝。为达到最大限度地拦蓄洪水泥沙，提高投资效益，骨干坝布局设计初拟两种方案进行比选。将流域划分为若干个子坝系单元进行方案设计。

4. 划分结果

按照上述单元坝系划分原则、方法与步骤，对盐沟流域坝系工程进行单元坝系划分，对不同骨干坝排列组合进行比较取舍，选择了两个组合方案。

方案 1，坝系工程共划分 21 个单元坝系，总控制面积 87.36 km^2；方案 2，坝系工程共划分 19 个单元坝系，总控制面积 71.78 km^2。结果如表 5 -4、表 5 -5。

表 5 -4　盐沟小流域单元坝系划分结果（方案 1）

单元编号	单元属性	所在村名称	所在沟道编号	单元名称	控制面积（km^2）	备注
G_1	支沟串联坝系单元	陈家泥沟	$Ⅱ_{13}$	胡铁沟	1.74	新建
G_2	支沟直控坝系单元	水湾沟	$Ⅲ_5$	重壁梁	3.00	新建
G_3	支沟串联坝系单元	水湾沟	$Ⅳ_2$	红星坝（加）	6.37	加固
G_4	支沟串联坝系单元	高家洼上	$Ⅳ_2$	驼岔	3.23	新建
G_5	主沟串联坝系单元	柳树峁	$Ⅳ_1$	柳树峁（加）	5.54	加固
G_6	主沟串联坝系单元	木瓜树峁	$Ⅳ_1$	长梁峁	4.10	新建
G_7	支沟直控坝系单元	木瓜树峁	$Ⅲ_3$	阴沟	4.48	新建
G_8	支沟直控坝系单元	高家寨	$Ⅱ_{29}$	刘家峁	2.94	新建
G_9	支沟串联坝系单元	郑家后沟	$Ⅱ_{26}$	张家沟（加）	2.83	加固
G_{10}	支沟串联坝系单元	郑家前沟	$Ⅲ_6$	三皇塔	3.79	新建
G_{11}	支沟串联坝系单元	郑家前沟	$Ⅲ_6$	郑家沟	4.92	新建
G_{12}	支沟串联坝系单元	高昌	$Ⅲ_8$	高昌	3.26	新建
G_{13}	支沟串联坝系单元	高昌	$Ⅲ_8$	草垛塄	4.00	新建
G_{14}	主沟串联坝系单元	徐家西畔	$Ⅴ_1$	关道峁	9.73	新建
G_{15}	支沟直控坝系单元	徐家峁上	$Ⅲ_9$	热峁	3.67	新建
G_{16}	支沟直控坝系单元	白家后洼	$Ⅲ_{10}$	细嘴子（加）	5.39	加固
G_{17}	支沟直控坝系单元	白家铺	$Ⅲ_{11}$	黑家寺（加）	3.10	加固
G_{18}	主沟串联坝系单元	徐家峁上	$Ⅴ_1$	杜家峁	5.84	新建
G_{19}	支沟直控坝系单元	徐家峁上	$Ⅲ_{12}$	大佛寺	3.95	新建
G_{20}	支沟直控坝系单元	陈家泥沟	$Ⅱ_{12}$	南沟	1.51	新建
$G_{现}$	支沟直控坝系单元	段家沟	$Ⅲ_7$	白崖窑	3.97	现状
合计					87.36	

注：单元名称为骨干坝名称。

表 5－5　盐沟小流域单元坝系划分结果（方案 2）

单元编号	单元属性	所在村名称	所在沟道编号	单元名称	控制面积（km^2）	备注
G_1	支沟串联坝系单元	陈家泥沟	$Ⅱ_{13}$	胡铁沟	1.74	新建
G_2	支沟直控坝系单元	水湾沟	$Ⅲ_5$	重壁梁	3.00	新建
G_3	支沟串联坝系单元	水湾沟	$Ⅳ_2$	红星坝（加）	6.37	加固
G_4	支沟串联坝系单元	高家洼上	$Ⅳ_2$	驼岔	3.23	新建
G_5	主沟串联坝系单元	柳树峁	$Ⅳ_1$	柳树峁（加）	5.54	加固
G_6	主沟串联坝系单元	木瓜树峁	$Ⅳ_1$	长梁峁	4.10	新建
G_7	支沟直控坝系单元	木瓜树峁	$Ⅲ_3$	阴沟	4.48	新建
G_8	支沟直控坝系单元	高家寨	$Ⅱ_{29}$	刘家峁	2.94	新建
G_9	支沟串联坝系单元	郑家后沟	$Ⅱ_{26}$	张家沟（加）	2.83	加固
G_{10}	支沟串联坝系单元	郑家前沟	$Ⅲ_6$	三皇塔	3.79	新建
G_{11}	支沟串联坝系单元	郑家前沟	$Ⅲ_6$	郑家沟	4.92	新建
G_{12}	支沟串联坝系单元	高昌	$Ⅲ_8$	高昌	3.26	新建
G_{13}	支沟串联坝系单元	高昌	$Ⅲ_8$	草垛塄	4.00	新建
G_{14}	支沟直控坝系单元	徐家峁上	$Ⅲ_9$	热峁	3.67	新建
G_{15}	支沟直控坝系单元	白家后洼	$Ⅲ_{10}$	细嘴子（加）	5.39	加固
G_{16}	支沟直控坝系单元	白家铺	$Ⅲ_{11}$	黑家寺（加）	3.10	加固
G_{17}	支沟直控坝系单元	徐家峁上	$Ⅲ_{12}$	大佛寺	3.95	新建
G_{18}	支沟直控坝系单元	陈家泥沟	$Ⅱ_{12}$	南沟	1.51	新建
$G_{现}$	支沟直控坝系单元	段家沟	$Ⅲ_7$	白崖窑	3.97	现状
合计					71.78	

注：单元名称为骨干坝名称。

将各行政村的面积、人口和基本农田面积划分到各坝系单元中，见表 5－6 及表 5－7。

（二）案例评析

盐沟小流域坝系工程可行性研究报告的坝系单元划分，从小流域的实际情况出发，按照《规定》的有关要求，制定了坝系单元划分的原则，综合小流域沟道特征、骨干坝单坝控制面积、坝址条件、淹没损失等因素，在实地勘查的基础上，提出了坝系单元划分结果。基本符合编制《规定》的要求和小流域的实际情况。

该报告按照《水土保持治沟骨干工程技术规范》（SL289—2003）的有关规定，选定了坝系单元中骨干坝的坝址。采用表格的形式比较全面地反映了初选坝址在小流域沟道中的具体位置、库区淹没、泄水建筑物布设位置等。

在坝系单元划分中，以最大限度地拦截泥沙为目标拟定了坝系工程布局方案 1，以支沟控制为目标拟定了坝系工程布局方案 2。方案 1 将小流域划分为 21 个坝系单元，包括 4 个主沟串联、9 个支沟串联和 8 个支沟直控坝系单元。方案 2 将小流域划分为 19 个单元坝系，包括 2 个主沟串联、8 个支沟串联和 9 个支沟直控坝系单元，方案划分的思路比较清晰。

表 5－6　盐沟小流域坝系单元与行政村面积分布(方案 1)　　(面积单位:km^2)

乡(镇)		上高寨																	
村名		徐家峁上		徐家东沟		徐家西畔		段家沟		白家崖窑		高家寨		高家洼上		前郑家沟		后郑家沟	
面积		5.78		3.61		4.51		4.22		3.54		6.85		1.71		6.19		3.39	
编号	骨干工程	面积	比例%	面积	比例%	面积	比例%	面积	比例%	面积	比例%	面积	比例%	面积	比例%	面积	比例%	面积	比例%
GG_1	胡铁沟																		
GG_2	重壁梁															0.05	0.81	0.41	11.96
GG_3	红星坝(加)																		
GG_4	驼岔													0.24	14.03	0.77	12.44		
GG_5	柳树峁																		
GG_6	长梁峁													0.10	5.85				
GG_7	阴沟																		
GG_8	刘家峁											2.68	39.12	0.19	11.11				
GG_9	张家沟																	0.39	11.50
GG_{10}	三皇塔																	2.25	66.34
GG_{11}	郑家沟															4.19	67.69	0.35	10.20
GG_{12}	高昌															0.84	13.57		
GG_{13}	草垛楞																		
GG_{14}	关道峁							3.11	73.70	0.65	18.36	3.09	45.11	1.18	69.01	0.34	5.49		
GG_{15}	热峁	0.43	7.44			2.95	65.41	0.29	6.87										
GG_{16}	细嘴子																		
GG_{17}	黑家寺(加)																		
GG_{18}	杜家峁	2.25	38.93					0.82	19.43										
GG_{19}	大佛寺	2.30	39.79	0.09	2.49	1.56	34.59												
XG_0	现状坝									2.89	81.64	1.08	15.77						
GG_{20}	南沟																		
未控制面积		0.80	13.84	3.52	97.51														
合计		5.78	100.0	3.61	100.0	4.51	100.0	4.22	100.0	3.54	100.0	6.85	100.0	1.71	100.0	6.19	100.0	3.39	100.0

续表 5－6

乡(镇)		上高寨															
村名		水湾沟		木瓜树峁		柳树峁		斗范梁		陈家泥沟		高砭梁		贺家寨		稍店子	
面积		3.48		4.01		5.14		3.56		5.91		4.13		2.38		4.22	
编号	骨干工程	面积	比例%	面积	比例%	面积	比例%	面积	比例%	面积	比例%	面积	比例%	面积	比例%	面积	比例%
GG_1	胡铁沟									0.47	7.95	1.27	30.75				
GG_2	重壁梁	0.05	1.44							0.03	0.52					2.78	65.88
GG_3	红星坝(加)	1.12	32.18			0.37	7.20			3.25	54.99	0.28	6.78			1.02	24.17
GG_4	驼岔	2.14	61.49			0.08	1.56										
GG_5	柳树峁					1.24	24.12			0.05	0.85	2.58	62.47	1.67	79.17		
GG_6	长梁峁	0.15	4.31	0.07	1.75	2.98	57.98			0.59	9.98			0.20	8.40		
GG_7	阴沟			3.50	87.28	0.47	9.14							0.51	21.43		
GG_8	刘家峁			0.07	1.75												
GG_9	张家沟							2.02	56.71							0.42	9.95
GG_{10}	三皇塔							1.54	43.29								
GG_{11}	郑家沟																
GG_{12}	高昌																
GG_{13}	草垛楞																
GG_{14}	关道峁	0.02	0.58	0.37	9.22												
GG_{15}	热峁																
GG_{16}	细嘴子																
GG_{17}	黑家寺(加)																
GG_{18}	杜家峁																
GG_{19}	大佛寺																
XG_0	现状坝																
GG_{20}	南沟									1.52	25.71						
未控制面积																	
合计		3.48	100.0	4.01	100.0	5.14	100.0	3.56	100.0	5.91	100.0	4.13	100.0	2.38	100.0	4.22	100.0

续表 5－6

乡(镇)		刘国县																合计	
村名		吕家沟		白家后洼		白家铺		王家洼		郝家洼		草垛楞		高昌		王元			
面积		2.88		3.80		4.66		2.32		1.14		0.98		2.47		1.29		92.19	
编号	骨干工程	面积	比例%	面积	比例%	面积	比例%	面积	比例%	面积	比例%	面积	比例%	面积	比例%	面积	比例%	面积	比例%
GG_1	胡铁沟																	1.74	1.89
GG_2	重壁梁																	3.00	3.60
GG_3	红星坝(加)																	6.37	6.56
GG_4	驼岔																	3.23	3.50
GG_5	柳树峁																	5.54	6.01
GG_6	长梁峁																	4.10	4.45
GG_7	阴沟																	4.48	4.86
GG_8	刘家峁																	2.94	3.19
GG_9	张家沟																	2.83	3.07
GG_{10}	三皇塔																	3.79	4.11
GG_{11}	郑家沟													0.37	14.98			4.92	5.33
GG_{12}	高昌	0.41	14.34											0.72	29.15	1.29	100.0	3.26	3.54
GG_{13}	草垛楞	1.96	67.88					0.47	20.26			0.47	47.96	1.10	44.53			3.99	4.33
GG_{14}	关道峁							0.19	8.19			0.51	52.04	0.28	11.34			9.73	10.55
GG_{15}	热峁																	3.67	3.98
GG_{16}	细嘴子	0.51	17.78	3.71	97.64			1.04	44.83	0.13	11.40							5.39	5.85
GG_{17}	黑家寺(加)			0.09	2.36	2.97	63.70			0.04	3.51							3.10	3.36
GG_{18}	杜家峁					1.18	25.31	0.62	26.72	0.97	85.09							5.84	6.34
GG_{19}	大佛寺																	3.95	4.28
XG_0	现状坝																	3.97	4.31
GG_{20}	南沟																	1.51	1.64
未控制面积						0.51	10.99											4.83	5.24
合计		2.88	100.0	3.80	100.0	4.66	100.0	2.32	100.0	1.14	100.2	0.98	100.0	2.47	100.0	1.29	100.0	92.17	100.0

表 5－7　盐沟小流域坝系单元与行政村面积分布(方案 2)　　(面积单位:km^2)

乡(镇)		上高寨																	
村名		徐家峁上		徐家东沟		徐家西畔		段家沟		白家崖窑		高家寨		高家洼上		前郑家沟		后郑家沟	
面积		5.78		3.61		4.51		4.22		3.54		6.85		1.71		6.19		3.39	
编号	骨干工程	面积	比例%	面积	比例%	面积	比例%	面积	比例%	面积	比例%	面积	比例%	面积	比例%	面积	比例%	面积	比例%
GG_1	胡铁沟																		
GG_2	重壁梁															0.05	0.81	0.41	11.96
GG_3	红星坝(加)																		
GG_4	驼岔													0.24	14.03	0.77	12.44		
GG_5	柳树峁																		
GG_6	长梁峁													0.10	5.85				
GG_7	阴沟																		
GG_8	刘家峁											2.68	39.12	0.19	11.11				
GG_9	张家沟																	0.39	11.50
GG_{10}	三皇塔																	2.25	66.34
GG_{11}	郑家沟															4.19	67.69	0.35	10.20
GG_{12}	高昌															0.84	13.57		
GG_{13}	草垛塄																		
GG_{14}	热峁	0.43	7.44			2.95	65.41	0.28	6.64										
GG_{15}	细嘴子																		
GG_{16}	黑家寺(加)																		
GG_{17}	大佛寺	2.30	39.79	0.09	2.49	1.56	34.59												
XG_{18}	白家崖窑									2.89	81.64	1.08	15.77						
GG_{19}	南沟																		
未控制面积		3.05	52.77	3.52	97.51			3.94	93.36	0.65	18.36	3.09	45.11	1.18	69.01	0.34	5.49		
合计		5.78	100	3.61	100	4.51	100	4.22	100	3.54	100	6.85	100	1.71	100	6.19	100	3.39	100

续表 5 − 7

乡(镇)		上高寨															
村名		水湾沟		木瓜树峁		柳树峁		斗范梁		陈家泥沟		高砭梁		贺家寨		稍店子	
面积		3.48		4.01		5.14		3.56		5.91		4.13		2.38		4.22	
编号	骨干工程	面积	比例%	面积	比例%	面积	比例%	面积	比例%	面积	比例%	面积	比例%	面积	比例%	面积	比例%
GG_1	胡铁沟									0.47	7.95	1.27	30.75				
GG_2	重壁梁	0.05	1.44							0.03	0.52					2.78	65.88
GG_3	红星坝(加)	1.12	32.18			0.37	7.20			3.25	54.99	0.28	6.78			1.02	24.17
GG_4	驼岔	2.14	61.49			0.08	1.56										
GG_5	柳树峁					1.24	24.12			0.05	0.85	2.58	62.47	1.67	70.17		
GG_6	长梁峁	0.15	4.31	0.07	1.75	2.98	57.98			0.59	9.98			0.20	8.40		
GG_7	阴沟			3.50	87.28	0.47	9.14							0.51	21.53		
GG_8	刘家峁			0.07	1.75												
GG_9	张家沟							2.02	56.71							0.42	9.95
GG_{10}	三皇塔							1.54	43.29								
GG_{11}	郑家沟																
GG_{12}	高昌																
GG_{13}	草垛楞																
GG_{14}	热峁																
GG_{15}	细嘴子																
GG_{16}	黑家寺(加)																
GG_{17}	大佛寺																
XG_{18}	白家崖窑																
GG_{19}	南沟									1.51	25.71						
未控制面积		0.02	0.57	0.37	9.22												
合计		3.48	100	4.01	100	5.14	100	3.56	100	5.91	100	4.13	100	2.38	100	4.22	100

续表 5－7

乡(镇)		刘国县																合计	
村名		吕家沟		白家后洼		白家铺		王家洼		郝家洼		草垛楞		高昌		王元			
面积		2.88		3.80		4.66		2.32		1.14		0.98		2.47		1.29		92.19	
编号	骨干工程	面积	比例%	面积	比例%	面积	比例%	面积	比例%	面积	比例%	面积	比例%	面积	比例%	面积	比例%	面积	比例%
GG_1	胡铁沟																	1.74	1.89
GG_2	重壁梁																	3.00	3.60
GG_3	红星坝(加)																	6.37	6.56
GG_4	驼岔																	3.23	3.51
GG_5	柳树峁																	5.54	6.01
GG_6	长梁峁																	4.10	4.44
GG_7	阴沟																	4.48	4.86
GG_8	刘家峁																	2.94	3.19
GG_9	张家沟																	2.83	3.07
GG_{10}	三皇塔																	3.79	4.11
GG_{11}	郑家沟													0.37	14.98			4.92	5.33
GG_{12}	高昌	0.41	14.34											0.72	29.15	1.29	100.0	3.26	3.54
GG_{13}	草垛楞	1.96	67.88					0.47	20.26			0.47	47.96	1.10	44.53			4.00	4.34
GG_{14}	热峁																	3.67	3.98
GG_{15}	细嘴子	0.51	17.78	3.71	97.64			1.04	44.83	0.13	11.40							5.40	5.85
GG_{16}	黑家寺(加)			0.09	2.36	2.97	63.73			0.04	3.51							3.10	3.36
GG_{17}	大佛寺																	3.95	4.28
GG_{18}	白良崖窑																	3.97	4.31
GG_{19}	南沟																	1.51	1.64
未控制面积						1.69	36.27	0.81	34.91	0.97	85.09	0.51	52.04	0.28	11.34			20.41	22.14
合计		2.88	100.0	3.80	100.0	4.66	100.0	2.32	100.0	1.14	100.0	0.98	100.0	2.47	100.0	1.29	100.0	92.19	100.0

在坝系单元划分中，将各行政村的面积划分到每个坝系单元中去，为坝系单元内淤地坝配置奠定了基础。

方案1中的红星坝(G_3)、柳树峁(G_5)、关道峁(G_{14})、细嘴子(G_{16})、杜家峁(G_{18})等五座骨干坝的单元控制面积均超过5.0 km^2，胡铁沟(G_1)、南沟(G_{20})等两座骨干坝控制面积小于2.0 km^2。方案2中的红星坝(G_3)、柳树峁(G_5)、细嘴子(G_{15})等三座骨干坝的单元控制面积均超过5.0 km^2，胡铁沟(G_1)、南沟(G_{19})等两座骨干坝控制面积小于2.0 km^2。由于盐沟流域平均侵蚀模数为15 000 $t/(km^2 \cdot a)$，因此红星坝、柳树峁、关道峁、细嘴子、杜家峁等五座骨干坝的控制规模超出了《水土保持治沟骨干工程技术规范》之规定，而胡铁沟、南沟等两座骨干坝的控制规模却达不到《水土保持治沟骨干工程技术规范》的要求。对此，可行性研究报告应作必要的说明。

四、应注意的问题

(一)骨干坝单坝控制面积应符合现行规范的要求

如前所述，《水土保持治沟骨干工程技术规范》对不同侵蚀强度区骨干坝单坝控制面积做了明确、严格的规定，在进行小流域坝系单元划分前，首先要根据所在小流域土壤侵蚀强度级别，确定骨干坝单坝控制面积范围，按照确定的骨干坝单坝控制面积范围，在万分之一地形图上初拟骨干坝坝址意向，再进行坝址的实地勘查，并确定坝系单元划分方案。否则将会因为多数骨干坝单坝控制面积不在规范要求的范围内，而造成坝系单元划分工作的返工、人力的浪费和编制工期的延误。

(二)旧坝加固改建应优先采用可持续拦泥工程加固配套方案

淤地坝在黄土高原具有悠久的发展历史，黄土高原地区已建成淤地坝11.35万座，淤成坝地31万多 hm^2，在减少入黄泥沙和发展当地经济等方面发挥了重要的作用。然而，这些淤地坝有80%以上是20世纪70年代以前群众运动中修建的，缺乏统一规划，坝系工程布局不合理，枢纽配套不完善，相当一部分已经淤满或成为病险坝。在坝系单元设置与划分中，要妥善处理好现状工程的除险加固配套与发挥可持续拦泥淤地作用的关系，在制定现状工程的加固配套方案时，应优先采用加高坝体、配置涵卧管的方案，以发挥现有工程的可持续拦泥作用，实现现有拦泥淤地效益的不断扩大再生产。对确因地形、地质条件限制，或村庄、道路等基础设施淹没损失制约，不能继续加高的工程，可以配置溢洪道，以有效保护现有拦泥淤地成果，保证坝地的持续安全生产。

（三）村庄道路等基础设施建设应在全面规划的基础上进行

随着农村经济的发展，农村交通道路事业得到了飞速发展，农村人口的居住条件也得到了很大的改善，不少住户由高处搬迁到较低的地方，给主沟布设骨干坝造成了困难。因此，有条件的地方，应及早对生态移民、村庄、道路、输变电设施等基础建设做出规划，以便坝系建设更好地为社会主义新农村建设服务。事实上，在近年来建成的坝系中，淤地坝不仅拦蓄了流域的洪水泥沙，实现了当地水土资源的流而不失，有效地减少了入黄泥沙；而且淤地坝连接了沟壑两岸的交通，天堑变通途，为小流域交通网络建设创造了条件，加快了社会主义新农村的建设步伐。我们有理由相信，按照"山、水、田、林、路、渠、村"全面规划，坚持以坝系建设为重点、小流域为单元的综合治理，更多的小流域将会在不久的将来实现生态协调、措施配套、有利生产、方便生活，实现小流域生态效益、经济效益和社会效益的可持续发挥。

第三节　坝系单元内中小型淤地坝配置

一、《规定》要求

（一）配置方法

说明不同坝系单元内中小型淤地坝配置的原则和方法。

根据坝系单元内的沟道组成结构、淤地坝现状，通过图上坝址初选、实地踏勘，结合控制面积和水沙特点，合理配置坝系单元内中小型淤地坝。

（二）工程配置

确定各个坝系单元内中小型淤地坝的布局与数量配置，并列表说明（表格形式见表5－8）。

表5－8　坝系单元工程配置情况

坝系单元名称	控制面积（km^2）	骨干坝建设性质	中型坝（座）			小型坝（座）		小计
			现状	新建	加固	现状	新建	
×××单元 ……								
合计								

注：×××表示骨干坝名称；骨干坝建设性质包括：现状、新建、加固。

二、技术要点

关于坝系单元内中小型淤地坝的配置比例，可以这样说，对一个较为完善的小流域坝系而言，骨干坝与中小型坝的配置应达到一定的比例，这个比例应是坝系拦泥、淤地、防洪、保收等综合效益最佳的坝系工程配置关系。但对于处于坝系形成过程中的小流域坝系工程，尤其是坝系建设期的小流域坝系工程，不应该苛求骨干坝与中小型淤地坝要达到一个什么样的比例。这一阶段坝系建设的首要任务是在坝系安全的前提下，最大限度地发挥坝系工程的拦泥淤地效益，为坝系尽早投入生产创造条件。

2003年完成的《黄土高原地区水土保持淤地坝建设规划》中，通过对黄土高原地区已成小流域坝系的调查，列举了不同侵蚀强度区初步形成坝系的小流域内各类淤地坝的配置比例。需要说明以下几点：一是报告所列配置比例，是小流域坝系基本建成后的配置比例。如韭园沟、榆林沟、碾庄沟、树儿梁、洪水沟等小流域均已基本形成完整的坝系；二是这种配置比例是经过几十年才达到的，如前述坝系均是从20世纪50～60年代开始建设，分别经历了40～50年时间才初步形成现在的规模；三是这种比例的形成有其特殊的历史条件，上述小流域在坝系建设初期并未形成坝系建设的理论，人们是在沟道工程建设的实践中，逐步认识和形成坝系建设的理念；四是这种比例依然处在变化中，由于坝系建设理论是在实践中不断完善的，上述坝系中各类工程的配置比例并不尽如人意，随着坝系建设的不断完善，骨干坝逐步增加，中小型坝逐渐合并，使这种比例随着人们对客观世界认识的不断深化而不断完善。如位于陕西绥德县的韭园沟小流域，是黄土高原地区淤地坝建设最早的小流域之一，近年来，在坝系的配套完善中，骨干坝的数量有所增加，而中小型坝的数量却在不断减少（部分中小型坝因布局不合理而被合并，部分中小型坝改建为骨干坝），导致骨干坝与中小型坝的配置比例也在不断变化。

近年来，小流域坝系建设中，在中小型坝的配置中存在的主要问题：一是在坝系建设中过分追求中小型坝的配置比例，导致一些新建坝系中中小型坝的配置数量过多，在坝系运行初期的一般降雨条件下，坝系单元内的大部分泥沙都被上游中小型坝拦截，而骨干坝处在无沙可拦的尴尬处境中；二是过早地在坝系单元内配置中小型淤地坝，不仅不能增加坝系工程的拦泥淤地效益，而且由于位于骨干坝控制范围内的中小型淤地坝的设计淤积年限和防洪标准均低于骨干坝（一般骨干坝的设计淤积年限为20年，而中小型坝的设计淤积年限分别为10年和5年），在骨干坝设计运行期，要么中小型坝因淤满而需加高加固，要么中小型坝因淤满而使泥沙重新泄入骨干坝中,这样就达不到有效延长骨干坝设计淤积年限的目的,造成事倍功半的效果,降低了坝系建设的投资效益。

科学地配置应是在坝系形成的初期,先建骨干坝,以形成坝系骨架,拦截流域内的洪水泥沙。在骨干坝建成10年后,建设坝系单元内的中型淤地坝,在中型淤地坝建成5年后,建设坝系单元内的小型淤地坝。这样可使坝系在建设初期减少约一半的投资,而能够在一定的时期内达到相同的防洪拦泥淤地与坝系工程安全的效果。可喜的是,在这些年的坝系可行性研究报告编制与评审实践中,这种坝系单元配置理念逐渐为各级管理部门、设计单位、建设单位和有关专家所认可。

(一)坝系单元内中小型淤地坝配置原则

关于坝系单元内中、小型淤地坝的数量和配置比例,从已初步建成的坝系调查结果看,坝系中各类坝库工程的配置比例差别较大。主要是由于小流域的自然和社会经济条件的差异性,决定了各地坝系中各类坝库工程的配置比例不尽相同。自然条件主要是沟道形状、比降、沟道地形地质、土壤植被、土壤侵蚀模数、洪量模数和沟道工程建设状况等;社会经济条件主要是人口密度、社会经济发展方向和人均生活水平、主要经济生活方式等。在小流域坝系单元内中小型淤地坝配置中应坚持以下原则。

1. 中小型淤地坝以配套完善期坝系为主的原则

如前所述,坝系建设往往需要经历坝系建设期、配套完善期和相对稳定期等三个阶段。

坝系配套完善期的特点是:坝系中的大部分淤地坝开始投入生产,在坝系或坝系单元内增加中小型淤地坝的配置比例,有利于扩大坝系或坝系单元内的坝地面积,延缓坝系中骨干坝的淤满期限,提高坝系或坝系单元的防洪能力。因此,一般情况下,建设期的坝系,中小型坝配置比例应小些;配套完善期的坝系,中小型坝的配置比例应大些。

2. 中小型淤地坝以高密度人口居住区为主的原则

中小型淤地坝,通常又被人们称之为“生产坝”。换言之,中小型淤地坝的建设需求,与当地人口密度及其对基本农田建设的需求直接相关。人口密度大的地方,基本农田建设需求旺盛,而增加坝系单元中小型淤地坝的配置比例,与农村经济发展相适应,顺应了农业生产发展的需要,符合农民生活改善的需求。当地群众积极性高,不仅有利于工程建设,也有利于工程的运行管理和工程效益的可持续发挥。

例如,陕西绥德、米脂及榆阳区南部等一些地方,农业人口密度大,基本农田需求量大，当地群众从 20 世纪 50 ~ 60 年代即开始打坝淤地，发展农业生产。大多数是人民公社时期由生产队组织修建或群众自发修建的，单坝工程规模大多为小型淤地坝。陕西绥德县韭园沟小流域位于无定河中游左岸，流域总面积 70.7 km^2，自 1953 年开始开展了以沟道建设为中心的小流域综合治理工程，取得了显著的成绩。1997 年，流域农业人口 10 625 人，人口密度为 150 人/km^2，共建成各类淤地坝 263 座，其中骨干坝 5 座，大型淤地坝 11 座，中小型淤地坝 247 座。骨干坝和大型淤地坝与中小型淤地坝的配置比例为 1:15.4。

再如，位于内蒙古自治区准格尔旗的西黑岱小流域为皇甫川流域十里长川右岸的一级支流，流域总面积 32.0 km^2，该流域内总人口 886 人，平均人口密度 27 人/km^2，到 2001 年，流域共建成各类淤地坝 20 座，其中骨干坝 8 座，中型坝 7 座，小型坝 5 座。骨干坝与中小型淤地坝的配置比例为 1:1.5。

另外，在黄土高原地区的高塬沟壑区和残塬沟壑区，由于当地群众主要生活在塬区或川区，沟壑区几乎无人生产、生活或居住，在这些地区的坝系或坝系单元不宜大量布设中小型淤地坝。

3. 中小型淤地坝以高土壤侵蚀模数地区为主的原则

黄土高原地区幅员辽阔，各地水土流失侵蚀强度差别较大。水土保持淤地坝工程主要分布在土壤侵蚀模数 5 000 t/(km^2 · a)以上的强度、极强度和剧烈侵蚀区。尽管如此，在这一区域侵蚀模数仍有数倍的差距。

水土流失是淤地坝建设的基本要素。高强度的土壤侵蚀有利于中小型淤地坝快速拦泥淤地，有利于尽快改善当地农业生产条件，改善农民生活，发展农村经济。因此，在高土壤侵蚀模数地区小流域坝系或坝系单元中应提高中小型坝的配置比例，反之应减少中小型淤地坝的配置比例。

4. 中小型淤地坝以沟道开阔地区为主的原则

中小型淤地坝淤满利用后，为了保障坝地的安全生产，一般会在坝地的一侧修建排洪渠，以排泄坝地生产过程中的洪水。同样的淤地面积情况下，狭长的沟道排洪渠所占坝地面积的比例较高，而开阔的沟道淤地面积中，排洪渠所占坝地面积的比例较小。因此，开阔的沟道地形，有利于提高坝地面积的利用率。同时开阔的沟道坝地，也有利于农民耕作，有利于作物光合作用，适宜作物生长，坝地作物易获得高产稳产。因此，在沟道开阔的地区宜多布设中小型淤地坝。

例如山西省临汾市的汾西县，在坝系建设实践中，利用当地沟道开阔的特点，在适宜的沟道，采用中小型淤地坝串联梯级布设的方式，增加了坝系单元内中小型淤地坝的配置比例和坝地面积，提高了坝系水土资源的利用率，坝地产量在当地农业产量中占有突出的位置。

5. 中小型淤地坝的配置应兼顾小流域交通道路建设的原则

在黄河中游水土流失严重的多沙粗沙区，小流域内沟壑纵横，地形破碎，人民群众生产生活条件十分困难。勿庸置疑，在已经建成的小流域坝系中，各类淤地坝为构建沟壑区的农村交通道路网络奠定了良好的基础。一些小流域以骨干坝为依托，构成了小流域通往外界的主要交通网络；以中小型淤地坝为基础，形成了小流域生产道路网络。在坝系布局与中小型淤地坝的配置中，应充分发挥淤地坝连接两岸交通道路的功能，尽量兼顾当地小流域交通道路建设与群众生产生活的需求，为改善农村基础设施，建设社会主义新农村贡献力量。

（二）坝系单元内中小型淤地坝配置方法

1. 初步确定坝系单元内中小型淤地坝的配置比例或大体数量

坝系单元内中小型淤地坝的配置，应首先分析小流域坝系建设所处的阶段。

处在建设期的小流域坝系，其主要工作内容是通过各级沟道淤地坝的建设，逐步形成小流域坝系的基本骨架，实现对流域洪水泥沙的初步控制。就黄土丘陵沟壑区小流域而言，大部分沟道还处在坝系建设期。其首要任务是构建坝系的基本框架，即建立坝系工程的控制体系——骨干坝系统，在坝系单元内中小型淤地坝的配置比例可以适当低一些。

处在配套完善期的小流域坝系，各类工程在经过一定的运行期后，有的工程淤满需要加高配套、生产利用；有的工程淤积缓慢，可以继续拦泥淤地。通过对小流域坝系运行状况的分析研究，从相对稳定的目标出发，为了进一步增加坝地面积，加快实现小流域坝系的相对稳定，在坝系单元内中小型淤地坝的配置比例可以进一步提高，并逐步达到坝系最终的配置比例，为实现坝系相对稳定创造条件。

进入相对稳定期的坝系，在保障坝系安全与防洪保收的前提下，坝系能够持续稳定地发挥拦泥淤地生产作用。这一时期，坝系单元内的中小型淤地坝的配置比例基本稳定。坝系单元内一般不再增加中小型淤地坝的数量。在一些地方甚至会因为中小型淤地坝的合并导致坝系单元内中小型淤地坝配置比例的减少，这种情况在20世纪50～70年代期间初步建成的坝系中，由于建坝初期缺乏全面的坝系规划，在此后的坝系形成与发展中出现的合并或中型淤地坝改建成骨干坝的现象比较普遍。

2. 在小流域地形图上初选中小型淤地坝坝址

根据初步确定的小流域坝系单元内中小型淤地坝的配置比例或大体数量，在小流域万分之一地形图上，结合小流域沟道特征，以骨干坝为单元，初步拟定坝系单元内中小型淤地坝的布局意向。坝系单元内中小型淤地坝配置顺序，即中小型坝坝址初选与确定，应按照控制面积范围由大到小、沟道等级由高向低、沟道部位由下游向上游的顺序，逐步选择确定。

3. 中小型淤地坝坝址的实地踏勘

同骨干坝坝址的确定一样，中小型淤地坝坝址的确定也必须在小流域坝系实地踏勘的基础上进行。对初拟的中小型淤地坝坝址，按照由下而上的顺序，逐一进行实地坝址勘测。实地坝址勘测的主要内容包括：中小型淤地坝在坝系单元内的位置，坝址处地形、地质条件，沟道常流水的流量，放水建筑物布设的位置，最大建坝高度，建坝材料的性质、数量和运输距离等，进行坝址断面的实地测量，开展库区淹没损失调查。

4. 确定坝系单元内中小型淤地坝的布局

根据坝系单元内各级沟道组成结构、沟道特征，考虑坝址地形条件，按照拦泥、淤地、发展生产的要求，结合流域经济发展、人口环境、农业生产结构调整等需求，通过坝址的分析比选，初步选定中小型淤地坝坝址位置，确定坝系单元内中小型淤地坝的布局与配置。

（三）根据基本农田需求量确定坝系单元内中小型淤地坝数量的方法

在小流域坝系单元中，骨干坝的作用在于控制流域内的洪水泥沙，保护流域内中小型淤地坝的安全；中小型淤地坝的作用在于拦泥淤地，增加基本农田，发展农业生产。因此，对人口密度较大，淤地坝解决基本农田有明确要求的地方，坝系单元内中小型淤地坝的配置，应通过人口发展预测、基本农田需求预测、社会经济发展情况预测和小流域粮食需求分析等，求证预测单元内在规划时段内需要发展的农田面积，按照优先发展坝地的原则，确定中小型淤地坝的数量与比例。

1. 沟道特征及建坝资源条件分析

对坝系单元内的沟道建坝条件进行分析，并进行实地勘察，对中型淤地坝坝址进行实地测量，并对所有坝址资源条件，按照由优到劣的顺序进行排序。

2. 社会经济条件分析

对坝系单元内人口现状、基本农田现状进行调查，分析人口增长率、基本农田建设环境，分析预测规划期末人口发展量和社会经济发展的粮食需求量。

1）人口预测分析

以行政村为单元，调查分析小流域近三年内人口现状，分析近三年人口变化情况及人口增长率，结合人口自然增长率持续分析规划时段内的人口增长率和期末人口总量，然后将各行政村的人口划分到各坝系单元中去。

规划期末总人口：

$$W = W_0 \times (1 + r)^n \quad (5-1)$$

式中：W 为规划期末人口总量，人；W_0 为规划水平年人口总量，人；r 为规划时段内人口增长率，%；n 为规划时段，a。

2）粮食需求量分析

粮食需求分析首先应确定粮食基本自给标准，粮食自给标准依据近几年人均粮食占有量，结合小流域的具体实际确定。黄土高原地区由于自然条件较差，水资源相对紧缺，灌溉条件相对较差，粮食单产较低。因此，人均粮食占有量不宜过高，一般以每人每年 350～380 kg 为宜，其中包括口粮 260～270 kg，籽种粮 20～30 kg，饲料粮 70～80 kg。粮食基本自给标准确定后，依据粮食基本自给标准和规划期末人口总量计算规划期末的粮食需求量。

$$A = WB \quad (5-2)$$

式中：A 为规划期末粮食需求量，kg；W 为规划期末人口总量，人；B 为粮食基本自给标准；kg/（人·年）。

3）粮食生产能力分析

分析小流域各坝系单元现有农田面积的粮食生产能力，包括水地、坝地、梯田和山坡地的粮食单产。在分析粮食生产能力时，要充分考虑规划时段内农业先进技术推广应用对粮食产量的影响。

4）基本农田需求量分析

根据现有基本农田和粮食生产能力，计算在现状条件下的粮食生产总量，再根据人口发展预测和粮食需求量计算规划期末的基本农田需求量。

$$F = \frac{A - A_0}{Q} \quad (5-3)$$

式中：F 为基本农田需求量，hm^2；A 为粮食需求量，kg；A_0 为现状基本农田粮食生产量，kg；Q 为基本农田生产能力，kg/hm^2。

3. 坝系单元内中小型淤地坝配置

坝系单元内基本农田需求量确定后，按照优先发展坝地的原则，根据坝址资源条件的优与劣，确定坝系单元内中小型淤地坝的数量。

（四）坝系单元内中小型淤地坝配置结果

按照上述方法，逐一确定坝系单元内中小型淤地坝的配置比例、数量及布局，将中小型淤地坝的配置结果，填入表 5－8，并做必要的说明。

三、案例剖析

盐沟小流域坝系工程可行性研究报告的“坝系单元内中小型淤地坝配置”

及其评析。

(一)案例

1. 配置方法

在流域万分之一地形图上初选中小型淤地坝坝址,并进行实地踏勘,根据单元坝系内各级沟道组成结构、沟道特征,考虑坝址地形条件,按照拦泥、淤地、发展生产的要求,结合流域经济发展、人口、环境、农业生产结构调整等需求,进行中小型淤地坝的布局配置。

2. 配置原则

(1)中型坝的配置以维护坝系结构为前提,在保证坝系结构完善的条件下尽量发展可淤地面积。

(2)小型坝的配置按单元内土地资源需求分析所需要新增基本农田面积与骨干坝和中型坝可淤地面积之差作为发展目标。

(3)为实现坝地发展目标,在沟道条件允许的情况下尽可能多布坝,优先发展坝地;对地形条件限制完不成坝地发展目标的,则应发展坡面基本农田。

(4)中小型坝坝址选择顺序遵循面积控制规模由大到小、沟道等级由高向低、沟道部位由下游向上游的原则。

3. 中小型淤地坝配置

根据坝系单元的划分边界,结合两个方案中各个坝系单元内的沟道组成结构和特征,调查各级沟道的数量,遵循面积控制规模由大到小、沟道等级由高向低的原则,并在实地踏勘的基础上论证单元内有条件、有可能配置中小型淤地坝的数量、位置和控制规模;再根据单元内涉及的行政村数量和所占比例,结合各村的人口、基本农田现状、各业产值等社会经济情况,求证单元内需要发展的坝地面积,在遵循单元内部配置结构完整、合理的原则下,统筹坝地需求和建坝条件的可能性,进行中小型淤地坝的布局配置。

(1)方案1工程配置。各坝系单元配置如下:

G_1——胡铁沟坝系单元。单元面积为1.74 km^2,隶属于陈家泥沟和高砭梁行政村,占两村总面积的17%,按面积均摊,则单元内的人口为61人,现状基本农田面积为9.0 hm^2,人均基本农田面积为0.13 hm^2,基本农田保证人均粮食480 kg,新建骨干坝可新增坝地面积4.1 hm^2,故在该坝系单元内不布设中小型淤地坝。

G_2——重壁梁坝系单元。单元面积为3.00 km^2,隶属于陈家泥沟、稍店子、水湾沟、前郑家沟和后郑家沟等5个行政村,占行政村总面积的14.3%,按面积均摊,则单元内的人口为150人,现状基本农田面积为18.2 hm^2,人均基本农田面积为0.12 hm^2,基本农田保证人均粮食355 kg,按土地资源需求分析,需要新增基本农田面积1.0 hm^2。重壁梁骨干坝建成后,新增坝地面积6.8 hm^2,可以满足坝系单元控制范围内的粮食需求,故该坝系单元内无需配置中小型淤地坝。

G_3——红星坝系单元。单元面积为6.37 km^2,隶属于水湾沟、柳树峁、陈家泥沟、高硁梁和稍店子5个行政村,面积分别为1.12 km^2、0.37 km^2、3.25 km^2、0.28 km^2、1.02 km^2,分别占各村总土地面积的32.24%、7.2%、55.1%、6.8%、24.1%。按面积均摊后,坝系单元内的人口为477人,现状基本农田面积为32.5 hm^2,单元内水湾沟、柳树峁、高硁梁和稍店子等4个村的基本农田可以满足粮食自给的要求,陈家泥沟村面积占坝系单元面积的80%,人均基本农田面积0.013 hm^2,基本农田保证人均粮食262 kg,按人口粮食需求分析则需要新增基本农田面积13.4 hm^2。

根据流域沟道组成结构及特征分析统计,骨干坝位于支沟$Ⅳ_2$的中游,区间控制8条Ⅱ级沟道,26条Ⅰ级沟道。单元内可配置中型坝的沟道有2座,分别位于$Ⅱ_{12}$和$Ⅱ_{17}$两条Ⅱ级沟道的下游部位;可配置小型坝的沟道有4座,分别位于$Ⅱ_{11}$、$Ⅱ_{18}$、$Ⅱ_{19}$、$Ⅱ_{21}$等4条Ⅱ级沟道的中下游部位。配置的目的是完善单元内的布局结构,满足单元内人口粮食的自给需要。

经过综合的坝系单元工程布局数量分析,确定该单元内配置中型坝1座,小型坝4座。

布局定位后,通过量算控制面积、库容曲线、推算坝高和可淤地面积等一系列工程设计计算,确定单元内所有工程的可淤地面积,汇总得到该坝系单元的总可淤面积为11.6 hm^2,可以满足单元内人口粮食的自给需要。

G_4——驼岔坝系单元。单元面积为3.23 km^2,隶属于高家洼上、前郑家沟、水湾沟和柳树峁4个行政村,按面积均摊后,单元内的人口为218人,现状基本农田面积为39.4 hm^2,人均基本农田面积为0.18 hm^2,基本农田保证人均粮食458 kg,新建骨干坝可新增坝地面积11.0 hm^2,可以满足坝系单元控制范围内的粮食需求,故该坝系单元内无需配置中型淤地坝。

G_5——柳树峁坝系单元。单元面积为5.54 km^2,隶属柳树峁、陈家泥沟、高硁梁和贺家寨4个行政村,面积分别为1.24 km^2、0.05 km^2、2.58 km^2和1.67 km^2,分别占各村总土地面积的24.1%、0.9%、62.5%和69.9%。按面积均摊后,四村合计单元内的人口为291人,现状基本农田面积为59.3 hm^2,人均基本农田面积为0.20 hm^2,基本农田保证人均粮食585 kg,可以满足坝系单元控制范围内的粮食需求。

根据流域沟道组成结构及特征分析统计,骨干坝位于支沟$Ⅳ_1$的中游,区间控制 1 条Ⅲ级沟道、4 条Ⅱ级沟道、22 条Ⅰ级沟道。由于柳树峁坝属旧坝加固，为延长该坝的使用年限，完善坝系结构，需要在$Ⅲ_1$沟道上布设 1 座中型淤地坝和 1 座小型淤地坝。

经过综合的坝系单元工程布局数量分析，确定该单元内配置中型坝 1 座。

布局定位后，通过量算控制面积、库容曲线、推算坝高和可淤地面积等一系列工程设计计算，确定单元内所有工程的可淤地面积，汇总得到该坝系单元的总可淤面积为 5.4 hm^2，可以满足坝系单元控制范围内的粮食需求。

G_6——长梁峁坝系单元。单元面积为 4.1 km^2，隶属于高家洼上、水湾沟、木瓜树峁、柳树峁、陈家泥沟和贺家寨 6 个行政村，面积分别为 0.10 km^2、0.15 km^2、0.07 km^2、2.98 km^2、0.59 km^2 和 0.20 km^2，分别占各村总土地面积的 6.06%、4.30%、1.77%、57.9%、10.0%和 8.5%，按面积均摊后，三村合计单元内的人口为 299 人，现状基本农田面积为 75.6 hm^2，除柳树峁基本农田可以满足粮食自给需求外，其他村基本农田均不能满足要求。需要增加基本农田面积 2.7 hm^2。

根据流域沟道组成结构及特征分析统计，骨干坝位于主沟Ⅳ的中游，区间控制 1 条Ⅵ级沟道、1 条Ⅲ级沟道、5 条Ⅱ级沟道和 17 条Ⅰ级沟道。根据实地踏勘，坝系单元内可配置中型坝 2 座，位于$Ⅱ_7$沟道的下游。

布局定位后，通过量算控制面积、库容曲线、推算坝高和可淤地面积等一系列工程设计计算，确定单元内所有工程的可淤地面积，汇总得到该坝系单元的总可淤面积为 13.0 hm^2，超额完成了基本农田发展需求。

G_7——阴沟坝系单元。单元面积为 4.48 km^2，隶属于木瓜树峁、柳树峁和贺家寨 3 个行政村，面积分别为 3.5 km^2、0.47 km^2 和 0.51 km^2，分别占各村总土地面积的 87.18%、9.1%和 21.6%，按面积均摊后，三村合计单元内的人口为 455 人，现状基本农田面积为 26.6 hm^2，人均基本农田面积为 0.06 hm^2，基本农田保证人均粮食 107 kg，基本农田不能满足人口粮食自给要求。需要增加基本农田面积 41.4 hm^2。

根据流域沟道组成结构及特征分析统计，骨干坝位于支沟$Ⅲ_3$的下游，区间控制 2 条Ⅱ级沟道、8 条Ⅰ级沟道。单元内可配置中型坝 1 座，坝址位于$Ⅱ_{10}$沟道的中游部位；可配置小型坝 3 座，分别建在$Ⅱ_{11}$沟道的中游、$Ⅰ_{44}$和$Ⅰ_{45}$的下游部位。

经过综合的坝系单元工程布局数量分析，确定该单元内配置中型坝 1 座，小型坝 3 座。

布局定位后，通过量算控制面积、库容曲线、推算坝高和可淤地面积等一系列工程设计计算,确定单元内所有工程的可淤地面积,汇总得到该坝系单元的总可淤面积为15.8 hm^2,占单元内新增基本农田需求面积的38%,不能满足人口粮食自给的需求,仍需发展水平梯田。

G_8——刘家峁坝系单元。单元面积为2.94 km^2,隶属于高家寨、高家洼上和木瓜树峁3个行政村,面积分别为2.68 km^2、0.19 km^2 和0.07 km^2,分别占各村总土地面积的39.16%、10.9%和1.77%,按面积均摊后,三村合计单元内的人口为146人,现状基本农田面积为20.4 hm^2,人均基本农田面积为0.14 hm^2,基本农田保证人均粮食317 kg,按土地资源需求分析则需要新增基本农田面积3.1 hm^2。

根据流域沟道组成结构及特征分析统计,骨干坝位于$Ⅱ_{27}$支沟的下游,区间控制1条Ⅱ级沟道、5条Ⅰ级沟道。根据实地踏堪,单元内可配置1座中型坝,布设在$Ⅱ_{27}$沟段的中游,1座小型淤地坝,位于I_{110}沟道的下游。

经过综合的坝系单元工程布局数量分析,确定该单元内配置中型坝1座,小型坝1座。

布局定位后,通过量算控制面积、库容曲线、推算坝高和可淤地面积等一系列工程设计计算,确定单元内所有工程的可淤地面积,汇总得到该坝系单元的总可淤面积为8.5 hm^2,超额完成了基本农田发展需求。

G_9——张家沟坝系单元。单元面积为2.82 km^2,隶属于后郑家沟、斗范梁和稍店子3个行政村,面积分别为0.39 km^2、2.02 km^2 和0.42 km^2,按面积均摊后,三村合计单元内人口为107人,现状基本农田面积为20.9 hm^2,人均基本农田面积为0.195 hm^2,基本农田保证人均粮食505 kg,骨干坝建设仍可增加坝地面积2.9 hm^2,可以满足坝系单元控制范围内的粮食需求,故该坝系单元内无需配置中小型淤地坝。

G_{10}——三皇塔坝系单元。单元面积为3.79 km^2,隶属于后郑家沟和斗范梁两个行政村,面积分别为2.25 km^2 和1.54 km^2,分别占各村总土地面积的66.34%和43.2%,按面积均摊后,两村合计单元内的人口为258人,现状基本农田面积为38.0 hm^2,人均基本农田面积为0.147 hm^2,基本农田保证人均粮食411 kg,骨干坝建设可新增坝地7.8 hm^2,可以满足坝系单元控制范围内的粮食需求,故该坝系单元内无需配置中小型淤地坝。

G_{11}——郑家沟坝系单元。单元面积为4.92 km^2,隶属于前郑家沟、后郑家沟和高昌3个行政村,面积分别为4.2 km^2、0.35 km^2 和0.37 km^2,分别占各村总土地面积的67.86%、10.19%和15.0%,按面积均摊后,三村合计单元内的人口为357人,现状基本农田面积为60.8 hm^2,人均基本农田面积为0.17 hm^2,基本农田保证人均粮食 372 kg，按土地资源需求分析则需要新增基本农田面积1.0 hm^2。

根据流域沟道组成结构及特征分析统计，骨干坝位于$Ⅲ_6$支沟的下游，上控1条Ⅲ级沟道、3条Ⅱ级沟道、10条Ⅰ级沟道。通过实地踏勘，单元内可配置中型坝1座，位于$Ⅱ_{21}$的下游，1座小型坝，位于$Ⅰ_{136}$沟道的下游，从而完成单元内的坝系布局。

布局定位后，通过量算控制面积、库容曲线、推算坝高和可淤地面积等一系列工程设计计算，确定单元内所有工程的可淤地面积，汇总得到该坝系单元的总可淤面积为14.4 hm^2，超额完成基本农田的需要。

G_{12}——高昌坝系单元。单元面积为3.26 km^2，隶属于前郑家沟、吕家沟、高昌和王元等4个行政村，面积分别为0.84 km^2、0.41 km^2、0.72 km^2和1.29 km^2，分别占各村总土地面积的13.5%、14.3%、29.2%和100.0%，按面积均摊到单元内后，其人口为262人，现状基本农田面积为47.0 hm^2，人均基本农田面积为0.179 hm^2，基本农田保证人均粮食362 kg，若按土地资源需求分析则需要新增基本农田面积1.6 hm^2。

该单元属于较大支沟的上游坝系单元，骨干坝位于支沟$Ⅲ_8$的上游，根据流域沟道组成结构及特征分析统计，区间控制3条Ⅱ级沟道、11条Ⅰ级沟道。根据实地踏勘，由于骨干坝建设，使得该单元内失去了再建中型坝的条件，可在该骨干坝的下游$Ⅱ_{44}$支沟的沟口布设1座中型坝。

布局定位后，通过量算控制面积、库容曲线、推算坝高和可淤地面积等一系列工程设计计算，确定单元内所有工程的可淤地面积，汇总得到该坝系单元的总可淤面积为4.3 hm^2，超额完成基本农田的需要。

G_{13}——草垛塄坝系单元。单元面积为4.00 km^2，隶属于吕家沟、王家洼、草垛塄、高昌等4个行政村，面积分别为1.95 km^2、0.47 km^2、0.47 km^2和1.10 km^2，分别占各村总土地面积的67.88%、20.34%、48.0%和44.53%，按面积均摊到单元内后，其人口为445人，现状基本农田面积为43.2 hm^2，人均基本农田面积为0.10 hm^2，基本农田保证人均粮食301 kg，若按土地资源需求分析则需要新增基本农田面积7.8 hm^2。

该单元上控1条Ⅲ级沟道、3条Ⅱ级沟道、11条Ⅰ级沟道，基本上无建设中小型淤地坝的条件，由于G_{13}坝的建设可新增坝地10 hm^2，超额完成基本农田的需要。

G_{14}——关道峁坝系单元。单元面积为9.73 km^2，隶属于段家沟、白家崖窑、高家寨、高家洼上、郑家前沟、水湾沟、木瓜树峁、吕家沟、王家洼、草垛楞、高昌等

11 个行政村，按面积均摊后，合计单元内的人口为 1 054 人，现状基本农田面积为 248.9 hm^2，人均基本农田面积为 0.236 hm^2，基本农田保证人均粮食 400 kg，有高昌、高家寨、木瓜树峁、高家洼上、白家崖窑等村的基本农田面积不能满足人口粮食自给的需求。根据流域沟道组成结构及特征分析统计，骨干坝位于主沟 V_1 的中游，区间控制 2 条Ⅳ级沟道、3 条Ⅲ级沟道、9 条Ⅱ级沟道、37 条Ⅰ级沟道。根据实地踏勘，可在 $Ⅲ_7$ 支沟的下游、$Ⅱ_{44}$ 支沟的下游建设中型坝 2 座，在 $Ⅰ_{142}$ 与 $Ⅰ_{143}$ 交汇处、$Ⅱ_{35}$ 下游分别布设小型坝 1 座。

布局定位后，通过量算控制面积、库容曲线、推算坝高和可淤地面积等一系列工程设计计算，确定单元内所有工程的可淤地面积，汇总得到该坝系单元的总可淤面积为 30.4 hm^2，超额完成了基本农田发展需求。

G_{15}——热峁坝系单元。单元面积为 3.67 km^2，隶属徐家峁上、徐家西畔和段家沟 3 个行政村，坝系单元内面积分别为 0.43 km^2、2.95 km^2、0.29 km^2，分别占各村总土地面积的7.41%、65.44%、6.81%，按面积均摊后单元内的人口为 433 人，现状基本农田面积为 48.7 hm^2，人均基本农用 0.11 hm^2，基本农田保证人均粮食 303 kg，按土地资源需求分析则需要新增基本农田面积 11.1 hm^2。根据流域沟道组成结构及特征分析统计，骨干坝位于支沟 $Ⅲ_9$ 的下游，控制 1 条Ⅲ级沟道、2 条Ⅱ级沟道、11 条Ⅰ级沟道，根据实地踏勘，单元内的 11 条Ⅰ级沟道均无建坝条件，可在 $Ⅱ_{42}$ 与 $Ⅰ_{194}$ 交汇点的下游建设 1 座中型坝。

布局定位后，通过量算控制面积、库容曲线、推算坝高和可淤地面积等一系列工程计算，确定单元内所有工程的可淤地面积，汇总得到该坝系单元的总可淤面积为 11.6 hm^2，可以满足单元粮食自给的需要。

G_{16}——细嘴子坝系单元。该单元面积为 5.4 km^2，隶属吕家沟、白家后洼、王家洼和郝家洼 4 个行政村，各村面积分别为 0.51 km^2、3.71 km^2、1.04 km^2 和 0.13 km^2，占各村总土地面积的 17.78%、97.60%、45.01%和 11.3%，按面积均摊后单元内的人口为421 人，现状基本农田面积为 56.7 hm^2，人均基本农田面积为 0.13 hm^2，基本农田保证人均粮食 280 kg，按土地资源需求分析则需要新增基本农田面积 9.4 hm^2。

根据流域沟道组成结构及特征分析统计，骨干坝位于支沟 $Ⅲ_{10}$ 的中游，为现状大型坝，现已基本淤满，生产利用多年，坝体左侧已损坏，已达不到防洪标准，为了确保坝体安全，并可使生产保收，需进行提高加固配套，坝体加高后可新增坝地 3.6 hm^2，该单元区间控制 1 条Ⅱ级沟道、4 条Ⅰ级沟道，均无建设中小型淤地坝的条件。因此，人口粮食基本自给的 5.8 hm^2 基本农田需要通过发展坡面基本农田来完成。

G_{17}——黑家寺坝系单元。该单元面积为 3.10 km^2，隶属白家后洼、白家铺和郝家洼 3 个行政村，面积分别为 0.09 km^2、2.97 km^2 和 0.04 km^2，分别占各村总土地面积的 2.4%、63.7%和 3.5%，按面积均摊后，三村合计单元内的人口为 291 人，现状基本农田面积为28.6 hm^2，人均基本农田面积为 0.10 hm^2，基本农田保证人均粮食 238 kg，按土地资源需求分析则需要新增基本农田面积13.7 hm^2。

根据流域沟道组成结构及特征分析统计，骨干坝位于支沟$Ⅲ_{11}$的中游，区间控制 1 条Ⅲ级沟道（为骨干坝库区）、2 条Ⅱ级沟道、10 条Ⅰ级沟道。由于Ⅲ级沟段为骨干坝库区，Ⅱ级沟道的中下游段也为骨干坝库区，有居民点分布，故无法配置中型坝。

加高骨干坝可新增淤地面积为 1.3 hm^2，其余 12.4 hm^2 的基本农田要通过发展坡面基本农田来完成。

G_{18}——杜家峁坝系单元。单元面积为 5.45 km^2，隶属于徐家峁上、段家沟、白家铺、王家洼、郝家洼等 5 个行政村，坝系单元内面积分别为 2.25 km^2、0.43 km^2、1.18 km^2、0.62 km^2、0.97 km^2，分别占各村总土地面积的 38.95%、10.22%、25.3%、26.8%和85.4%，按面积均摊后，合计单元内的人口为454 人，现状基本农田面积为 122.1 hm^2，人均基本农田面积为 0.269 hm^2，基本农田保证人均粮食323 kg，需增基本农田 8.6 hm^2，有段家沟、白家铺、王家洼、郝家洼等 4 个行政村的基本农田面积不能满足人口粮食自给的需求。根据流域沟道组成结构及特征分析统计，骨干坝位于主沟 V_1 的下游，区间控制 1 条Ⅳ级沟道、3 条Ⅲ级沟道、2 条Ⅱ级沟道、9 条Ⅰ级沟道。根据实地踏勘，可在$Ⅱ_{53}$支沟的下游建设 1 座中型坝，在$Ⅲ_{11}$下游建设 1 座中型坝。

布局定位后，通过量算控制面积、库容曲线、推算坝高和可淤地面积，确定单元内所有工程的可淤地面积，汇总得到该坝系单元的总可淤面积为 18.0 hm^2，占单元内新增基本农田需求面积的 210%，超额完成了基本农田发展需求。

G_{19}——大佛寺坝系单元。该单元面积为 3.95 km^2，隶属徐家东沟、徐家西畔和徐家峁上 3 个行政村，面积分别为 0.09 km^2、2.30 km^2 和 1.56 km^2，分别占各村总土地面积的2.35%、34.56%和 39.80%，按面积均摊后，三村合计单元内的人口为 379 人，现状基本农田面积为 34.1 hm^2，人均基本农田面积为 0.10 hm^2，基本农田保证人均粮食 207 kg，按土地资源需求分析则需要新增基本农田面积 21 hm^2。新建骨干坝可发展基本农田 3.8 hm^2，仍需发展基本农田 17.2 hm^2。

根据流域沟道组成结构及特征分析统计，骨干坝位于支沟Ⅲ$_{12}$的中下游，区间控制 1 条Ⅲ级沟道（为骨干坝库区）、3 条Ⅱ级沟道、11 条Ⅰ级沟道。根据实地踏勘，该单元内的沟道再无布设中小型淤地坝的条件。因此，人口粮食自给所需的 17.2 hm^2 基本农田需要依靠发展坡面基本农田来保证。

$G_{现状}$——白家崖窑坝系单元。该单元为现状坝系单元，控制面积为 3.97 km^2，隶属白家崖窑和高家寨两个行政村，面积分别为 2.89 km^2 和 1.08 km^2，分别占各村总土地面积的 81.68% 和 15.77%，按面积均摊后，两村单元内的人口为 250 人，现状基本农田面积为 23.0 hm^2，人均基本农田面积为 0.10 hm^2，基本农田保证人均粮食 230 kg，按土地资源需求分析则需要新增基本农田面积 12 hm^2。由于该坝尚未淤满，淤成后可增加坝地 8.4 hm^2。

根据流域沟道组成结构及特征分析统计，骨干坝位于支沟Ⅲ$_7$ 的中游，区间控制 1 条Ⅲ级沟道（骨干坝库区）、3 条Ⅱ级沟道、11 条Ⅰ级沟道。根据实地踏勘，该单元内的沟道再无布设中小型淤地坝的条件。因此，剩余的 3.6 hm^2 基本农田需要依靠发展坡面基本农田来保证。

G_{20}——南沟坝系单元。该单元控制面积为 1.51 km^2，隶属陈家泥沟行政村，占该村总土地面积的 25.5%，按面积均摊后，单元内的人口为 158 人，现状基本农田面积为 17.6 hm^2，人均基本农田面积为 0.11 hm^2，基本农田保证人均粮食 262 kg，按土地资源需求分析则需要新增基本农田面积 1.4 hm^2。该骨干坝可发展基本农田 2.1 hm^2，可以满足经济发展对坝地的需求。

盐沟小流域坝系（方案 1）布局配置结构见表 5－9，单元配置规模见表 5－10。

（2）方案 2 工程配置。根据方案 2 的布局理念、单元控制范围和划分结果，胡铁沟（G_1）、重壁梁（G_2）、红星坝（G_3）、驼岔（G_4）、柳树峁（G_5）、长梁峁（G_6）、阴沟（G_7）、刘家峁（G_8）、张家沟（G_9）、三皇塔（G_{10}）、郑家沟（G_{11}）、高昌（G_{12}）、热峁（G_{14}）、白家崖窑（G_{18}）、细嘴子（G_{15}）、黑家寺（G_{16}）、大佛寺（G_{17}）、南沟（G_{19}）等坝系单元的功能和作用与方案 1 相同，因此其单元内中小型淤地坝的配置不变，取消关道峁、杜家沟坝系单元，其中小型淤地坝配置如下：

由于取消了主沟道上的两座骨干坝，使得原杜家沟、关道峁坝系单元内的中小型淤地坝成为无坝系单元控制的未控区，包括中型坝 Z_{10}、Z_{13} 和 Z_{14}，小型坝 X_{11}、X_{12}、X_{13}、X_{15}、X_{16} 和 X_{18} 等，可增加淤地面积 9.5 hm^2。

盐沟小流域坝系（方案 2）布局结构配置见表 5－11，总体布局规模见表5－12。

表 5-9　盐沟坝系工程布局配置结构(方案 1)

流域内沟道			坝系单元			中型坝			小型坝		
编号	名称	集水面积 (km^2)	编号	骨干坝名	控制面积 (km^2)	编号	名称	控制面积 (km^2)	编号	名称	控制面积 (km^2)
Ⅱ$_{13}$	胡铁沟	1.74	G_1	胡铁沟	1.74						
Ⅲ$_5$	重壁梁	3.00	G_2	重壁梁	3.00						
Ⅳ$_2$	红星坝(加)	6.37	G_3	红星坝(加)	6.37	Z_1	罗沟	1.29	X_1	芦草圪塔	0.27
									X_2	申家沟	0.46
									X_3	四则沟	0.17
									X_4	西峁	0.42
Ⅳ$_2$	驼岔	3.23	G_4	驼岔	3.23				X_5	水湾沟	0.3
									X_6	榆合梁	0.31
Ⅲ$_1$	柳树峁(加)	5.54	G_5	柳树峁(加)	5.54	Z_3	开光峁	1.87	X_7	如峁	0.51
Ⅳ$_1$	长梁峁	4.10	G_6	长梁峁	4.10	Z_4	崖窑沟	1.23			
						Z_5	庙山	0.66			
Ⅲ$_3$	阴沟	4.48	G_7	阴沟	4.48	Z_6	十字峁	2.27	X_8	木瓜树峁	0.35
									X_9	小沙峁	0.35
									X_{10}	瑞峁	0.13
Ⅱ$_{27}$	刘家峁	2.94	G_8	刘家峁	2.94	Z_7	大沙峁	1.5			
Ⅱ$_{28}$	张家沟	2.83	G_9	张家沟	2.83						
Ⅲ$_6$	三皇塔	3.79	G_{10}	三皇塔	3.79	Z_8	山则沟	1.38	X_{17}	庙合沟	0.32

续表 5－9

流域内沟道			坝系单元			中型坝			小型坝		
编号	名称	集水面积（km^2）	编号	骨干坝名	控制面积（km^2）	编号	名称	控制面积（km^2）	编号	名称	控制面积（km^2）
Ⅲ$_6$	郑家沟	4.92	G_{11}	郑家沟	4.92	Z_9	老小湾	1.44			
Ⅲ$_8$	高昌	3.26	G_{12}	高昌	3.26						
Ⅲ$_8$	草垛塄	4.00	G_{13}	草垛塄	4.00						
V$_1$	关道峁	9.73	G_{14}	关道峁	9.73	Z_{10}	段家沟 1 号	0.92	X_{11}	传家梁	0.16
						Z_{11}	吕家沟	0.98	X_{12}	洼上	0.39
									X_{13}	小沟	0.17
									X_{15}	马家山 1 号	0.29
									X_{16}	马家山 2 号	0.34
									X_{18}	段家沟 2 号	0.31
Ⅲ$_9$	热峁	3.67	G_{15}	热峁	3.67	Z_{12}	彦塔	0.88			
Ⅲ$_{10}$	细嘴子	5.39	G_{16}	细嘴子	5.39						
Ⅲ$_{11}$	黑家寺（加）	3.10	G_{17}	黑家寺（加）	3.10						
V$_1$	杜家峁	5.45	G_{18}	杜家峁	5.45	Z_{13}	徐家峁	0.55			
Ⅲ$_{12}$	大佛寺	3.95	G_{19}	大佛寺	3.95						
Ⅲ$_7$	白家崖窑	3.97	$G_{现}$	白家崖窑	3.97						
Ⅱ$_{12}$	南沟	1.51	G_{20}	南沟	1.51						

表 5－10　盐沟坝系工程配置规模(方案 1)

流域内沟道			坝系单元				中型坝				小型坝				单元内淤地面积合计(hm²)
编号	名称	集水面积(km²)	编号	骨干坝名	控制面积(km²)	淤地面积(hm²)	编号	名称	控制面积(km²)	淤地面积(hm²)	编号	名称	控制面积(km²)	淤地面积(hm²)	
Ⅱ$_{13}$	胡铁沟	1.74	G_1	胡铁沟	1.74	4.10									4.1
Ⅲ$_5$	重壁梁	3.00	G_2	重壁梁	3.00	6.80									6.8
Ⅳ$_2$	红星坝(加)	6.37	G_3	红星坝(加)	6.37	13.33	Z_1	罗沟	1.29	5.8	X_1	芦草圪塔	0.27	0.6	
							Z_2	0	0	0	X_2	申家沟	0.46	0.7	
											X_3	四则沟	0.17	0.5	
											X_4	西峁	0.42	0.6	
	合计	6.37	G_3		6.37	13.33			1.29	5.8			1.32	2.4	21.6
Ⅳ$_2$	驼岔	3.23	G_4	驼岔	3.23	9.80					X_5	水湾沟	0.3	0.6	
											X_6	榆合梁	0.31	0.6	
	合计	3.23	G_4		3.23	9.80							0.61	1.2	11.0
Ⅲ$_1$	柳树峁(加)	5.54	G_5	柳树峁(加)	5.54	12.70	Z_3	开光峁	1.87	2.4	X_7	如峁	0.51	1	16.1
Ⅳ$_1$	长梁峁	4.10	G_6	长梁峁	4.10	10.30	Z_4	崖窑沟	1.23	1.7					
							Z_5	庙山	0.66	1					
	合计	4.10	G_6		4.10	10.30			1.89	2.7					13.0
Ⅲ$_3$	阴沟	4.48	G_7	阴沟	4.48	10.20	Z_6	十字峁	2.27	3.5	X_8	木瓜树峁	0.35	0.7	
											X_9	小沙峁	0.35	1.3	
											X_{10}	瑞峁	0.13	0.14	
	合计	4.48	G_7		4.48	10.20			2.27	3.5			0.83	2.14	15.8
Ⅱ$_{27}$	刘家峁	2.94	G_8	刘家峁	2.94	5.70	Z_7	大沙峁	1.5	3.3	X_{14}	稍圪塔	0.22	0.5	9.5
Ⅱ$_{28}$	张家沟	2.83	G_9	张家沟	2.83	10.90									10.9
Ⅲ$_6$	三皇塔	3.79	G_{10}	三皇塔	3.79	7.80	Z_8	山则沟	1.38	2.5	X_{17}	庙合沟	0.32	1.5	11.8

续表 5 - 10

流域内沟道			坝系单元				中型坝				小型坝				单元内淤地面积合计（hm^2）
编号	名称	集水面积（km^2）	编号	骨干坝名	控制面积（km^2）	淤地面积（hm^2）	编号	名称	控制面积（km^2）	淤地面积（hm^2）	编号	名称	控制面积（km^2）	淤地面积（hm^2）	
$Ⅲ_6$	郑家沟	4.92	G_{11}	郑家沟	4.92	12.00	Z_9	老小湾	1.44	2.4					14.4
$Ⅲ_8$	高昌	3.26	G_{12}	高昌	3.26	4.30									4.3
$Ⅲ_8$	草垛塄	4.00	G_{13}	草垛塄	4.00	10.0									10.0
V_1	关道峁	9.73	G_{14}	关道峁	9.73	22.30	Z_{10}	段家沟1号	0.92	2.7	X_{11}	传家梁	0.16	0.4	
							Z_{11}	吕家沟	0.98	1.2	X_{12}	洼上	0.39	0.75	
											X_{13}	小沟	0.17	0.9	
											X_{15}	马家山1号	0.29	0.5	
											X_{16}	马家山2号	0.34	0.9	
											X_{18}	段家沟2号	0.31	0.7	
	合计	9.73	G_{14}		9.73	22.30			1.9	3.9			1.66	4.2	30.4
$Ⅲ_9$	热峁	3.67	G_{15}	热峁	3.67	7.50	Z_{12}	彦塔	0.88	4.1					11.6
$Ⅲ_{10}$	细嘴子	5.39	G_{16}	细嘴子	5.39	14.30									14.3
$Ⅲ_{11}$	黑家寺（加）	3.10	G_{17}	黑家寺（加）	3.10	9.00									9.0
V_1	杜家峁	5.84	G_{18}	杜家峁	5.84	16.70	Z_{13}	徐家峁	0.85	1.3					18.0
$Ⅲ_{12}$	大佛寺	3.95	G_{19}	大佛寺	3.95	3.80									3.8
$Ⅲ_7$	白家崖窑	3.97	G_0	白家崖窑	3.97	8.4									8.4
$Ⅱ_{12}$	南沟	1.51	G_{20}	南沟	1.51	2.1									2.1
总计		87.4			87.4	202.0			15.27	31.93			5.47	12.89	246.9

表 5－11　盐沟流域坝系布局结构配置(方案 2)

流域内沟道			坝系单元			中型坝			小型坝		
编号	名称	集水面积 (km^2)	编号	骨干坝名	控制面积 (km^2)	编号	名称	控制面积 (km^2)	编号	名称	控制面积 (km^2)
Ⅱ$_{13}$	胡铁沟	1.74	G_1	胡铁沟	1.74						
Ⅲ$_5$	重壁梁	3.00	G_2	重壁梁	3.32						
Ⅳ$_2$	红星坝(加)	6.37	G_3	红星坝(加)	6.37	Z_1	罗沟	1.29	X_1	芦草圪塔	0.27
									X_2	申家沟	0.46
									X_3	四则沟	0.17
									X_4	西峁	0.42
	合计	6.37			6.37			1.29			1.32
Ⅳ$_2$	驼岔	3.23	G_4	驼岔	3.23				X_5	水湾沟	0.3
									X_6	榆合梁	0.31
	合计	3.23			3.23						0.61
Ⅲ$_1$	柳树峁(加)	5.54	G_5	柳树峁(加)	5.54	Z_3	开光峁	1.87	X_7	如峁	0.51
Ⅳ$_1$	长梁峁	4.10	G_6	长梁峁	4.10	Z_4	崖窑沟	1.23			
						Z_5	庙山	0.66			
	合计	4.10			4.10			1.89			
Ⅲ$_3$	阴沟	4.48	G_7	阴沟	4.48	Z_6	十字峁	2.27	X_8	木瓜树峁	0.35
									X_9	小沙峁	0.35
									X_{10}	瑞峁	0.13
	合计	4.48			4.48			2.27			0.83

续表 5－11

流域内沟道			坝系单元			中型坝			小型坝		
编号	名称	集水面积（km^2）	编号	骨干坝名	控制面积（km^2）	编号	名称	控制面积（km^2）	编号	名称	控制面积（km^2）
Ⅱ$_{27}$	刘家峁	2.94	G_8	刘家峁	2.94	Z_7	大沙峁	1.5	X_{14}	稍圪塔	0.22
Ⅱ$_{28}$	张家沟	2.83	G_9	张家沟	2.83						
Ⅲ$_6$	三皇塔	3.79	G_{10}	三皇塔	3.79	Z_8	山则沟	1.38	X_{17}	庙合沟	0.32
Ⅲ$_6$	郑家沟	4.92	G_{11}	郑家沟	4.92	Z_9	老小湾	1.44			
Ⅲ$_8$	高昌	3.26	G_{12}	高昌	3.26						
Ⅲ$_8$	草垛楞	4.00	G_{13}	草垛楞	4.00	Z_{11}	吕家沟	0.98			
Ⅲ$_9$	热峁	3.67	G_{14}	热峁	3.67	Z_{12}	彦塔	0.88			
Ⅲ$_{10}$	细嘴子	5.39	G_{15}	细嘴子	5.39						
Ⅲ$_{11}$	黑家寺(加)	3.10	G_{16}	黑家寺(加)	3.10						
Ⅲ$_{12}$	大佛寺	3.95	G_{17}	大佛寺	3.95						
Ⅲ$_7$	白家崖窑	3.97	G_{18}	白家崖窑	3.97						
Ⅱ$_{12}$	南沟	1.51	G_{19}	陈泥沟	1.51						
V	未控区	15.57				Z_{10}	段家沟 1 号	0.92	X_{11}	传家梁	0.16
						Z_{13}	徐家峁	0.85	X_{12}	洼上	0.39
									X_{13}	小沟	0.17
									X_{15}	马家山 1 号	0.29
									X_{16}	马家山 2 号	0.34
									X_{18}	段家沟 2 号	0.31
	合计	15.57			15.57			1.77			1.66
总计		83.4			83.4			16.12			5.47

表 5－12　盐沟流域坝系布局规模配置（方案 2）

流域内沟道			坝系单元				中型坝				小型坝				单元内淤地面积合计（hm^2）
编号	名称	集水面积（km^2）	编号	骨干坝名	控制面积（km^2）	淤地面积（hm^2）	编号	名称	控制面积（km^2）	淤地面积（hm^2）	编号	名称	控制面积（km^2）	淤地面积（hm^2）	
Ⅱ$_{13}$	胡铁沟	1.74	G_1	胡铁沟	1.74	4.10									4.1
Ⅲ$_5$	重壁梁	3.00	G_2	重壁梁	3.00	6.80									6.8
Ⅳ$_2$	红星坝（加）	6.37	G_3	红星坝（加）	6.37	13.33	Z_1	罗沟	1.29	5.8	X_1	芦草圪塔	0.27	0.6	
							Z_2		0	0	X_2	申家沟	0.46	0.7	
											X_3	四则沟	0.17	0.5	
											X_4	西峁	0.42	0.6	
	合计	6.37			6.37	13.33			1.29	5.8			1.32	2.4	21.6
Ⅳ$_2$	驼岔	3.23	G_4	驼岔	3.23	9.80					X_5	水湾沟	0.3	0.6	
											X_6	榆合梁	0.31	0.6	
	合计	3.23			3.23	9.80							0.61	1.2	11.0
Ⅲ$_1$	柳树峁（加）	5.54	G_5	柳树峁（加）	5.54	12.70	Z_3	开光峁	1.87	2.4	X_7	如峁	0.51	1	16.1
Ⅳ$_1$	长梁峁	4.10	G_6	长梁峁	4.10	10.30	Z_4	崖窑沟	1.23	1.7					
							Z_5	庙山	0.66	1					
	合计	4.10			4.10	10.30			1.89	2.7					13.0
Ⅲ$_3$	阴沟	4.48	G_7	阴沟	4.48	10.20	Z_6	十字峁	2.27	3.5	X_8	木瓜树峁	0.35	0.7	
											X_9	小沙峁	0.35	1.3	
											X_{10}	瑞峁	0.13	0.14	
	合计	4.48			4.48	10.20			2.27	3.5			0.83	2.14	15.8
Ⅱ$_{27}$	刘家峁	2.94	G_8	刘家峁	2.94	5.70	Z_7	大沙峁	1.5	3.3	X_{14}	稍圪塔	0.22	0.5	9.5
Ⅱ$_{28}$	张家沟	2.83	G_9	张家沟	2.83	10.90									10.9
Ⅲ$_6$	三皇塔	3.79	G_{10}	三皇塔	3.79	7.80	Z_8	山则沟	1.38	2.5	X_{17}	庙合沟	0.32	1.5	11.8

续表 5－12

流域内沟道			坝系单元				中型坝				小型坝				单元内淤地面积合计（hm^2）
编号	名称	集水面积（km^2）	编号	骨干坝名	控制面积（km^2）	淤地面积（hm^2）	编号	名称	控制面积（km^2）	淤地面积（hm^2）	编号	名称	控制面积（km^2）	淤地面积（hm^2）	
Ⅲ$_6$	郑家沟	4.92	G_{11}	郑家沟	4.92	12.00	Z_9	老小湾	1.44	2.4					14.4
Ⅲ$_8$	高昌	3.26	G_{12}	高昌	3.26	4.30									4.3
Ⅲ$_8$	草垛塄	4.00	G_{13}	草垛塄	4.00	10.00									10.0
Ⅲ$_9$	热峁	3.67	G_{14}	热峁	3.67	7.50	Z_{12}	彦塔	0.88	4.1					11.6
Ⅲ$_{10}$	细嘴子	5.39	G_{16}	细嘴子	5.39	14.30									14.3
Ⅲ$_{11}$	黑家寺(加)	3.10	G_{17}	黑家寺(加)	3.10	9.00									9.0
Ⅲ$_{12}$	大佛寺	3.95	G_{19}	大佛寺	3.95	3.80									3.8
Ⅲ$_7$	白家崖窑	3.97	G_0	白家崖窑	3.97	8.4									8.4
Ⅱ$_{12}$	南沟	1.51	G_{20}	南沟	1.51	2.1									2.1
V$_1$	未控区	15.57					Z_{10}	段家沟 1 号	0.92	2.7	X_{11}	传家梁	0.16	0.4	
							Z_{11}	吕家沟	0.98	1.2	X_{12}	洼上	0.39	0.75	
							Z_{13}	徐家峁	0.85	1.3	X_{13}	小沟	0.17	0.9	
											X_{15}	马家山 1 号	0.29	0.5	
											X_{16}	马家山 2 号	0.34	0.9	
											X_{18}	段家沟 2 号	0.31	0.7	
	合计	15.57			15.57				2.75	5.2			1.66	4.2	9.4
总计		83.40			83.40	163			16.12	34.03			5.47	12.9	207.9

（二）案例评析

盐沟小流域坝系工程可行性研究报告，坝系单元内中小型淤地坝的配置方法步骤是：先在流域万分之一地形图上初选中小型淤地坝坝址，然后进行实地踏勘，勘察单元坝系内各级沟道组成结构、沟道特征，再根据坝址地形条件，按照拦泥、淤地、发展生产的要求，结合流域经济发展、人口环境、农业生产结构调整等需求，配置中小型淤地坝。

在坝系单元内中小型淤地坝配置中，以骨干坝为单元，将各行政村的面积划分到各坝系单元中，在分析各坝系单元内人口发展预测及粮食自给的要求后，根据沟道坝址条件，结合各单元内的基本农田需求量配置中小型淤地坝。具体配置方法是：以维护坝系结构为前提，依据各坝系单元内需要新增基本农田量与骨干坝可淤地面积之差作为中小型淤地坝坝地面积配置目标，按照优先发展坝地的原则，尽可能多布坝，尽量发展坝地面积。坝址选择体现了流域经济发展的需要。

报告采用表 5－9、表 5－10 的形式，反映整个坝系工程结构和每个坝系单元的工程配置规模，反映的内容包括骨干坝所在小流域的沟道、骨干坝名称、编号、控制面积、骨干坝可淤地面积等，配置的中小型淤地坝编号、名称、控制面积、淤地面积，各坝系单元内可淤地面积等。反映形式直观，内容比较全面。

方案 1 坝系中，共有 21 个坝系单元，在坝系单元内中小型淤地坝配置中，对 21 个坝系单元的沟道条件、人口和基本农田等情况进行了分析，有 10 个坝系单元由于沟道条件或社会经济条件的限制，不需要再配置中小型淤地坝，其余的 11 个坝系单元分别配置了中小型淤地坝。说服力较强。

四、应注意的问题

（1）坝系单元内中小型淤地坝配置的主要目的是拦沙淤地，发展农业生产。因此，配套完善期的小流域坝系工程，骨干坝单元内的中小型淤地坝的配置，应以单元内农业用地需求量为目标，在投资允许的条件下，依据坝址条件合理配置中小型淤地坝，最大限度地发展坝系农业，促进流域经济的可持续发展。

（2）中小型淤地坝的配置数量应根据流域的侵蚀模数、人口密度及沟道建坝条件等综合分析确定，密度不宜过大，防止下游坝淹上游坝。

值得注意的是，随着农村城镇化步伐的加快，农业产业化调整和农民受教育程度的增加，以及农民进城务工人员的增加，近年来，农村实际生活的人数在不断减少。这一点在已经开展的小流域坝系可行性研究报告编制实地调查中得到证实。农村出现的这一社会经济现象值得在今后的坝系可行性研究报告的编制中加以重视和研究。

(3)从目前的实际情况看,在可研报告编制过程中,一些设计人员为了简单省事,在坝系单元中的淤地坝配置时不进行人口预测及粮食供求分析,盲目配置中小型淤地坝,造成坝系中的配置规模不是过多,就是偏少,使配置缺乏科学性和合理性。

(4)在中小型淤地坝配置时,应对沟道纵断面进行测量,计算沟道比降,避免坝地淤成后形成盐碱化。

第四节　坝系单元以外工程数量确定

一、《规定》要求

对坝系单元以外(无骨干坝控制,只能配置中小型淤地坝)的沟道的坝系工程分别进行配置,确定数量和主要指标,并列表说明(表格形式见表5-13)。

表5-13　坝系单元外中小型淤地坝配置情况

沟道编号	沟道名称	面积(km^2)	中型坝(座)			小型坝(座)		淤地坝控制面积(km^2)	备注
			现状	新建	加固	现状	新建		
合计									

二、技术要点

为达到全面控制流域洪水泥沙的目的,在小流域坝系规划与可研中,对较大的支沟,通过坝系规划,布设直控骨干坝,有效控制支沟的洪水泥沙;对更大的支沟,则通过骨干坝的串联布设,实现流域洪水泥沙的分段拦蓄与控制。对不能满足布设骨干坝要求、流域面积较小的支毛沟,称为坝系单元外的流域面积,通常只能布设中小型淤地坝。以期通过各类工程的科学布局,最大限度地控制流域洪水泥沙和流域水土资源的综合开发利用。

(一)坝系单元外中小型淤地坝配置原则

1.“因地制宜,因害设防”的原则

对坝系单元外的支毛沟应在实地勘查的基础上,合理布设中小型淤地坝。

中小型淤地坝的布设与配置，应按照“因地制宜，因害设防”的原则，根据支毛沟流域面积的大小，分别布设中型淤地坝或小型淤地坝，或同时在流域内布设中小型淤地坝。

2.“以坝代路，方便交通”的原则

一般而言，坝系单元外的支毛沟主要分布在小流域的下游段。在一些地方，该段既是流域洪水泥沙的出口段，又是流域通往外界的交通要道。在这些支毛沟安排布设中小型淤地坝，既是控制流域水土流失、发展沟坝地的需要，也是以坝代路、方便山区群众交通生活的需要。为此，在进行坝系单元外中小型淤地坝的布设时，应结合流域生产生活道路规划，统筹安排，合理布设。

3.“必要可行，经济合理”的原则

如上所述，由于坝系单元外的支毛沟主要分布在小流域的下游段或小流域的出口段，这些支毛沟的沟道特征一般表现为：沟道断面多为V字形，沟道长度小，沟底比降大等，坝址条件相对较差。在这些地方修建中小型淤地坝，一般单位工程量换库容的指标较低。因此，在对坝系单元外中小型淤地坝的布设中，应按照“必要可行，经济合理”的原则，进行坝址的比选与确定。

单位工程量换库容的指标是指修建淤地所需完成的总工程量与该淤地坝总库容的比值。即：

$$a_V = \frac{V_{库容}}{V_{工程量}} \tag{5-4}$$

式中：a_V 为淤地坝单位工程量换库容指标，m^3/m^3；$V_{库容}$ 为淤地坝总库容，万 m^3；$V_{工程量}$ 为淤地坝总工程量，万 m^3。

单位工程量换库容指标是衡量各类淤地坝坝址优劣的重要指标之一。从近年来完成的百余条小流域坝系可行性研究报告汇总分析，各类淤地坝单位工程量换库容指标的中间值及下限值见表5－14，可供小流域坝系可行性研究报告编制及坝址方案比选时采用。对低于单位工程量换库容指标下限值的工程，应对其坝址进一步优化。坝址优化后仍低于下限值的工程，应从必要性、可行性和经济合理性等方面进行论证。

表5－14　各类淤地坝单位工程量换库容指标中间值及下限值

淤地坝类型	单位工程量换库容指标中间值(m^3/m^3)	单位工程量换库容指标下限值(m^3/m^3)	备注
骨干坝	10	5	
中型坝	5	3	
小型坝	3	2	

（二）坝系单元外中小型淤地坝配置方法

坝系单元外中小型淤地坝的配置方法与坝系单元内中小型淤地坝的配置方法基本一致。不同之处在于坝系单元内中小型淤地坝的配置是以骨干坝为单元进行的；而坝系单元外中小型淤地坝的配置是以直接进入主沟道的支毛沟为单元进行的。主要方法步骤如下。

1. 调查与分析坝系单元外现状淤地坝的分布与运行状况

对坝系单元外现状淤地坝进行调查，并分析评价其运行情况，对淤满的淤地坝应进行加高加固。旧坝加高加固方案的设置原则与坝系单元内各类现状淤地坝加高加固方案一样，应优先选择能够充分发挥现状工程可持续拦泥淤地作用的方案，最大限度地利用流域水土资源，拦泥淤地，发展生产，为实现坝系相对稳定创造有利条件，逐步实现流域水土资源的可持续利用和坝地生产潜力的不断扩大再生产。

2. 在小流域地形图上初选中小型淤地坝坝址

根据流域沟道特征，初步分析坝系单元外支毛沟的建坝条件，在小流域万分之一地形图上，以坝系单元外直接进入主沟道的支毛沟为单元，初步拟定坝系单元外中小型淤地坝的布局意向。坝系单元外中小型淤地坝配置顺序，即中小型坝坝址初选与确定，应按照控制面积范围由大到小、沟道等级由高向低、沟道部位由下游向上游的顺序，逐步选择确定。

3. 中小型淤地坝坝址的实地踏勘

同坝系单元内中小型淤地坝坝址的确定一样，坝系单元外中小型淤地坝坝址的确定也必须在小流域坝系实地踏勘的基础上进行。

4. 确定坝系单元外中小型淤地坝的布局

根据坝系单元外各支毛沟的沟道特征，考虑坝址地形条件，按照拦泥、淤地、发展生产、方便交通的要求，结合流域经济发展、人口环境、农业生产结构调整等需求，通过坝址的分析比选，初步选定中小型淤地坝坝址位置，确定坝系单元外中小型淤地坝的布局与配置。

三、案例剖析

广丰小流域坝系工程可行性研究报告的“坝系单元以外工程数量确定”及其评析。

（一）案例

对单元坝系以外（无骨干坝控制，只能配置中小型淤地坝）的沟道的坝系工程分别进行配置，确定工程数量和主要技术经济指标，在菜子沟（I_{29}）、羊圈沟

($Ⅱ_7$)内新建 2 座中型坝。加上现状 3 座中型淤地坝,2 座小型淤地坝,使得单元坝系外中型坝达 5 座,小型坝 2 座。单元坝系外中小型淤地坝控制面积为 10.21 km^2。广丰小流域单元坝系外中小型淤地坝配置情况见表 5－15。

表 5－15 坝系单元外中小型淤地坝配置情况(方案 1)

沟道编号	沟道名称	中型坝(座)			小型坝(座)		淤地坝控制面积(km^2)	备注
		现状	新建	加固	现状	新建		
$Ⅰ_6$	深沟	1			1		1.38	
$Ⅲ_1$	老地沟	1					1.50	
$Ⅲ_1$	韭菜沟				1		0.85	
$Ⅲ_1$	漫洼沟	1					2.08	
$Ⅰ_{29}$	菜子沟		1				1.70	
$Ⅱ_7$	羊圈沟		1				2.70	
合计		3	2		2		10.21	

(二)案例评析

广丰小流域坝系工程可行性研究报告,在坝系单元外中小型淤地坝配置时,对骨干坝控制以外的沟道进行了实地勘测,依据沟道的建坝条件配置中小型淤地坝,配置中型坝的主要目的是拦泥淤地。报告以表 5－15 的格式表述了坝系单元外中小型淤地坝的配置数量,符合《规定》的要求。但应从区域社会经济发展对坝地的需求,论述中小型淤地坝建设数量,并从沟道自然特征、建坝条件、水沙资源等方面论证其必要性和可行性。

四、应注意的问题

(1)小流域坝系单元外淤地坝配置的主要目的是拦蓄洪水泥沙,淤地造田,发展生产,减少流域内的泥沙输出。因此,应根据坝系单元外支毛沟的地质地貌、沟道特征及小流域交通道路建设的需求,在经济可行的条件下,合理配置中小型淤地坝的数量,以提高整个坝系对小流域水土流失的控制率。

(2)根据近几年小流域坝系可行性研究报告编制实践,坝系外中小型淤地坝单坝的设计淤积年限和洪水设防标准的选定,可以在《水土保持综合治理技术规范 沟壑治理技术》(GB/T 16453.3—1996)的基础上适当提高,以便长期、有效地提高坝系对流域水土资源的控制,扩大拦泥淤地、发展生产和减少入黄泥沙效益。

第五节 坝系总体布局与规模确定

一、《规定》要求

综合各坝系单元和坝系单元以外工程配置情况，进行合理性分析和必要的调整，说明配置结果，绘制坝系工程布局图(方案1)，列表说明坝系建设规模(表格形式见表5-16)。

表5-16 小流域坝系建设规模(方案1)

名称	骨干坝(座)			中型坝(座)			小型坝(座)	备注
	现状	新建	加固	现状	新建	加固		
坝系单元小计 坝系单元外								
合计								

列表说明方案1坝系工程配置的骨干坝、中小型淤地坝的技术经济指标(表格形式见表5-17和表5-18)。

二、技术要点

(一)坝系工程的总体规模

坝系工程的总体规模包括坝系中各类坝库工程建设的数量、控制面积、总库容、拦泥库容、可淤地面积、总工程量、总投资及国家补助投资等。

也有人认为，坝系工程的总体规模指标应由建坝密度来反映，显然是不够确切的。所谓建坝密度是指单位面积内布设各类淤地坝的数量(包括骨干坝和中小型淤地坝)。建坝密度只从坝的数量上反映了淤地坝的规模，并没有从坝系工程的总库容、拦泥库容、可淤地面积、总工程量、总投资等指标上全面地反映工程的总体特性。

1. 坝系的控制面积

坝系控制面积是坝系规模的一个重要指标。坝系控制面积与小流域面积的比值，反映了坝系对小流域洪水泥沙的控制程度；坝系淤地面积与控制面积的比值，反映了小流域水沙特征与工程运行和坝系相对稳定的程度。坝系规划中，应根据流域的自然条件、村镇和工矿布局、交通设施及坝址条件等，尽量提高坝系的控制面积。

表 5－17　坝系布局(方案 1、2)工程技术经济指标

工程编号	坝名	控制面积(km^2)	坝高(m)	库容(万 m^3)			可淤地面积(hm^2)	工程量					投资(万元)			投工(万工日)	主要材料					建设性质	施工
				总	拦泥	滞洪		土方(万 m^3)	石方(m^3)	混凝土(m^3)	钢筋混凝土(m^3)	合计(万 m^3)	建安投资	总投	国投		钢材(t)	水泥(t)	沙子(m^3)	柴油(t)	炸药(t)		
骨干坝小计																							
中型坝小计																							
小型坝小计																							
合计																							

表 5-18　坝系工程(方案1、2)主要建筑物设计指标

编号	坝名	坝体							泄水洞															溢洪道				
		坝高(m)	顶宽(m)	顶长(m)	铺底宽(m)	内外坡比(内/外)	马道		设置位置(m)	卧管				涵洞				明渠				泄水流量(m^3/s)		设置位置	建筑类型	输水段			最大流量(m^3/s)
							高程(m)	宽/长(m)		断面(m×m)	设置高度(m)	建筑类型	长度(m)	断面(m×m)	设置高度(m)	建筑类型	长度(m)	断面(m×m)	设置高度(m)	建筑类型	长度(m)				溢洪道长(m)	断面宽(m)	断面高(m)	

2. 坝系中各类坝库工程的总库容和拦泥库容

坝系的总库容包括拦泥库容和滞洪库容两部分，由坝系的控制面积、淤积年限、小流域土壤侵蚀模数及洪量模数等确定，并符合下列关系式：

$$V_{总} \geqslant V_{拦泥} + V_{滞洪} \tag{5-5}$$

$$V_{拦泥} \geqslant n\ M_{侵蚀}F/\gamma \tag{5-6}$$

$$V_{滞洪} \geqslant M_{p}F \tag{5-7}$$

式中：$V_{总}$ 为坝系的总库容，万 m^3；$V_{拦泥}$ 为坝系的总拦泥库容，万 m^3；$V_{滞洪}$ 为坝系的总滞洪库容，万 m^3；n 为坝系设计淤积年限，a；$M_{侵蚀}$ 为坝系所在小流域的土壤侵蚀模数，$t/(km^2 \cdot a)$；F 为坝系控制面积，km^2；γ 为泥沙容重，t/m^3；M_p 为坝系防洪标准所对应频率洪水的洪量模数，万 m^3/km^2。

3. 坝系中各类淤地坝的总淤积面积

按照小流域基本农田建设的需求与坝系建设的可能，合理确定坝系中各类淤地坝的数量和总淤积面积。应满足下式的要求：

$$A_{需求} \leqslant A \leqslant A_{可能} \tag{5-8}$$

式中：$A_{需求}$ 为小流域基本农田建设需要的各类淤地坝的总淤积面积，hm^2；A 为小流域各类淤地坝的总面积，hm^2；$A_{可能}$ 为小流域坝系建设可能发展的各类淤地坝的总淤积面积，hm^2。

4. 坝系工程规模的确定

坝系工程的总体规模应统筹防洪安全、淤积年限和淤地面积等指标，合理确定坝系工程的总体建设规模。

（二）坝系的配置结构

1. 坝系结构

坝系结构是指坝系单元的数量、组成形式、中小型淤地坝和塘坝的数量及其枢纽组成。坝系结构是反映小流域坝系组成及其结构性能的重要指标。

坝系单元的数量，也就是坝系中起控制作用的骨干坝的数量，反映了坝系对流域洪水泥沙的控制力度。一般而言，坝系单元数量越多，坝系对小流域洪水泥沙的控制与约束力就越大，反之越小。

坝系单元的组成形式是指坝系单元之间的联系形式和坝系单元在主、支沟间的分布形式。坝系单元之间的联系形式一般分为串联和并联两种形式。通过坝系中起控制作用的骨干坝之间的联系形式，反映坝系工程之间的关联度。串联的工程之间存在上下游关系，上游工程失事对下游工程有直接影响，下游工程设防标准必须考虑上游工程的设防标准。在确定工程的设计淤积年限及洪水设防标准时应考虑其关联性及相互制约关系；并联的工程之间不存在上下游关系，上游工程失事不会对下游工程造成任何影响，其关联度为零，在确定各工程的设计淤积年限及洪水设防标准时可以各自独立进行。但在小流域坝系工程可行性研究报告编制实践中，为了实现坝系的整体设防标准和淤积运行年限的经济可行性，往往要求各骨干坝取相同的设防标准和设计淤积年限。坝系在主、支沟之间的分布形式，主要包括主沟串联坝系单元、主沟直控坝系单元、支沟串联坝系单元、支沟直控坝系单元等四种。

中小型淤地坝和塘坝的数量，反映了坝系拦泥淤地、发展生产能力和水资源利用能力。

坝系中各类工程的枢纽组成形式是指骨干坝和中小型淤地坝分别由哪些建筑物组成。目前骨干坝及中小型淤地坝的枢纽组成主要有以下三种形式，即由土坝、放水建筑物和溢洪道组成的“三大件”形式，由土坝、放水建筑物组成的“两大件”形式和仅由土坝组成的“一大件”形式。它反映了坝系工程对流域水土资源的利用形式和利用率，同时也反映了坝系抗御超标准洪水的能力。

下面以盐沟小流域坝系结构为例予以说明。坝系配置结构见图5－1。

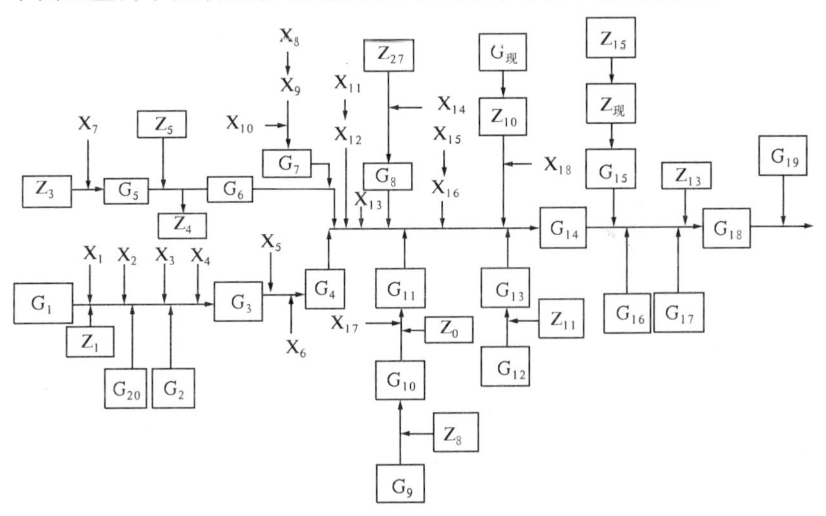

图5－1　盐沟小流域（方案1）坝系配置结构图

由图5－1可以看出：盐沟小流域坝系是由21个坝系单元构成的，其中：主沟串联坝系单元4个，支沟串联坝系单元8个，支沟直控坝系单元9个。在主沟道中，G_5、G_6、G_{14}、G_{18}等4座骨干坝为主沟串联坝系结构，以分段控制的方式拦蓄了主沟的洪水泥沙，其中G_5、G_6枢纽组成为两大件结构，G_{14}、G_{18}枢纽组成为三大件；在流域面积大于6 km^2的水湾沟、郑家沟、源上沟等三条沟道中，G_1、G_3、

G_4,G_9、G_{10}、G_{11},G_{12}、G_{13}等8座骨干坝分别为3组支沟串联坝系结构,枢纽组成均采用两大件,分段控制拦蓄水湾沟、郑家沟、源上沟等三条沟道的洪水泥沙。在流域面积小于6 km^2 的南沟、重壁梁沟、细嘴子沟、黑家寺沟、大佛寺沟、徐家沟、段家沟、阴沟、刘家沟等9条较小的支沟,G_{20}、G_2、G_{16}、G_{17}、G_{15}、G_{19}、G_7、G_8 和 $G_{现}$ 等9座骨干坝分别为支沟直控坝系结构,枢纽组成均采用了两大件,直接控制该9条支沟的洪水泥沙。在中小型淤地坝配置中,有 G_3、G_4、G_5、G_6、G_7、G_8、G_{10}、G_{11}、G_{14}、G_{15}和 G_{18}等11座骨干坝,在控制范围内配置了12座中型淤地坝和18座小型淤地坝,其中,在 G_3 控制区域内配置了1座中型坝和4座小型坝,在 G_4 内配置了2座小型淤地坝,在 G_5 内配置了1座中型坝和1座小型淤地坝,在 G_6 内配置了2座中型淤地坝,在 G_7 内配置了1座中型坝和3座小型淤地坝,在 G_8 内配置了1座中型坝和1座小型淤地坝,在 G_{10}内配置了1座中型坝和3座小型淤地坝,在 G_{11}内配置了1座中型坝,在 G_{14}内配置了2座中型坝和5座小型淤地坝,在 G_{15}内配置了1座中型坝,在 G_{18}内配置了1座中型坝。由于自然条件和社会因素的限定,其余的 G_1、G_9、G_{12}、G_{13}、G_{16}、G_{17}、G_{19}、G_{20}和 $G_{现}$ 等骨干坝控制区间内未配置中小型淤地坝。该坝系结构的配置,使盐沟小流域坝系结构更为完善,坝系控制面积达到87.4 km^2,泥沙控制率达到94.8%,淤地面积达到264.9 hm^2,有效地控制了流域内的洪水泥沙,提供了优质的基本农田,为流域农业生产创造了条件。

2. 坝系中各类坝库工程的枢纽结构

目前,骨干坝的枢纽结构配置有两大件(拦河坝和放水建筑物)与三大件(拦河坝、放水建筑物和溢洪道)两类。从可持续拦泥的目标出发,一般不主张过早、过多地布设三大件工程。特别是在坝系建设初期,更是如此,一是由于溢洪道是在库容淤积到溢洪道底坎附近时才有可能使用,使用时间晚,次数少,而溢洪道的造价高,容易造成投资的浪费。二是溢洪道的设置必然使大量的洪水泥沙排入下游,既造成了水沙资源的浪费,又加速了下游水库、河道的淤积速度。三是溢洪道的运行,使淤地坝工程丧失了拦泥淤地的能力,坝地因为失去泥沙的补给而得不到增加,使相对稳定坝系建设受到严重制约。因此,在工程规划中,应优先考虑多次加高坝体的方案,尽量布设两大件工程,以充分发挥淤地坝控制水土流失的作用。

中型淤地坝多采用土坝与放水建筑物两大件。

小型淤地坝多采用土坝一大件,也有配置简易放水建筑物或非常溢洪道的。

(三)坝系工程布局

坝系工程布局是指规划各类淤地坝在小流域沟道内的空间分布情况。坝系工程布局的主要指标为布坝密度。

1. 坝系的空间分布

坝系的空间分布主要是通过小流域坝系工程总体布局图,全面准确地反映各类坝库工程在小流域内的空间布局情况。包括小流域左右岸、上下游以及不同级别沟道内的分布情况,也可以通过小流域不同区域内各类淤地坝的数量、平均布坝密度等指标来反映,见表5-19。

表5-19　小流域坝系空间分布特征

分布区域	面积(km^2)	骨干坝		中型坝		小型坝	
		数量(座)	平均布坝密度(座/km^2)	数量(座)	平均布坝密度(座/km^2)	数量(座)	平均布坝密度(座/km^2)
上游段							
下游段							
流域左岸							
流域右岸							
Ⅰ级沟道							
Ⅱ级沟道							
Ⅲ级沟道							
Ⅳ级沟道							
Ⅴ级沟道							

2. 布坝密度

布坝密度是指单位面积内布设淤地坝的数量。根据黄土高原地区不同侵蚀类型区近几年淤地坝建设的经验,统计分析小流域坝系典型调查资料,影响建坝密度的主要因素有以下几点:

(1)沟壑密度。小流域沟壑密度反映沟道的汇水组合复杂程度,沟壑又是打坝建库的第一要素,沟壑密度的大小对坝系的布坝密度影响较大。沟壑密度较大的小流域一般布坝的数量较多;沟壑密度较小的小流域则布坝数量较少。

(2)沟道比降。沟道比降对坝系布局的影响在于下游坝的淤积运行和"翘尾巴",影响制约上游坝的布置。一般来讲,比降大的沟道布坝数量相对较多,单坝的规模相对较小;比降较小的沟道布坝数量相对较少,单坝的规模相对较大。

(3)沟道长度。沟道较长的布坝数量较多;反之较少。

(4)侵蚀模数。侵蚀模数较大的沟道,平均布坝密度较大;侵蚀模数较小的沟道,平均布坝密度较小。

(5)坡面治理措施。坡面治理措施直接影响到小流域侵蚀模数的大小,从而影响到布坝密度的大小。坡面治理程度越低,平均布坝密度越大。

(6)洪量模数。小流域洪水的主要成因是暴雨,暴雨量的大小反映不同频率洪水的洪量模数。坝系中骨干坝的作用主要是防洪,骨干坝数量的多少与该地区的洪量模数有关。洪量模数大的地区,骨干坝的单坝控制面积较小,工程数量就多。

典型小流域坝系的调查分析表明:在坝系建设的初期,坝系的布坝密度一般为0.3 ~4 座/km^2。其中,陕北地区一般为1 ~3 座/km^2;晋西地区一般为0.6 ~2.7 座/km^2;蒙南、豫西地区为0.5 座/km^2;陇东地区为0.4 座/km^2。而在坝系建设末期,由于坝系中一些工程的加高造成上游坝的淹没,会使坝系的布坝密度进一步减小。因此,在坝系规划中,要充分考虑坝系运行与加高因素,避免被动地合并造成投入的浪费。

三、案例评析

盐沟小流域坝系工程可行性研究报告的“坝系总体布局与规模确定”及其评析。

(一)案例

1. 布局策略

盐沟小流域水土流失严重,粗沙含量高,为达到最大限度地拦蓄洪水泥沙,采用如下布局策略:

(1)在支沟地形条件允许的情况下尽量扩大11 条支沟的控制面积范围,以减少洪水对主沟的威胁,有利于主沟坝系单元的配置。

(2)在主沟道的骨干坝布局上尽量减小骨干坝的控制范围,采用低坝形式布局,对控制面积过大的骨干坝采用布设溢洪道的方法降低坝高,避免淹没主沟分布的居民点和道路设施。

(3)对直汇主沟、面积按规定接近骨干坝最小控制规模的个别支沟,从坝系全局考虑也按坝系单元进行配置。

(4)骨干坝枢纽设置在条件允许的情况下尽量采用两大件,使洪水在各个单元内部消化。下游个别坝在坝高限制范围内通过增设溢洪道和减少设计淤积年限的方法解决。

(5)从坝系全局安全考虑,所有坝系单元中的骨干坝采用统一的防洪标准。

2. 骨干坝布局

该方案的21 个坝系单元中(包括1 个现状坝系单元),布局8 个支沟串联坝系单元,4 个主沟串联坝系单元,9 个支沟直控坝系单元(包括 1 个现状坝系单元)。

G_1——胡铁沟坝系单元。位于流域的最上游,控制流域的起始部分,属于水湾沟支沟串联坝系单元,控制面积 1.74 km^2,地处流域上游的Ⅱ$_{13}$沟道与Ⅱ$_{14}$的交汇上游,上控 4 条Ⅰ级沟道和 1 条Ⅱ级沟道。其下游为红星大型淤地坝,该坝现已淤地 8.3 hm^2,利用 5.6 hm^2,由于该坝控制面积太大,防洪保收率低,为保证红星大坝的坝体和生产安全,在该现状大型坝上游应布设骨干坝,但由于建坝条件的限制,G_1 胡铁沟坝只能建在此处,虽然控制面积偏小,但也起到了减少下游 G_3 红星坝来洪面积的作用,同时,就胡铁沟坝而言,可充分利用沟道分叉多、库区地形宽阔平缓、无淹没损失等有利因素,尽可能多地拦泥淤地,快速实现单元内的局部水沙淤积相对平衡。骨干坝枢纽结构采用坝体和泄水洞两大件,洪水处理方式采用“全拦全蓄、滞洪排清”。

G_2——重壁梁坝系单元。属支沟直控坝系单元,控制流域上游右支流Ⅳ$_2$左岸的Ⅲ$_5$ 支沟,骨干坝位于支沟Ⅲ$_5$ 的下游,区间控制Ⅱ$_{22}$、Ⅱ$_{23}$ 2 条Ⅱ级沟道,11 条Ⅰ级沟道。控制面积 3.0 km^2,库区内无淹没限制。该坝建设的目的有二:一是对该单元内的洪水起调控作用;二是最大限度地减轻下游红星坝的洪水压力,属于支沟直控坝系单元。骨干坝枢纽结构采用坝体和泄水洞两大件,洪水处理方式采用“全拦全蓄、滞洪排清”。

G_3——红星坝系单元。属于水湾沟支沟串联坝系单元,位于流域中上游段右支沟Ⅳ$_2$ 沟道中游,是该支沟上串联的第二个坝系单元,上游由 G_1 胡铁沟坝系单元直汇,右岸为 G_2 重壁梁坝系单元,下游为 G_4 驼岔坝系单元。红星骨干坝控制面积为 6.37 km^2,该单元上控Ⅲ$_4$、Ⅲ$_5$2 条Ⅲ级沟道,8 条Ⅱ级沟道,26 条Ⅰ级沟道。

该坝系单元以红星现状大型坝为控制,该坝现已淤地 8.3 hm^2,利用 5.6 hm^2,利用率仅为 67%。加固改建该坝的目的在于:一是保证自身的安全,提高坝地利用率;二是为了有效控制流域的洪水泥沙,减小下坝 G_4 的防洪压力。枢纽结构采用坝体和泄水洞两大件,洪水处理方式采用“全拦全蓄、滞洪排清”,生产运行采用“边种边淤、滞洪排清”的运行方式。

G_4——驼岔坝系单元。属于水湾沟支沟串联坝系单元,骨干坝位于流域上游右岸支沟Ⅳ$_2$ 的下游,区间控制 2 条Ⅱ级沟道、10 条Ⅰ级沟道。控制面积为 3.23 km^2,库区内无淹没限制。该坝建设的目的在于控制支沟洪水,减少主沟道中下游关道峁骨干坝的洪水压力,以便降低坝高,减少其淹没损失。枢纽结构采用坝体和泄水洞两大件,洪水处理方式采用“全拦全蓄、滞洪排清”。

G_5——柳树峁坝系单元。属于主沟上游段(长梁峁沟)串联坝系单元,控制主沟最上游段的$Ⅳ_1$ 沟道,是流域上游左支沟上串联的第一个坝系单元,上控 1 条$Ⅲ_1$ 级沟道、4 条Ⅱ级沟道、22 条Ⅰ级沟道,单元控制面积为 5.54 km^2。加高该骨干坝的目的在于和主沟道中的其他骨干坝形成分段拦洪拦沙的格局,为下游的坝系单元减轻洪水负担,降低下游 G_6 坝的坝高。枢纽结构采用坝体和泄水洞两大件,洪水处理方式采用“全拦全蓄、滞洪排清”。

G_6——长梁峁坝系单元。位于 G_5 坝下游,属于主沟(长梁峁沟)串联坝系单元,控制主沟中上游段的 1 条Ⅲ级沟道、5 条Ⅱ级沟道、17 条Ⅰ级沟道,坝系单元控制面积为 4.1 km^2,区间控制库区内无淹没限制,该坝以下有居民点分散分布,使得该部分无法用本骨干坝控制,剩余部分面积只能划拨到下游主沟 G_{13} 坝系单元。该坝建设的目的在于:一是减少主沟 G_{14} 骨干坝的洪水压力,降低坝高;二是与 G_5、G_{14} 上下游坝系单元形成分段拦洪拦沙的格局,有效控制洪水泥沙。枢纽结构采用坝体和泄水洞两大件,洪水处理方式采用“全拦全蓄、滞洪排清”。

G_7——阴沟坝系单元。位于流域中上游左岸$Ⅲ_3$ 沟下游,属于支沟直控坝系单元,控制主沟中上游左岸的第一条大支沟(阴沟)$Ⅲ_3$ 的全部,单元控制面积为 4.48 km^2,区间控制 2 条Ⅱ级沟道、8 条Ⅰ级沟道,库区内无淹没限制。该坝建设的目的在于控制支沟$Ⅲ_3$ 的洪水,减少主沟道下游 G_{14} 骨干坝的洪水压力,使其降低坝高,减少 G_{14} 库区的淹没损失。枢纽结构采用坝体和泄水洞两大件,洪水处理方式采用“全拦全蓄、滞洪排清”。

G_8——刘家沟坝系单元。属于支沟直控坝系单元,位于流域中游段左岸,区间控制 1 条Ⅱ级沟道、5 条Ⅰ级沟道,单元控制面积为 2.94 km^2。布设该坝的目的在于全面拦洪拦沙,为下游的主沟坝系单元减轻洪水负担。采用坝体和泄水洞两大件,洪水处理方式采用“全拦全蓄、滞洪排清”。

G_9——张家沟坝系单元。属于郑家沟支沟串联坝系单元,位于郑家沟支沟串联坝系的最上游的坝系单元,上控 1 条Ⅱ级沟道、7 条Ⅰ级沟道,控制面积为 2.83 km^2。该坝建设的目的在于控制支沟洪水,减少下游 G_{10}、G_{11} 两骨干坝的洪水压力,并与 G_{10}、G_{11} 两座骨干坝在郑家沟形成分段拦洪拦沙的格局,有效控制该沟的洪水泥沙,最终减轻主沟 G_{14} 坝的防洪负担。枢纽结构采用坝体和泄水洞两大件,洪水处理方式采用“全拦全蓄、滞洪排清”。

G_{10}——三皇塔坝系单元。属于郑家沟支沟坝系单元,位于郑家沟中游段,是郑家沟串联的第二个坝系单元,上游为张家沟坝系单元,下游为郑家沟坝系单元。该坝系单元面积为 3.79 km^2,区间控制 1 条Ⅲ级沟道、2 条Ⅱ级沟道、8 条Ⅰ

级沟道。库区内无其他淹没限制。该坝建设的目的在于控制支沟洪水，减少下游 G_{11} 骨干坝的洪水压力，并与 G_9、G_{11} 两座骨干坝在郑家沟形成分段拦洪拦沙的格局，但 G_{10} 与 G_9 之间沟道比降较小，为避免 G_{10} 淹没 G_9 坝脚，该坝淤积年限取 10 年。枢纽结构采用坝体和泄水洞两大件，洪水处理方式采用“全拦全蓄、滞洪排清”。

G_{11}——郑家沟坝系单元。属于郑家沟支沟坝系单元，位于郑家沟中游段，是郑家沟串联的第三个坝系单元，上游为三皇塔坝系单元，下游进入主沟与 G_{14}（关道峁）坝系单元相接，该坝系单元上控 3 条Ⅱ级沟道、10 条Ⅰ级沟道。单元控制面积为 4.92 km^2。该坝建设的目的在于与 G_9、G_{10} 两座骨干坝在郑家沟形成分段拦洪拦沙的格局，有效控制该沟的洪水泥沙，最终减轻主沟 G_{14} 坝的防洪负担。枢纽结构采用坝体和泄水洞两大件，洪水处理方式采用“全拦全蓄、滞洪排清”。

G_{12}——高昌坝系单元。属于支沟串联坝系单元，位于流域中游段右岸，上控 1 条Ⅲ级沟道、3 条Ⅱ级沟道、11 条Ⅰ级沟道，单元控制面积为 3.26 km^2。布设该坝的目的在于控制该流域上游的水沙，减轻主沟 G_{14} 坝系单元的洪水负担。采用坝体和泄水洞两大件，洪水处理方式采用“全拦全蓄、滞洪排清”。

G_{13}——草垛塄坝系单元。属于支沟串联坝系单元，位于流域中游段右岸，上控 1 条Ⅲ级沟道、3 条Ⅱ级沟道、11 条Ⅰ级沟道，单元控制面积为 3.26 km^2。布设该坝的目的在于控制该流域上游的水沙，减轻主沟 G_{14} 坝系单元的洪水负担。采用坝体和泄水洞两大件，洪水处理方式采用“全拦全蓄、滞洪排清”。

G_{14}——关道峁坝系单元。位于 G_5 坝下游，属于主沟（盐沟）串联坝系单元，控制主沟中游段的 1 条Ⅴ级沟道、2 条Ⅳ级沟道、3 条Ⅲ级沟道、6 条Ⅱ级沟道、26 条Ⅰ级沟道，坝系单元控制面积为 9.74 km^2。该坝建设的目的在于与 G_5、G_6、G_{18} 等上下游坝系单元对盐沟主沟形成分段拦洪拦沙的格局，有效控制洪水泥沙。由于该坝控制面积太大，在枢纽组成上采用坝体、溢洪道和泄水洞三大件，洪水处理方式采用调洪下泄的方式。

G_{15}——热峁坝系单元。属于支沟直控坝系单元，位于流域下游左岸热峁沟下游段，控制 $Ⅲ_9$ 支沟 1 条Ⅲ级沟道、2 条Ⅱ级沟道、11 条Ⅰ级沟道，坝控面积 3.67 km^2。库区内无淹没损失。布设该坝的目的在于控制该流域的水沙，减轻主沟 G_{18} 坝系单元的洪水负担。采用坝体和泄水洞两大件，洪水处理方式采用“全拦全蓄、滞洪排清”。

G_{16}——细嘴子坝系单元。位于流域下游右岸细嘴子沟下游，形成支沟直控坝系单元。该坝为现状加固改造坝，已淤地 6.2 hm^2，利用 6.0 hm^2，控制 1 条Ⅲ

级沟道、4 条Ⅱ级沟道、13 条Ⅰ级沟道,控制面积为 5.4 km^2。布设该坝的目的一是本坝的安全需要,二是对细嘴子沟形成清洪分治格局,减轻下游主沟道 G_{18} 坝系单元的洪水负担。采用坝体和泄水洞两大件,洪水处理方式采用“全拦全蓄、滞洪排清”。

G_{17}——黑家寺坝系单元。属于支沟直控坝系单元,位于流域下游右岸黑家寺沟,为现状加固改造坝,现已淤地 6.0 hm^2,利用 6.0 hm^2。加固该坝的目的在于控制该流域的水沙,减轻主沟 G_{18} 坝系单元的洪水负担。该坝系单元控制 1 条Ⅲ级沟道、2 条Ⅱ级沟道、10 条Ⅰ级沟道,坝控面积 3.1 km^2,本坝最大可加高 10 m,采用坝体和溢洪道两大件,洪水处理方式采用调洪下泄的方式。

G_{18}——杜家沟坝系单元。位于 G_{13} 坝下游,属于主沟(盐沟)串联坝系单元,控制主沟下游段的 1 条Ⅴ级沟道、3 条Ⅲ级沟道、3 条Ⅱ级沟道和 10 条Ⅰ级沟道,坝系单元控制面积为 5.45 km^2。该坝建设的目的在于与 G_5、G_6、G_{14} 等上游坝系单元对盐沟主沟形成分段拦洪拦沙的格局,有效控制洪水泥沙。由于该坝上游 G_{14} 及 G_{17} 坝为三大件工程,因此在枢纽组成上亦采用坝体、溢洪道和泄水洞三大件,洪水处理方式采用调洪下泄的方式。

G_{19}——大佛寺坝系单元。属于支沟直控坝系单元,位于流域下游左岸大佛寺沟,该坝系单元控制 1 条Ⅲ级沟道、3 条Ⅱ级沟道、11 条Ⅰ级沟道,坝控面积 3.95 km^2。布设该坝的目的在于控制该支沟的洪水泥沙,采用坝体和泄水洞两大件,洪水处理方式采用“全拦全蓄、滞洪排清”。

G_{20}——南沟坝系单元。属于南沟支沟直控坝系单元,骨干坝位于流域上游右岸支沟 $Ⅱ_{12}$ 的下游,区间控制 2 条Ⅰ级沟道。控制面积为 1.51 km^2,库区内无淹没限制。该坝建设的目的在于控制支沟洪水,减少红星坝系单元洪水压力。枢纽结构采用坝体和泄水洞两大件,洪水处理方式采用“全拦全蓄、滞洪排清”。

方案 1 坝系工程总体布局规模见表 5-20。

3. 工程规模(方案 1)

坝系共配置淤地坝 52 座,其中骨干坝 21 座(新建骨干坝 15 座,加固骨干坝 5 座,现状骨干坝 1 座);中型坝 13 座(现状保留 1 座,加固中型坝 2 座,新建 10 座);小型坝 18 座(新建)。从工程所处的沟道位置来看,Ⅰ级沟道布坝 9 座,全部为小型坝,Ⅱ级沟道布坝 22 座(小型坝 9 座,中型坝 9 座,骨干坝 4 座),Ⅲ级沟道布坝 16 座(中型坝 4 座,骨干坝 12 座),Ⅳ级沟道布坝 3 座,全部为骨干坝,Ⅴ级沟道布坝 2 座,全部为骨干坝,整个坝系骨干坝和中小型淤地坝的工程配置比例为 1.6∶1.0∶1.5,详见表 5-21。

表 5－20　坝系工程总体布局规模(方案 1)

坝型			数量(座)	控制面积(km^2)	库容(万 m^3)			淤地面积(hm^2)
					拦泥	滞洪	总库容	
现状坝	骨干坝		6	31.72	619	283.0	902.0	53.73
	中型坝		3	3.99	134.5	6.8	141.3	8.1
	小型坝		0	0	0	0	0	0.0
	合计		9	31.71	753.5	289.8	1 043.3	61.83
新增	骨干坝	新建	15	60.15	1 294.56	780.53	2 075.09	133.40
		加固	5	24.74	516.2	283.1	799.3	14.9
		小计	20	84.89	1 810.76	1 063.63	2 874.39	148.3
	中型坝	新建	10	12.48	138.7	101.6	240.3	20.3
		加固	2	2.80	31.0	22.7	53.7	3.5
		小计	12	15.28	169.7	124.3	294.0	23.8
	小型坝	新建	18	5.47	30.4	38.6	69.0	12.9
		加固						
		小计	18	5.47	30.4	38.6	69.0	12.9
	合计		50		2 010.86	1 226.53	3 237.39	185.0
达到	骨干坝		21	84.89	2 429.8	1 346.6	3 776.4	202.0
	中型坝		13	15.27	304.2	131.1	435.3	31.9
	小型坝		18	5.47	30.4	38.6	69.0	12.9
	总计		52	84.89	2 764.4	1 516.3	4 280.7	246.8

注:达到规模中的控制面积为骨干坝的控制面积。

表 5－21　坝系工程(方案 1)规模

沟道分类		骨干坝(座)				中型坝(座)				小型坝(座)			合计(座)
		现状	新建	加固	小计	现状	新建	加固	小计	现状	新建	小计	
坝系单元	直控支沟单元	1	5	1	7	1	1	1	3	0	4	4	14
	串联支沟单元		7	3	10		2	1	3		7	7	20
	串联主沟单元		3	1	4		7		7		7	7	18
	合计	1	15	5	21	1	10	2	13	0	18	18	52
坝系单元以外													0
沟道分级分布	Ⅰ级沟道										9	9	9
	Ⅱ级沟道		3	1	4		7	2	9		9	9	22
	Ⅲ级沟道	1	8	3	12	1	3		4				16
	Ⅳ级沟道		2	1	3								3
	Ⅴ级沟道		2		2								2
	合计	1	15	5	21	1	10	2	13		18	18	52

4. 库容规模(方案1)

坝系总库容4 280.7万m^3,其中拦泥库容2 764.4万m^3,滞洪库容1 516.3万m^3。

骨干坝、中型坝和小型坝总库容分别为3 776.4万m^3、435.3万m^3和69.0万m^3,库容配置比例为88.3%、10.1%、1.6%;拦泥库容分别为2 429.8万m^3、304.2万m^3和30.4万m^3,配置比例为88.1%、10.8%、1.1%。

按沟道级别进行分类,Ⅰ、Ⅱ、Ⅲ、Ⅳ及Ⅴ级沟道的总库容配置分别为31.3万m^3、738.6万m^3、2 690.8万m^3、255.3万m^3和564.8万m^3,占坝系总库容的比例分别为0.7%、17.1%、62.2%、5.9%和13.1%;各级沟道的拦泥库容配置分别为13.8万m^3、514.6万m^3、1 727.1万m^3、162.9万m^3和346.0万m^3,分别占总拦泥库容的0.5%、18.6%、62.5%、5.9%和12.5%(见表5-22)。

5. 淤地面积规模(方案1)

坝系总可淤地面积为246.8 hm^2,其中骨干坝202.0 hm^2,中型坝31.9 hm^2,小型坝12.9 hm^2,可淤地面积的配置比例为81.8%、12.9%、5.3%;按沟道级别进行分类,则Ⅰ、Ⅱ、Ⅲ、Ⅳ及Ⅴ级沟道的淤地面积配置分别为6.4 hm^2、49.5 hm^2、131.8 hm^2、20.1 hm^2和39.0 hm^2,各级沟道的可淤地面积占坝系总可淤地面积的比例分别为2.6%、20.0%、53.4%、8.1%和15.8%(见表5-23)。

(二)案例评析

盐沟小流域坝系方案1采用主沟与支沟同时配置的方法,主沟分段、支沟分片,从而形成了4个主沟串联坝系单元、8个支沟串联坝系单元和9个支沟直控坝系单元的布局格局,使全流域坝系结构更为完整。在骨干坝布局时,尽量扩大11条支沟的控制面积,支沟骨干坝枢纽均采取了两大件设置,使洪水在各个单元内部消化,减小了主沟的洪水压力,主沟下游的关道峁(G_{14})和杜家沟(G_{18})两座骨干坝由坝体、溢洪道和放水建筑物三大件枢纽组成,采用调洪下泄的洪水处理方式,避免了淹没主沟的村庄和道路;从坝系完整程度和工程适用方式而言,该方案不失为一个较好的坝系布局方案。

盐沟小流域坝系布局完成后,分析评价了Ⅰ~Ⅴ级沟道淤地坝的数量、库容和淤地面积的分布情况,方案1的布局评价结果表明:该流域的Ⅰ级沟道适宜修建小型淤地坝,坝系中的18座小型淤地坝有9座分布在这一级沟道中,占布局总数的50%;Ⅱ、Ⅲ级沟道是该流域淤地坝的重点布设沟道,适宜各类淤地坝的布设,其中Ⅱ级沟道适宜布设中小型淤地坝,Ⅲ级沟道适宜布设骨干坝,在Ⅱ级沟道的22座淤地坝中,有骨干坝4座,占布局总数的18%,有中型淤地坝9座,占布局总数的41%,有小型淤地坝9座,占布局总数的41%; 在 Ⅲ级沟道的17

表 5－22　坝系建设(方案 1)库容配置规模

坝型分类		骨干坝(万 m^3)			中型坝(万 m^3)			小型坝(万 m^3)			合计					
		总	拦泥	滞洪	总	拦泥	滞洪	总	拦泥	滞洪	总(万 m^3)	占总库容比例(%)	拦泥(万 m^3)	占总拦泥库容比例(%)	滞洪(万 m^3)	占总滞洪库容比例(%)
坝系单元	直控支沟单元	1 419.0	907.0	512.0	183.3	138.7	44.6	13.2	5.8	7.4	1 615.5	37.7	1 051.5	38.1	564.0	37.3
	串联支沟单元	1 302.0	852.6	449.4	126.7	93.2	33.5	28.4	12.5	15.9	1 457.1	34.0	958.3	34.8	498.7	33.0
	串联单元主沟	1 055.5	670.2	385.3	125.3	72.3	53.0	28.3	12.1	15.3	1 208.1	28.3	754.6	27.4	453.6	30.0
	单元合计	3 776.5	2 429.8	1 346.7	435.3	304.2	131.1	69.0	30.4	38.6	4 280.7	100.0	2 764.4	100.0	1 516.3	100
坝系单元以外合计																
各级沟道分布	Ⅰ级沟道							31.3	13.8	17.5	31.3	0.7	13.8	0.5	17.5	1.2
	Ⅱ级沟道	414.7	298.4	116.3	286.1	199.5	86.6	37.7	16.6	21.1	738.6	17.1	514.6	18.6	224.0	14.8
	Ⅲ级沟道	2 541.7	1 622.5	919.2	149.2	104.7	44.5				2 690.8	62.5	1 727.1	62.5	963.6	63.7
	Ⅳ级沟道	255.3	162.9	92.4							255.3	5.9	162.9	5.9	92.4	6.1
	Ⅴ级沟道	564.8	346.0	218.8							564.8	13.1	346.0	12.5	218.8	14.5
	流域合计	3 776.5	2 429.8	1 346.7	435.3	304.2	131.1	69.0	30.4	38.6	4 280.7	100.0	2 764.4	100.0	1 516.3	100

表 5－23　坝系工程(方案 1)可淤地面积配置规模

坝型分类		骨干坝		中型坝		小型坝		合计	
		淤地面积(hm²)	占总淤地面积比例(%)	淤地面积(hm²)	占总淤地面积比例(%)	淤地面积(hm²)	占总淤地面积比例(%)	淤地面积(hm²)	占总淤地面积比例(%)
坝系单元	直控支沟单元	67.8	33.6	10.9	34.1	2.6	20.5	81.3	32.9
	串联支沟单元	72.2	35.7	10.7	33.6	5.1	39.5	88.0	35.7
	串联单元主沟	62.0	30.7	10.3	32.3	5.2	40.0	77.5	31.4
	单元合计	202.0	100.0	31.9	100.0	12.9	100.0	246.8	100.0
坝系单元以外合计					0.0				
各级沟道分布	Ⅰ级沟道				0.0	6.4	50.0	6.4	2.6
	Ⅱ级沟道	22.8	11.3	20.2	63.4	6.5	50.0	49.5	20.1
	Ⅲ级沟道	120.1	59.4	11.7	36.6			131.8	53.4
	Ⅳ级沟道	20.1	10.0					20.1	8.1
	Ⅴ级沟道	39.0	19.3					39.0	15.8
	流域合计	202.0	100.0	31.9	100.0	12.9	100.0	246.8	100.0

座淤地坝中，骨干坝 12 座，占布局总数的 71%，中型淤地坝 5 座，占布局总数的 29%，无小型淤地坝布设；在Ⅳ、Ⅴ级沟道中只布设了 5 座骨干坝，且工程量较大，说明Ⅳ、Ⅴ级沟道只适宜布设骨干坝，不适宜布设中小型淤地坝。这个布局也反映了淤地坝在黄土丘陵沟壑区沟道中的布局规律。

从坝系总体布局与规模来看，盐沟小流域坝系布局方案可以实现防洪目标、拦泥目标和流域基本农田发展需求目标，可以作为坝系建设实施方案。但方案 1 中关道峁(G_{14})的控制面积为 9.73 km^2，超出了《水土保持治沟骨干工程技术规范》(SL 289—2003)的强制性规定，应作必要地说明。

盐沟小流域坝系工程可行性研究报告在第五章总体布局与规模及其第四节坝系总体布局与规模确定的编排上，没有完全按《规定》的要求节序及内容来编写。尽管《规定》所要求的内容在该报告中都能找到，但我们仍建议各有关规划设计单位，能够在今后的可研报告编制中，严格按照《规定》的要求进行报告的编写。编制中可以对《规定》的内容进行扩充和完善，但不宜对报告的结构作太大地调整。之所以在这里把这个问题明确地提出来，是因为在本书的编写过程中，我们发现已经批准的小流域坝系可行性研究报告中，类似问题较多，对本章尤其是本节的内容编排作了大量调整,这一问题如不及时进行纠正,势必会影响可研报告的编制质量。

四、应注意的问题

(一)关于骨干坝面积控制率问题

所谓骨干坝面积控制率是指坝系中所有骨干坝的累计控制面积占小流域总面积的比例。通常用百分数来表示。

虽然《规定》对骨干坝面积控制率没有明确的要求,但作为一个小流域坝系而言,其建设目的就是通过对小流域水土流失面积的控制,实现对小流域洪水和泥沙的控制。因此,在进行小流域坝系可行性研究报告的编制中,应尽量提高骨干坝面积控制率。由于黄土高原地区小流域沟道特征、人口密度及居住习惯、村庄道路等基础设施的分布特征等差异较大,还不能对骨干坝面积控制率做出明确的规定。

(二)关于坝系建设规模与投资规模的关系问题

目前由于黄土高原地区农村经济落后,地方财政不可能拿出大量的资金匹配小流域坝系建设,小流域坝系建设只能靠国家有限的投资和少量的地方匹配资金,因此,小流域坝系工程可行性研究中要充分考虑当地的社会经济条件,根据各类工程的国补投资比例,合理确定建设规模。

(三)关于骨干坝单坝控制规模问题

淤地坝在黄土高原具有悠久的发展历史,黄土高原地区已建成淤地坝11.35万座❶,这些淤地坝有80%以上是20世纪50~70年代群众运动中修建的,淤地坝坝址选择缺乏系统规划,客观上给骨干坝布设造成一定困难,在骨干坝布设中会遇到单坝控制面积偏大或偏小的问题,超越了规范规定的单坝控制面积范围,在可行性研究报告编制实践中应加强对此类工程的研究与论证。

(四)关于主沟道骨干坝布设问题

随着农村经济条件的改善,交通、通讯、电力及农民居住设施也逐步向主沟道迁移,较大支沟及主沟道布设骨干坝的淹没损失也随之增大。在坝系布局方案制定时,应根据流域实际采用低坝布局模式或增加溢洪道的形式,尽量减少淹没损失,维护坝系的完整性。

---

❶引自《黄土高原地区水土保持淤地坝规划》,中华人民共和国水利部,2003年6月。

第六节　比选方案

一、《规定》要求

（1）根据论证确定的坝系建设目标和规模，适当调整坝系的结构和布局，说明调整的理念和布局思路与方法，形成新的布局方案即方案2。

（2）按照调整后的结构布局分别确定各个坝系单元和坝系单元以外的中小型淤地坝的配置数量。

（3）综合各坝系单元和坝系单元以外工程配置情况，说明配置结果，绘制比选方案（方案2）坝系工程布局图，列表说明比选方案坝系规模。表式同表5－16。

（4）列表说明比选方案坝系工程配置的骨干坝、中小型淤地坝的技术经济指标。表式同表5－17和表5－18。

二、技术要点

小流域坝系总体布局方案是根据小流域自然条件、社经情况和沟道工程运行现状，立足于最大限度地控制洪水泥沙，提高水资源利用率，促进流域经济可持续发展，合理布设与组合各类工程的坝系建设策略。小流域坝系总体布局比选方案的设计应注意以下几点。

（一）小流域坝系总体布局方案设置应满足的条件

（1）以骨干坝为骨架，合理配置中小型淤地坝，各类工程相互配合，联合运用，最大限度地发挥坝系的防洪、拦泥、灌溉、淤地和其他效益。

（2）坝系单元自成体系，主沟分段，支毛沟分片，片段共治，形成较为完善的小流域坝系工程体系，逐步实现对小流域洪水泥沙的长期和有效控制。

（3）坝系布设要充分考虑小流域的实际，有条件的可修建一定数量的塘坝工程，与淤地坝工程相结合，提高水资源的利用率。

（二）小流域坝系布局方案应以最大限度地拦蓄流域洪水泥沙为前提

在进行坝系总体布局方案设计中，应以最大限度地拦蓄流域洪水泥沙为前提。根据小流域沟道组成及其特征，分析小流域的洪水泥沙产生规律，有机组合各类坝库工程，在小流域内形成骨干坝防洪拦泥，中小型淤地坝拦泥淤地、发展生产的坝系工程布局方案。

（三）小流域坝系布局方案应在合理性分析的基础上进行

坝系工程布局方案合理性分析，包括坝系工程总体布局的合理性分析和坝系总体规模的合理性分析。坝系工程总体布局的合理性分析，主要是对坝系中骨干坝的单坝控制规模是否符合《水土保持治沟骨干工程技术规范》（SL 289—2003）的有关规定，坝系中上下游骨干坝的设防标准和设计淤积年限的设置是否协调，坝系中的骨干坝是否能够实现对流域洪水泥沙的有效控制，坝系内各骨干坝的防洪风险是否相当、设防标准是否经济等进行分析。坝系总体规模的合理性分析，主要是对坝系工程数量、总库容规模、总控制面积或控制率等进行分析。

（四）小流域坝系布局方案的成果表现形式

在进行坝系工程配置结果的说明中，应重点对坝系工程配置思路和配置结果进行说明，配置思路以文字的形式说明，配置结果采用列表的形式说明。

坝系工程布局图采用“autoCAD”等软件制作，以万分之一地形图为基础，内容包括沟道分级编号、村庄、道路、各类淤地坝工程布局等。

三、案例剖析

盐沟小流域坝系工程可行性研究报告的“比选方案”及其评析。

（一）案例

1. 布局策略

基于方案 1 中 G_{14}坝控制面积过大，造成 G_{14}、G_{18}两座工程均设有溢洪道，工程量较大，方案 2 布局设计考虑以支沟控制为主，放弃主沟道 G_{14}、G_{18}两座工程建设，其他坝系单元布局不变。

2. 坝系单元布局变化

调整后的方案 2 将流域坝系划分为 19 个坝系单元（包括 1 个现状坝系单元），其中胡铁沟（G_1）、红星坝（G_3）、驼岔（G_4）为支沟串联坝系单元；重壁梁（G_2）、南沟（G_{18}）为水湾沟右岸的支沟直控坝系单元；阴沟（G_7）、刘家沟（G_8）、热峁（G_{14}）、黑家寺（G_{16}）、大佛寺（G_{17}）、细嘴子（G_{15}）、白崖窑（$XG_{现}$）为支沟直控坝系单元；张家沟（G_9）、三皇塔（G_{10}）、郑家沟（G_{11}）为支沟串联坝系单元；取消关道峁（原 G_{14}）、杜家沟（原 G_{18}）坝系单元，将原来的柳树峁（G_5）、长梁峁（G_6）、关道峁（原 G_{14}）、杜家沟（原 G_{18}）主沟串联坝系单元改为由柳树峁（G_5）、长梁峁（G_6）组成的主沟串联坝系单元。

坝系工程方案 2 总体布局规模见表 5 - 24。

3. 工程规模（方案 2）

总共配置淤地坝 50 座，其中骨干坝 19 座（新建骨干坝 13 座，加固骨干坝 5 座，现状骨干坝 1 座）；中型坝 13 座（现状保留 1 座，加固中型坝 2 座，新建 10

座)；小型坝 18 座(新建)。从工程所处的沟道位置来看，Ⅰ级沟道布坝 9 座，全部为小型坝，Ⅱ级沟道布坝 21 座(小型坝 9 座，中型坝 8 座，骨干坝 4 座)，Ⅲ级沟道布坝 17 座(中型坝 5 座，骨干坝 12 座)，Ⅳ级沟道布坝 3 座，全部为骨干坝，整个坝系骨干坝和中小型淤地坝的配置比例为 1.5:1.0:1.5，见表 5－25。

4. 库容规模(方案 2)

坝系总库容 3 715.9 万 m^3，其中拦泥库容 2 418.4 万 m^3，滞洪库容 1 297.5 万 m^3。

骨干坝、中型坝和小型坝总库容分别为 3 211.6 万 m^3、435.2 万 m^3 和 69.0 万 m^3，库容配置比例为 86.4%、11.7%、1.9%；拦泥库容分别为 2 083.8 万 m^3、304.2 万 m^3 和 30.4 万 m^3，配置比例为 86.2%、12.6%、1.2%。

按沟道级别进行分析，Ⅰ、Ⅱ、Ⅲ、Ⅳ各级沟道的总库容配置分别为 31.3 万 m^3、738.6 万 m^3、2 690.7 万 m^3、255.3 万 m^3。各级沟道的总库容占坝系总库容的比例分别为 0.8%、19.9%、72.4%、6.9%；各级沟道的拦泥库容配置分别为 13.8 万 m^3、514.6 万 m^3、1 727.1 万 m^3 和 162.9 万 m^3，各级沟道的拦泥库容占坝系总拦泥库容的比例分别为 0.6%、21.3%、71.4% 和 6.7%，见表 5－26。

表 5－24　盐沟小流域坝系工程总体布局规模(方案 2)

坝型			数量(座)	控制面积(km^2)	库容(万 m^3)			淤地面积(hm^2)
					拦泥	滞洪	总库容	
现状坝	骨干坝		6	31.72	619	283.0	902.0	53.7
	中型坝		3	3.99	134.5	6.8	141.3	8.1
	小型坝		0	0	0	0	0	0.0
	合计		9	31.71	753.5	289.8	1 043.3	61.8
新增	骨干坝	新建	13	44.58	948.60	561.73	1 510.33	94.40
		加固	5	23.23	516.2	283.1	799.4	14.9
		小计	18	67.81	1 464.8	844.9	2 309.7	109.3
	中型坝	新建	10	12.48	138.7	101.6	240.3	20.3
		加固	2	2.8	31.0	22.7	53.7	3.5
		小计	12	15.28	169.7	124.3	294.0	23.8
	小型坝	新建	18	5.47	30.4	38.6	69.0	12.9
		加固						
		小计	18	5.47	30.4	38.6	69.0	12.9
	合计		48		1 664.9	1 007.8	2 672.7	146.0
达到	骨干坝		19	67.81	2 083.8	1 127.8	3 211.6	163.0
	中型坝		13	15.28	304.2	131.1	435.3	31.9
	小型坝		18	5.47	30.4	38.6	69.0	12.9
	总计		50	71.78	2 418.4	1 297.5	3 715.9	207.8

注：达到规模中的控制面积为骨干坝的控制面积。

表 5－25　坝系建设(方案 2)规模

沟道分类		骨干坝(座)				中型坝(座)				小型坝(座)			合计(座)
		现状	新建	加固	小计	现状	新建	加固	小计	现状	新建	小计	
坝系单元	直控支沟单元	1	5	1	7	1	1	1	3	0	4	4	14
	串联支沟单元		7	3	10		2	1	3		7	7	20
	串联主沟单元		1	1	2		5		5		2	2	9
	合计	1	13	5	19	1	8	2	11	0	13	13	43
坝系单元以外							2		2		5	5	7
沟道分级分布	Ⅰ级沟道										9	9	9
	Ⅱ级沟道		3	1	4		6	2	8		9	9	21
	Ⅲ级沟道	1	8	3	12	1	4		5				17
	Ⅳ级沟道		2	1	3								3
	Ⅴ级沟道												
	合计	1	13	5	19	1	10	2	13		18	18	50

5. 淤地面积规模(方案 2)

坝系总可淤地面积为 207.8 hm^2,其中骨干坝为 163.0 hm^2,中型坝为 31.9 hm^2,小型坝为 12.9 hm^2,大中小配置比例分别为 78.4%、15.4%、6.2%。按沟道级别进行分类,Ⅰ、Ⅱ、Ⅲ、Ⅳ各级沟道的总可淤地面积配置分别为 6.4 hm^2、49.5 hm^2、131.8 hm^2 和 20.1 hm^2,占坝系总可淤地面积的比例分别为 3.1%、23.8%、63.4% 和 9.7%(见表 5－27)。

从坝系布局的数量、库容、可淤面积的规模分析来看,这两个布局方案皆可实现防洪目标、拦泥目标和流域基本农田发展需求目标,皆可作为坝系建设实施方案。

(二)案例评析

盐沟小流域坝系建设方案 2 采取了以支沟为主的洪水泥沙控制方式,放弃了主沟下游关道峁(G_{14})和杜家沟(G_{18})两座骨干坝的建设。从坝系结构完整情况看,该方案较方案 1 稍有逊色,但投资小,保收率高,投资效益较好。从长远的角度来看,该方案对以后在下游建设大型拦泥库不会造成不利的影响。

从坝系总体布局与规模分析来看,这种布局方案也可实现防洪目标、拦泥目标和流域基本农田发展需求的目标,可以作为坝系建设的比选方案。

表 5－26　坝系建设(方案 2)库容配置规模

坝型分布		骨干坝(万 m^3)			中型坝(万 m^3)			小型坝(万 m^3)			合计					
		总	拦泥	滞洪	总(万 m^3)	拦泥(万 m^3)	滞洪(万 m^3)	总	拦泥	滞洪	总(万 m^3)	占总库容比例(%)	拦泥(万 m^3)	占总拦泥库容比例(%)	滞洪(万 m^3)	占总滞洪库容比例(%)
坝系单元	直控支沟单元	1 231.2	787.2	444.0	183.3	138.7	44.6	13.2	5.8	7.4	1 427.8	38.4	931.7	38.5	496.1	38.2
	串联支沟单元	1 489.7	972.4	517.3	145.5	104.1	41.4	28.4	12.5	15.9	1 663.6	44.8	1 089.0	45.1	574.6	44.3
	串联单元主沟	490.7	324.2	166.5	72.4	41.8	30.6	6.4	2.8	3.6	569.5	15.3	368.8	15.2	200.7	15.5
	单元内合计	3 211.6	2 083.8	1 127.8	401.2	284.5	116.7	48.0	21.1	26.9	3 660.9	98.5	2 389.5	98.8	1 271.4	98.0
坝系单元以外合计					34.0	19.7	14.3	21.0	9.3	11.7	55.0	1.5	28.9	1.2	26.1	2.0
合计		3 211.6	2 083.8	1 127.8	435.2	304.2	131.0	69.0	30.4	38.6	3 715.9	100.0	2 418.4	100.0	1 297.5	100.0
各级沟道分布	Ⅰ级沟道							31.3	13.8	17.5	31.3	0.8	13.8	0.6	17.5	1.3
	Ⅱ级沟道	414.7	298.4	116.3	286.1	199.5	86.6	37.7	16.6	21.1	738.6	19.9	514.6	21.3	224.0	17.3
	Ⅲ级沟道	2 541.7	1 622.5	919.2	149.1	104.7	44.4				2 690.7	72.4	1 727.1	71.4	963.6	74.3
	Ⅳ级沟道	255.2	162.9	92.3							255.3	6.9	162.9	6.7	92.4	7.1
	Ⅴ级沟道															
	流域合计	3 211.6	2 083.8	1 127.8	435.2	304.2	131.0	69.0	30.4	38.6	3 715.9	100.0	2 418.4	100.0	1 297.5	100.0

表 5-27　坝系建设(方案 2)可淤地面积配置规模分析

坝型分布		骨干坝		中型坝		小型坝		合计	
		淤地面积(hm^2)	占总淤地面积比例(%)	淤地面积(hm^2)	占总淤地面积比例(%)	淤地面积(hm^2)	占总淤地面积比例(%)	淤地面积(hm^2)	占总淤地面积比例(%)
坝系单元	直控支沟单元	53.5	32.8	10.9	34.1	2.6	20.1	67.0	32.2
	串联支沟单元	86.5	53.1	11.9	37.4	5.1	39.5	103.5	49.8
	串联单元主沟	23.0	14.1	5.1	16.0	1.0	7.8	29.1	14.0
	单元内合计	163.0	100.0	27.9	87.5	8.7	67.4	199.6	96.1
坝系单元以外合计			0.0	4.0	12.5	4.2	32.6	8.2	3.9
流域合计		163.0	100.0	31.9	100.0	12.9	100.0	207.8	100.0
各级沟道分布	Ⅰ级沟道					6.4	50.0	6.4	3.1
	Ⅱ级沟道	22.8	14.0	20.2	63.4	6.5	50.0	49.5	23.8
	Ⅲ级沟道	120.1	73.7	11.7	36.6			131.8	63.4
	Ⅳ级沟道	20.1	12.3					20.1	9.7
	Ⅴ级沟道								
	流域合计	163.0	100.0	31.9	100.0	12.9	100.0	207.8	100.0

四、应注意的问题

(一)比选方案必须是一个合理可行的方案

《规定》要求,比选方案的提出是在调整坝系布局理念与思路的前提下进行的。上述两个案例在提出比选方案前,均交待了布局思路或布局策略,建立在不同布局思路或策略基础上的坝系布局方案的比选才有实际意义。在近年来的实践中,我们时常会发现,一些编制单位提出的坝系布局比选方案相当牵强,明显带有不合理性,无需比选就可以知道结果。让人感到是在为应付比选方案这个环节而作的一个演示。其原因常常是由于编制人员在前期工作中,在提出坝系总体布局与规模前,已经对全流域坝系的布局方案进行了多次反反复复的推敲与琢磨,本身就是在若干布局方案中比选出来的。而这种方案一旦形成就很难有更好的新方案。但事实上还是在拟定方案 2 时没有很好地在调整布局思路与策略上做文章。为什么我们经常会在坝系审查的技术评审过程中,在与评审专家的交流探讨中形成较好的坝系布局比选方案,而往往这些方案很可能成为坝系布局和规模确定的最终方案?就是因为不同的工程技术人员在考虑坝系布局方案或在布局思路上有着细微的差别,而这种细微的思路差别可能会导致坝系布局方案的较大调整。因此,调整坝系布局思路,是提出有实质意义的坝系布局比选方案的基础。

(二)习惯上比选方案为舍弃方案

在小流域坝系可行性研究报告编制实践中,也许确定的坝系布局方案产生于坝系的比选方案。即在报告编制过程中,原本是作为比选方案的布局方案,通过比选,所有指标或其中的权重指标明显优于初步确定的坝系布局方案,此时往往会被动地将方案2作为小流域坝系最终确定的布局方案。但如果按照工作过程编写论证报告,将方案2确定为选定方案,又不太符合工程习惯。因此,在今后的报告编制实践中应予以注意。

(三)应善于将一些难以抉择的布局问题纳入比选方案

编制人员在实践中还会经常遇到一些坝系布局方面难以抉择的问题,尽管小流域坝系工程可行性研究报告已经提交到评审专家手中,但一些问题往往会使我们的编制人员难以释怀。在评审过程中,碰到布局方面较多的问题,如串联的两座工程,上游工程的坝址条件差,受单坝控制面积的限制,尽管技经指标很差仍然需要安排;还有对小流域内的一些旧坝的加固改建方案,是加高坝体、配置放水工程,还是配置溢洪道,等等。其实,一些难以抉择的坝系工程布局与设计方案的选择问题,完全可以通过坝系布局比选方案的形式提出来,并进行多目标比选,这样既能帮助我们通过各项指标的比选进行最终决策,又能在工作实践中,不断提高和统一我们对有关问题的认识,促进小流域坝系布局技术的不断改进。

第七节　方案对比分析

一、《规定》要求

根据确定的技术经济指标,综合分析比较不同布局方案的优劣。

(一)防洪能力对比

分不同时段和不同频率,列表对两个方案中各个坝系单元及坝系整体防洪能力进行分析对比,表格形式见表5-28。

(二)拦泥能力对比

对两个布局方案在设计淤积期限内的拦泥能力和过程进行对比分析。

(三)淤地面积对比

对两个布局方案在设计淤积期限内的淤地面积和变化过程进行对比分析。

表 5 – 28　坝系(方案 1、2)防洪能力分析

编号	坝系单元名称	控制面积(km²)	库容(万 m³)			第××年末实有滞洪库容(万 m³)						不同频率洪水总量(万 m³)					
			总	已淤	剩余	5	10	15	20	25	30	10%	5%	2%	1%	0.5%	0.2%

(四)保收能力对比

分不同时段(如第 5、15、25 年)列表对两个方案中各个坝系单元及坝系整体保收能力进行对比,表格形式见表 5 – 29。

表 5 – 29　坝系(方案 1、2)保收能力分析

子坝系名称	第 5 年末			第 10 年末			第 15 年末			第 20 年末			第 25 年末			第 30 年末		
	保收面积(hm²)	淤地面积(hm²)	保收率(%)	保收面积(hm²)	淤地面积(hm²)	保收率(%)	保收面积(hm²)	淤地面积(hm²)	保收率(%)	保收面积(hm²)	淤地面积(hm²)	保收率(%)	保收面积(hm²)	淤地面积(hm²)	保收率(%)	保收面积(hm²)	淤地面积(hm²)	保收率(%)
合计																		

(五)投资对比

根据主要技术经济指标计算结果,分别对每个方案的投资情况进行对比(见表 5 – 30)。

二、技术要点

坝系布局方案的对比分析,主要是通过坝系的防洪能力对比、拦泥能力对比、淤地面积对比、保收能力对比、投资对比,以及坝系工程建设条件对比、工程

表 5－30　坝系布局方案比较

<table>
<tr><th colspan="3">项目</th><th>单位</th><th>方案 1</th><th>方案 2</th><th>较优方案</th></tr>
<tr><td colspan="3">建设条件</td><td></td><td></td><td></td><td></td></tr>
<tr><td rowspan="4">水沙控制能力</td><td colspan="2">坝系中骨干坝控制面积</td><td>km^2</td><td></td><td></td><td></td></tr>
<tr><td colspan="2">面积控制率</td><td>%</td><td></td><td></td><td></td></tr>
<tr><td colspan="2">滞洪库容</td><td>万 m^3</td><td></td><td></td><td></td></tr>
<tr><td colspan="2">防御洪水频率</td><td>%</td><td></td><td></td><td></td></tr>
<tr><td rowspan="2">拦沙能力</td><td colspan="2">坝系在淤积年限内总拦沙量</td><td>万 t</td><td></td><td></td><td></td></tr>
<tr><td colspan="2">泥沙拦截率</td><td>%</td><td></td><td></td><td></td></tr>
<tr><td>淤地能力</td><td colspan="2">坝系淤地面积</td><td>hm^2</td><td></td><td></td><td></td></tr>
<tr><td rowspan="4">保收能力</td><td colspan="2">建成后第 5 年末保收率</td><td>%</td><td></td><td></td><td></td></tr>
<tr><td colspan="2">建成后第 15 年末保收率</td><td>%</td><td></td><td></td><td></td></tr>
<tr><td colspan="2">建成后第 25 年末保收率</td><td>%</td><td></td><td></td><td></td></tr>
<tr><td colspan="2">保收率 > 90% 设计淤积年限</td><td>年</td><td></td><td></td><td></td></tr>
<tr><td rowspan="6">投资效益</td><td colspan="2">估算总投资</td><td>万元</td><td></td><td></td><td></td></tr>
<tr><td colspan="2">静态累计经济效益</td><td>万元</td><td></td><td></td><td></td></tr>
<tr><td rowspan="4">动态
（$i=7\%$）</td><td>净现值</td><td>万元</td><td></td><td></td><td></td></tr>
<tr><td>效益费用比</td><td></td><td></td><td></td><td></td></tr>
<tr><td>内部回收率</td><td>%</td><td></td><td></td><td></td></tr>
<tr><td>投资回收年限</td><td>年</td><td></td><td></td><td></td></tr>
<tr><td colspan="3">水资源利用</td><td>万 m^3/年</td><td></td><td></td><td></td></tr>
<tr><td colspan="3">有效运行期</td><td>年</td><td></td><td></td><td></td></tr>
<tr><td colspan="3">方案推选</td><td></td><td></td><td></td><td></td></tr>
</table>

后续加高条件对比等方面的技术经济指标的综合分析，比较不同布局方案的优劣，为坝系布局方案的确定提供依据。对上述指标中的防洪能力、拦泥能力、淤地面积、保收能力、投资等可以定量的指标，应进行定量的分析比较并说明不同方案的优劣。对工程建设条件、工程后续加高条件等不宜定量分析比较的指标，可以进行定性说明。

（一）坝系防洪能力对比

坝系防洪能力的对比，主要是通过坝系骨干坝的控制面积及骨干坝面积控制率、滞洪库容及坝系运行不同时段的防御洪水标准的比较，来确定不同坝系布局方案的优劣。

1. 坝系中骨干坝控制面积与面积控制率

坝系中骨干坝的控制面积是指坝系中所有骨干坝控制面积之和。它可以反映坝系对所在小流域洪水泥沙的控制程度。为了更确切地反映其对小流域洪水泥沙的控制率,通常用坝系中骨干坝控制面积占小流域总面积的百分率来表示,称之为骨干坝面积控制率。即

$$k_{骨} = \frac{F_{骨}}{F_{总}} \times 100\% \tag{5-9}$$

式中:$k_{骨}$ 为坝系中骨干坝面积控制率,%;$F_{骨}$ 为坝系中骨干坝控制流域面积之和,km^2;$F_{总}$ 为小流域总面积,km^2。

对一个小流域坝系而言,一般来说骨干坝控制面积越大,也就是骨干坝面积控制率越高,对小流域洪水泥沙的拦蓄能力就越强,洪水泥沙的控制率就越高,因此在备选方案比较时,应优先选择坝系控制面积或面积控制率较高的坝系布局方案。

在进行坝系不同布局方案比选时,由于小流域的总面积不变,因此采用骨干坝控制面积、骨干坝面积控制率两种指标得到的比选结论是相同的,只是采用骨干坝控制面积作比较将更加直观。而骨干坝面积控制率在评价不同小流域坝系布局方案的优劣中带有通用性。

2. 滞洪库容及坝系运行的不同时段的防御洪水标准

滞洪库容及坝系运行的不同时段的防御洪水标准,均反映的是坝系本身的防洪能力。对同一条坝系而言,坝系的滞洪库容越大,其防洪能力就越强;反之越小。不同时段的防御洪水标准则反映了坝系设计安全运行年限和坝系单元内中小型淤地坝的配置情况。坝系在设防标准条件下,安全运行的年限越长,说明坝系的设计淤积年限越长,或坝系单元内中小型淤地坝的配置比例越高,坝系中的骨干坝能在较长时期内维持坝系的设计防御洪水能力。

(二)坝系拦泥能力对比

坝系的拦沙能力对比,主要是通过坝系在淤积年限内的总拦沙量和泥沙拦截率这两个指标来比较的。坝系在淤积年限内总拦沙量是指坝系工程总拦泥库容对应的总拦沙量;泥沙拦截率是指坝系工程在坝系中的骨干坝的设计淤积年限内,按照设计采用的流域土壤侵蚀模数推算出的坝系工程总拦沙量占小流域总产沙量的百分率,即

$$\eta_{拦沙} = \frac{W_{拦沙}}{W_{产沙}} \times 100\% \tag{5-10}$$

式中:$\eta_{拦沙}$ 为坝系工程的泥沙拦截率,%;$W_{拦沙}$ 为坝系中各类淤地坝总拦沙量之和;万 t;$W_{产沙}$ 为小流域总产沙量,万 t。

坝系工程总拦沙量和坝系工程泥沙拦截率都是反映坝系拦蓄泥沙能力的指

标。坝系的总拦沙量越大,也就是坝系的泥沙拦截率越高,坝系的拦沙效益就越显著,坝系布局方案就越优。在进行坝系不同布局方案比选时,由于小流域的总面积不变,因此采用上述两种指标得到的比选结论是完全相同的,只是采用坝系在淤积年限内的总拦沙量作比较将更加直观;而泥沙拦截率在评价不同小流域坝系布局方案的优劣中将更为通用。

(三)坝系淤地面积对比

坝系淤地能力是用坝系的淤地面积指标来表示的。坝系淤积面积是指坝系工程达到设计淤积水平时,坝系内新增的淤地面积总和。它反映了坝系工程发展沟坝地的能力与效益。坝系淤积面积越大,坝系生产效益越高,坝系工程布局越优。

(四)坝系保收能力对比

坝系的保收能力通常采用不同时段坝系中的坝地保收率来表示。它是指坝系淤地面积中能够保收的面积占坝系中已淤积坝地面积的百分率,即

$$\eta_{保收} = \frac{A_{保收}}{A_{总}} \times 100\% \tag{5-11}$$

式中:$\eta_{保收}$为坝系工程的淤积面积保收率,%;$A_{保收}$为不同时段坝系淤地面积中保收面积之和,hm^2;$A_{总}$为不同时段坝系淤积面积总和,hm^2。

坝系的保收率越高,说明坝系的生产效益越高,坝系布局方案越优。

保收能力的比较指标包括各坝系单元在不同水平年(5年、15年、25年)的保收面积、保收率和保收率大于90%的设计淤积年限。

有关研究成果表明:在一定设计洪水频率下,对坝地种植高秆作物(玉米、高粱、向日葵等)的最大淹水深度小于0.8 m,淤积厚度小于0.3 m,淹水历时小于5昼夜时,则认为此条件下坝地可实现保收。坝系工程实施后,随着坝地面积逐年增加,坝系的保收能力亦相应增强。坝系保收能力只对10年一遇洪水条件分析计算,对由坝体和放水工程组成的"两大件"工程,通过计算坝内淹水深度和淤积厚度,当两者分别小于0.8 m和0.3 m时,认为该坝系(坝)可以保收,否则不能保收;对设有溢洪道的工程,在达到设计淤地面积之前,按"两大件"工程进行计算,达到设计淤地面积之后,其淤地面积认定为全部保收。

(五)坝系投资效益对比

投资效益的主要经济指标包括:估算总投资、静态累计经济效益、动态($i=7\%$)净现值、效益费用比、内部回收率和投资回收年限。估算总投资是指坝系建设的静态总投入,不包括运行费用,总投资较小的方案较优;静态累计经济效益是指坝系工程在经济计算年限内的静态累计净效益,一般要求累计净效益大

于零，累计净值较大的方案相对较优；效益费用比是累计净效益与坝系工程的静态投资之比，方案的效益费用比应大于1，效益费用比值较大的方案较优；投资内部回收率是根据投资报酬的高低来评判坝系工程是否可行的重要指标，一般要求投资内部回收率大于计算采用的社会折现率，投资内部回收率较高的方案相对较优；投资回收年限是指坝系工程收回投资的年限，投资回收年限越短，说明方案的效益越高，方案相对较优。

（六）工程建设条件与后续加高条件对比

工程建设条件分析。主要从地形、地质条件、水电交通、建筑材料等方面，分析备选方案中各类淤地坝的建设条件，对备选方案的淹没损失进行定量计算，分析比较其优劣。

后续加高条件分析。一方面通过各级沟道的比降以及各类淤地坝之间的间隔距离（同类淤地坝之间的沟道长度），从下坝不能淹上坝的角度分析后续加高条件；另一方面依据各类坝坝址两岸的地形、地质条件分析后续加高条件。

（七）水资源利用分析

各类淤地坝的运用方式，中小型淤地坝一般以淤地为主，不计算蓄水能力；骨干坝均具有"上拦下保"的作用，淤积年限长，具有一定的拦蓄地表径流的能力，其蓄水库容为尚未淤满的拦泥库容；当骨干坝淤满后就基本失去蓄水能力。因此，其蓄水能力随着淤积量的增加而减少。当年建设的骨干坝，第二年可拦蓄径流和泥沙，根据骨干坝控制范围面积和流域多年平均径流量，推算出每座骨干坝区间的径流量，与该坝的拦泥库容比较，得出骨干坝可拦蓄的地表径流量，其蓄水能力一般随着淤积量的增加而减小。根据骨干坝建设过程和淤积过程绘制蓄水能力过程线。

三、案例剖析

盐沟小流域坝系工程可行性研究报告的"方案对比分析"及其评析。

（一）案例

1. 防洪能力对比

方案1新建骨干坝15座，加固改建5座，到建设期末骨干坝总数达到21座（含现状骨干坝1座）；方案2新建13座，加固改建5座，到建设期末骨干坝总数达到19座（含现状骨干坝1座）。除黑家寺为200年一遇校核洪水标准外，其余骨干坝皆为300年一遇。防洪能力分析是对全流域坝系（骨干坝）在不同频率暴雨下，在不同时段，对骨干坝控制流域内洪水的情况进行分析，进而分析坝系总体防洪能力。坝系防洪能力分析以骨干坝控制集水区内不同频率下的洪水总量与现有实际剩余库容比较，取最接近且小于剩余库容值的洪水量值对应频率，即为本坝可抵御洪水的最大频率。分析结果见表5－31、表5－32。

从各时段末防洪能力计算结果表可以看出：方案1和方案2坝系的防洪能力较现状坝系的防洪能力都有较大的提高，坝系建成后的15年内均能抵御500年一遇的设计校核洪水，但随着时间的推移，其防洪能力开始下降，20年以后能抵御300年一遇的洪水，其坝系的整体防洪能力已不能满足坝系防洪需要，因此坝系建成20年后应考虑加固改建或增设溢洪道，以提高坝系的整体防洪能力。

表5－31　盐沟小流域坝系（方案1）防洪能力分析结果

编号	坝系单元名称	控制面积（km^2）	不同时段末的抵御洪水频率（%）					
			5年末	10年末	15年末	20年末	25年末	30年末
G_1	胡铁沟	1.74	0.2	0.2	0.2	0.33	3.3	—
G_2	重壁梁	3.32	0.2	0.2	0.2	0.33	3.3	—
G_3	红星坝（加）	6.05	0.2	0.2	0.2	0.33	3.3	—
G_4	驼岔	3.23	0.2	0.2	0.2	0.33	3.3	—
G_5	柳树峁（加）	5.54	0.2	0.2	0.2	0.33	3.3	-
G_6	长梁峁	4.1	0.2	0.2	0.2	0.33	3.3	—
G_7	阴沟	4.48	0.2	0.2	0.2	0.33	3.3	—
G_8	刘家峁	2.94	0.2	0.2	0.2	0.33	3.3	—
G_9	张家沟（加）	2.83	0.2	0.2	0.2	0.33	3.3	—
G_{10}	三皇塔	3.79	0.2	0.2	0.2	0.33	3.3	—
G_{11}	郑家沟	4.92	0.2	0.2	0.2	0.33	3.3	—
G_{12}	高昌	3.26	0.2	0.2	0.2	0.33	3.3	—
G_{13}	草垛楞	4	0.2	0.2	0.2	0.33	3.3	
G_{14}	关道峁	9.73	0.2	0.2	0.2	0.33	0.33	0.33
G_{15}	热峁	3.67	0.2	0.2	0.2	0.33	3.3	—
G_{16}	细嘴子（加）	5.39	0.2	0.2	0.2	0.33	3.3	—
G_{17}	黑家寺（加）	3.1	0.2	0.2	0.2	0.5	0.5	0.5
G_{18}	杜家峁	5.84	0.2	0.2	0.2	0.33	0.33	0.33
G_{19}	大佛寺	3.95	0.2	0.2	0.2	0.33	3.3	—
G_{20}	南沟	1.51	0.2	0.2	0.2	0.33	3.3	—
XG_0	白家崖窑	3.97	0.2	2	—	—	—	—

表 5－32　盐沟小流域坝系(方案 2)防洪能力分析结果

编号	坝系单元名称	控制面积(km²)	不同时段末的抵御洪水频率(%)					
			5 年末	10 年末	15 年末	20 年末	25 年末	30 年末
G_1	胡铁沟	1.74	0.2	0.2	0.2	0.33	3.33	—
G_2	重壁梁	3.32	0.2	0.2	0.2	0.33	3.33	—
G_3	红星坝(加)	6.05	0.2	0.2	0.2	0.33	3.33	—
G_4	驼岔	3.23	0.2	0.2	0.2	0.33	3.33	—
G_5	柳树峁(加)	5.54	0.2	0.2	1	0.33	3.33	—
G_6	长梁峁	4.1	0.2	0.2	0.2	0.33	3.33	—
G_7	阴沟	4.48	0.2	0.2	0.2	0.33	3.33	—
G_8	刘家峁	2.94	0.2	0.2	0.2	0.33	3.33	—
G_9	张家沟(加)	2.83	0.2	0.33	3.33	0.33	3.33	—
G_{10}	三皇塔	3.79	0.2	0.2	0.2	0.33	3.33	—
G_{11}	郑家沟	4.92	0.2	0.2	0.2	0.33	3.33	—
G_{12}	高昌	3.26	0.2	0.2	0.2	0.33	3.33	—
G_{13}	草垛塄	4.00	0.2	0.2	0.2	0.33	3.33	—
G_{14}	热峁	3.67	0.2	0.2	0.2	0.33	3.33	—
G_{15}	细嘴子(加)	5.39	0.2	0.2	0.2	0.33	3.33	—
G_{16}	黑家寺(加)	3.1	0.2	0.2	0.5	0.5	0.5	0.5
G_{17}	大佛寺	3.95	0.2	0.2	0.5	0.33	3.33	
G_{18}	南沟	1.51	0.2	0.2	0.2	0.33	3.3	—
XG_0	白家崖窑	3.97	0.2	2	—	—	—	—

2. 拦泥能力对比

方案 1 的骨干坝控制面积为 87.4 km²，占流域面积的 90.45%。方案 2 骨干坝坝控面积为 71.78 km²，占流域水土流失面积的 77.9%。泥沙控制能力方案 1 优于方案 2。坝系的拦泥能力取决于坝系在设计淤积年限内的设计淤积库容。方案 1 在设计淤积年限内新增淤积库容为 2 010.8 万 m³，达到 2 764.3 万 m³，方案 2 在设计淤积年限内新增淤积库容为1 664.9万 m³，达到 2 418.4 万 m³，由此可见方案 1 的拦泥能力大于方案 2 的拦泥能力。

3. 淤地面积对比

方案 1 在淤积年限内新增可淤地面积 185.0 hm²，达到 246.9 hm²；方案 2 在淤积年限内新增可淤地面积 146.0 hm²，达到 207.9 hm²。可见方案 1 的淤地面积大于方案 2 的淤地面积。

4. 保收能力对比

分别计算各坝系单元各个时段末的保收能力，计算期为 30 年，划分为 6 个时段，分析计算坝系在开始建设后的第5年、第10年、第15年、第20年、第25年和第30年，所遇到10%的次暴雨洪水时坝地内淹水深度和年平均淤积厚度，由于在淤地坝的设计时已考虑了放水时间，即在4~7天内不管水淹深度有多深都可以放完，故在防洪保收分析时不考虑淹水时间的影响，只考虑淤积厚度对作物的影响。盐沟小流域频率为10%暴雨洪水下淤积厚度，依此来分析坝地的保收能力。

经计算，方案1在设计频率为10%的洪水条件下，工程建成5年末、10年末、15年末、20年末、25年末、30年末的防洪保收率分别为6.1%、7.7%、11.8%、34.2%、39.7%、40%；方案2在设计频率为10%的洪水条件下，工程建成5年末、10年末、15年末、20年末、25年末、30年末的防洪保收率分别为6.9%、9.0%、14.1%、37.4%、43.6%、44%。由此可见，方案2的保收能力优于方案1。

5. 水资源利用

(1)地表水资源总量。盐沟小流域多年平均地表径流量680.9万m^3，径流主要来源于汛期6~9月份暴雨产生的洪水，洪水呈现峰高、量大、历时短、含沙量高的特点，多年平均汛期径流量为505.8万m^3，占年均径流量的74.3%。

(2)坝系工程可能具有的蓄水能力分析。根据坝系工程各类坝的运用方式，中小型淤地坝一般以淤地为主，不计算蓄水能力；骨干坝一般具有“上拦下保”的作用，淤积年限长，具有一定的拦蓄地表径流的能力，其蓄水库容一般为未淤满前的拦泥库容，当骨干坝淤满后就失去蓄水能力，因此其蓄水能力随着淤积量的增加而减少。

(3)骨干坝蓄水量分析。根据骨干坝建设过程及淤积年限，一般假定当年建设的骨干坝当年竣工，第二年可拦蓄径流和泥沙。根据骨干坝控制面积和流域多年平均径流量，推算出每座骨干坝区间的径流量与该坝的拦泥库容比较，得出骨干坝可拦蓄的地表径流量，其蓄水能力一般随着淤积量的增加而减小。

骨干坝的累积拦泥量是逐年增加的，到了第5年，也就是坝系完全建成后，骨干坝蓄水量达到最大值，以后随着现状坝和新建、加固坝的不断淤积，其蓄水能力逐年减小，部分新建骨干坝到了20年以后其拦泥库容已基本淤满，失去了拦泥能力。骨干坝的蓄水能力在骨干坝建设期，随着建坝座数的增多其蓄水能力是逐年增加的，骨干坝全部建设完成后在一定的时期内其蓄水能力维持最大值，其后其淤积量越来越大，蓄水能力也就逐年减小，到淤积库容淤满后就失去了蓄水能力。盐沟小流域骨干坝可能的蓄水量见表5-33。

(4)水资源利用评价。由表5-33可见，盐沟小流域坝系建设完成后，方案1在30年内骨干坝总蓄水量为15 435.9万m^3，占该流域总产流量的75.6%，

表 5-33　盐沟小流域骨干坝蓄水量估算

年份	地表径流量（万 m^3）	方案1		方案2	
		骨干坝蓄水量（万 m^3）	水资源可利用率（%）	骨干坝蓄水量（万 m^3）	水资源可利用率（%）
2005	680.9	138.10	20.28	138.10	20.28
2006	680.9	242.34	35.59	242.34	35.59
2007	680.9	382.51	56.18	382.51	56.18
2008	680.9	493.79	72.52	493.79	72.52
2009	680.9	645.06	94.74	530.12	77.86
2010	680.9	645.06	94.74	530.12	77.86
2011	680.9	615.91	90.46	530.12	77.86
2012	680.9	615.91	90.46	530.12	77.86
2013	680.9	615.91	90.46	530.12	77.86
2014	680.9	615.91	90.46	530.12	77.86
2015	680.9	615.91	90.46	530.12	77.86
2016	680.9	615.91	90.46	530.12	77.86
2017	680.9	615.91	90.46	530.12	77.86
2018	680.9	615.91	90.46	530.12	77.86
2019	680.9	615.91	90.46	530.12	77.86
2020	680.9	615.91	90.46	530.12	77.86
2021	680.9	615.91	90.46	530.12	77.86
2022	680.9	615.91	90.46	530.12	77.86
2023	680.9	615.91	90.46	530.12	77.86
2024	680.9	615.91	90.46	530.12	77.86
2025	680.9	615.91	90.46	530.12	77.86
2026	680.9	615.91	90.46	530.12	77.86
2027	680.9	615.91	90.46	530.12	77.86
2028	680.9	615.91	90.46	530.12	77.86
2029	680.9	615.91	90.46	530.12	77.86
2030	680.9	477.81	70.17	392.15	57.59
2031	680.9	373.57	54.86	287.91	42.28
2032	680.9	260.23	38.22	147.74	21.70
2033	680.9	213.20	31.31	36.46	5.35
2034	680.9	0.00	0.00	0.00	0.00
合计（平均）	20 427.0	15 435.87	75.6	13 115.4	64.2

2009～2029 年骨干坝年蓄水能力最大，年蓄水量 615.9 万～645.06 万 m^3，占流域年径流量的 90%。方案 2 在 30 年内骨干坝总蓄水量为 13 115.4 万 m^3，占该流域总产流量的 64.2%，2009～2029 年骨干坝年蓄水能力最大，年蓄水量 530.1 万 m^3，占流域年径流量的 77.8%。方案 1 的水资源利用优于方案 2。

6. 投资效益对比

(1)投资对比。两方案投资对比如下：

方案 1，总投资 3 057.96 万元，其中建安工程 2 677.72 万元，独立费用 207.15万元，预备费 173.09 万元。经济净现值 1 336 万元，效益费用比 1.27，内部回收率 6.1%。

方案 2，总投资 2 681.54 万元，其中建安工程 2 348.1 万元，独立费用181.66 万元，预备费 151.79 万元。经济净现值 1 636 万元，效益费用比 1.43，内部回收率 8.13%。

(2)投资回收年限与有效运行期对比。根据投资估算与效益分析计算，方案 1 的投资回收年限为 15.46 年，有效运行期为 20 年；方案 2 的投资回收年限为 10.44 年，有效运行期为 20 年。方案 2 的投资回收期短于方案 1，有效运行期相当。

两方案的各项技术指标分析对比见表 5－34。

(二)案例评析

盐沟小流域坝系布局方案比较采用了防洪能力、拦泥能力、淤地面积、保收能力、水资源利用率、投资效益等六个方面指标进行对比分析。

防洪能力从坝系建成后 5 年、10 年、15 年、20 年、25 年、30 年等 6 个时段末分析了 30 年内坝系防洪能力的变化衰减情况，方案 1 和方案 2 坝系的防洪能力相当。

拦沙能力分析从骨干坝的控制规模、坝系设计淤积库容两个方面进行分析。方案 1 泥沙控制能力、拦泥能力均优于方案 2。在拦沙能力、可淤地面积的对比分析中，可采用柱状图和过程线的方式展示方案内各级沟道的拦沙能力、可淤地面积和蓄水能力，使对比结果更为直观。

淤地能力从新增淤地面积和达到面积两项进行比较分析，方案 1 在淤积年限内新增淤地面积 185.0 hm^2，达到 246.9 hm^2；方案 2 在淤积年限内新增淤地面积 146.0 hm^2，达到 207.9 hm^2。淤地能力方案 1 优于方案 2。

保收能力从坝系建成后的第 5 年、第 10 年、第 15 年、第 20 年、第 25 年和第 30 年等 6 个时段末在设计频率为 10% 的洪水条件下的防洪保收率，经计算分析方案 1 在各时段末的保收能力分别为 6.1%、7.7%、11.8%、34.2%、39.7%、

40%;方案 2 在各时段末的保收能力分别为 6.9%、9.0%、14.1%、37.4%、43.6%、44%。方案 2 优于方案 1。

表 5-34　盐沟小流域坝系布局方案比较

项目			单位	方案 1	方案 2	较优方案
建设条件				较好	较好	相当
水沙控制能力	坝系中骨干坝控制面积		km^2	87.4	71.8	方案 1
	骨干坝面积控制率		%	94.8	77.8	方案 1
	骨干坝滞洪库容		万 m^3	1 063.7	844.9	方案 1
	防御洪水频率		%	0.3~0.5	0.3~0.5	相同
拦沙能力	坝系在淤积年限内总拦沙量		万 t	2 714.6	2 247.6	方案 1
	泥沙拦截率		%	94.8	77.8	方案 1
淤地能力	坝系淤地面积		hm^2	185	146	方案 1
保收能力	建成后第 15 年末保收率		%	11.8	14.1	方案 2
	建成后第 20 年末保收率		%	34.2	37.3	方案 2
	建成后第 25 年末保收率		%	40	44	方案 2
投资效益	估算总投资		万元	3 057.96	2 681.54	方案 2
	静态累计经济效益		万元	8 718.4	8 678.83	方案 1
	动态($i=7\%$)	净现值	万元	1 336	1 636	方案 2
		效益费用比		1.27	1.43	方案 2
		内部回收率	%	6.1	8.13	方案 2
		投资回收年限	年	15.46	10.44	方案 2
水资源利用率			%	75.6	64.2	方案 1
有效运行期			年	20	20	相当
方案比选			推荐方案 2			

水资源利用分析比较从小流域多年平均地表径流量、坝系工程可能具有的蓄水能力、骨干坝蓄水量等方面分析两方案的蓄水能力。方案 1 在 30 年内骨干坝总蓄水量为 15 435.9 万 m^3,占该流域总产流量的 75.6%。方案 2 在 30 年内骨干坝总蓄水量为 13 115.4 万 m^3,占该流域总产流量的 64.2%。方案 1 蓄水能力优于方案 2。

在投资效益比较分析时进行了投资对比和国民经济指标两方面的对比分析。方案 1,总投资 3 057.96 万元,经济净现值 1 336 万元,效益费用比 1.27,内部回收率6.1%，投资回收年限为15.46年，有效运行期为20年；方案2总投资2 681.54万元，经济净现值1 636万元，效益费用比1.43，内部回收率8.13%，投资回收年限为10.44年，有效运行期为20年，方案2优于方案1。

综合防洪能力、拦泥能力、淤地面积、保收能力、水资源利用率、投资效益等各项对比结果，最终推荐方案2作为本坝系的建设方案。对比分析的方法正确，基本符合《规定》要求。

四、应注意的问题

（一）方案综合比较的前提条件是参与比选的诸方案必须都是可实施的方案

主要包含两方面的内容：一是方案皆可实现防洪目标、拦泥目标和流域基本农田发展需求目标；二是方案必须征得当地群众和地方政府同意实施的方案，布局方案中的各类淤地坝建设尽量避免淹没基本农田、庄基地、果园、主要道路、相邻县、乡、村界地或当地政府无法协调解决的事宜。

（二）坝系相对稳定是坝系发展的最终目标

黄土高原淤地坝工程建设初期，水利部和流域机构在各省（区）安排了一批已基本形成坝系雏形的小流域进行坝系可行性研究和坝系工程建设试点。这些小流域坝系工程经过多年的建设，已经由坝系建设期发展到坝系配套完善期，并正在向坝系相对稳定期迈进。据分析，黄土高原淤地坝工程建设初期实施的陕西省延安市宝塔区的碾庄沟坝系、绥德县的韭园沟坝系、横山县的赵石畔坝系和石老庄坝系，山西省石楼县的东石羊坝系、离石县的阳坡坝系，内蒙古准格尔旗的西黑岱坝系、达拉特旗的合同沟坝系等工程，通过试点工程的建设实施，达到设计淤积年限后，这些坝系都将实现坝系相对稳定。

当然，就近年来黄土高原地区开展的坝系工程而言，由于相当一部分坝系工程是在缺乏坝系工程基础的小流域开展的，大部分还处在坝系建设期，尤其在青海、甘肃、宁夏等侵蚀模数较低的地区，实现坝系相对稳定尚需几十年的时间。因此，在这些地方开展的坝系可行性研究报告的编制中，进行坝系相对稳定的评价为时尚早。但这并不意味着在这些地方开展坝系可行性研究就可以不考虑坝系相对稳定的最终目标。

坝系的布局方案对小流域实现坝系相对稳定的期限有着重要的影响。目前《规定》中没有这方面的要求，因此列举的两条小流域坝系包括现在坝系建设可行性研究，大多数均缺少坝系控制面积、单坝控制面积、坝系建设后续加高条件、坝系发育条件等方面的分析，建议以后的小流域坝系建设可行性研究应对坝系相对稳定条件及坝系控制面积、单坝控制面积、坝系建设后续加高条件、坝系发育条件等进行定性或定量分析。

第八节　方案推荐

一、《规定》要求

通过两个方案的综合比较，优选提出推荐方案。

列表说明推荐方案的建设规模，表格形式见表5－35。

表5－35　坝系建设规模

<table>
<tr><th rowspan="2">时段</th><th rowspan="2" colspan="2">坝型</th><th rowspan="2">工程数量（座）</th><th colspan="3">库容（万 m^3）</th><th colspan="3">淤地（hm^2）</th></tr>
<tr><th>总</th><th>拦泥</th><th>滞洪</th><th>可淤</th><th>已淤</th><th>利用</th></tr>
<tr><td rowspan="2">现状</td><td colspan="2">骨干坝
中型坝
小型坝</td><td></td><td></td><td></td><td></td><td></td><td></td><td></td></tr>
<tr><td colspan="2">小计</td><td></td><td></td><td></td><td></td><td></td><td></td><td></td></tr>
<tr><td rowspan="4">新增</td><td>骨干坝</td><td>新建
加固</td><td></td><td></td><td></td><td></td><td></td><td></td><td></td></tr>
<tr><td>中型坝</td><td>新建
加固</td><td></td><td></td><td></td><td></td><td></td><td></td><td></td></tr>
<tr><td>小型坝</td><td>新建
加固</td><td></td><td></td><td></td><td></td><td></td><td></td><td></td></tr>
<tr><td colspan="2">小计</td><td></td><td></td><td></td><td></td><td></td><td></td><td></td></tr>
<tr><td rowspan="2">达到</td><td colspan="2">骨干坝
中型坝
小型坝</td><td></td><td></td><td></td><td></td><td></td><td></td><td></td></tr>
<tr><td colspan="2">合计</td><td></td><td></td><td></td><td></td><td></td><td></td><td></td></tr>
</table>

二、技术要点

方案综合比较的内容包括工程建设条件、坝系控制面积、工程后续加高条件、坝系发育条件、泥沙控制程度、泥沙控制能力、防洪能力、淤地面积、保收能力和投资效益等。

（一）建设条件

在工程建设条件比较时，一般来说，由于比选方案的坝系布局均在相同的流域(片)沟道实施,工程建设的地形、地质条件、水电交通、建筑材料等建坝条件基本相当,因此在比选时一般只进行淹没损失比较,应优先选取淹没损失较小的方案。

坝系的建设条件评价,还应该对坝系工程的后续加高条件比较。这种比较可能会涉及坝系中每座工程的坝址选择。主要是在坝址的选择过程中,应尽量避免在影响和制约工程后续加高的位置布坝。如坝肩的高度、坝体上游侧的冲沟和沟道、工程加高后库区新增的淹没区有无村庄、道路等基础设施等等,这些都将制约工程的后续加高。

(二)坝系中骨干坝控制面积或骨干坝的面积控制率

在进行坝系的控制面积或骨干坝面积控制率的比较中,应优先选取坝系控制面积相对较大的方案。

主沟尽量布设骨干坝是提高骨干坝控制面积或骨干坝面积控制率的主要途径。实践证明,主沟道布设骨干坝,不仅能显著提高坝系对小流域洪水泥沙的控制能力,而且能够大大提高系统的关联性,通过主沟道的骨干坝将各支沟的骨干坝联结为一个整体。由于主沟道相对比较开阔,建坝条件好,工程效益高,能够显著提高坝系控制洪水泥沙的能力,因此在坝系布局中,应力求通过主沟道多布设骨干坝,增强坝系的关联性,提高骨干坝面积控制率和坝系工程综合效益。

关于主沟道布设骨干坝,近年来还存在着另外一种观点,强调主沟道布设骨干坝与上游坝形成串联关系,而这种串联坝越多,越容易形成“穿糖葫芦”,一座工程失事就会对整个系统的防洪安全构成威胁,系统的防洪风险较大。看起来,这种观点也不无道理。但是仔细想一想,在沟谷中修建水利工程都存在一定的风险。重要的是我们能否根据下游村庄道路等基础设施分布、上游骨干坝可能的失事情况及其洪水演变规律,采取相应的措施,将可能的损失降低到最小程度。而不是简单地采取一概而论的办法,对串联骨干坝进行封杀。事实上,被我们作为坝系建设典型或示范区的陕西省延安市宝塔区的碾庄沟坝系、绥德县的韭园沟坝系、横山县的赵石畔坝系和石老庄坝系,山西省石楼县的东石羊坝系、离石县的阳坡坝系,内蒙古准格尔旗的西黑岱坝系、达拉特旗的合同沟坝系等工程,无一不是通过主沟道布设多座串联的骨干坝,在主沟道通过坝系的梯级开发,形成黄土高原地区亮丽的坝系农业风景线。因此,我们建议在坝系规划布局中,应根据下游村庄道路等基础设施的分布情况,在防洪风险可控制的范围内,通过完善主沟道骨干坝的布局,提高坝系中骨干坝的控制面积或骨干坝的面积控制率,并以坝系中骨干坝控制面积大或骨干坝的面积控制率高,作为坝系布局优选的条件。

(三) 坝系泥沙控制程度及控制能力

对一个完整的坝系而言,一般来说同等级工程采用的设计淤积年限应尽量一致。由于各类工程的建设条件不尽相同,因此在淤地坝设计时拦泥库容采用的淤积年限可能有所差别。随着时间的推移,各类淤地坝将在不同的时段内逐渐淤满——达到设计淤积库容。

坝系泥沙控制程度及泥沙控制能力是坝系工程拦沙功能的两个概念,前者是坝系布局范畴的概念,后者则是坝系工程设计范畴的内容。在坝系布局方案比较时,既要求坝系在控制面积上尽可能大地拦蓄流域内的洪水泥沙,即坝系控制流域面积尽可能大;又要追求坝系能控制泥沙的时段尽可能的长,即坝系设计淤积年限要较长,坝系的拦泥库容要大。

(四) 坝系淤积面积

坝系建设的目的一方面在于拦蓄洪水泥沙,减少泥沙进入下游河道,另一方面就是拦泥淤地,扩大基本农田面积,发展当地农业生产。因此,在方案比选中,对淤地面积指标的选择,无疑应追求坝系新增淤地面积最大化,把淤地面积较大的方案作为推荐方案。

(五) 坝系保收能力

保收能力是坝地安全生产的一项重要指标,保收能力大则坝地生产安全性好,坝地生产效益高,因此坝系方案比较时要选择保收能力较高的方案作为优选方案。

(六) 坝系水资源利用率

坝系建设的另一个重要目的是提高水资源的利用率,这里主要是指地表径流资源的拦蓄和利用,坝系布局方案比较时将拦蓄地表径流(多为洪水)资源的能力作为方案比较的一个重要指标,布局方案拦蓄地表径流(洪水)资源的能力越强,水资源的利用率才有可能得到提高,因此方案比选时认为地表水资源拦蓄能力较大的方案为较优方案。

关于通过坝系建设提高小流域水资源利用率的问题,还存在一定的争论。赞成的观点认为,在水资源短缺的黄土高原地区,一方面,通过坝系建设拦蓄洪水资源,发展农田灌溉、水产养殖,对改善当地农业生产条件,调整产业结构,提高粮食产量,促进退耕还林,改善生态环境等具有多重效益和重大意义。另一方面,黄土高原地区十年九旱,天然降水少而集中,年内降水往往集中在汛期的一场或几场暴雨中。暴雨历时短,强度大,暴雨产生的洪水陡涨陡落,含沙量极高。洪水进入河道,会对黄河下游河道淤积产生严重后果。虽然增加了黄河干流的水资源,同时也增加了黄河下游的淤积,把暴雨洪水就地拦蓄,不仅拦截了泥沙,减轻了黄河下游的泥沙淤积，而且拦蓄的洪水资源，大部分没有开发利用，而是以淤地坝拦浑排清的运行方式，将坝内洪水澄清后，以清水的形式流入天然河道，而一些开发利用的前期蓄水，也将有一部分以地下径流的形式流入下游河道。因此，应该采取措施，不断提高小流域水资源的利用率，为发展当地生产，改善生产、生活、生态条件服务。反对的观点认为，黄河是一条流域性缺水的河流，黄河上中游地区开展坝系建设，拦蓄了地表径流，使本来缺水的黄河水资源更加紧张，应通过限制打坝的措施，减少上中游地区水资源的拦蓄，从而增加黄河干流的水资源供给。学术界的争论，使我们在小流域水资源开发利用上的思路更加清晰。我们也应该站在流域综合治理开发的高度，按照“两利相权取其重，两害相权取其轻”的原则，扬长避短，取利去害，减少水资源的浪费，提高水资源的综合开发利用率，使黄土高原地区有限的水资源发挥应有的效益。

（七）坝系投资效益

投资的目的是在于取得最佳效益。尽管小流域坝系工程的效益在很大程度上体现在社会效益与生态效益上，经济效益只是其三大效益的一部分，但通常国家对这类工程仍有一个最低限度的效益指标要求，坝系建设必须符合这些基本的要求。

投资效益指标是衡量坝系建设经济合理性与可行性的重要指标。在坝系布局方案比较时，应选择总投资较小、静态累计经济效益较高的布局方案作为推荐方案。在动态国民经济指标比选时，选择净现值相对较大、效益费用比相对较高、内部回收率相对较大、投资回收年限相对较低的坝系作为推荐坝系。

建设方案确定后，采用表5－35的格式说明建设规模，主要内容包括现状、新建、加固（骨干坝、中型坝和小型坝）工程及规划期末的数量、控制面积、库容和淤积面积等。

三、案例剖析

盐沟小流域坝系工程可行性研究报告的“方案推荐”及其评析。

（一）案例

通过对两个方案建设条件与水沙控制程度、防洪保收能力和投资经济效益指标等方面进行综合对比，同时充分考虑到当地群众和地方政府的意见，为确保坝系建设方案的顺利实施，确定方案2作为选用方案。推荐方案总体布局规模见表5－36。

（二）案例评析

盐沟小流域在方案推荐时，分别从建设条件、水沙控制能力、拦沙能力、淤地能力、保收能力、投资效益、水资源利用率和有效运行期等 8 个方面对两方案进行了对比分析，其中，建设条件、防洪能力、有效运行期等方面两方案基本相当。方案 1 在水沙控制能力、淤地面积、水资源利用率等方面优于方案 2，而方案 2 则在保收能力、投资规模、投资动态效益（包括净现值、效益费用比、内部回收率、投资回收年限）等方面优于方案 1。该可行性研究考虑到方案 1 中由于主沟道建坝条件的限制，G_{14}骨干坝控制面积 9.37 km^2，超出了《水土保持治沟骨干工程技术规范》中的强制性规定，并从在下游建设大型拦泥库的需要考虑，盐沟小流域坝系布局方案选择时推荐方案 2 为建设方案。

表 5－36　盐沟流域坝系工程总体布局规模

坝型			数量（座）	控制面积（km^2）	库容（万 m^3）			淤地面积（hm^2）
					拦泥	滞洪	总库容	
现状坝	骨干坝		6	31.72	619	283.0	902.0	53.73
	中型坝		3	3.99	134.5	6.8	141.3	8.1
	小型坝		0	0	0	0	0	0.0
	合计		9	31.72	753.5	289.8	1 043.3	61.9
新增	骨干坝	新建	13	44.58	948.60	561.73	1 510.33	94.40
		加固	5	23.23	516.2	283.1	799.4	14.9
		小计	18	67.81	1 464.8	844.9	2 309.7	109.3
	中型坝	新建	10	12.48	138.7	101.6	240.3	20.3
		加固	2	2.8	31.0	22.7	53.7	3.5
		小计	12	15.27	169.7	124.3	294.0	23.8
	小型坝	新建	18	5.47	30.4	38.6	69.0	12.9
		加固						
		小计	18	5.47	30.4	38.6	69.0	12.9
	合计		48		1 664.9	1 007.8	2 672.7	146.0
达到	骨干坝		19	67.81	2 083.8	1 127.8	3 211.6	163.0
	中型坝		13	15.28	304.2	131.1	435.2	31.9
	小型坝		18	5.47	30.4	38.6	69.0	12.9
	总计		50	71.78	2 418.4	1 297.5	3 715.9	207.9

注：达到规模中的控制面积为骨干坝的控制面积。

四、应注意的问题

在方案比较时，再优的方案也并不是所有的指标全部都优，参与优选方案指标的优劣性不尽一致，某些指标相对较优，某些指标却相对较差。因此，在方案比选时要根据小流域的实际情况结合坝系发展的具体要求权衡比较指标，选择推荐较优的方案。

第九节　土地利用结构分析

一、《规定》要求

本节内容是《规定》颁发后，在小流域坝系可行性研究编制与评审实践中，为了分析和了解坝系工程实施后，由于淤地面积的增加，相应地增加了基本农田面积，从而促进坡耕地退耕还林还草，使农村土地利用结构得到优化和调整的效果而新增的内容。因此，现行《规定》并无这部分的具体要求。

在小流域坝系工程可行性研究报告编制中的土地利用结构分析，主要是根据坝系建设淤成的基本农田置换流域内的坡耕地，预测小流域土地利用结构将会发生的变化。内容包括：土地利用现状与评价；不同淤积水平年基本农田变化分析；不同水平年新增坝地置换坡耕地数量分析；期末小流域土地利用结构分析。由于坝系可行性研究的社会经济指标是以骨干坝控制的坝系单元为基础单元的，因此其土地利用结构规划也应该以骨干坝控制单元进行分析。

二、技术要点

（1）摸清流域内农耕地的利用现状。以骨干坝控制面积或行政村为单位，调查土地利用现状，摸清坝系单元内农耕地利用面积，包括梯田、川台地、坝地和坡耕地的数量及利用现状。

（2）调查分析流域内不同地类的农耕地粮食生产能力，根据坝地粮食生产能力与坡耕地粮食生产能力比较分析，计算流域内每公顷坝地粮食产量能替代多少公顷坡耕地的粮食产量。

（3）分析流域在现状条件下的粮食生产能力与群众粮食自给水平，在流域内粮食满足自给的条件下分析不同淤积时段新增坝地替代坡耕地的数量，计算不同规划时段内各坝系单元内坡耕地的退耕面积。

（4）分析说明规划时段末的土地利用结构。

三、案例剖析

乌拉素沟小流域坝系工程可行性研究报告的“土地利用结构分析”及其评析。

（一）案例

从流域土地利用现状来看，流域内农地面积主要包括川台地、坝地和坡耕地，在456.15 hm^2 农耕地中，川台地面积为177.9 hm^2，坝地面积为8.6 hm^2。人均基本农田0.11 hm^2，由于坝地少，川台地和坡耕地土壤肥力和水分条件较差，又无灌溉条件，导致土地生产力很低。据调查，流域内坝地粮食单产为4 500 kg/hm^2，川台地粮食单产2 250 kg/hm^2，坡耕地单产仅有900 kg/hm^2，年均粮食总产量为65.47万kg，流域内现有人均粮食388 kg/人，仅满足现有人口的粮食自给。由于流域内没有基本农田资源储备，远不能满足流域内人口增长对粮食的需求。

流域坝系建成后，通过合理利用地表径流和洪水资源，以拦沙淤地为目标，达到淤积年限后，新增坝地面积407.21 hm^2，人均坝地0.23 hm^2。坝地发展潜力远远超过发展基本农田对坝地的需求。同时，在流域坝系没有达到淤积年限之前，可以利用前期空库蓄水，沟道两岸台地发展为水浇地。通过对现状坝地、水浇地和坡耕地粮食单产进行调查，1 hm^2 坝地产量相当于5 hm^2 坡耕地产量，1 hm^2 水浇地产量相当于6 hm^2 坡耕地产量。

根据上述各类地单产调查，坝地淤成以后可促进流域内各行政村坡耕地全部退耕还林草，同时还能使流域内大面积的荒草地全面实现生态自然修复，植被覆盖度达到52.9%，流域内生态环境趋于良性发展。流域土地利用分析详见表5-37。

表5-37　乌拉素沟小流域土地利用结构论证分析

时段	乌拉素					安家渠					合计可置换面积(hm^2)
	淤地面积(hm^2)	保收面积(hm^2)	年均蓄水量(万m^3)	水浇地面积(hm^2)	可置换坡耕地面积(hm^2)	淤地面积(hm^2)	保收面积(hm^2)	年均蓄水量(万m^3)	水浇地面积(hm^2)	可置换坡耕地面积(hm^2)	
第5年	102.92	10.00	98.29	234.01	1 454.07	65.23	3.90	136.95	326.07	1 975.93	3 430.00
第10年	156.20	67.52	254.38	605.65	3 971.51	112.94	3.90	255.04	607.23	3 662.86	7 634.37
第15年	204.34	95.55	254.38	605.65	4 111.68	141.48	39.22	255.04	607.23	3 839.46	7 951.14
第20年	251.33	241.80	218.31	519.78	4 327.69	168.62	64.32	208.17	495.64	3 295.45	7 623.14
第25年	256.60	247.07	124.94	297.47	3 020.17	168.62	64.32	23.26	55.39	653.93	3 674.10

从表5-37中可以看出：乌拉素沟小流域在坝系建成20年置换坡耕地面积达到最大，其面积为4 327.69 hm^2；安家渠村在坝系建成15年置换坡耕地面积达到最大，其面积为3 839.46 hm^2；整个流域内新增坝地和发展的水浇地可置换坡耕地在坝系建成15年达到最大，面积为7 951.14 hm^2。通过对现有的坡耕地和沟台地数量进行对比分析，流域坝系建设不但可以使流域内的177.9 hm^2 台

地全部发展为水浇地、269.5 hm^2 坡耕地全部退耕还林还草，而且可以使大面积荒草地和其他用地全面实现生态自然修复。

通过分析论证，结合流域现状特点，提出流域今后生产发展方向为：在保障农民粮油果蔬需求和特色种植的基础上，以林牧业为主，构建特色优势产业，把发展畜牧业及林副产品作为该流域发展经济的突破口，走“以牧为主，特色种植，产业开发”的路子，着力发展草畜产业、林产品的深加工两大支柱产业，将流域建成一个优质、高效的林牧业产业基地。实现农民收入的持续增长，为加快流域产业化进程创造条件。

（二）案例评析

乌拉素沟小流域在土地利用结构变化分析时，分析了流域内的粮食自给水平。在保证流域群众粮食自给的前提下进行坝地与坡耕地的置换。依据不同淤积水平年的淤地坝利用条件，考虑了坝系的水资源利用效益和坝地保收率，使流域内的坡耕地全部实现退耕还林还草，大面积荒草地和其他用地全面实现生态自然修复。在土地利用结构分析中，以乌拉素流域和安家渠流域为单元进行分析，为以后的土地利用规划奠定了基础。通过土地利用结构分析，提出了今后生产发展方向。但可置换耕地面积远远大于原有坡耕地面积，其计算方法也有待进一步探讨。

四、应注意的问题

（1）小流域坝系可行性研究中的土地利用结构分析不是常规的土地利用规划，只分析由于坝地面积的增加置换坡耕地的退耕还林还草面积，因此在分析时不需要进行全流域的土地适宜性评价，可以只评价退耕坡耕地的适宜性。

（2）新增坝地与坡耕地置换时一定要调查分析该流域内坝地粮食生产能力与坡耕地粮食生产能力的关系。计算出在该流域内平均每公顷坝地的粮食生产能力能置换多少坡耕地的粮食。

（3）土地利用结构分析时，应以坝系单元或行政村为单位进行分析，在坝地与坡耕地置换时也应以坝系单元内部或以行政村为单位进行置换。

（4）在小流域土地利用结构分析时，由于假定坝系建设前流域内粮食生产水平可以满足群众自给，因此计算时的坝地面积应该采用新增坝地面积分析退耕的坡耕地面积。否则，应该分析流域内的粮食生产能力，在满足流域内粮食自给的前提下，分析退耕还林还草面积。

第六章　坝系工程设计

坝系工程设计是阐述项目技术可行性的重要内容。它既是确定项目投资规模的依据，也是下阶段工程初步设计的技术控制依据。

在可行性研究阶段，研究工作的深度、细度虽然要求并不很高，但项目可行性研究报告一经批复、立项之后，坝系工程的各主要指标就得到了认可，基于坝系工程设计所确定的项目投资规模也被限定，到了工程初步设计和工程施工阶段，这些主要指标一般就不允许再出现大的变动。因此，根据黄土高原各地的实际情况，在坝系工程主要指标的确定过程中，必须保证做到两点：一是要实事求是，切不可人为臆造；二是要细致到位，避免出现缺项漏项。

第一节　设计标准

一、《规定》要求

说明骨干坝、中小型淤地坝工程的设计标准和依据。

二、技术要点

本节应根据坝系项目的实际情况，按照国家及地方的有关规范，合理确定淤地坝工程规模等级、工程所属建筑物级别、工程防洪标准和淤积年限，并分别说明所确定的骨干坝、中型淤地坝和小型淤地坝的设计标准和依据，作为淤地坝工程具体设计的依据。

目前，淤地坝设计执行的规范有《水土保持治沟骨干工程技术规范》(SL 289—2003)和《水土保持综合治理技术规范 沟壑治理技术》(GB/T 16453.3—1996)。其中骨干坝设计标准执行《水土保持治沟骨干工程技术规范》(SL 289—2003)，见表6－1；中小型淤地坝设计标准执行《水土保持综合治理技术规范 沟壑治理技术》(GB/T 16453)，见表6－2。

表6－1 骨干坝等别划分及设计标准

总库容(万 m^3)		100～500	50～100
工程等级		四	五
建筑物级别	主要建筑物	4	5
	次要建筑物	5	5
洪水重现期(a)	设计	30～50	20～30
	校核	300～500	200～300
设计淤积年限(a)		20～30	10～20

表6－2 淤地坝设计洪水标准与淤积年限

项目		单位	淤地坝类型			
			小型	中型	大(二)型	大(一)型
库容		万 m^3	<10	10～50	50～100	100～500
洪水重现期	设计	a	10～20	20～30	30～50	30～50
	校核	a	30	50	50～100	100～300
淤积年限		a	5	5～10	10～20	20～30

注:大型淤地坝下游如有重要经济建设、交通干线或居民密集区,应根据实际情况,适当提高设计洪水标准。

三、案例剖析

盐沟小流域坝系工程可行性研究报告的“设计标准”及其评析。

(一)案例

按照《水土保持治沟骨干工程技术规范》(SL 289—2003)、《水土保持综合治理技术规范 沟壑治理技术》(GB/T 16453.3—1996)及《陕西省水土保持治沟骨干工程技术手册》、《小流域水土流失综合防治工程技术标准》(DB 64/242—2000)等规范标准,并结合该流域的具体实际,确定各类坝设计洪水标准与设计淤积年限见表6－3。各项工程的设计防洪标准及淤积年限见表6－4;坝系工程总体布局见图6－1。

根据榆林地区《水文水利计算手册》,佳县地震基本烈度为六度。根据国家建委《关于确定建设项目的基本烈度和设计烈度的意见的通知》,确定盐沟小流域坝系工程不考虑抗震设防设计。

表 6－3　骨干坝、淤地坝设计洪水标准与淤积年限

项目		单位	淤地坝		骨干工程	
			中型	小型	四级	五级
库容		万 m^3	10～50	<10	100～500	50～100
洪水重现期	设计	a	20	20	30	20
	校核	a	50	30	300	200
淤积年限		a	10	5	20	10～15

（二）案例评析

盐沟小流域坝系工程可行性研究报告，根据《水土保持治沟骨干工程技术规范》（SL 289—2003）、《水土保持综合治理技术规范 沟壑治理技术》（GB/T 16453.3—1996），充分考虑本流域的具体情况，对不同的骨干坝采用了不同的设计标准，并以表格的形式全面地反映了每座骨干坝设计标准的具体确定结果。

盐沟坝系的 18 座骨干坝中，除 G_{16}黑家寺加固骨干坝外，其余 17 座骨干坝的设计洪水标准均为 30 年、校核洪水标准为 300 年；黑家寺加固骨干坝位于黑家寺沟中游，是一个独立的坝系单元，对其他坝系单元不构成影响（见图 6－1），可能由于受加固条件的限制，其设计洪水标准确定为 20 年、校核洪水标准为 200 年。从整个坝系的整体性、安全性等方面衡量，其设计标准的确定是比较合理的。

为最大限度地发挥淤地坝的拦沙能力，骨干坝的设计淤积年限宜采用 20 年。盐沟坝系的 18 座骨干坝中，除 G_{10}三皇塔骨干坝外，其余 17 座骨干坝的设计淤积年限为 20 年，而三皇塔骨干坝的设计淤积年限为 10 年。从整个坝系的最大拦沙能力考虑，其设计淤积年限的确定是比较合理的。三皇塔骨干坝的设计淤积年限为什么定为 10 年，确定依据显得不足，可研报告应进行交待。

四、应注意的问题

坝系工程由若干个淤地坝单项工程共同组成，其设计标准的确定不能简单而机械地套用有关规范，而是要根据单项工程的实际情况综合确定。对于遇到下列情况时，经论证后可适当提高其设计标准：①工程位置特别重要，失事后将造成重大灾害者,可提高一级;②当工程地质条件特别复杂或者采用实践经验较少的新型结构时,可提高一级。

表6-4　盐沟小流域各项工程设计洪水标准与淤积年限取值　(单位:a)

骨干坝					中型坝					小型坝				
编号	坝名	取值			编号	坝名	取值			编号	坝名	取值		
		设计	校核	淤积年限			设计	校核	淤积年限			设计	校核	淤积年限
G_1	胡铁沟	30	300	20	Z_1	罗沟	20	50	10	X_1	芦草圪塔	20	30	5
G_2	重壁梁	30	300	20	Z_3	开光峁	20	50	10	X_2	申家沟	20	30	5
G_3	红星坝(加)	30	300	20	Z_4	崖窑沟	20	50	10	X_3	四则沟	20	30	5
G_4	驼岔	30	300	20	Z_5	庙山	20	50	10	X_4	西峁	20	30	5
G_5	柳树峁(加)	30	300	20	Z_6	十字峁	20	50	10	X_5	水湾沟	20	30	5
G_6	长梁峁	30	300	20	Z_7	大沙峁	20	50	10	X_6	榆合梁	20	30	5
G_7	阴沟	30	300	20	Z_8	山则沟	20	50	10	X_7	如峁	20	30	5
G_8	刘家峁	30	300	20	Z_9	老小湾	20	50	10	X_8	木瓜树峁	20	30	5
G_9	张家沟	30	300	20	Z_{10}	段家沟1号	20	50	10	X_9	小沙峁	20	30	5
G_{10}	三皇塔	30	300	10	Z_{11}	吕家沟	20	50	10	X_{10}	瑞峁	20	30	5
G_{11}	郑家沟	30	300	20	Z_{12}	彦塔	20	50	10	X_{11}	传家梁	20	30	5
G_{12}	高昌	30	300	20	Z_{13}	徐家峁	20	50	10	X_{12}	高家洼上	20	30	5
G_{13}	草垛塄	30	300	20						X_{13}	小沟	20	30	5
G_{14}	热峁	30	300	20						X_{14}	稍圪塔	20	30	5
G_{15}	细嘴子	30	300	20						X_{15}	马家山1号	20	30	5
G_{16}	黑家寺(加)	20	200	20						X_{16}	马家山2号	20	30	5
G_{17}	大佛寺	30	300	20						X_{17}	庙合沟	20	30	5
G_{18}	南沟	30	300	20						X_{18}	段家沟2号	20	30	5

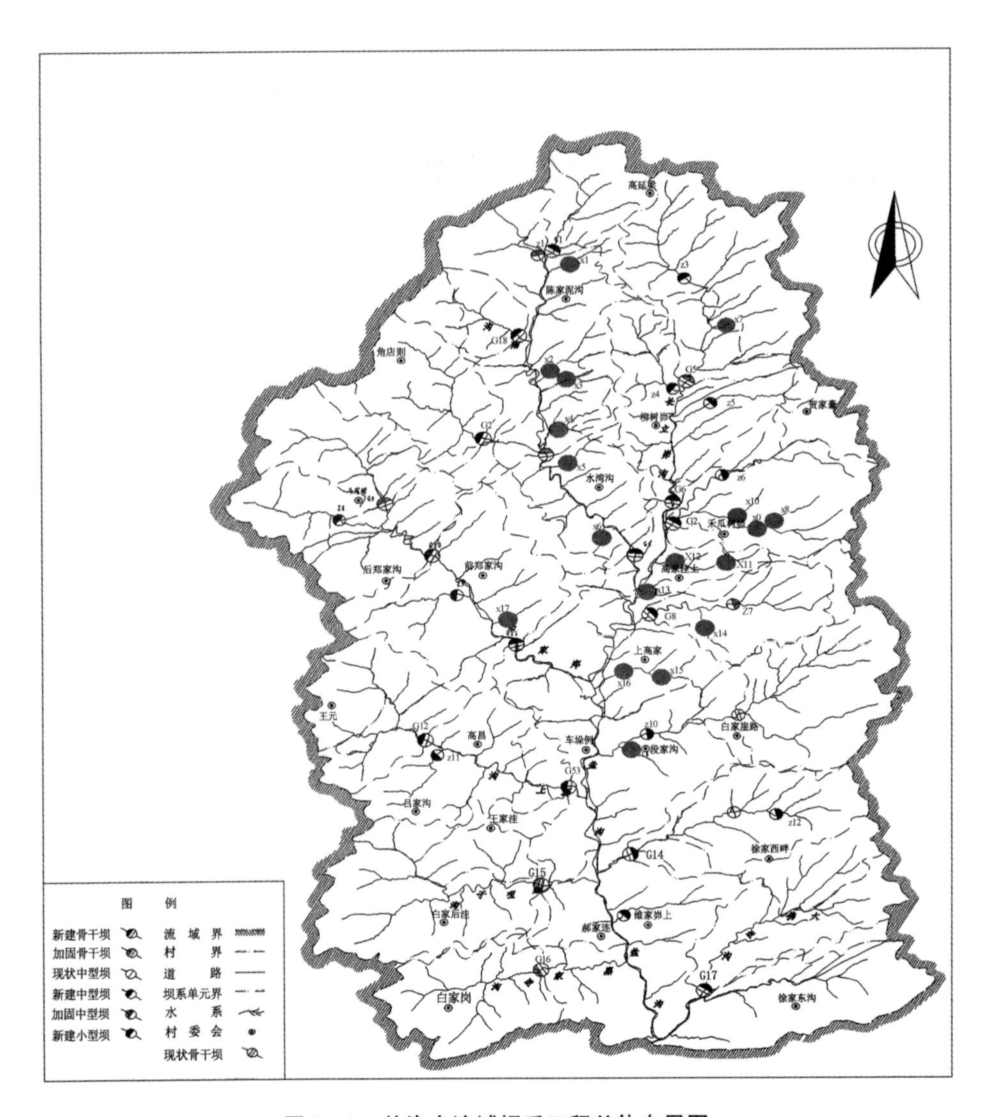

图 6－1 盐沟小流域坝系工程总体布局图

根据实际情况提高了部分单项工程的设计标准后，由于受这些单项工程影响有关单项工程以至整个坝系的设计标准也应相应进行调整。从近年来的实际情况看，在确定骨干坝、中小型淤地坝工程的设计标准时应注意：同一沟道上下游骨干坝的防洪标准应尽量一致，上游骨干坝的防洪标准不得低于下游骨干坝的防洪标准。

从目前的实际情况看，本章节容易出现的问题是，在可研报告编制过程中，一些设计人员为了简单省事,对工程布局所确定工程的实际情况未进行认真分析,直接将国家标准引用过来,从而导致所定标准不尽科学。因此,在确定标准的过程中,应尽量对工程布局所确定的工程(特别是骨干坝)的实际情况逐一进行分析,科学而合理地确定设计标准。

在以往的坝系工程可研报告评审中还发现:一些坝系中的同一类工程存在着设计标准不一致且不交代设计标准的依据的问题。更有甚者,一些地方把骨干坝设计淤积年限作为调控工程规模的工具,用一条坝系中骨干坝的设计淤积年限从 10 年到 20 年随意根据达到骨干坝最小规模 50 万 m^3 而确定。就单坝设计而言,这种做法也没错,但就坝系而言,这种做法就不妥了,因为骨干坝的设计淤积年限,从理论上讲,就是该坝系的安全服务年限。这也是我们主张坝系中骨干坝的设计淤积年限尽量一致的主要原因。随意确定骨干坝的设计淤积年限的做法,实际上是降低了坝系的整体服务年限,因而也是不可取的。

第二节　骨干坝设计

一、《规定》要求

逐座确定骨干坝的主要技术经济指标。

(一)库容

根据不同频率设计洪水模数和控制范围产沙情况确定拦泥库容、防洪库容和总库容。

(二)坝高、淤地面积

说明坝高、淤地面积确定的方法和依据。测量坝址断面和库区断面,绘制坝高—库容、坝高—淤地面积关系曲线,确定坝高和淤地面积。

(三)坝体

说明坝体断面确定过程,根据坝高分别确定坝体断面、坝顶宽、坝坡比、马道和反滤体结构。

(四)溢洪道

阐述溢洪道技术指标的确定过程,根据设计洪水模数进行坝系调洪演算,确定溢洪道的设计泄洪能力和结构。

(五)泄水洞

阐述泄水洞技术指标的确定过程,确定泄水洞的设计流量和结构。

（六）工程量计算

分别计算各个骨干坝的工程量（坝体、溢洪道、泄水洞）和材料用量，并列表说明。其表式参见表5－17和表5－18。

二、技术要点

（一）库容

根据第二章水文分析所得不同频率设计洪水模数和控制范围产沙情况确定拦泥库容、滞洪库容和总库容。

1. 总库容

应按下式计算：

$$V = V_L + V_z \tag{6-1}$$

式中：V 为总库容，万 m^3；V_L 为拦泥库容，万 m^3；V_z 为滞洪库容，万 m^3。

2. 拦泥库容

根据工程控制面积和输沙模数（小流域因资料短缺多采用侵蚀模数）确定年来沙量。可按下式计算：

$$S_{年} = FM \tag{6-2}$$

式中：$S_{年}$ 为年来沙量，万 t/a；F 为工程控制面积，km^2；M 为工程控制面积内平均侵蚀模数，万 t/(km^2·a)。

根据年来沙量计算拦泥库容，计算公式为：

$$V_L = \frac{[S_{年}(1-\eta_s)]n}{\gamma_d} \tag{6-3}$$

式中：V_L 为拦泥库容，万 m^3；η_s 为坝库排沙比，采用经验值；n 为设计淤积年限，a；γ_d 为淤积泥沙容重，可取1.3～1.35 t/m^3。

3. 滞洪库容

当淤地坝采用“两大件”（拦河坝、放水建筑物）时，可按一次校核洪水总量计算滞洪库容；当淤地坝为“三大件”时，则应按调洪演算确定滞洪库容。单坝调洪演算可按下式计算：

$$q_P = Q_P\left(1 - \frac{V_z}{W_P}\right) \tag{6-4}$$

式中：q_P 为频率为 P 的洪水时溢洪道最大下泄流量，m^3/s；V_z 为滞洪库容，万 m^3；Q_P 为区间面积频率为 P 的设计洪峰流量，m^3/s；W_P 为区间面积频率为 P 的设计洪量，万 m^3。

当工程上游有设置了溢洪道的骨干坝时，调洪演算可按下式计算：

$$q_P = (q'_P + Q_P)\left(1 - \frac{V_z}{W'_P + W_P}\right) \tag{6-5}$$

式中：q'_P为频率为 P 的上游工程最大下泄流量，m^3/s；W'_p为本坝泄洪开始至最大泄流量的时段内，上游工程的下泄洪量，万 m^3；其他计算符号含义同上。

（二）坝高、淤地面积

坝高应根据工程拦泥坝高和滞洪坝高加相应的安全超高予以确定，即：

$$H = H_L + H_z + \Delta H \tag{6-6}$$

式中：H 为总坝高，m；H_L 为拦泥坝高，m；H_z 为滞洪坝高，m；ΔH 为安全超高，m。

1. 拦泥坝高及淤地面积

拦泥坝高 H_L 的确定，与骨干工程的淤积年限、地形条件、淹没情况等有关，一般情况下，可根据拦泥库容在坝高—库容曲线上查得。

根据拦泥坝高，在坝高—淤地面积曲线上可查得其淤地面积。

2. 滞洪坝高

滞洪坝高 H_z 的确定，当工程由“三大件”组成时，滞洪坝高等于校核洪水位与设计淤泥面（溢洪道底坝高与淤泥面齐平时）高程之差，即最高洪水位与设计淤泥面的高程差；当工程为“两大件”时，滞洪坝高为设计淤泥面上加一次校核洪水总量所对应的水深。

3. 安全超高

安全超高主要是根据各地骨干工程运用的经验，制定出不同的标准。设计时可参考表 6－5。

表 6－5　土坝安全超高

坝高（m）	10～20	>20
安全超高（m）	1.0～1.5	1.5～2.0

4. 施工坝高

设计的坝高是针对坝体沉降稳定以后的情况而言的，因此竣工时的坝顶高程应预留一定的沉降量。根据黄土高原地区治沟骨干工程建设的实际情况，碾压土坝坝体沉降量取坝高的 1%～3%，水坠坝不同土料的预留沉陷坝高占总坝高量分别为：砂土 2%～4%，沙壤土、壤土 3%～5%，花岗岩和砂岩风化残积土 2%～3%。

（三）坝体

坝体指标应根据当地实际情况，按照《水土保持治沟骨干工程技术规范》

(SL 289—2003)的规定确定。

1. 坝顶

(1)坝顶宽度。根据《水土保持治沟骨干工程技术规范》规定:当坝高在30 m以上时,水坠坝坝顶最小宽度应取5 m,坝高小于30 m时,坝顶宽最小宽度应取4 m。

碾压坝坝顶宽度应按表6-6的规定确定。

表6-6 碾压坝坝顶宽度

坝高(m)	10~20	20~30	30~40
坝顶宽度(m)	3	3~4	4~5

坝顶有交通要求时,应按交通需要确定。

(2)坝顶长度是在实测的坝址横断面图和工程平面布置图上分别量取,并相互校核所得。要保证坝顶长度准确,就得首先保证坝址横断面图和坝址地形图准确无误。

2. 坝坡坡率

坝坡坡率应按表6-7的规定确定。坝高超过15 m时,应在下游坡每隔10 m左右设置一条马道,马道宽度应取1.0~1.5 m。

表6-7 坝坡坡率

坝型	土料或部位	坝高		
		10~20 m	20~30 m	30~40 m
水坠坝	沙壤土	2.00~2.25	2.25~2.50	2.50~2.75
	轻粉质壤土	2.25~2.50	2.50~2.75	2.75~3.00
	中粉质壤土	2.50~2.75	2.75~3.00	3.00~3.25
碾压坝	上游坝坡	1.50~2.00	2.00~2.50	2.50~3.00
	下游坝坡	1.25~1.50	1.50~2.00	2.00~2.50

3. 坝体排水

坝体排水,又称反滤体或滤水坝趾。在可研阶段,在坝体排水方面需要明确三个内容。

1)确定是否设置坝体排水

黄土高原地区的淤地坝与水库的运行情况不尽相同,淤地坝的主要作用是拦泥淤地,水库是蓄水灌溉,因此坝体内浸润线也不同。一般情况下,只要是没有蓄水任务的淤地坝,坝高在 15 m 以下,或沟道无常流水时,可考虑不设排水体;对于土坝较高且兼有蓄水任务的骨干坝,或沟道有常流水时,为了保证下游坝坡更加稳定,一般都设置排水体。但也不能一概而论。究竟是否设置反滤体,应根据工程的具体规模、运用情况等来确定。

2)确定排水形式

坝体排水主要起到排出渗流,降低坝体浸润线,稳定坝脚等作用。其形式可结合工程具体条件选定。目前较常采用的有下列三种形式。

(1)棱式排水。棱式排水是在下游坝脚处用块石堆成的棱体。棱式排水是一种被广泛应用的排水设施,它排水效果好,可以降低浸润线,能防止坝坡遭受渗透和冲刷破坏,且不易冻损,但用料多,费用高,施工干扰大,堵塞后检修困难,且在松软地基上棱体易发生沉陷。适用于较高的坝或石料较多的地区有长期蓄水可能的坝。

(2)贴坡式排水。贴坡式排水是用一两层堆石或砌石加反滤层直接铺设在下游坝坡表面,不伸入坝体的排水设施。这种形式的排水结构简单,用料少,施工方便,易于检修,能起到保护边坡土壤免遭渗透破坏,但不能有效降低浸润线,且易因冰冻而失效。适用于非蓄水运用或季节性蓄水运用的坝。

(3)褥垫式排水。褥垫式排水是沿坝基面平铺的由块石组成的水平排水层、外包反滤层。这种形式的排水能降低坝体浸润线,可防止坝坡土体浸水冻胀和坝坡的渗透破坏,且用石料少,造价低,适用于在下游无水的情况下布设。其缺点是施工复杂,易堵塞和沉陷断裂,检修较困难。当下游水位高于排水设施时,降低浸润线的效果将显著降低。

3)确定排水体的主要尺寸

(1)棱式排水尺寸。棱体顶宽不小于 1.0 m,排水体高度可取坝高的 1/5 ~ 1/6,顶面高出下游最高水位 0.5 m 以上,而且应保证浸润线位于下游坝坡面的冻层以下。棱体内坡根据施工条件决定,一般为 1:1.0 ~ 1:1.5,外坡取 1:1.5 ~ 1:2.0。棱体与坝体以及土质土基之间均应设置反滤层,在棱体上游坡脚处应尽量避免出现锐角。

(2)贴坡式排水尺寸。排水体顶部应高出浸润线逸出点 1.5 m 以上,排水体的厚度应大于当地的冰冻深度。排水体底脚处应设置排水沟,并具有足够的深度,以便在水面结冰后,下部保持足够的排水断面。

(3)褥垫式排水指标。褥垫式排水伸入坝体内的深度一般不超过坝底宽的 1/4 ~ 1/3,块石层厚 0.4 ~ 0.5 m,倾向下游的纵坡一般为 0.5% ~ 10%。

4. 马道

马道又称戗台。坝高超过 15 m 时,应在下游坡每隔 10 m 左右设置一条马道,其宽度为 1 ~1.5 m,一般设在坡度变化处。其作用是:拦截雨水,防止冲刷坝坡;同时便于进行坝体检修和观测;增加坝底宽度,有利于坝体稳定。

马道构造。一般在马道内侧设置排水沟,拦截坝面雨水,并由坝面横向排水沟导入下游沟道。

(四)溢洪道

对于"三大件"工程和需要配套溢洪道的骨干坝,在可研阶段需要确定溢洪道的位置和有关结构尺寸。以下情况应该设置溢洪道:①已经淤满且无加高条件的骨干坝应设溢洪道,并在坝内靠溢洪道一侧设排水渠。溢洪道的堰顶高程应根据坝体加高条件等论证确定。②有串联坝系单元的骨干坝,其下游坝应设置溢洪道。③位于坝系出口的骨干坝宜设溢洪道,溢洪道设计流量应考虑上游坝溢洪道的下泄流量。④坝下游附近有重要设施或居民点,因溃坝可能造成重大经济损失或人员伤亡的骨干坝应设溢洪道。

1. 溢洪道位置选择

溢洪道的位置,应根据坝址的地形、地质条件进行技术经济比较来选定,并应注意以下几个方面:

(1)要尽量利用天然的有利地形条件,如分水鞍(或山坳)等,以节省开挖土石方量,减少工程投资,缩短工期。

(2)在地质条件上要求溢洪道两岸山坡比较稳定,防止泄洪时发生滑塌。溢洪道宜布置在岩石和红胶土上,以耐冲刷,降低工程造价。如果做在土基上,应选择坚实的地基,并将溢洪道全部做在挖方的地基上,还应采用浆砌石或混凝土衬砌,防止泄洪时对土基的冲刷。

(3)在平面布置上,溢洪道尽量做到直线布置,力求泄洪时水流顺畅。溢洪道进水口离坝端应不小于 10 m,出口应离下游坝脚至少 20 m 以上。如果由于地形限制,可将进口引水渠采用圆弧形曲线布置,并在弯道凹岸做好护砌工程,而其他部分应尽量做到直线布置。

(4)溢洪道布置尽可能不和泄水洞放在同一侧,以免互相造成水流干扰和影响卧管安全。

2. 溢洪道的结构

溢洪道宜采用开敞式,由进口段、泄水槽(陡坡段)和出口段三部分组成,见图 6-2 所示。

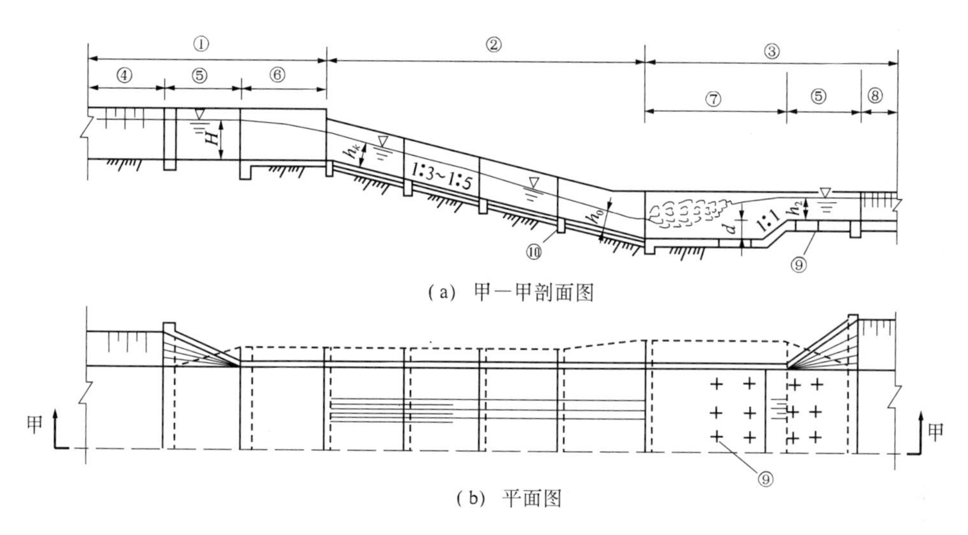

(a) 甲—甲剖面图

(b) 平面图

图 6-2 溢洪道示意图

①进水段;②泄水槽;③出口段;④引水渠;⑤渐变段;
⑥溢流堰;⑦消力池;⑧尾水渠;⑨排水孔;⑩截水齿墙

1)进口段

进口段由引水渠、渐变段和溢流堰组成。

引水渠可选用梯形断面,其尺寸可根据以下公式计算确定。

$$Q = \omega C\sqrt{Ri} \tag{6-7}$$

$$C = \frac{1}{n}R^{1/6} \tag{6-8}$$

式中:Q 为明渠均匀流公式计算的洪峰流量,m^3/s;ω 为横断面过水面积,m^2;C 为谢才系数;R 为横断面的水力半径,m,为过水断面面积与湿周的比值;i 为水力比降,由上下断面的高差除以两断面间距而得(以小数计);n 为糙率,可根据断面材料选用。

溢流堰一般采用矩形断面,堰宽可按宽顶堰式(6-9)和式(6-10)计算。溢流堰长度一般取堰上水深的3~6倍。溢流堰及其边墙一般采用浆砌石修筑,堰底靠上游端应做深1.0 m、厚0.5 m的浆砌石齿墙。

$$B = \frac{q}{MH_0^{3/2}} \tag{6-9}$$

$$H_0 = h + \frac{V_0^2}{2g} \tag{6-10}$$

式中:B 为溢流堰宽,m;q 为溢洪道设计流量,m^3/s;M 为流量系数,可取1.42~

1.62；H_0 为计入行进流速的水头，m；h 为溢洪水深，m，即堰前溢流坎以上水深；V_0 为堰前流速，m/s；g 为重力加速度，可取 9.81 m/s^2。

2）泄水槽

在平面上宜采用直线、对称布置，一般采用矩形断面，用浆砌石或混凝土衬砌，坡度根据地形可采用 1∶3.0～1∶5.0，底板衬砌厚度可取 0.3～0.5 m。顺水流方向每隔 5～8 m 应做一沉陷缝，遇地基变化时，应增设沉陷缝。泄水槽基础每隔 10～15 m 应做一道齿墙，可取深 0.8 m、宽 0.4 m。泄水槽边墙高度应按设计流量计算，高出水面线 0.5 m，并满足下泄校核流量的要求。矩形断面的临界水深可按下式计算：

$$h_k = \sqrt[3]{\frac{aq^2}{g}} = 0.482 \times q^{2/3} \tag{6-11}$$

式中：h_k 为临界水深，m；a 为系数，可取 1.1；q 为陡坡单宽流量，$m^3/(s \cdot m)$；g 为重力加速度，可取 9.81 m/s^2。

正常水深 h_0 可采用式（6－7）和式（6－8），取 i 等于陡坡比降计算。

3）出口段

溢洪道出口一般采用消力池消能或挑流消能形式。

（1）消力池消能。在土基或破碎软弱岩基上的溢洪道，宜选用消力池消能，采用等宽的矩形断面，其水力设计主要包括确定池深和池长。

a. 消力池深度 d 可按下列公式计算：

$$d = 1.1 \times h_2 - h \tag{6-12}$$

$$h_2 = \frac{h_0}{2}\left(\sqrt{1 + \frac{8aq^2}{gh_0^3}} - 1\right) \tag{6-13}$$

式中：h_2 为第二共轭水深，m；h 为下游水深，m；h_0 为陡坡末端水深，m；a 为流速不均匀系数，可取 1.0～1.1。

b. 消力池长 L_2 可按下式计算：

$$L_2 = (3 \sim 5)h_2 \tag{6-14}$$

（2）挑流消能。在较好的岩基上，可采用挑流消能。在挑坎的末端应做一道齿墙，基础嵌入新鲜完整的岩石。在挑坎下游应做一段短护坦。挑流消能水力设计主要包括确定挑流水舌挑距和最大冲坑深度。

a. 挑流水舌外缘挑距可按下式计算，计算简图见图 6－3。

$$L = \frac{1}{g}\left[v_1^2\sin\theta\cos\theta + v_1\cos\theta\sqrt{v_1^2\sin^2\theta + 2g(h_1\cos\theta + h_2)}\right] \tag{6-15}$$

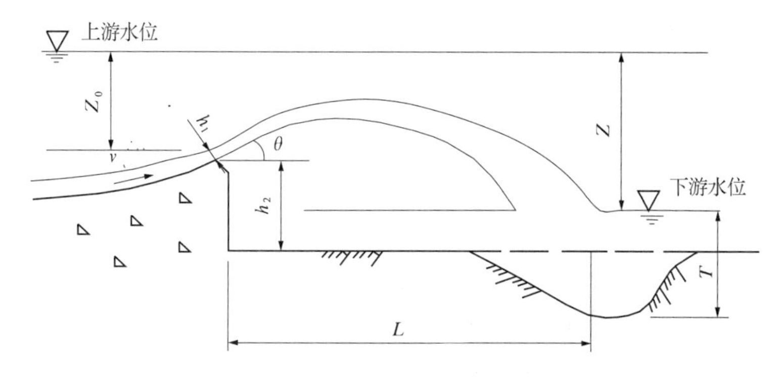

图 6－3　挑流消能计算简图

式中：L 为挑流水舌外缘挑距，m，自挑流鼻坎末端算起至下游沟床床面的水平距离；v_1 为鼻坎坎顶水面流速，m/s，可取鼻坎末端断面平均流速 v 的 1.1 倍；θ 为挑流水舌水面出射角(°)，可近似取鼻坎挑角，挑射角度应经比较选定，可采用 15°～35°，鼻坎段反弧半径可采用反弧最低点最大水深的 6～12 倍；h_1 为挑流鼻坎末端法向水深，m；h_2 为鼻坎坎顶至下游沟床高程差，m，如计算冲刷坑最深点距鼻坎的距离，该值可采用坎顶至冲坑最深点高程差。

其中，鼻坎末端断面平均流速 v，有下列两种方法计算：

一是按流速公式计算。使用范围，$S < 18q^{2/3}$：

$$v = \varphi \sqrt{2gZ_0} \tag{6-16}$$

$$\varphi^2 = 1 - \frac{h_f}{Z_0} - \frac{h_j}{Z_0} \tag{6-17}$$

$$h_f = 0.014 \times \frac{S^{0.767} Z_0^{1.5}}{q} \tag{6-18}$$

式中：v 为鼻坎末端断面平均流速，m/s；q 为泄槽单宽流量，$m^3/(s \cdot m)$；φ 为流速系数；Z_0 为鼻坎末端断面水面以上的水头，m；h_f 为泄槽沿程损失，m；h_j 为泄槽各局部损失水头之和，m，可取 h_j/Z_0 的值为 0.05；S 为泄槽流程长度，m。

二是按推算水面线方法计算。鼻坎末端水深可近似利用泄槽末端断面水深，按推算泄槽段水面线方法求出；单宽流量除以该水深，可得鼻坎断面平均流速。

b. 冲刷坑深度用下列公式计算：

$$T = kq^{1/2} Z^{1/4} \tag{6-19}$$

式中：T 为自下游水面至坑底最大水垫深度，m；k 为综合冲刷系数；q 为鼻坎末端断面单宽流量，$m^3/(s \cdot m)$；Z 为上、下游水位差，m。

（五）泄水洞

泄水洞，或称放水建筑物，由卧管或竖井、涵洞和消能设施组成。其技术指标的确定需要通过具体设计来完成。泄水洞设计的主要内容和步骤为：选择放水建筑物结构形式，设计放水建筑物轮廓尺寸，通过水力计算确定放水建筑物各部高程、纵坡及孔径尺寸，设计卧管（竖井）、涵洞结合部的消能及涵洞出口明渠的防冲铺砌或出口消能设施，放水工程的结构设计，基础设计，防渗、防水设计等。

1.选择放水建筑物主要结构形式

1）放水设施

放水设施目前有两种：

一是卧管，是目前最常采用的一种分段放水的设施，一般采用方形砌石或圆形钢筋混凝土结构。它砌筑在靠近涵洞附近的岸坡上（放水工程应避免与溢洪道布置在同一侧），纵坡按岸坡地形确定，一般为1:2～1:3，上端高出最高蓄水位，管上每隔0.3～0.6 m（垂直距离）设一放水孔，平时用孔盖（或混凝土塞）封闭，用水时，随水面下降逐级打开。卧管下端用消力池与涵洞连接。为防止放水时卧管发生真空，其上端设有通气孔。卧管的特点是便于管理，排放灵活，缺点是工程量大，造价较高，目前骨干工程多采用这种形式。

二是竖井，常用圆形砌石结构，底部设消力井，井深0.5～1.0 m，沿井壁垂直方向每隔0.5 m设一对放水孔，相互交错排列，孔口顶留门槽以插入闸板。竖井下部与输水涵洞连接。竖井特点是结构简单，工程量少，缺点是闸门关闭困难，管理不便，目前较少采用。

2）输水洞

输水洞的形式主要有盖板涵、圆涵和拱涵三种，采用的主要材料有钢筋混凝土、素混凝土和浆砌石。

（1）盖板式涵洞。盖板式涵洞由洞底、两侧边墙及顶部盖板组成。两侧边墙与洞底可做成整体式，也可做成分离式，当洞内流速不大时也可不做洞底，仅采用简单护砌。盖板涵的洞底、边墙多采用浆砌石或素混凝土建造。盖板则多采用钢筋混凝土板。

（2）圆涵洞。圆涵多采用钢筋混凝土预制管，目前一般采用的标准直径主要有0.6 m、0.75 m、0.8 m、1.0 m、1.25 m，钢筋混凝土圆涵一般采用浆砌石或混凝土底座作基础，但当基础条件较好时，也可直接放在地基上。

（3）拱涵洞。拱涵可分为平拱、半圆拱及高升拱，目前，采用拱涵洞的骨干坝多为平拱或半圆拱。拱涵一般采用石砌体或素混凝土建造。

3）消能设施选择

类似溢洪道出口消能，一般选用消力池消能或挑流消能形式。

2.放水卧管设计

放水卧管设计，包括确定放水卧管的设计流量、卧管孔径、卧管流量校核、卧管与涵洞结合部的消力池设计等内容。

1）放水流量的确定

放水流量是设计放水工程断面尺寸的依据，《水土保持治沟骨干工程技术规范》（SL 289—2003）规定，其泄量一般按坝地防洪保收的要求确定，放水流量一般按3～5天排完10年一遇洪水总量，或按4～7天排完一次设计洪水总量计算。如有灌溉任务，还应考虑来水量和需水量的要求。对于上下游串联的淤地坝，应按规定的最长放水时间校核放水设施的泄水流量，并对各坝放水工程的运行提出相应要求。对具体工程而言，要根据其所担负任务（如灌溉、导流、泄空库容）分别计算其所需要的流量，然后取其中的大值（有时还需加10%～20%的保证系数）作为设计依据。

2）卧管放水孔直径确定

卧管放水孔直径可按下列公式计算：

开启一台：

$$d = 0.68\sqrt{\frac{q}{\sqrt{H_1}}} \tag{6-20}$$

同时开启两台：

$$d = 0.68\sqrt{\frac{q}{\sqrt{H_1} + \sqrt{H_2}}} \tag{6-21}$$

同时开启三台：

$$d = 0.68\sqrt{\frac{q}{\sqrt{H_1} + \sqrt{H_2} + \sqrt{H_3}}} \tag{6-22}$$

式中：d 为放水孔直径，m；q 为放水流量，m^3/s；H_1、H_2、H_3 为孔上水深，m。

如每台设两个放水孔，按上式计算时的 q 值应取设计放水流量的1/2。

确定放水孔直径时，要考虑到放水孔之间的净距、每台放水孔的数目以及工程运用时每次开启放水孔的孔数。

一般情况下，按照以上公式计算的结果多为小数，但为了施工的方便，常将放水孔直径取为略大于计算值的整数值，然后用实际取值通过验算，校核放水孔的实际泄量，作为确定卧管流量的依据。

3)卧管通过流量的确定

卧管断面尺寸与通过的流量,应考虑水位变化而导致的放水孔调节,比正常运用时加大20%~30%。按明渠均匀流公式计算其所需过水断面。根据试验,放水孔水流跌入卧管时水柱跃起高度为正常水深的2.5~3.5倍,为保持跌下水柱跃高不致淹没放水孔出口,使卧管内不形成压力流,对方形卧管,其高度应取卧管正常水深的3~4倍;对圆形卧管,其直径应取卧管正常水深的2.5倍。

4)卧管断面尺寸确定

卧管有圆管和方管(正方形和长方形)两种,一般用浆砌石、混凝土或钢筋混凝土做成。方形卧管流量与卧管、消力池断面尺寸可参考表6-8确定,圆形卧管坡度及管径尺寸可参考表6-9计算。

5)消力池水力计算

消力池一般为长方形,采用浆砌石或钢筋混凝土结构,其水力计算按式(6-12)、式(6-13)计算。消力池下游水深应取涵洞的正常水深。

6)卧管与消力池结构尺寸

卧管与消力池主要承受水压力,其结构尺寸决定于它在水下的位置、跨度以及卧管使用的材料,卧管与消力池侧墙和盖板尺寸可参考表6-10、表6-11、表6-12。

3.竖井放水设计

1)竖井形式

竖井一般采用浆砌石修筑,断面形状采用圆环形或方形,内径取0.8~1.5 m,井壁厚度取0.3~0.6 m,井底设消力井,消力井深为0.5~2.0 m,沿井壁垂直方向每隔0.3~0.5 m可设一对放水孔,应相对交错排列,孔口处修有门槽,插入闸板控制放水,竖井下部应与涵洞相连。当竖井较高或地基较差时,应在井底砌筑1.5~3.0 m高的井座。竖井结构见图6-4。

2)竖井水力计算

采用单排放水孔放水:

$$\omega = 0.174 \times \frac{q}{\sqrt{H_1}} \tag{6-23}$$

采用上下两对放水孔同时放水:

$$\omega = 0.174 \times \frac{q}{\sqrt{H_1} + \sqrt{H_2}} \tag{6-24}$$

式中:ω 为孔口面积,m^2;q 为放水流量,m^3/s;H_1、H_2 为孔口中心至水面距离,m。

表 6-8　方形卧管流量与卧管、消力池断面尺寸　　（单位：cm）

流量 (m^3/s)	方形卧管 坡度 1:2		消力池			方形卧管 坡度 1:3		消力池		
	宽×高 $b \times d$	水深 h	池宽 b_o	池长 L_k	池深 d	宽×高 $b \times d$	水深 h	池宽 b_o	池长 L_k	池深 d
0.02	15×15	5.0	55	130	30	20×20	4.5	60	105	30
0.04	20×20	6.2	60	180	40	25×25	6	65	140	40
0.06	25×25	7.0	65	200	50	25×25	8	65	180	50
0.08	25×25	8.2	65	250	50	30×30	8.2	70	210	50
0.10	30×30	8.3	70	260	50	30×30	10	70	225	50
0.12	30×30	9.5	70	290	50	35×35	9.6	75	240	50
0.14	35×35	9.5	75	290	50	35×35	10.5	75	270	50
0.16	35×35	10.2	75	320	50	35×35	11.6	75	290	50
0.18	35×35	11.0	75	340	50	40×40	11.5	80	290	50
0.20	35×40	12	75	360	50	40×40	12.0	80	315	50
0.30	45×45	13	85	410	60	45×45	14.5	85	385	60
0.40	50×45	14	90	475	60	50×50	16.3	90	435	60
0.50	50×50	16.5	90	540	70	55×55	17.5	95	475	60
0.60	55×55	17.5	95	585	80	60×60	18	100	515	70
0.70	60×60	18	100	610	80	65×65	19	105	535	70
0.80	60×60	19.7	100	665	90	65×65	21	105	585	80
0.90	65×65	20	105	685	90	70×70	21.5	110	620	80
1.00	65×65	21.5	105	735	100	70×70	23	110	650	90
1.20	70×70	23	110	795	100	75×75	25	115	705	100
1.50	75×75	25	115	880	140	85×85	26	125	760	120
1.60	80×80	25	120	880	140	85×85	27	125	790	120
1.80	85×85	26	125	920	140	90×90	28	130	830	120
2.00	85×85	27.5	125	990	150	90×90	30	130	885	130

注：(1)消力池净高=消力池深+涵洞净高。

(2)消力池长度按 $5h_2$ 计算，深度比计算值取的为大。

(3)卧管断面按 $n=0.025$ 计算。

(4)流量为加大流量。

表 6-9　圆形卧管坡度、管径尺寸

卧管坡度	圆卧管管径 d	备注
1:1	$d=\left(\frac{Q}{6.19}\right)^{3/8}$	$\omega=0.2934d^2$
1:2	$d=\left(\frac{Q}{4.38}\right)^{3/8}$	$R=0.2145d$ $X=1.366d$
1:3	$d=\left(\frac{Q}{3.56}\right)^{3/8}$	$n=0.017$

表 6－10　方形卧管侧墙、基础尺寸

（单位:cm）

卧管尺寸		水深 5 m				水深 10 m				水深 20 m					水深 30 m				
宽	高	侧墙宽	基础厚	基础宽	搭接长度	侧墙宽	基础厚	基础宽	搭接长度	侧墙顶宽	侧墙底宽	基础外伸长	基础厚度	搭接长度	侧墙顶宽	侧墙底宽	基础外伸长	基础厚度	搭接长度
30	30	30	30	40	15	30	30	40	15	30	50	10	30	15	30	55	10	30	15
40	40	30	30	40	15	30	30	40	15	30	50	10	30	15	30	60	10	30	15
50	50	30	30	40	15	30	30	45	15	40	70	15	40	20	40	80	15	40	20
60	60	30	30	45	15	30	40	45	15	40	75	15	40	20	40	85	15	40	20
70	70	40	40	55	20	40	40	55	20	40	80	15	40	20	50	100	20	50	25
80	80	40	40	55	20	50	40	65	20	50	100	20	50	25	50	105	20	50	25
90	90	50	50	65	25	50	50	70	20	50	100	20	50	25	50	105	20	50	25
100	100	50	50	70	25	60	50	80	30	50	105	20	50	25	50	115	25	55	25

表 6 - 11　消力池侧墙、基础尺寸

（单位：cm）

消力池		水深 10 m					水深 20 m					水深 30 m				
净宽	侧墙高	侧墙顶宽	侧墙底宽	基础外伸长	基础厚	盖板搭接长度	侧墙顶宽	侧墙底宽	基础外伸长	基础厚	盖板搭接长度	侧墙顶宽	侧墙底宽	基础外伸长	基础厚	盖板搭接长度
70	90 ~ 110	45 ~ 50	100 ~ 110	20	50	25	50 ~ 55	105 ~ 115	20	50	25	50 ~ 60	110 ~ 120	20	50	25 ~ 30
75	100 ~ 110	55	115	20	50	25	55 ~ 60	115 ~ 120	20	50	25	60	120	20	50	30
80	110	60	120	20	50	30	60	120	20	50	30	65	125	20	50	30
85	120 ~ 145	60	120 ~ 130	20	50	30	60	120 ~ 130	20	50	30	65	125 ~ 135	20	50	30
90	130 ~ 190	60	125 ~ 145	20	50	30	60	125 ~ 150	20	53	30	65	130 ~ 155	20	53	30
100	170 ~ 230	60 ~ 65	145 ~ 170	20 ~ 25	50 ~ 55	30 ~ 35	60 ~ 65	150 ~ 175	23	55	35	65	155 ~ 220	23	55	30 ~ 35
105	210 ~ 240	65	170 ~ 185	25	55 ~ 60	35	65	175 ~ 190	25	57	35	65	180 ~ 195	25	56	35
110	220 ~ 240	65	180 ~ 185	25	60	35	65 ~ 70	185 ~ 190	25	60	35	70	190 ~ 195	25	60	35
115	275 ~ 290	70	195 ~ 200	25	60	35	70	200 ~ 205	25	60	35	70 ~ 75	205 ~ 210	25	60	35
120	275 ~ 290	70 ~ 75	200 ~ 205	25	60	35	75	205 ~ 210	25	60	35	75	210 ~ 215	25	60	35
125	260 ~ 320	70 ~ 80	195 ~ 220	25	60	35 ~ 40	70 ~ 80	200 ~ 225	25	60	37	75 ~ 80	205 ~ 230	25	60	35 ~ 40
130	260 ~ 300	70 ~ 75	200 ~ 220	25	60	60	70 ~ 80	205 ~ 225	25	60	37	75 ~ 80	210 ~ 230	25	60	35 ~ 40

表 6-12 方形卧管及消力池盖板厚度

水深 H (m)	净宽 0.3 m		净宽 0.4 m		净宽 0.5 m		净宽 0.6 m		净宽 0.7 m	
	条石盖板厚度 (cm)	混凝土盖板厚度 (cm)	条石盖板厚度 (cm)	混凝土盖板厚度 (cm)	条石盖板厚度 (cm)	混凝土盖板厚度 (cm)	条石盖板厚度 (cm)	混凝土盖板厚度 (cm)	条石盖板厚度 (cm)	混凝土盖板厚度 (cm)
5	10	8	12	10	16	13	18.5	15	21.5	17.5
8	12	10	16	13	20	16	23	19	27	22
10	13	11	17.5	14.5	22	18	26	21.5	30	24.5
12	15	12	19	15.5	24	20	28.5	23.5	33	27
14	16	13	20.5	17	26	21	30.5	25	35.5	29.5
16	17	14	22	18	28	23	32	27	38	31.5
18	18	15	23	19	29	24	34.5	28.5	40.5	33.5
20	19	15	24.5	20	31	25	36.5	30	42.5	35
22	20	16	24.5	21	32	26	38.5	31.5	45	37
24	20	17	27	22	33.5	27.5	40	33	47	38.5
26	21	18	27.5	23	34.5	28.5	41.5	34	48.5	40
28	22	18	29	23.5	36	29.5	43	35.5	50.5	41.5

注:表中条石 600 号,混凝土 C15。

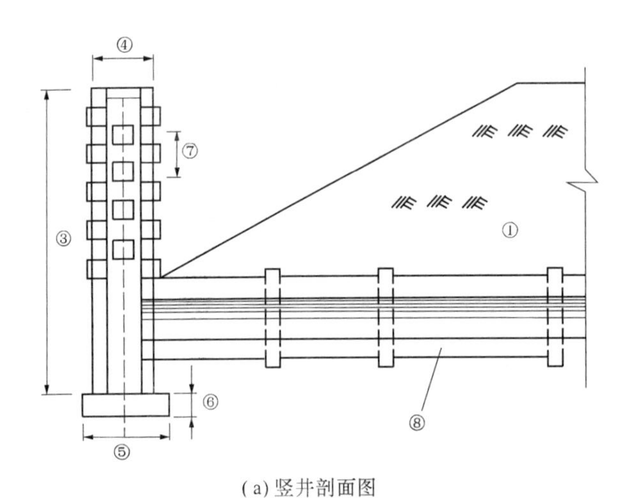

(a) 竖井剖面图

②
⑨

(b) 放水孔大样图

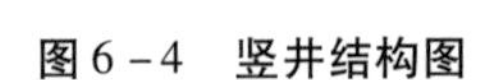

图 6-4 竖井结构图

①土坝;②插板闸门;③竖井高;④竖井外径;⑤井座宽;

⑥井座厚;⑦放水孔距;⑧涵洞;⑨放水孔径

3）竖井结构尺寸

为了防止因不均匀沉陷而发生竖井与涵洞连接处产生裂缝。竖井除应选在岩石或硬土地基上外，对于较高的竖井或地基较差的，还应在竖井底部修筑井座，其高度为1.5～3.0 m，厚度可为井壁的2倍。竖井结构和不同井深的各部分断面尺寸可参考表6－13。

表6－13　竖井规格　（单位：m）

竖井				放水孔			消力井		井座		
井深 H	井径 d	壁厚 M	外径 D_1	宽 b	高 h	孔距 e	井径 D	井深 H_2	高度 H_1	直径 D_2	底板厚 a
5.0	0.5	0.3	1.1	0.2	0.3	0.5	0.5	1.0	1.5	1.5	0.3
10.0	0.8	0.3	1.2	0.2	0.3	0.5	0.8	1.5	2.0	2.0	0.3
15.0	1.0	0.5	2.0	0.2	0.3	0.5	1.0	1.5	2.0	2.6	0.3
20.0	1.2	0.5	2.32	0.3	0.4	0.5	1.2	1.5	2.0	2.8	0.3
25.0	1.5	0.6	2.7	0.3	0.4	0.5	1.5	2.0	2.5	3.3	0.4
30.0	2.0	0.6	3.2	0.3	0.4	0.5	2.0	2.0	3.8	3.8	0.5

4）消力井消能

当水流由放水孔自由下落到井底时，流速很大，具有很大的动能，冲击力也很强，如不处理，则会造成对涵管等的冲刷破坏，所以在井底设消力井消能。消力井的断面尺寸应根据放水流量及竖井高度通过计算确定。根据实验，每立方米容积的消力井的消能量为7.5～8.0 kW。为了达到充分消能的目的，消力井应具有足够的尺寸。当求出水流实际具有的能量后，即可根据每立方米的消能量确定消力井的体积。

$$E = 9.81QH \tag{6-25}$$

$$V = \frac{E}{8} = \frac{9.81QH}{8} = 1.23QH \tag{6-26}$$

式中：H 为作用水头，m，可近似采用正常蓄水位与竖井底部高程的差值；V 为消力井的最小容积，m^3；E 为单位体积的消能量，kW/m^3。

4. 放水涵洞设计

1）涵洞洞型的选择

放水涵洞的洞型主要有方涵、圆涵和拱涵3种（见图6－5）。

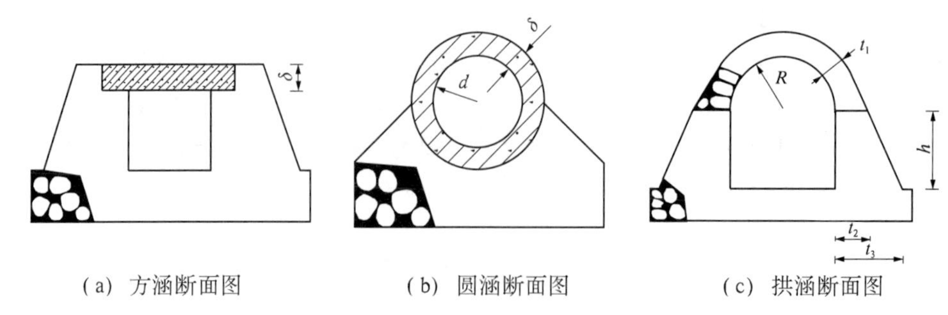

图 6－5　涵洞结构图

在具体选择涵洞洞型时应考虑以下几点。

(1)当地材料。涵洞的洞型应尽量考虑选择适于用当地材料建造的洞型,如在有石料的山区一般采用石砌拱涵和石砌盖板方涵比较经济,在缺乏石料的地区采用圆涵或混凝土盖板方涵比较经济。

(2)施工条件。一个坝系的涵洞宜采用同一种洞型,以便集中采购或预制。

(3)地质条件。拱涵要求有较坚实的基础,对未加处理的软弱地基不宜采用。在寒冷地区修建拱涵要求做好基础防冻处理,以免由于不均匀冻胀或融沉使拱涵遭到破坏。

(4)泄流能力及流量大小。同样断面的矩形涵洞宣泄能力大;当设计流量较小时,一般宜采用预制圆涵或石(混凝土)盖板方涵;当设计流量较大时,宜采用钢筋混凝土盖板方涵或石(混凝土)拱涵。

2)涵洞布设

涵洞布设时应注意以下几个问题:

(1)涵洞基础,一般应全部布设在岩石基础上或经过夯实处理的其他原状土基上,必须避免一段放在岩石基础上,一段放在软土地基上,以防止发生不均匀沉降。如果没有合适的基础,应采取加固处理措施,并做好沉陷缝和伸缩缝,避免因不均匀沉陷而破坏洞身。

(2)涵洞轴线,要尽量与坝轴线垂直,以减少洞长;尽量采用直线,保持水流顺直。如地形、地质条件限制不能做成直线时,其弯道曲率半径一般应大于管径的5倍。

(3)进口处应设消力池或消力井与卧管(竖井)连接。涵洞的进口应伸出坝体以外。涵洞出口水流应采取妥善的消能措施,并使消能后的水流与尾水渠或下游沟道衔接。

(4)为了防止洞身漏水,要特别注意砌筑质量。涵洞外壁与坝体接触面周围要填筑防渗材料(黏土)等,厚度不小于1 m。沿洞长每隔10~15 m修筑一道混凝土或浆砌石的截流环,至少外伸0.4~0.5 m,厚度0.6~0.8 m。

(5)涵洞采用的工程材料,也应根据涵洞水流状态对有压洞、无压洞和半有压洞区别考虑,在满足安全、经济的原则下,尽可能做到就地取材。

(6)放水涵洞最小断面应能进入检修,并满足设计泄量。混凝土涵管管径应不小于0.8 m;方涵和拱涵断面宽应不小于0.8 m,高度不小于1.2 m。

(7)有灌溉或引洪漫地要求时,其放水涵洞与泄水洞可合并统一考虑,一洞多用,降低工程造价。

3)涵洞孔径尺寸设计

涵洞底高程、纵坡及孔径尺寸设计,通常需先根据坝高、淤积高程、地基条件、灌溉要求、沟道纵坡、出口水位等条件,初拟进出口高程、纵坡和孔径尺寸,然后通过水力计算确定通过设计流量时洞内和出口流速等。如上述计算结果不符合前述涵洞底高程、纵坡及孔径尺寸选择的一般原则时,则需重新拟定,并进行相应的水力计算,直到满足要求为止。

涵洞孔径尺寸设计主要通过过水能力计算来完成,过水能力计算公式按均匀流公式计算(即 $Q=\omega C\sqrt{Ri}$)进行。涵洞流量与涵洞尺寸可参考表6-14。

《水土保持治沟骨干工程技术规范》(SL 289—2003)规定:涵洞底坡取1/100~1/200。混凝土涵管管径应不小于0.8 m;方涵和拱涵断面宽应不小于0.8 m,高不小于1.2 m。涵洞内水深应小于涵洞净高的75%。

4)涵洞结构尺寸

涵洞结构尺寸根据涵洞断面及洞上填土高度计算确定。

(1)混凝土涵管可按下列公式计算:

$$\delta=\sqrt{\frac{0.06pd_0}{[\sigma_b]}} \tag{6-27}$$

$$d_0=d+\delta \tag{6-28}$$

式中:δ 为管壁厚度,m;p 为管上垂直土压力,t/m;d_0 为涵管计算直径,m;$[\sigma_b]$ 为混凝土弯曲时允许拉应力,t/m^2;d 为涵管内径,m。

(2)方涵盖板。方涵混凝土盖板,应按最大弯矩和最大剪切力分别计算其厚度,取较大值。

按最大弯矩计算板厚:

$$\delta=\sqrt{\frac{6M_{\max}}{b[\sigma_b]}} \tag{6-29}$$

表 6－14　涵洞流量与涵洞尺寸

流量 (m^3/s)	洞底比降 1∶100						洞底比降 1∶200					
	圆涵	方涵		拱涵			圆涵	方涵		拱涵		
	直径 (m)	宽×高 (m×m)	水深 (m)	跨度 (m)	净高 (m)	水深 (m)	直径 (m)	宽×高 (m×m)	水深 (m)	跨度 (m)	净高 (m)	水深 (m)
0.02	20	20×20	16				20	25×25	16.5			
0.04	25	30×30	18				25	30×30	23.5			
0.06	25	30×40	24.5				30	30×40	32			
0.08	30	30×40	31				35	30×60	41			
0.10	35	30×50	37				35	40×50	35			
0.12	35	40×40	31				40	40×60	40.5			
0.14	35	40×50	35				40	40×60	46			
0.16	40	40×50	39				45	50×50	39.5			
0.18	40	40×60	43				45	50×60	43.6			
0.20	40	50×50	36	40	65	48	50	50×60	47.5	50	85	47.3
0.30	50	60×60	41	50	85	49.5	55	60×70	53	50	85	66
0.40	55	60×70	51	50	85	64	60	60×90	67	60	100	67.5
0.50	60	60×80	61	60	100	61	65	60×100	81	70	115	67
0.60	65	60×100	71	60	100	71	70			70	115	78
0.70	65	60×100	80.5	70	115	67	75			80	120	75.5
0.80	70			70	115	74.5	80			80	120	84
0.90	75			70	115	82.5	85			90	135	81
1.00	75			80	120	77	85			90	135	88.5
1.20				80	120	89				90	135	103
1.50				90	135	93				100	150	108.5
1.60				90	135	98				100	150	115
1.80				100	140	95				110	165	112.5
2.00				100	140	104				110	165	123

注：(1) 圆涵 $n=0.015$，水深按 $\frac{3}{4}D$ 计算。当 $D \leqslant 35$ cm 时，可采用陶瓷管；35 cm $< D <$ 60 cm 时，可采用混凝土管；$D \geqslant 60$ cm 时可采用钢筋混凝土管。

(2) 方涵和拱涵系浆砌石，$n=0.025$。

(3) 本表根据流量给出合理尺寸，除流量很小的涵洞外，一般骨干工程考虑检修方便，可视具体情况采用较大尺寸，以能进人为宜。

按最大剪切力计算板厚：

$$\delta = 1.5 \times \frac{Q_{max}}{b[\sigma_\tau]} \tag{6-30}$$

式中：δ 为盖板厚度，m；M_{max} 为按简支梁均布荷载计算的最大弯矩，t·m；b 为盖板单位宽度，取 1.0 m；$[\sigma_b]$ 为钢筋混凝土弯曲时的允许拉应力，t/m^2；Q_{max} 为最大剪切力，t；$[\sigma_\tau]$ 为钢筋混凝土允许受拉应力，t/m^2。

方涵条石和混凝土盖板厚度可参考表 6－15，方涵钢筋混凝土盖板厚度可参考表 6－16。

表 6－15　方形涵洞条石和混凝土盖板厚度　（单位：cm）

填土高度(m)	净跨							
	0.3 m		0.4 m		0.5 m		0.6 m	
	条石	混凝土	条石	混凝土	条石	混凝土	条石	混凝土
5	13	11	17.5	14.5	21.5	18	26	21.5
8	16.5	13.5	22	18	27.5	22.5	33	27
10	18.5	15	24.5	20	30.5	25	36.5	30
12	20	16.5	26.5	21.5	33	27.5	40	33
14	21.5	18	29	23.5	36	29.5	43	35.5
16	23	19	31	25.5	38.5	31.5	46	38
18	24.5	20	33	27	41	33.5	49	40
20	26	21.5	34.5	28.5	43	35.5	51.5	42.5

注：①混凝土标号为 C15；②填土高系洞顶至坝顶土的高度。

（3）方涵侧墙和底板尺寸。方涵侧墙和底板尺寸，根据涵洞以上填土高度计算确定，具体尺寸可参考表 6－17。

（4）拱涵的半圆拱拱圈、拱台尺寸可按下列公式计算。在流量不大的情况下，拱圈的厚度也可参考表 6－18、表 6－19 选取。

$$t_1 = 0.8 \times (0.45 + 0.03R) \tag{6-31}$$

$$t_2 = 0.3 + 0.4R + 0.17h \tag{6-32}$$

$$t_3 = t_2 + 0.1h \tag{6-33}$$

式中：t_1 为拱圈厚度，m；t_2 为拱台顶宽，m；t_3 为拱台底宽，m；R 为拱圈内半径，m；h 为拱台高度，m。

5. 消能设计

涵洞或明渠出口消能水力设计的主要内容为：计算、分析水流的衔接形式，判别是否需要采取消能措施；当需要采取消能措施时，确定消能设施的型式与结构尺寸。消能建筑物结构尺寸计算采用出口消力池结构计算，见式（6－12）、式(6－13)。

表6－16　方形涵洞钢筋混凝土盖板尺寸

填土高 H (m)	净跨															
	0.3 m				0.4 m				0.5 m				0.6 m			
	盖板厚度(cm)	受力钢筋			盖板厚度(cm)	受力钢筋			盖板厚度(cm)	受力钢筋			盖板厚度(cm)	受力钢筋		
		直径(mm)	间距(cm)	面积(cm^2)		直径(mm)	间距(cm)	面积(cm^2)		直径(mm)	间距(cm)	面积(cm^2)		直径(mm)	间距(cm)	面积(cm^2)
8	10	6	14	2.02	11	8	17	2.96	13	8	14	3.59	15	8	12.5	4.02
10	10	6	12.5	2.26	13	8	17	2.96	15	8	14	3.59	17	10	18	4.36
12	12	8	22	2.29	14	8	17	2.96	17	8	13	3.87	19	10	17	4.62
14	13	6	13	2.18	16	8	17	2.96	19	8	14	3.59	22	10	18	4.36
16	14	6	13	2.18	18	8	17	2.96	21	8	13	3.87	26	10	17	4.62
18	16	6	12	2.36	19	8	16	3.14	23	8	13	3.87	27	10	17	4.62
20	17	8	19	2.65	21	8	14	3.59	25	10	18	4.36	30	10	15	5.23
22	18	8	17	2.96	23	8	13	3.87	28	10	16	4.91	32	10	14	5.61
24	19	8	16	3.14	25	8	12	4.19	30	10	15	5.23	35	12	18	6.28
26	21	8	14	3.59	26	10	17	4.62	32	10	14	5.61	37	12	17	6.65
28	22	8	13	3.87	28	10	16	4.91	34	10	13	6.04	40	12	15	7.54

注:(1)混凝土C15,钢筋流限 $\sigma_r=2\ 850\ kg/cm^2$,μ 最小$=0.2\%$,保护层 $a=3.5\sim4.0$ cm。

(2)$K=1.6$,$K_a=2.4$,$R_p=13.5\ kg/cm^2$。

(3)分布钢筋一律采用 $\phi6$,间距15～25 cm。

(4)当计算板厚超过容许的主拉应力时,本表按加大板厚方法予以满足。若采用托梁或弯起钢筋,应另行计算。

6. 工程量计算

分别计算各个骨干坝的工程量(坝体、溢洪道、泄水洞)和材料用量,确定相关的技术指标。

1)坝体土方量的计算

坝体土方量是控制碾压土坝工程量的主要指标,坝体土方量包括清基削坡、结合槽开挖、坝体填筑土方、放水工程土方开挖等。其计算方法主要有三种,即地形图法、横断面法和经验估算法。

(1)地形图法。根据坝址地形图、设计坝高及坝坡在图上绘制坝坡线,按等高线分层计算坝面面积和层间坝体土方量,各层土方累加,即得坝体总土方量。这种方法相对比较精确。

表 6 - 17 方涵各部尺寸 (单位:cm)

净宽	侧墙高	填土高 10 m				填土高 20 m				填土高 30 m			
		侧墙宽	基础宽	基础厚	盖板搭接长度	侧墙宽	基础宽	基础厚	盖板搭接长度	侧墙宽	基础宽	基础厚	盖板搭接长度
30	30	30	50	30	15	30	50	30	15	30	50	30	15
30	40	30	50	30	15	30	50	30	15	30	50	30	15
30	50	30	50	30	15	30	50	30	15	40	60	40	20
30	60	30	50	30	15	40	60	40	20	50	70	50	25
40	40	30	50	30	15	30	50	30	15	30	50	30	15
40	50	30	50	30	15	30	50	30	15	40	60	40	20
40	60	30	50	30	15	40	60	40	15	40	60	40	20
50	50	40	60	40	20	40	60	40	20	40	60	40	20
50	60	40	60	40	20	40	60	40	20	40	60	40	20
60	60	40	60	40	20	40	60	40	20	40	60	40	20
60	70	40	60	40	20	40	60	40	20	50	70	50	25
60	80	40	60	40	20	40	60	40	20	50	70	50	25
60	90	50	70	50	25	60	80	60	25	65	85	65	25
60	100	50	70	50	25	60	80	60	25	70	90	70	30

表 6 - 18 石拱涵洞各部尺寸 (单位:cm)

项目	尺寸								
跨度	40	50	60	70	80	90	100	100	110
洞净高	65	85	100	115	120	135	140	150	165
墩高	45	60	70	80	80	90	90	100	110
起拱面宽	35	40	40	40	50	50	70	70	75
基础宽	60	70	75	80	85	90	120	130	140
拱石厚	30	35	40	40	40	40	40	40	40
最大允许过水深	50	70	80	85	90	105	110	110	120

注:(1)涵洞净高 = 墩高 + 1/2 跨度。

(2)底板在岩基上时,厚度可以适当减小(如 0.25、0.30 m);在土基上,若采用较小的厚度,底板可做成反拱。

(3)表中拱石厚度适用于拱顶填土不超过 10 ~ 15 m 时,若填土超过 10 ~ 15 m,拱石厚度可加大至 60 cm,或在表列拱顶尺寸上再浇筑一层混凝土拱顶,也可拱顶全部用混凝土浇筑。

(4)拱和墙面必须全部用水泥砂浆抹面,以防渗漏。

表 6-19　石拱涵尺寸参考表

编号	流量 Q (m^3/s)	净跨径 B (cm)	矢高 f (cm)	拱圈半径 R (cm)	拱圈厚度 t (cm)	边墙顶宽 b_1 (cm)	边墙底宽 b_2 (cm)
1	0.2~0.4	80	25	45	25	35	60
2	0.6~0.8	120	30	75	30	40	80
3	1.0~1.25	140	40	82	30	40	90
4	1.5~1.75	180	40	121	30	45	100
5	2.0~2.5	200	50	125	35	50	120
6	3.0	220	50	145	35	50	140

(2)横断面法一。可研阶段通常多采用此法计算土方量,土方量计算步骤如下:

a. 首先绘出坝轴线横断面图,如图 6-6 所示,并在图上根据地形变化点量出分段长度 l_1、l_2、…、l_n 及各段平均坝高 h_1、h_2、…、h_n。

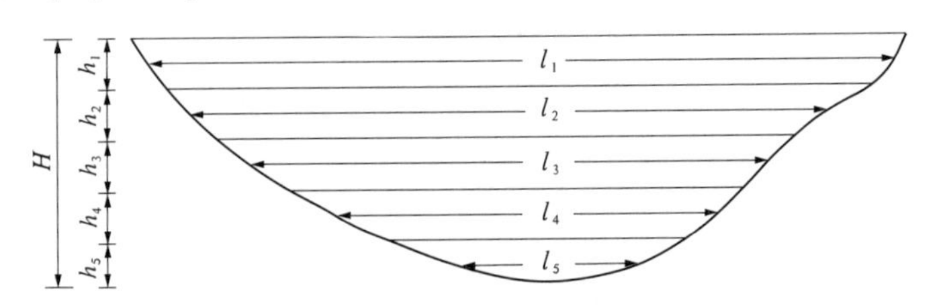

图 6-6　坝轴线横断面图

b. 绘出最大坝体标准断面图,如图 6-7 所示,根据此图计算不同坝高 h 的坝体断面面积,绘制坝高—面积关系曲线。

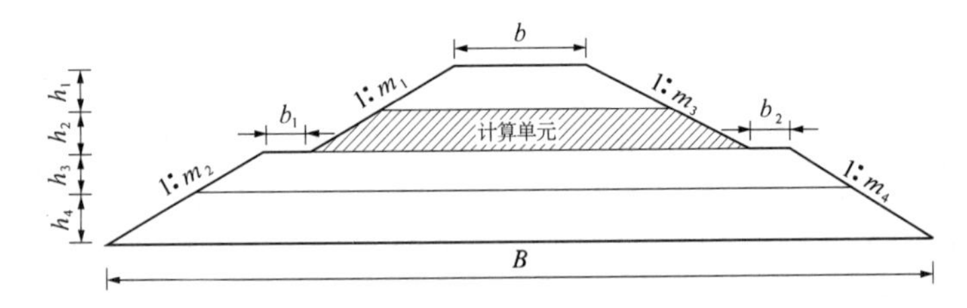

图 6-7　坝轴线纵断面图

c. 由图 6-7 查得 h_1、h_2、…、h_n 和相应的 l_1、l_2、…、l_n 填入表 6-20,再把从坝高—面积关系曲线图上查得相应于 h_1、h_2、…、h_n 的坝体面积 F_1、F_2、…、F_n,也填入表内,利用公式 $V_i=F_il_i$ 计算各段土方量 V_1、V_2、…、V_n,最后将 V_1、V_2、…、V_n

累加，即得坝体的填筑土方量。

表 6－20　坝体土方量计算

h_i(分段平均坝高)	l_i(分段坝长)	F_i(相应的坝面面积)	V_i(分段坝体土方量)($V_i=l_iF_i$)	V(累计土方量)
h_1	l_1	F_1	V_1	V_1
h_2	l_2	F_2	V_2	V_1+V_2
⋮	⋮	⋮	⋮	⋮
h_n	l_n	F_n	V_n	$V_1+V_2+\cdots+V_n$

(3)横断面法二。

a. 绘制坝轴线横断面图(见图 6－6)，并在地形变化处，绘制水平直线数条，将横断面分割成若干层，量算出每层之间的层高 h_1、h_2、…、h_n 以及各层高中点所对应的横断面处的水平长度(坝号) l_1、l_2、…、l_n。

b. 绘制最大坝体标准纵断面图(见图 6－7)，根据横断面所划分的若干层计算出各层所对应坝体纵断面的断面面积。

c. 利用公式体积(V)＝面积(S)×长度(l)求得各段坝体体积即为各段土方量，累加可得坝体填筑土方量。

(4)经验估算法。在项目可研阶段，粗略估算工程量时，也可按下式计算坝体土方量：

$$V_{土}=CH[36(L+L_1)+H(m_{上}+m_{下})(L+2L_1)] \tag{6-34}$$

式中：$V_{土}$ 为坝体总土方量，m^3；L 为坝顶长，m；L_1 为坝底长，即坝址沟床平均宽，m；$m_{上}$、$m_{下}$ 为上、下游平均坝坡(%)；H 为坝高，m；C 为沟谷断面类型系数，见表 6－21。

表 6－21　坝址处沟谷断面类型系数

沟谷断面类型	三角形	梯形	U 形	锅底形
系数 C	0.17	0.18	0.20	0.22

2)混凝土方量及石方量计算

根据设计的放水工程、溢洪道等的结构尺寸，明确混凝土(含钢筋混凝土)、石方（干砌石、浆砌石、堆石）量。混凝土方量及石方量分别按照建筑物的几何轮廓尺寸，即建筑物标准断面乘以长度进行计算。

最后，列表说明工程量计算结果。

三、案例剖析

广丰小流域坝系工程可行性研究报告的“骨干坝设计”及其评析。

（一）案例

1. 坝址勘察

对骨干坝和中型淤地坝，组织市、县专业技术人员进行实地勘察，从坝址断面、地质情况、建筑物形式、料场及施工条件进行比选，做到坝坝到位，条条落实。

2. 坝址断面和库容特征曲线绘制

用 DJ_6 经纬仪实测坝址断面，并确定坝轴线。在 1∶10 000 地形图上量算不同坝高的面积、库容。在计算机 CAD 程序中，以垂直距离为纵轴、水平距离为横轴绘制坝址横断面图，以坝高为纵轴、库容和面积分别为横轴，绘制坝高—库容曲线和坝高—淤地面积关系曲线。

3. 坝高的确定

坝高由拦泥坝高、滞洪坝高和安全超高三部分组成，按式（6－35）计算：

$$H = h_{拦} + h_{滞} + h_{安} \tag{6-35}$$

（1）拦泥坝高 $h_{拦}$ 确定。根据输沙量按下式计算：

$$V_{拦} = FM_sN/\gamma \tag{6-36}$$

式中：$V_{拦}$为拦泥库容，m^3；F 为工程控制面积，km^2；M_s 为年侵蚀模数，$t/(km^2 \cdot a)$；γ 为泥沙的干容重，t/m^3，取 1.35；N 为设计淤积年限，a。

（2）滞洪坝高 $h_{滞}$ 确定。由校核洪水一次洪水总量确定，滞洪坝高为设计淤积面以上一次校核洪水的深度，由洪量模数乘以相应的坝控面积，得相应的校核洪水总量，由坝高—库容曲线和坝高—淤地面积关系曲线图查得滞洪坝高 $h_{滞}$。

（3）安全超高 $h_{安}$ 确定。按照《水土保持治沟骨干工程技术规范》（SL 289—2003），考虑该流域季风平均风速大小，各坝安全超高 $h_{安}$ 取值为：坝高 10～20 m，采用 1.0～1.5 m 超高；坝高 >20 m，采用 1.5～2.0 m 超高。

广丰小流域坝系骨干坝坝高计算详见表 6－22，坝系骨干坝主要技术指标详见表 6－23。

4. 坝体断面尺寸

（1）坝顶宽。根据规范 SL 289—2003，碾压土坝坝顶宽度按表 6－24 确定。坝顶有交通要求时，应按交通要求确定。

表 6-22　广丰小流域坝系骨干坝坝高计算　　(单位:m)

编号	工程名称	拦泥坝高	滞洪坝高	安全超高	总坝高
GG_1	二狗湾	13.88	2.82	1.50	18.20
GG_2	簸箕台	11.19	1.81	1.50	14.50
GG_3	立家滩	9.9	3.79	1.31	15.00
GG_4	口子滩	13.4	3.74	1.50	18.64
GG_5	白杨湾	9.04	4.78	1.18	15.00
GG_6	安家窑	7.5	6.00	1.50	15.00
GG_7	吊沟	11.2	7.30	1.50	20.00
GG_8	抗儿湾	17.36	4.64	1.50	23.50
GG_9	下庄沟	10.84	4.85	1.31	17.00
GG_{10}	王家岔	15.84	10.47	1.50	27.81
GG_{11}	丁家岔	9.92	4.78	1.30	16.00
GG_{12}	红沟	19.4	4.4	1.50	25.30
GG_{13}	赶马湾	12.9	6.17	1.50	20.57
GG_{14}	三条沟	12.8	6.02	1.50	20.32
GG_{15}	庄儿沟	12.6	7.10	1.50	21.20
GG_{16}	庙沟	10.3	3.83	1.37	15.50
GG_{17}	下红庄	13.7	7.85	1.50	23.05
GG_{18}	三岘	16	8.35	1.50	25.85

根据工程建设条件实际,考虑沟道无常流水、筑坝土料在坝址区的分布与坝址区地形条件以及土料黏粒含量等因素,施工方法采用碾压方式。

(2)坝坡。根据《水土保持治沟骨干工程技术规范》(SL 289—2003),坝坡应根据坝型、坝高、坝基地质条件、筑坝土料性质、施工方法、运用条件等,并参考类似已建工程的经验数值初步确定。广丰小流域坝系各坝坝坡按表 6-25 选取。

根据本坝系建设实际情况,当坝高大于 15 m 时在下游设置马道,马道宽度取 1.5 m。当坝高大于 25 m 时在上下游各设置一条马道,马道宽度取 1.5 m。

表 6－23　广丰小流域坝系骨干坝主要技术指标

编号	工程名称	控制面积（km^2）	坝高（m）	库容（万 m^3）			可淤地面积（hm^2）	建设性质	施工方法
				总	拦泥	滞洪			
GG_1	二狗湾	3.1	18.20	51.13	20.98	30.15	3.75	新建	碾压
GG_2	簸箕台	3.16	14.50	50.78	20.05	30.73	4.4	新建	碾压
GG_3	立家滩	3.05	15.00	50.31	20.65	29.66	3.95	新建	碾压
GG_4	口子滩	3.15	18.64	50.62	19.99	30.63	3.92	新建	碾压
GG_5	白扬湾	3.36	15.00	51.16	18.48	32.68	4.78	新建	碾压
GG_6	安家窑	3.09	15.00	52.27	22.22	30.05	2.75	新建	碾压
GG_7	吊 沟	4.87	20.00	67.96	20.60	47.36	2.56	新建	碾压
GG_8	抗儿湾	3.47	23.50	51.37	17.62	33.75	3.1	新建	碾压
GG_9	下庄沟	3.15	17.00	53.29	22.66	30.63	3.17	新建	碾压
GG_{10}	王家岔	3.01	27.81	52.19	22.92	29.27	2.64	新建	碾压
GG_{11}	丁家岔	3.27	16.00	51.17	19.37	31.80	4.2	新建	碾压
GG_{12}	红沟	3.5	25.30	51.81	17.77	34.04	2.92	新建	碾压
GG_{13}	赶马湾	3.18	20.57	52.46	21.53	30.93	4.05	新建	碾压
GG_{14}	三条沟	3.24	20.32	53.44	21.93	31.51	5.0	新建	碾压
GG_{15}	庄儿沟	4.49	21.20	72.15	28.49	43.66	5.65	新建	碾压
GG_{16}	庙沟	3.02	15.5	51.09	21.72	29.37	6.65	新建	碾压
GG_{17}	下红庄	5.3	23.05	73.96	22.42	51.54	3.7	新建	碾压
GG_{18}	三岘	3.07	25.85	55.84	25.98	29.86	2.9	新建	碾压

表 6－24　碾压土坝坝顶宽度参数值

坝高（m）	10～20	20～30	30～40
碾压坝（m）	3	3～4	4～5

表 6－25　土坝坝坡参数值

坝型	土料或部位	坝高		
		10～20 m	20～30 m	30～40 m
碾压坝	上游坝坡	1.50～2.00	2.00～2.50	2.50～3.00
	下游坝坡	1.25～1.50	1.50～2.00	2.00～2.50

（3）最大铺底宽。坝体沟床铺底宽可用下式计算：

$$B_m = b + \sum_{i=1}^{n} m_i h_i + kb' \qquad (6-37)$$

式中：B_m 为土坝最大铺底宽，m；b 为坝顶宽，m；m_i 为第 i 个坝坡坡率（取值可以相同）；h_i 为坝坡坡率为 m_i 所对应该段坝体的高度，m；k 为马道总数；b'为马道宽，m。

（4）反滤体。骨干坝下游背水坡坡脚设反滤排水体。考虑该流域沟道地形条件限制和砂石料运距较大、石料欠缺等因素，根据当地骨干坝建设经验，坝体排水采用六棱柱管式反滤体。

（5）排水沟。为了防止雨水冲刷坝坡，在下游坝坡设置横纵向排水沟，纵向排水沟设置高程一般与马道一致，设置在马道内侧，深度为 10 cm，底宽 20 cm，顶宽 40 cm。横向排水沟每隔 50 ~ 100 m 设置一条。坝体与岸坡连接处必须设置排水沟。排水沟采用混凝土现浇。

坝系各坝体结构尺寸见表 6 - 26。

5. 放水工程

该流域骨干坝放水工程采取涵卧管形式，由卧管、涵洞、消能段三部分组成。根据《水土保持治沟骨干工程技术规范》（SL 289—2003），设计流量按 4 ~ 7 日泄完设计频率次洪水总量设计。计算卧管、消力池的断面时，应考虑由于水位变化而导致的放水流量调节，比正常运用时的流量加大 20% ~ 30%。

（1）卧管设计。卧管应布置在坝上游岸坡，采用混凝土筑成台阶，坡度为 1∶2 ~ 1∶3，在卧管底板每隔 5 ~ 8 m 设置一道齿墙，并根据地基情况适地设置沉陷缝。为防止卧管放水时发生真空，在其顶部设置通气孔。

a. 放水孔径。卧管放水孔直径按孔口出流公式计算。

开启一台：

$$d = 0.68\sqrt{\frac{q}{\sqrt{H_1}}} \qquad (6-38)$$

同时开启两台：

$$d = 0.68\sqrt{\frac{q}{\sqrt{H_1} + \sqrt{H_2}}} \qquad (6-39)$$

同时开启三台：

$$d = 0.68\sqrt{\frac{q}{\sqrt{H_1} + \sqrt{H_2} + \sqrt{H_3}}} \qquad (6-40)$$

表 6-26　广丰小流域坝系骨干坝坝体结构尺寸

编号	工程名称	坝高（m）	顶宽（m）	顶长（m）	铺底宽（m）	内外坡比 内/外(1∶m)	马道	
							高程（m）	宽/长（m）
GG_1	二狗湾	18.20	4	92.9	69.2	2.0/1.5	2 358.00	1.5/40
GG_2	簸箕台	14.50	4	107	54.75	2.0/1.5		
GG_3	立家滩	15.00	4	96	58	2.0/1.5	2 401.00	1.5/80
GG_4	口子滩	18.64	4	104.3	70.74	2.0/1.5	2 396.14	1.5/75
GG_5	白扬湾	15.00	4	90	56.5	2.0/1.5		
GG_6	安家窑	15.00	4	116.9	56.5	2.0/1.5		
GG_7	吊沟	20.00	4	115.9	75.5	2.0/1.5	2 349.00	1.5/85
GG_8	抗儿湾	23.50	4	82.9	99.5	2.5/1.5	2 335.00	1.5/42(内、外)
GG_9	下庄沟	17.00	4	95.5	65	2.0/1.5	2 305.00	1.5/73
GG_{10}	王家岔	27.81	4	97.3	132.145	2.5/2.0	2 330.00	1.5/59(内、外)
GG_{11}	丁家岔	16.00	4	94	61.5	2.0/1.5	2 335.00	1.5/49
GG_{12}	红沟	25.30	4	101.8	120.85	2.5/2.0	2 438.30	1.5/71
GG_{13}	赶马湾	20.57	4	87.8	87.78	2.5/1.5	2 356.00	1.5/38
GG_{14}	三条沟	20.32	4	104.6	76.62	2.0/1.5	2 372.82	1.5/42
GG_{15}	庄儿沟	21.20	4	115.8	90.3	2.5/1.5	2 347.20	1.5/51
GG_{16}	庙沟	15.5	4	106.3	59.75	2.0/1.5	2 365.00	1.5/60
GG_{17}	下红庄	23.05	4	115	97.7	2.5/1.5	2 322.05	1.5/45(内、外)
GG_{18}	三岘	25.85	4	98.7	123.325	2.5/2.0	2 285.00	1.5/66(内、外)

式中：d 为放水孔直径，m；q 为放水流量，m^3/s；H_1、H_2、H_3 为孔上水深，m。

b. 卧管断面尺寸的确定。计算卧管断面尺寸时，应考虑水位变化而导致的放水流量调节，比正常运用时的流量加大 20%～30%。卧管断面尺寸首先按检修要求拟定，然后依据加大流量及卧管的坡比核算卧管尺寸，若计算尺寸小于拟定尺寸，采用拟定尺寸；若计算尺寸大于拟定尺寸，采用计算尺寸。本次可研骨干坝和中型淤地坝均采用方形卧管形式，小型淤地坝不设放水工程。

卧管的断面尺寸按明渠均匀流公式计算：

$$q = \omega C\sqrt{Ri} \tag{6-41}$$

$$C = \frac{1}{n}R^{1/6} \tag{6-42}$$

式中:q 为放水流量(采用加大流量),m^3/s;ω 为过水断面面积,m^2;C 为谢才系数;R 为水力半径,m;i 为比降,取 1/2;n 为糙率,取 0.017。

在确定卧管高度时,应考虑放水孔水流跌落卧管时的水柱跃起,对方形卧管,其高度应取卧管正常水深的 3~4 倍;对圆形卧管,其直径应取卧管正常水深的 2.5 倍。

c. 卧管结构设计。卧管主要承受水压力和淤泥压力,其结构尺寸主要取决于在坝内的高程位置、跨度以及建筑材料等。

卧管侧墙基础各部分尺寸参照《甘肃省水土保持治沟骨干工程技术手册》附录五(方形卧管侧墙、基础尺寸表)选取。

(2)卧管末端消力池设计。卧管末端消力池采用混凝土筑成,按下式计算:

a. 消力池深度 d 的确定:

$$d = 1.1h_2 - h \tag{6-43}$$

$$h_2 = \frac{h_0}{2}\left(\sqrt{1 + \frac{8\alpha q^2}{gh_0^3}} - 1\right) \tag{6-44}$$

式中:h 为涵管水深,m;h_0 为卧管末端水深,m;h_2 为第二共轭水深,m;α 为流速不均匀系数,取 1.1;q 为卧管单宽流量(采用加大流量计算),$m^3/(s \cdot m)$;g 为重力加速度,取 9.81 m/s^2。

b. 消力池长度 L 的确定:

$$L = (3 \sim 5)h_2 \tag{6-45}$$

式中:L 为消力池长度,m;其他符号含义同前。

c. 消力池宽度 B 的确定:

$$B = b + 0.3 \tag{6-46}$$

式中:B 为消力池宽度,m;b 为卧管宽度,m。

d. 卧管消力池结构设计。卧管消力池侧墙基础各部分尺寸参照《甘肃省水土保持治沟骨干工程技术手册》附录六(卧管消力池侧墙、基础尺寸表)选取。

(3)涵管设计。本次可研涵洞均采用预制混凝土圆管,根据《规范》要求,骨干坝涵管管径应不小于 0.80 m。为了保证洞内水流呈明流状态,涵洞内水深应小于涵洞净高的 75%。

a. 涵洞断面尺寸。卧管末端以消力池与坝下涵洞连接,坝下涵洞为无压流,涵洞放水流量按明渠均匀流公式计算:

$$q = \omega C\sqrt{Ri} \tag{6-47}$$

$$C = \frac{1}{n}R^{1/6} \tag{6-48}$$

式中：q 为放水流量（采用加大流量），m^3/s；i 为比降，设计 1/100；n 为糙率，混凝土圆管采用 0.012；其他符号意义同前。

b. 涵管结构尺寸。涵管管壁厚按《甘肃省水土保持治沟骨干工程技术手册》附录九（预制钢筋混凝土圆管管壁厚表）选取；涵管截水环和管床结构尺寸参照《水土保持治沟骨干工程技术规范》（SL 289—2003）并结合已建工程经验选取。

（4）涵洞出口消力池设计。宜选用消力池消能，采用等宽的矩形断面。

a. 消力池水力计算。在涵洞末端设置消力池，集中消能，达到保护河床的目的。

消力池的水力计算，主要确定池深和池长，可按下式计算：

$$d = 1.1h_2 - h \tag{6-49}$$

$$h_2 = \frac{h_0}{2}\left(\sqrt{1 + \frac{8\alpha q^2}{gh_0^3}} - 1\right) \tag{6-50}$$

式中：d 为消力池深，m；h_2 为第二共轭水深，m；h 为下游水深，m；α 为流速不均匀系数，可取 1.0 ~ 1.1；其他符号意义同前。

消力池长度按下式计算：

$$L = (3 \sim 5)h_2 \tag{6-51}$$

式中：L 为消力池长，m；其他符号意义同前。

b. 消力池结构设计。消力池底板的末端设置排水孔，使渗透压力水头显著减小，以增加底板的抗浮稳定性。

消力池首端齿墙，应尽量修得深一些，一般不小于 1.0 ~ 1.5 m，以消渗压水头，且增加底板重量，有利于抗浮，钢筋混凝土底板厚度 0.3 ~ 0.5 m。

（5）尾水渠设计。经过消力池消能后的水流在进入下游沟道仍有一定的能量，为了不致冲刷下游沟床，采用尾水渠将水流平顺地过渡到下游沟床，尾水渠的水力计算采用明渠均匀流公式，宽度同消力池，长度根据地形条件布设。

6. 工程量及投资、投工、主要材料用量计算

（1）坝体土方量计算。坝体土方量包括基础土方开挖、坡面土方开挖和结合槽、放水建筑物土方开挖等。本次可研坝体土方量采用横断面法计算。

a. 绘制坝轴线横断面图（见图 6 - 8），并在地形变化处，绘制水平直线数条，将横断面分割成若干层，量算出每层之间的层高 h_1、h_2、…、h_n 以及各层高中点

所对应的横断面处的水平长度 l_1、l_2、…、l_n。

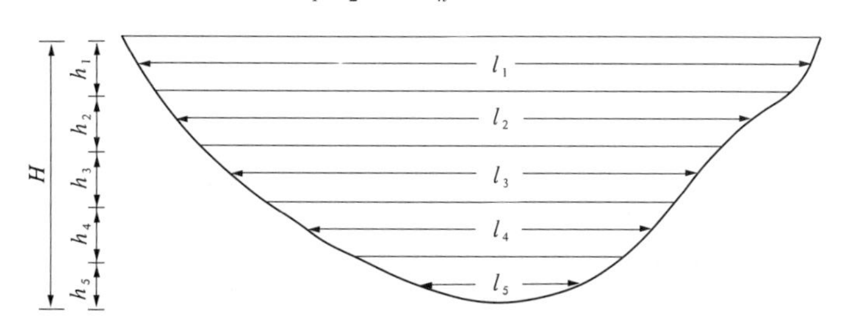

图 6-8　坝轴线横断面图

b. 绘制最大坝体标准纵断面图(见图 6-9),根据横断面所划分的若干层计算出各层所对应坝体纵断面的断面面积。

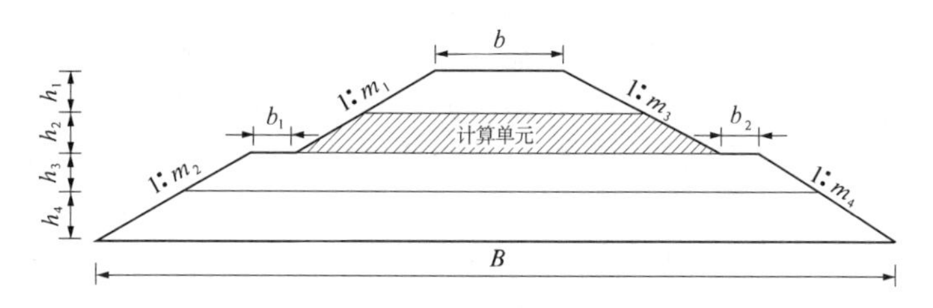

图 6-9　坝轴线纵断面图

c. 利用公式体积(V) = 面积(S) × 长度(l)求得各段坝体体积即为各段土方量,累加可得总坝体碾压土方量。

(2)混凝土方量及石方量计算。流域骨干坝混凝土方量主要由放水卧管、消力池现浇和涵管预制所构成,石方量主要由反滤棱体堆砌所构成。混凝土方量及石方量分别按照建筑物的几何轮廓尺寸,即建筑物标准断面乘以长度进行计算。

按照上述方法计算骨干坝单坝的各项技术指标,结果见附表(略)。新建骨干坝基本情况见表 6-27。

7. 骨干坝典型设计

按照扩大初步设计的要求,对骨干坝要进行必要的典型设计。根据控制面积、沟道特征、建坝条件以及库容条件等,选择红沟骨干坝进行典型工程设计(见附件——广丰小流域红沟骨干坝典型工程设计报告,略)。

典型工程红沟骨干坝基本情况、工程规模及放水工程主要尺寸分别见表 6-28、表 6-29、表 6-30。

表 6－27　新建骨干坝基本情况

编号	坝名	沟道编号	沟道特征及坝址建坝条件	坝控面积（km^2）
GG_1	二狗湾	$Ⅰ_7$	该坝控制范围沟道区间长 0.75 km，平均宽 48 m，沟道平均比降1.29%。坝址河段顺直，岸坡较为完整；坝址沟道断面形状为 V 形，沟槽深 28.0 m，沟底宽 5.0 m，左岸坡比 1∶0.04，可布设放水建筑物，右岸坡比约 1∶0.04，两岸黄土覆盖，黄土储量丰富，可作为取土场，运距为 80 m；距居民点 50 m，施工方法采用碾压法	3.1
GG_2	簸箕台	$Ⅱ_6$	该坝控制范围沟道区间长 2.25 km，平均宽 46 m，沟道平均比降1.35%。坝址河段顺直，岸坡较为完整；坝址沟道断面形状为 U 形，沟槽深 18.2 m，沟底宽 12.0 m，右岸坡比 1∶0.04，可布设放水建筑物，左岸坡比约 1∶0.11，两岸黄土覆盖，黄土储量丰富，可作为取土场，运距 180 m；距居民点 200 m；施工方法采用碾压法	3.16
GG_3	立家滩	$Ⅰ_9$	该坝控制范围沟道区间长 1.25 km，平均宽 38 m，沟道平均比降1.78%。坝址河段顺直，岸坡较为完整；坝址沟道断面形状为 U 形，沟槽深 17.0 m，沟底宽 10.0 m，右岸坡比 1∶0.5，可布设放水建筑物，左岸坡比约 1∶0.72，左岸黄土覆盖，黄土储量丰富，可作为取土场，运距 160 m；距居民点 1 300 m，施工方法采用碾压法	3.05
GG_4	口子滩	$Ⅱ_3$	该坝控制范围沟道区间长 2.11 km，平均宽 62 m，沟道平均比降1.12%。坝址河段顺直，岸坡较为完整；坝址沟道断面形状为 U 形，沟槽深 21.2 m，沟底宽 13.4 m，右岸坡比 1∶2.1，可布设放水建筑物，左岸坡比约 1∶0.1，两岸黄土覆盖，黄土储量丰富，可作为取土场，运距 150 m；距居民点 100 m；施工方法采用碾压法	3.15
GG_5	白杨湾	$Ⅱ_3$	该坝控制范围沟道区间长 1.3 km，平均宽 63 m，沟道平均比降2.31%。坝址河段顺直，岸坡较为完整；坝址沟道断面形状为 U 形，沟槽深 10.0 m，沟底宽 25.0 m，左岸坡比 1∶0.12，右岸坡比约 1∶1.1，可布设放水建筑物，两岸黄土覆盖，黄土储量丰富，可作为取土场，运距 160 m；距居民点 200 m，施工方法采用碾压法	3.36

续表 6 - 27

编号	坝名	沟道编号	沟道特征及坝址建坝条件	坝控面积(km^2)
GG_6	安家窑	$Ⅱ_3$	该坝控制范围沟道区间长 1.6 km,平均宽 74 m,沟道平均比降1.36%。坝址河段顺直,岸坡较为完整;坝址沟道断面形状为 U 形,沟槽深 13.0 m,沟底宽 37.0 m,左岸坡比 1∶0.25,可布设放水建筑物,右岸坡比约 1∶ 0.11,两岸黄土覆盖,黄土储量丰富,可作为取土场,运距 120 m;距居民点 300 m,施工方法采用碾压法	3.09
GG_7	吊沟	$Ⅲ_2$	该坝控制范围沟道区间长 1.65 km,平均宽 76 m,沟道平均比降1.12%。坝址河段顺直,岸坡较为完整;坝址沟道断面形状为 U 形,沟槽深 29.2 m,沟底宽 24.1 m,左岸坡比 1∶0.09,右岸坡比约 1∶0.21,可布设放水建筑物,两岸黄土覆盖,黄土储量丰富,可作为取土场,运距 160 m;距居民点 400 m,施工方法采用碾压法	4.87
GG_8	抗儿湾	$Ⅱ_4$	该坝控制范围沟道区间长 2.1 km,平均宽 39 m,沟道平均比降2.13%。坝址河段顺直,岸坡较为完整;坝址沟道断面形状为 V 形,沟槽深 32.0 m,沟底宽 8.1 m,左岸坡比 1∶0.3,可布设放水建筑物,右岸坡比约 1∶ 0.1,两岸黄土覆盖,黄土储量丰富,可作为取土场,运距 200 m;距居民点 200 m,施工方法采用碾压法	3.47
GG_9	下庄沟	$Ⅰ_{22}$	该坝控制范围沟道区间长 2.35 km,平均宽 87 m,沟道平均比降2.62%。坝址河段顺直,岸坡较为完整;坝址沟道断面形状为 U 形,沟槽深 9.3 m,沟底宽 16.8 m,右岸坡比 1∶0.75,可布设放水建筑物,左岸坡比约 1∶0.03,两岸黄土覆盖,黄土储量丰富,可作为取土场,运距 180 m;距居民点 500 m,施工方法采用碾压法	3.15
GG_{10}	王家岔	$Ⅱ_5$	该坝控制范围沟道区间长 2.1 km,平均宽 54 m,沟道平均比降3.12%。坝址河段顺直,岸坡较为完整;坝址沟道断面形状为 U 形,沟槽深 25.0 m,沟底宽 5.4 m,右岸坡比 1∶0.08,可布设放水建筑物,左岸坡比约 1∶ 0.05,两岸黄土覆盖,黄土储量丰富,可作为取土场,运距 160 m;距居民点 600 m,施工方法采用碾压法	3.01

续表 6－27

编号	坝名	沟道编号	沟道特征及坝址建坝条件	坝控面积（km^2）
GG_{11}	丁家岔	$Ⅱ_8$	该坝控制范围沟道区间长 1.7 km，平均宽 89 m，沟道平均比降2.36%。坝址河段顺直，岸坡较为完整；坝址沟道断面形状为 U 形，沟槽深 12.0 m，沟底宽 20.0 m，左岸坡比 1∶0.25，右岸坡比约 1∶0.32，可布设放水建筑物，两岸黄土覆盖，黄土储量丰富，可作为取土场，运距 180 m；距居民点 50 m，施工方法采用碾压法	3.27
GG_{12}	红沟	$Ⅲ_1$	该坝控制范围沟道区间长 2.2 km，平均宽 52 m，沟道平均比降3.6%。坝址河段顺直，岸坡较为完整；坝址沟道断面形状为 U 形，沟槽深 50.0 m，沟底宽 30.0 m，左岸坡比 1∶1.0，可布设放水建筑物，右岸坡比约 1∶0.75，两岸黄土覆盖，黄土储量丰富，可作为取土场，运距 160 m；距居民点 200 m，施工方法采用碾压法	3.5
GG_{13}	赶马湾	$Ⅱ_9$	该坝控制范围沟道区间长 1.45 km，平均宽 50.0 m，沟道平均比降2.45%。坝址河段顺直，岸坡较为完整；坝址沟道断面形状为 U 形，沟槽深 19.0 m，沟底宽 4.0 m，左岸坡比 1∶1.1，可布设放水建筑物，右岸坡比约 1∶0.9，两岸黄土覆盖，黄土储量丰富，可作为取土场，运距 180 m；距居民点 200 m，施工方法采用碾压法	3.18
GG_{14}	三条沟	$Ⅱ_{10}$	该坝控制范围沟道区间长 1.65 km，平均宽 56 m，沟道平均比降2.32%。坝址河段顺直，岸坡较为完整；坝址沟道断面形状为 U 形，沟槽深 22.0 m，沟底宽 24.0 m，左岸坡比 1∶0.09，可布设放水建筑物，右岸坡比约 1∶0.06，两岸黄土覆盖，黄土储量丰富，可作为取土场，运距 160 m；距居民点 200 m，施工方法采用碾压法	3.24
GG_{15}	庄儿沟	$Ⅲ_3$	该坝控制范围沟道区间长 1.55 km，平均宽 55 m，沟道平均比降1.57%。坝址河段顺直，岸坡较为完整；坝址沟道断面形状为 U 形，沟槽深 21.0 m，沟底宽 25.3 m，左岸坡比 1∶0.05，可布设放水建筑物，右岸坡比约 1∶0.06，两岸黄土覆盖，黄土储量丰富，可作为取土场，运距 160 m；距居民点 250 m，施工方法采用碾压法	4.49

续表 6－27

编号	坝名	沟道编号	沟道特征及坝址建坝条件	坝控面积（km^2）
GG_{16}	庙沟	$Ⅰ_{38}$	该坝控制范围沟道区间长 1.05 km，平均宽 52 m，沟道平均比降3.36%。坝址河段顺直，岸坡较为完整；坝址沟道断面形状为 U 形，沟槽深 16.0 m，沟底宽 24.1 m，左岸坡比 1∶0.08，可布设放水建筑物，右岸坡比约 1∶0.07，两岸黄土覆盖，黄土储量丰富，可作为取土场，运距 160 m；距居民点 200 m，施工方法采用碾压法	3.02
GG_{17}	下红庄	$Ⅲ_{3}$	该坝控制范围沟道区间长 1.85 km，平均宽 56 m，沟道平均比降1.66%。坝址河段顺直，岸坡较为完整；坝址沟道断面形状为 U 形，沟槽深 28.0 m，沟底宽 28.0 m，左岸坡比 1∶0.09，可布设放水建筑物，右岸坡比约 1∶0.06，两岸黄土覆盖，黄土储量丰富，可作为取土场，运距 140 m；距居民点 300 m，施工方法采用碾压法	5.3
GG_{18}	三岘	$Ⅰ_{41}$	该坝控制范围沟道区间长 2.01 km，平均宽 41 m，沟道平均比降2.07%。坝址河段顺直，岸坡较为完整；坝址沟道断面形状为 U 形，沟槽深 30.0 m，沟底宽 12.2 m，左岸坡比 1∶1.4，可布设放水建筑物，右岸坡比约 1∶0.1，两岸黄土覆盖，黄土储量丰富，可作为取土场，运距 120 m；距居民点 200 m，施工方法采用碾压法	3.07

表 6－28　红沟骨干坝基本情况

坝名	沟道编号	沟道特征及坝址建坝条件	坝控面积（km^2）
红沟（GG_{12}）	$Ⅲ_{1}$	该坝控制范围沟道区间长 2.2 km，平均宽 52 m，沟道平均比降 3.6%。坝址河段顺直，岸坡较为完整；坝址沟道断面形状为 U 形，沟槽深 50.0 m，沟底宽 30.0 m，左岸坡比 1∶1.0，可布设放水建筑物，右岸坡比约 1∶0.7，两岸黄土覆盖，黄土储量丰富，可作为取土场，运距 160 m；距居民点 200 m，施工方法采用碾压法	3.50

表 6-29 红沟骨干坝工程规模

工程名称	工程规模					工程量						工程组成
	坝高(m)	总库容(万 m^3)	拦泥库容(万 m^3)	滞洪库容(万 m^3)	淤地(hm^2)	小计(万 m^3)	其中					
							土方(万 m^3)	石方(m^3)	混凝土(m^3)	钢筋混凝土(m^3)	预制混凝土管	
红沟(GG_{12})	25.30	51.81	17.77	34.04	2.92	8.60	8.59	152.9	48.62	123.1	Φ0.8 m ×2 m/根×70 根	两大件

表 6-30 红沟骨干坝放水工程主要尺寸

工程名称	放水流量(m^3/s)	卧管(m)			卧管消力池(m)	涵洞(m)(i=1/100)		出口消力池(m)	尾水渠
		高度	进水孔径	断面 宽×高×长	断面 宽×长×高	管径 ϕ	长度	断面 宽×长×高	断面 宽×长×高
红沟(GG_{12})	0.192	22.5	0.24	0.6×0.6×39.53	0.9×2.54×0.51	0.8	141	1.1×2.14×0.41	

(二)案例评析

淤地坝作为水利工程的组成部分,其设计的基本思路同水利工程一样,都是在水量、受力计算等工作基础上合理确定各项设计指标。但淤地坝又有别于一般水利工程,淤地坝的主要目的是拦泥淤地,全拦全蓄、落淤排清是其最基本的设计理念;淤地坝工程建成后运行管理的主体多为广大农民群众,安全、保收又是其设计的重要限制因素。因此,在淤地坝工程的设计过程中,既要按照一般水利工程的设计要求进行严密的水文、水工计算,做到设计工作基础扎实;同时还要考虑到工程运行管理的实际情况,尽量借鉴以往的实践经验。《水土保持治沟骨干工程技术规范》(SL 289—2003)是在总结几十年淤地坝工程建设实践经验的基础上,按照国家技术标准管理规定而制定的适用于黄河流域水土流失严重地区的行业标准。目前,骨干坝设计主要是依照该规范的相关规定来进行,广丰小流域坝系等案例的骨干坝设计正是这样完成的。

1. 库容确定

《水土保持治沟骨干工程技术规范》(SL 289—2003)对库容确定有明确规定:骨干坝总库容由拦泥库容和滞洪库容两部分组成,滞洪库容应根据不同枢纽组成形式采用相应的计算方法确定。由坝体和放水工程组成的两大件工程,其滞洪库容应取一次校核洪水总量;由坝体和溢洪道组成的两大件或由坝体、放水工程和溢洪道组成的三大件工程,滞洪库容应经调洪后确定;放水工程一般不参与调洪。因此,枢纽组成的确定是库容确定以及坝高等指标确定的基础。广丰坝系中的骨干坝均选用了两大件的枢纽组成结构形式,由于两大件是目前最为常见的,因此设计者也习惯性地遗忘或省略了枢纽组成的确定内容,应该补充。另外,报告应该对库容确定的过程及结果进行交代。

按照《水土保持治沟骨干工程技术规范》(SL 289—2003)的规定,在确定拦泥库容时,输沙量应包括悬移质输沙量和推移质输沙量两部分。由于坝系工程所在的小流域一般都缺乏实测资料,很难获得准确的推移质输沙量。为解决这一实际问题,《水土保持治沟骨干工程技术规范》(SL 289—2003)也明确了推移质输沙量可采用比例系数法或已成坝库淤积调查法予以确定。但从近年来的实际情况看,采用比例系数法或已成坝库淤积调查法确定推移质输沙量,应注意以下三方面的问题:一是工程建设时间久远,工程运行中拦、排沙情况缺乏监测资料,应注意调查资料的核实验证;二是来沙量受降雨因素的制约,具有一定的偶然性因素,应注意工程运行年限不能太短;三是输沙量计算宜采用多种方法进行综合分析验证和确定。

2. 坝高、淤地面积确定

坝高确定的基础是坝高—库容曲线,淤地面积确定的基础是坝高—淤地面积曲线,坝高—淤地面积—库容曲线一旦绘制完成,坝高、淤地面积的确定就变成了简单地在曲线上读取相关数据。所以,绘制坝高—淤地面积—库容曲线是坝高、淤地面积确定的基础性工作。因此,在这部分应首先说明坝高—库容—淤地面积曲线确定的方法,通过逐坝量算在方格纸上绘制坝高—库容—面积曲线图;然后进行坝高、淤地面积确定;最后还应结合坝高、淤地面积的确定结果,列表说明主要特征值(包括淤地面积、淤积库容及拦泥高、总库容及滞洪坝高、总坝高等)。

3. 坝体断面设计

在可行性研究阶段,坝体断面设计的主要指标有:坝坡坡比、坝顶宽度、马道宽度及台级数、坝顶长度以及反滤体的结构尺寸等决定坝体规模的指标,至于其他细部结构及尺寸(如坝坡排水沟)等,将在初步设计阶段来确定。

要确定坝体断面的主要指标，首先需要根据当地的实际情况，对筑坝材料和坝型予以确定。筑坝材料选择的最基本原则是就近取材。由于黄土高原地区土料储量比较丰富，目前多采用均质土坝形式。随着现代化施工机械的不断应用，与水坠法施工相比，碾压坝在施工效率、工期保证等方面有着明显的优势，因而目前黄土高原地区也多采用碾压法施工。

坝顶宽度、坝坡坡比、马道宽度及台级数的确定，在《水土保持治沟骨干工程技术规范》(SL 289—2003)中都有相应的取值规定。因而，这些指标的确定其实就成了根据已确定的坝高，在规范规定的范围内合理选取规定值。广丰小流域也是按照这样的思路确定了有关指标，但都存在的问题就是文字报告照搬《规范》，用规范性的内容、规范性的语句代替有关必要的文字说明，从而使报告内容与实际情况结合得不够紧密。

要取得坝顶长度的具体数据，需要利用坝址地形图、坝址沟道横断面图，通过对坝体的具体布置，在图上具体量得。在前一阶段，黄土高原地区第一批水土保持淤地坝试点坝系中的一些工程由于坝址地形图、坝址沟道横断面图测量不准确或未进行现场实测，使可研阶段所确定的坝顶长度与实际情况出入较大，给后来的设计、施工等都带来了许多不便。所以，准确无误的坝址地形图、坝址沟道横断面图是坝顶长度确定的关键所在。另外，在坝顶长度确定过程中，一些地方忽略了岸坡削坡，使可研所确定的坝顶长度比建成后的实际坝顶长度短，造成可研所定坝体工程量偏少、投资偏小，为后续工作带来了困难；相反，一些地方将岸坡削坡放大，使可研所确定的坝顶长度比建成后的实际坝顶长度长，也为后续工作带来了难度。

在可行性研究阶段，是否需要反滤体以及反滤体的结构等是坝体断面设计部分必须考虑的内容，因为这涉及到石方量以及投资规模的确定。但目前许多设计单位还没有意识到这一点，有的不是遗忘了反滤体设计，就是将反滤体设计简单化处理，给以后工作带来不便。

4. 溢洪道设计

广丰小流域坝系的骨干坝全部为“两大件”，没有设置溢洪道工程。淤地坝工程枢纽选用两大件还是三大件，虽然目前也存在一些不同看法，但主流意见认为：黄土高原地区局部短历时的暴雨多，洪水径流一般表现为峰高量小，而以库容制胜的淤地坝其实际有效库容已经包括了设计年限内流域泥沙累计淤积量和一次校核洪水总量，且放水建筑物满足 3 ~ 5 天泄完 10 年一遇洪水总量或 4 ~ 7 天泄完设计频率的一次洪水总量，从安全的角度分析，不设溢洪道对工程安全不会有大的影响。另外，黄土高原地区一般是建坝土料极其丰富，而修建溢洪道所需的砂石料等相对缺乏，增大坝体土方量，减少修建溢洪道所需的混凝土或浆砌石数量，有利于降低工程造价，简化施工技术的复杂性，加快工程进度。因此，从安全、经济等多方面考虑，骨干坝一般宜采用高坝大库容的形式，即只设坝体、放水设施两大件。但对于个别控制面积较大，坝址受地形限制不能过高且经坝系调洪演算后，有一定洪量需要及时下泄的骨干性控制工程，可以考虑除设坝体、放水设施外再增设溢洪道。据此可以认为，广丰小流域坝系所有骨干坝的枢纽组成应该是比较合理的。

5. 放水工程设计

广丰小流域坝系的放水工程采用了卧管式放水，由卧管、涵洞和消能设施组成。卧管采用钢筋混凝土方形，输水涵洞采用钢筋混凝土无压涵管。

淤地坝建设发展到现在，许多设计理念已经步入了"再实践"阶段，许多原应通过理论计算来确定的指标、参数，现在已通过人们长期的实践而被总结、提升为可直接参考采用的经验数据，前文所列表6－8"方形卧管流量与卧管、消力池断面尺寸"等数据就是这样得来的。有关省（区）的技术手册中也多列出了本省（区）可直接参考采用的经验数据。广丰坝系放水工程设计的许多地方就采取了这种技术路线。如广丰坝系，其卧管侧墙基础各部分尺寸参照《甘肃省水土保持治沟骨干工程技术手册》附录五（方形卧管侧墙、基础尺寸表）选取，卧管消力池侧墙基础各部分尺寸参照《甘肃省水土保持治沟骨干工程技术手册》附录六（卧管消力池侧墙、基础尺寸表）选取，涵管管壁厚按《甘肃省水土保持治沟骨干工程技术手册》附录九（预制钢筋混凝土圆管管壁厚表）选取，涵管截水环和管床结构尺寸，参照《水土保持治沟骨干工程技术规范》（SL 289—2003）及结合已建工程经验选取。

需要提出的是，在选用这些数据时应注意两方面的问题：一是这些数据是有关方面通过对大量的实践经验总结而来，对于适用范围内的绝大多数地方是适应的，但有时也可能会出现例外情况，因此在选用时必须通过必要的计算予以演算、确认；二是由于各省（区）技术手册颁布的时间迟早不一，有的时间早于《水土保持治沟骨干工程技术规范》（SL 289—2003），行业标准中的一些新精神技术手册中没有考虑，因此在选用时还应对照行业标准，若技术手册与行业标准有不一致之处，应以行业标准为准。

6. 典型设计

目前，在可研报告中，各地在处理典型设计时口径不尽一致，设计的具体内容也不统一，典型设计编排的位置也有区别：有的将典型设计的有关内容放在骨干坝主要技术经济指标确定的最前边，有的将其放在了最后边。造成这些混乱现象的根本原因应该是:当前人们对典型设计在骨干坝主要技术经济指标确定过程中的实际作用认识不一。在人们通常的印象中,可研阶段采用的是粗线条勾画的方法,工程各项指标的确定应该通过“典型设计”来推而广之。但《规定》对骨干坝主要技术经济指标确定的要求却是:“逐座确定骨干坝的主要技术经济指标”,并没有对典型设计提出明确要求,致使各坝系在对待典型设计的问题上无所适从。这一现象也对各坝系在说明骨干坝主要技术经济指标确定的方法时造成了影响。

按照目前的要求,典型设计在骨干坝主要技术经济指标确定过程中的实际作用应该表现在两个方面:一是对一些诸如放水建筑物开挖量等在逐座确定过程中无法精确计算,但在项目总规模中应该考虑的指标确定提供定额性的数据资料;二是通过典型设计,使其达到施工要求的深度,不仅为以后的设计、施工等提出具体的技术要求,而且也为随后开展的其他工程扩大初步设计提供样板。因此,可研报告中典型设计部分的主要内容不能缺少典型工程的基本情况、典型性(或代表性)描述、具体设计及其主要成果以及其他工程有关指标确定可以采用的结论性定额指标等,其中对其他工程有关指标确定具有借鉴作用的定额性指标需通过分析后给出明确结论,切不可将典型设计做成对已确定指标的文字描述。

可研报告中典型设计部分与典型设计附件的作用不完全一致。可研报告中典型设计部分是对其附件的升华和提炼,立足点是整个坝系;而附件仅作为一份独立的设计成果,就本坝而言本坝。所以,可研报告中典型设计部分不应和附件一个口径,而附件也可以不包括有关对其他工程影响的分析内容。

7. 工程量计算

广丰小流域坝系的工程量计算,在坝体土方量计算中,采用的是横断面法,放水工程的混凝土、石方采用了断面面积与长度之积,其计算方法是合理的。但其计算结果也提醒我们以下几点:

(1)计算中不可有漏项。避免导致整个项目工程量不够,总投资不足。

(2)涵管(洞)工程量的计算应结合实际。目前,骨干坝所采用的涵管(洞)施工方法存在两种情况:一种是浆砌石涵洞,另一种是使用成品预制涵管。对浆砌石涵洞来说,其工程量应该通过断面面积与长度之积求取;而对成品预制涵管来说,目前市场上不同规格、不同节长都有不同的单价,通过节数就能算出涵管的总价格。因此,只要确定了涵管规格,求得成品预制涵管的节数后,就可满足投资估算的要求,从而不需要具体计算涵管的实际方量。

(3)在坝体土方量计算时,目前多采用横断面法,这种方法往往会使削坡部分被遗漏，应引起重视。

四、应注意的问题

（一）设计所需要的主要基础图件

1. 库区地形图

库区地形图是反映骨干库坝淹没范围内的地形变化情况，以用来计算不同水位时相应的库容和淤地面积数量，绘制水位—库容关系曲线和水位—淤地面积关系曲线的基础图件。其比例尺应为1∶5 000～1∶2 000。也可采用1∶10 000地形图直接量取。但不得采用1∶10 000或更小比例尺地形图放大、内插等高线的方法取得。

2. 坝址地形图

按照《水土保持治沟骨干工程技术规范》（SL 289—2003）的要求，应在实测1∶1 000～1∶500坝址地形图上进行工程设计与平面布置，不得用放大的地形图代替。

3. 坝址横断面图

应按《规范》要求实测，1∶500～1∶100坝址横断面图。

（二）工作方法及步骤

传统的方法是：在不同建设性质（新建、加固）的骨干坝中，各选择一座具有代表性的工程作为典型，对其进行扩大初步设计。在此基础上，再对每座骨干坝进行轮廓设计，分别确定其主要技术指标，计算各分部工程的工程量和材料用量，完成表5－17、表5－18。

目前，随着CAD等先进技术的不断普及，根据水利部《关于印发黄土高原地区水土保持淤地坝工程建设管理座谈会会议纪要的通知》（办水保[2007]12号），要求“小流域坝系所有单坝工程的初步设计及其批复，应在小流域坝系可行性研究报告批复后半年内全部完成”，许多地方在可行性研究阶段一次性地完成了全部的单坝工程初步设计，通过具体设计来完成主要技术经济指标的确定。

在这一阶段，首先需要完成的主要基础工作有以下几点。

1. 实测坝轴线处沟道横断面

实测时应尽量多地布设测点，并且在地形有明显变化的地方必须布点，以保证其成果图与实际地形尽量一致。其成果图应绘制在方格纸上，且纵、横比例要一致，并注明坝肩土石分界线等。

2. 量算并绘制坝高—库容、坝高—淤地面积关系曲线

骨干库坝水位—库容、水位—淤地面积关系曲线绘制一般采用等高线法和

断面法。

1)等高线法

利用库区地形图,由最低点开始逐根量出等高线与坝轴线所组成的封闭图形的面积,直至略高于设计坝顶高程。按表6－31进行逐项记录和计算。根据表中1列和3列、1列和7列,以水位为纵坐标,库容量和淤地面积为横坐标,在方格纸上制图,即得水位—库容、水位—淤地面积关系曲线。

表6－31　水位与库容、淤地面积计算

水位(m)	坝高(m)	蓄水或淤地面积(m^2)	平均淤地面积(m^2)	水层或淤积厚度(m)	层间体积(m^3)	库容累计(m^3)
1 633.5	0	0				
1 634	0.5	12 000	6 000	0.5	3 000	3 000
1 635	1.5	23 400	17 700	1.0	17 700	20 700
1 636	2.5	36 200	29 800	1.0	29 800	50 500
1 637	3.5	37 880	37 040	1.0	37 040	87 540
1 638	4.5	41 600	39 740	1.0	39 740	127 280
⋮	⋮	⋮	⋮	⋮	⋮	⋮

2)断面法

首先测出坝轴线处的沟道横断面,然后在库内沿沟道施测一条与坝轴线垂直的纵断面,其桩号位置应根据两山坡及河槽河滩变化定出,量出桩号间的距离,并测出各桩号处的横断面。计算库容与淤地面积时,在各横断面图上以不同水位为顶线,求出各横断面图上不同水位高程以下的横断面面积与相应水面,然后将相邻的两断面面积与水面宽的均值乘以相应的断面间距,便得出此二断面间不同水位时的容积和可能淤地面积。最后把各段容积、可能淤地面积按不同水位相加,即得出各种不同水位时的库容与淤地面积。列成表6－32,即可绘制相应的关系曲线。

3.选择枢纽组成

从黄河流域各省(区)已建骨干坝看,骨干坝枢纽组成多为两大件(坝体、放水工程),也有三大件(坝体、溢洪道及放水工程)。从黄土高原的具体情况和安全经济方面考虑,骨干坝一般宜采用高坝大库容的形式,即采用坝体、放水工程两大件。对于个别控制面积较大,坝址受地形限制不能过高且经坝系调洪演算后，有一定洪量需要及时下泄的骨干坝，可以考虑增设溢洪道。具体应根据坝系工程滞洪的骨干坝调节能力而定。

表 6－32　水位库容、淤地面积计算

水位(m)	库容(m^3)	淤地面积(m^2)	水位(m)	库容(m^3)	淤地面积(m^2)
102	13 000	4 600	108	154 000	15 600
104	39 000	5 000	110	262 000	27 000
106	84 000	9 500	112	412 000	43 336

4. 选择坝型

坝型选择应本着因地制宜、就地取材的原则，结合当地的自然经济条件、坝址地形地质条件，以及施工技术条件，进行技术经济比较合理选择。目前，黄土高原大部分地区采用均质碾压土坝。少数地区也有采用心(斜)墙坝和多种土质坝的，还有一些地方采用水坠坝。

黄河中游晋、陕、豫三省的黄河干流沿岸部分地区及其他个别地方，由于当地沟道较窄，两岸及河床均为岩石基础，石料丰富，石料相对容易采集，土料缺乏，设计中也有采用土石混合坝、浆砌石拱坝或砌石重力坝的。

不同坝型及其特点和适用范围见表 6－33。

5. 选择筑坝土料

《水土保持治沟骨干工程技术规范》(SL 289—2003)规定，土料选择及填筑标准应满足以下要求。

1)水坠坝土料选择与填筑标准

(1)修建水坠坝的土料(黄土、类黄土)应符合表 6－34 的规定。

(2)边埂应采用分层碾压施工，设计干容重不应低于 1.5 t/m^3。

(3)冲填泥浆的起始含水量应按 40%～45% 控制，相应稳定含水量应控制在 20%～24%，干容重不得低于 1.5 t/m^3。

2)碾压坝土料选择与填筑标准

(1)一般黄土、类黄土均可作为碾压筑坝土料，其有机质含量不应超过 2%，水溶盐含量不应超过 5%。

(2)坝体干容重应按最优含水量控制，不得低于 1.55 t/m^3。

表6－33　不同坝型特点和适用范围

坝型		特点	适用范围
均质土坝	碾压坝	就地取材,结构简单,便于维修加高和扩建;对地质条件要求较低,能适应地基变形,但造价相对水坠坝要高,坝身不能溢流,需另设溢洪道	黄土高原地区
	水坠坝	就地取材,结构简单,施工技术简单,造价较低,但对土料的黏粒含量有要求(一般要低于20%),对地形条件也有要求,且要有充足水源条件	黄河中游多沙粗沙区的陕西、内蒙古、山西和甘肃的部分地区
	定向爆破—水坠筑坝	就地取材,结构简单,建坝工期短,对施工机械和交通条件要求较低,但对地形条件和施工技术要求较高	黄河中游交通不便、施工机械缺乏、干旱缺水的贫困山区
土石混合坝		就地取材,充分利用坝址附近的土石料和弃渣,但施工技术比较复杂,坝身不能溢流,需另设溢洪道	晋、陕、豫三省的黄河干流和渭河干流沿岸,当地石料、土料丰富,适合修建土石坝
浆砌石拱坝		坝体较薄,轻巧美观,可节省工程量,但施工工艺较难,对地形、地质条件要求较高,施工技术复杂	适用于晋、陕、豫三省的黄河干流沿岸,当地沟床较窄,多为石沟,石料丰富,砌筑拱坝条件优越

表6－34　水坠筑坝土料指标

项目	黏粒含量(%)	塑性指数	崩解速度(min)	渗透系数(cm/s)	有机质含量(%)	水溶盐含量(%)
指标	3～20	＜10	＜10	$>1\times10^{-6}$	＜3	＜8

6. 确定主要技术经济指标

结合当地实际,按照有关要求,逐项确定工程的各项技术指标。

第三节　典型中小型淤地坝设计

一、《规定》要求

中小型淤地坝结构设计采用典型坝进行。

(一)典型坝的选择

根据中小型淤地坝的控制范围,结合流域洪水、泥沙特点,对其进行分级(中型坝控制面积级差0.4 km^2,或库容级差10万 m^3,小型坝控制面积级差0.3 km^2,或库容级差5万 m^3),分别选取不同级别的中小型淤地坝,并进行代表性分析。

(二)不同级别中小型淤地坝典型指标的确定

按照骨干坝的方法,分别分析不同级别的典型中小型淤地坝的主要工程结构(坝体、溢洪道、泄水洞),进行详细的典型设计,并附设计报告。

(三)其他中小型淤地坝工程技术指标的推算

根据不同级别中小型淤地坝典型的设计指标估算出各类(级)中小型淤地坝的主要工程量和材料用量。列表汇总中小型淤地坝的技术经济指标。见表5-17、表5-18。

汇总各个骨干坝和不同级别中小型淤地坝典型(坝体、溢洪道、泄水洞)的断面图、关系曲线、计算公式、主要指标表等,编制坝系工程设计报告(可研报告附件)。

二、技术要点

同骨干坝一样,中小型淤地坝主要指标的确定途径也是进行必要的工程设计。目前中型坝也要求坝坝到位。在目前的实际工作中,许多地方在可行性研究阶段一次性地完成了全部的单坝工程初步设计,通过具体设计来完成主要技术经济指标的确定,这种做法较《规定》所要求的工作更为细致,设计精度更高,所确定指标更为精确,在条件许可的情况下是应该提倡的。

典型坝的具体设计方法参见第二节骨干坝主要技术经济指标的确定。这里就《规定》中有关中小型淤地坝主要技术经济指标确定的要求作如下具体说明。

(一)典型坝的选择

在典型坝的选择中具体应包括两大内容:一是中小型淤地坝分级,二是典型坝选择及其代表性分析。

1. 中小型淤地坝分级

按照《水土保持综合治理技术规范 沟壑治理技术》(GB/T 16453.3—1996)的规定,中小型淤地坝的界定指标有坝控面积、库容、坝高、淤地面积等,其具体规定是:中型淤地坝一般坝高 15 ~ 25 m,库容 10 万 ~ 50 万 m^3,淤地面积 2 ~ 7 hm^2,修在较大支沟下游或主沟上中游,单坝集水面积 1 ~ 3 km^2,建筑物少数为土坝、泄水洞与溢洪道三大件,多数为土坝与溢洪道或土坝与泄水洞两大件。小型淤地坝一般坝高 5 ~ 15 m,库容 1 万 ~ 10 万 m^3,淤地面积 0.2 ~ 2 hm^2,修在小支沟或较大支沟的中上游,单坝集水面积 1 km^2 以下,建筑物一般为土坝与溢洪道或土坝与泄水洞两大件,可采用定型设计。《规定》对中小型淤地坝分级的要求是:根据中小型淤地坝的控制范围,结合流域洪水、泥沙特点,对其进行分级(中型坝控制面积级差 0.4 km^2,或库容级差 10 万 m^3;小型坝控制面积级差 0.3 km^2,或库容级差 5 万 m^3)。这里主要强调了坝控面积和库容两个指标。但通过各地多年的实践发现,按照坝控面积判断的淤地坝类型,有时与利用库容判断的淤地坝类型发生矛盾,有时与坝高之间发生矛盾。对此,有专家就建议对有关规范条文进行补充修改,不再用控制面积限制淤地坝的类型,即仅采用库容大小划分淤地坝的类型。所以,在中小型淤地坝主要技术经济指标确定时,通常采用库容大小对中小型淤地坝进行分级。

中型淤地坝最多可分为四级:

Ⅰ级:库容 10 万 ~20 万 m^3;

Ⅱ级:库容 20 万 ~30 万 m^3;

Ⅲ级:库容 30 万 ~40 万 m^3;

Ⅳ级:库容 40 万 ~50 万 m^3。

小型坝可划分为两级:

Ⅰ级:库容 1 万 ~5 万 m^3;

Ⅱ级:库容 5 万 ~10 万 m^3。

2. 典型坝选取

1) 典型坝的数量

按照《规定》要求,对一个坝系来说,中型坝、小型坝的典型坝数量不一定仅为“各一条”,而是要根据本坝系中小型淤地坝的实际分级情况,分别选取不同级别的典型中小型淤地坝。例如盐沟坝系,其可研报告所确定中型坝数量共 12 座。在这 12 座中型坝中,有 5 座的库容在 10 万 ~20 万 m^3 之间,有 5 座的库容在 20 万 ~30 万 m^3 之间,另外还有 1 座(开光峁)库容为 36 万 m^3、1 座(十字峁)库容为 43.7 万 m^3,其库容规模共涉及 4 个级别,按照《规定》要求,其典型坝的数量就应该分别在Ⅰ级、Ⅱ级、Ⅲ级、Ⅳ级中最少各选择一条。

中型坝如按照骨干坝的方法逐坝勘测，则不需要分级选取典型坝，而只需要一座典型坝设计即可。

2）典型坝代表性分析

对同一坝系而言，在淤地坝库容已经确定的情况下，由于侵蚀模数、相同频率的洪量模数等为定值，相同坝控面积的中小型坝的库容也就相同，坝控面积对典型坝代表性的影响不是很大，而对坝高、坝顶长、工程量等主要工程规模指标影响最为明显的有沟道形状（U形或V形）、库区沟道比降、沟道宽度以及建设性质等。因此，在选择典型坝时，首先要对全部工程的沟道形状、库区沟道比降、沟道宽度以及建设性质等对坝高、坝顶长、工程量等主要工程规模指标影响最为明显的各种情况进行全面分析，在全面分析的基础上，选择其最能够代表本坝系大部分中型坝和小型坝的工程作为典型进行典型设计。只有这样，通过典型坝推算的工程量等才具有代表性。

对于同一级别的工程来说，工程所在的沟道形状、库区沟道比降、沟道宽度以及建设性质等很有可能存在两个或两个以上的基本类型（如U形沟道和V形沟道的数量基本各占一半等），这时就得增加同级别工程典型坝的数量，以求所选典型坝能够最大程度地代表所有工程。

（二）不同级别典型中小型淤地坝的指标确定

典型坝设计的方法和步骤与骨干坝单坝技术指标确定的方法和步骤基本一样。其他非典型中型坝应逐坝进行轮廓设计。即应经过现场勘察，实测坝轴线沟道横断面，量算绘制坝高—库容、坝高—淤地面积关系曲线，分别估算各分部工程的工程量和材料用量。而小型淤地坝库容可用坝址处沟道断面面积乘回水长度1/3的棱锥体概化法计算，也可采用平均沟长、平均沟宽与层间高度之积的长方体概化法计算。

中小型坝典型设计的实际作用表现在两个方面：一是对其他非典型坝指标确定提供定额性的数据资料；二是通过典型设计，使其达到施工要求的深度，不仅为以后的设计、施工等提出具体的技术要求，而且也为随后开展的其他工程扩大初步设计提供样板。因此，可研报告中典型设计部分除具体设计内容以外，最主要的是，要通过典型设计，确定出其他非典型坝工程规模确定中可以采用的结论性定额指标。

（三）其他中小型淤地坝工程技术指标的推算

根据不同级别典型中小型淤地坝的设计指标估算出各类（级）中小型淤地坝的主要工程量和材料用量。

(四)设计成果汇总

(1)按《规定》附表要求统计骨干坝和中小型淤地坝设计的主要技经指标。

(2)骨干坝和中小型淤地坝的设计,应包括各种图纸、关系曲线、计算公式,主要指标表等应汇总成册,编制坝系工程设计报告,作为可行性研究报告的附件之一。

三、案例剖析

广丰小流域坝系工程可行性研究报告的“典型中小型淤地坝设计”及其评析。

(一)案例

1. 中型淤地坝设计

(1)设计方法。中型淤地坝主要技术经济指标的确定采用与骨干坝相同的设计方法,中型坝均采用两大件。同时,按照扩大初步设计的要求,应对中型坝进行必要的典型设计。

(2)设计标准。根据《水土保持综合治理技术规范 沟壑治理技术》(GB/T 16453.3—1996)及《甘肃省水土保持治沟骨干工程技术手册》,确定中型淤地坝设计洪水频率为5%,校核洪水频率为2%,设计淤积年限10年。

(3)工程设计。按照骨干坝单坝技术指标确定的方法和步骤,分别确定中型淤地坝的主要工程结构(坝体、放水工程)、设计指标、工程兴利指标和建筑物尺寸。

放水工程进行设计时,结合当地实际情况,对于中型淤地坝在达到淤积年限后,为了保证坝地生产,设计流量按4~7日泄完设计洪水总量计算。计算卧管、消力池设计流量时,应考虑由于水位变化而导致的放水孔调节,比正常运用流量加大20%~30%,卧管采用单孔放水进行设计;其设计方法同骨干坝。

广丰小流域坝系中型坝坝高计算结果、主要技术指标及坝体结构尺寸分别见表6-35、表6-36、表6-37。

(4)中型淤地坝典型设计。按照扩大初步设计的要求,对中型坝要进行必要的典型设计。根据控制面积、沟道特征、建坝条件以及库容条件等,选择立家滩中型坝进行典型工程设计(见附件3:广丰小流域立家滩中型淤地坝典型工程设计报告,略)。

典型工程立家滩中型坝基本情况、工程规模及放水工程主要尺寸分别见表6-38、表6-39、表6-40。

表 6－35　广丰小流域坝系中型淤地坝坝高计算　（单位：m）

编号	工程名称	拦泥坝高	滞洪坝高	安全超高	总坝高
GZ_1	簸箕台	6.65	2.97	1.38	11.0
GZ_2	菜子沟	7.20	3.40	1.40	12.0
GZ_3	羊圈沟	13.46	5.18	1.51	20.15
GZ_4	花儿岔	11.65	5.75	1.60	19.0
GZ_5	立家滩	6.32	5.68	1.00	13.0
GZ_6	扬洼台	8.00	4.70	1.30	14.0
GZ_7	黄家湾	9.00	4.92	1.08	15.0
GZ_8	大马营	6.50	3.30	1.20	11.00

表 6－36　广丰小流域坝系中型淤地坝主要技术指标

编号	工程名称	控制面积（km^2）	坝高（m）	库容（万 m^3）			可淤地面积（hm^2）	建设性质	施工方法
				总库容	拦泥库容	滞洪库容			
GZ_1	簸箕台	1.10	11.0	10.93	4.65	6.28	1.56	新建	碾压
GZ_2	菜子沟	1.70	12.0	16.90	7.19	9.71	1.20	新建	碾压
GZ_3	羊圈沟	2.70	20.15	26.84	11.42	15.42	2.05	新建	碾压
GZ_4	花儿岔	1.05	19.0	10.44	4.44	6.00	0.85	新建	碾压
GZ_5	立家滩	1.69	13.0	16.80	7.15	9.65	0.96	新建	碾压
GZ_6	扬洼台	1.10	14.0	10.93	4.65	6.28	1.31	新建	碾压
GZ_7	黄家湾	1.26	15.0	12.53	5.33	7.20	1.1	新建	碾压
GZ_8	大马营	1.09	11.00	10.84	4.61	6.23	10.55	新建	碾压

表 6－37　广丰小流域坝系中型淤地坝坝体结构尺寸

编号	工程名称	坝体						
		坝高（m）	顶宽（m）	顶长（m）	铺底宽（m）	内外坡比（内/外）	马道	
							高程（m）	宽/长（m）
GZ_1	簸箕台	11.0	4.0	120.8	42.5	1∶2.0/1∶1.5		
GZ_2	菜子沟	12.0	4.0	91.4	46	1∶2.0/1∶1.5		
GZ_3	羊圈沟	20.15	4.0	73.2	76.025	1∶2.5/1∶1.5	2 435.00	1.5/42
GZ_4	花儿岔	19.0	4.0	72.2	70.5	1∶2.0/1∶1.5		
GZ_5	立家滩	13.0	4.0	112.0	49.5	1∶2.0/1∶1.5		
GZ_6	扬洼台	14.0	4.0	65.7	53	1∶2.0/1∶1.5		
GZ_7	黄家湾	15.0	4.0	80.0	56.5	1∶2.0/1∶1.5		
GZ_8	大马营	11.00	4.0	97.3	42.5	1∶2.0/1∶1.5		

表 6-38　立家滩中型淤地坝基本情况

坝名	沟道编号	沟道特征及坝址建坝条件	坝控面积(km^2)
立家滩(GZ_5)	I_9	该坝控制范围沟道区间长 1.08 km,沟岸平均宽 30 m,沟底宽 10 m,沟道平均比降 1.0%。坝址河段顺直,岸坡完整;坝址沟道断面形状为 U 形;两岸黄土覆盖,储量丰富;右岸岸坡 1:0.6,左岸岸坡约 1:1,左岸坡适宜布设放水工程;坝址上游库区无淹没损失;施工方法采用碾压法	1.69

表 6-39　立家滩中型淤地坝工程规模

工程名称	工程规模					工程量						工程组成
	坝高(m)	总库容(万 m^3)	拦泥库容(万 m^3)	滞洪库容(万 m^3)	淤地(hm^2)	小计(万 m^3)	土方(万 m^3)	石方(m^3)	混凝土(m^3)	钢筋混凝土(m^3)	预制混凝土管	
立家滩(GZ_5)	13.0	16.80	7.15	9.65	0.96	2.37	2.36		25.9	63.6	Φ0.6 m×2 m/×38 根	两大件

表 6-40　立家滩中型淤地坝放水工程主要尺寸

工程名称	放水流量(m^3/s)	卧管(m)			卧管消力池(m)(宽×高×长)	涵洞(m)($i=1/100$)		出口消力池(m)断面(宽×长×高)	尾水渠断面(宽×长×高)
		高度	进水孔径	断面(宽×高×长)		管径	长度		
立家滩(GZ_5)	0.216	10.75	0.27	0.5×0.5×24.04	0.8×3.76×0.83	0.6	76	0.9×2.74×0.54	

2. 小型淤地坝设计

(1)设计方法。小型淤地坝主要技术经济指标的确定采用与骨干坝相同的设计方法,小型坝均采用一大件,不考虑放水工程的布设。同时,按照扩大初步设计的要求,应对小型坝进行必要的典型设计。

(2)设计标准。按照《水土保持综合治理技术规范 沟壑治理技术》(GB/T

16453.3—1996),并结合近年来该区工程建设实际,确定小型淤地坝设计洪水频率为5%,校核洪水频率为3.33%,设计淤积年限为5年。

(3)小型淤地坝设计。按照骨干坝单坝技术指标确定的方法和步骤,分别确定小型淤地坝的主要工程结构(坝体)、设计指标、工程兴利指标。

广丰小流域坝系小型坝坝高计算结果、主要技术指标及坝体结构尺寸分别见表6-41、表6-42、表6-43。

表6-41　广丰小流域坝系小型淤地坝坝高计算　(单位:m)

编号	工程名称	拦泥坝高	滞洪坝高	安全超高	总坝高
GX_1	小湾	8.92	3.77	1.11	13.8
GX_2	五条沟	8.53	5.64	1.13	15.3
GX_3	二条沟	9.76	4.17	1.17	15.1
GX_4	头条沟	10.02	5.17	1.41	16.6
GX_5	三股岔	4.2	4.8	1.0	10

表6-42　广丰小流域坝系小型淤地坝主要技术指标

编号	工程名称	控制面积(km^2)	坝高(m)	库容(万m^3)			可淤地面积(hm^2)	建设性质	施工方法
				总库容	拦泥库容	滞洪库容			
GX_1	小湾	0.9	13.8	5.90	1.90	4.00	0.35	新建	碾压
GX_2	五条沟	0.31	15.3	2.04	0.66	1.38	0.40	新建	碾压
GX_3	二条沟	0.71	15.1	4.66	1.50	3.16	0.42	新建	碾压
GX_4	头条沟	0.55	16.6	3.61	1.16	2.45	0.25	新建	碾压
GX_5	三股岔	0.78	10	5.12	1.65	3.47	0.47	新建	碾压

(4)小型淤地坝典型设计。按照扩大初步设计的要求,对小型淤地坝要进行必要的典型设计。根据控制面积、沟道特征、建坝条件以及库容条件等,选择三股岔小型坝进行典型工程设计(见附件4:广丰小流域三股岔小型淤地坝典型工程设计报告,略)。

三股岔小型淤地坝基本情况及工程规模见表6-44、表6-45。

表 6-43 广丰小流域坝系小型淤地坝坝体结构尺寸

编号	工程名称	坝体						
		坝高（m）	顶宽（m）	顶长（m）	铺底宽（m）	内外坡比（内/外）	马道	
							高程（m）	宽/长（m）
GX_1	小湾	13.8	4.0					
GX_2	五条沟	15.3	4.0					
GX_3	二条沟	15.1	4.0					
GX_4	头条沟	16.6	4.0					
GX_5	三股岔	10	4.0					

表 6-44 三股岔小型淤地坝基本情况

坝名	所在沟道编号	沟道特征及坝址建坝条件	坝控面积（km^2）
三股岔（GX_5）	I_{36}	该沟道长 1.25 km，沟岸平均宽 20 m，沟底宽 7 m，沟道平均比降 16 %。坝址沟道顺直，岸坡完整；坝址沟道断面形状为 U 形，底宽 7 m；左岸黄土覆盖，储量丰富；左岸岸坡约 1∶1.0，右岸岸坡 1∶2.3，坝址上游库区无淹没损失；工程施工需修上坝道路 0.6 km，架设低压线 0.3 km，施工方法采用碾压法	0.78

表 6-45 三股岔小型淤地坝工程规模

工程名称	工程规模					工程量				工程组成
	坝高（m）	总库容（万 m^3）	拦泥库容（万 m^3）	滞洪库容（万 m^3）	淤地（hm^2）	小计（万 m^3）	土方（万 m^3）	混凝土（m^3）	石方（m^3）	
三股岔（GX_5）	10.0	5.12	1.65	3.47	0.47	1.86	1.86	7		一大件

广丰小流域坝系单坝坝高—库容曲线、坝高—淤地面积曲线、坝址横断面图设计资料见附图一部分（略）。

广丰小流域主沟、百花沟子沟及花儿岔沟支沟沟道纵断面图及骨干坝位置分布图见附图一部分(略)。

(二)案例评析

1. 中型淤地坝

在中型淤地坝主要技术经济指标的确定过程中,广丰小流域坝系采用了与骨干坝相同的设计方法。同时,还按照扩大初步设计的要求,对其中1座中型坝进行了必要的典型设计。工作深度符合《规定》要求。但是从目前的实际情况来看,由于多方面的原因,一些坝址处沟道断面图等基础工作不够扎实,设计所依据的基础资料精度不高,从而导致了这里所确定的有关技术经济指标不同程度地存在失实现象,对下一步扩大初步设计等工作造成了不利限制。由此也提醒我们,淤地坝主要技术经济指标的确定过程是一个完整的系统工程,任何一个环节出现问题,都会影响到成果质量。

由于可研报告在骨干坝技术经济指标确定部分已经将有关设计内容交代得比较详细,本部分报告的主要内容虽基本齐全,但略显简单。分析其原因可能有二,一是设计者可能感觉到有关内容在前边已经有所交代,此处再说就会出现重复内容;二是各坝系实际所采用的设计方法与《规定》所要求的不一致,从而使设计者不知道哪些内容该说,哪些内容不该说。如果是第一种可能,处理的原则应该是:尽量将问题交待清楚;如果是第二种可能,处理的原则应该是:真实反映实际情况。在第二种可能里,若设计过程真正采用了典型设计推算法,报告内容就应该按照《规定》所要求的典型坝的选择、不同级别中小型淤地坝典型的指标确定、其他中小型淤地坝工程技术指标的推算等内容来安排;若采用逐坝确定的方法,报告内容应依旧按照库容确定、坝高与淤地面积确定、坝体断面设计、放水工程设计、工程量计算以及典型设计等内容适当地予以条理性细化。

2. 小型淤地坝

广丰坝系共新布设了5座小型淤地坝。在确定小型淤地坝主要技术经济指标时,广丰坝系根据各小型坝的控制面积、沟道特征、建坝条件以及库容条件等,选择了其中的三股岔小型坝作为典型工程设计,然后按照典型设计推算其他4座工程主要技术经济指标。其确定的基本思路符合《规定》的要求。

黄土高原地区目前在小型淤地坝设计方面存在着一个普遍问题:小型淤地坝的枢纽组成经常会出现脱离实际的一刀切现象,一个时期全部是一大件,一个时期又全部成了两大件。一个时期完全不考虑放水设施,给工程安全留下隐患;一个时期又过分地强调放水设施,致使仅放水设施的造价就占到整个单坝造价的60%甚至更高,造成不必要的投资浪费。所以,在小型淤地坝设计时,一定要从实际出发,切实避免一刀切现象。

四、应注意的问题

可研报告中典型设计部分与典型设计附件的作用不完全一致。可研报告中典型设计部分是对其附件的升华和提炼,立足点是整个坝系;而附件仅作为一份独立的设计成果,其编制内容应该参照《黄土高原地区水土保持骨干坝扩大初步设计编制大纲》进行编写,就典型坝而言其设计。所以,可研报告中典型设计部分不应和附件一个口径。

第七章 监测设施建设

第一节 监测内容

一、《规定》要求

说明坝系监测的主要内容。

主要包括水文泥沙监测、沟道侵蚀动态监测、坝系淤积监测、安全稳定监测、工程建设效果监测等。

二、技术要点

根据监测目的不同，小流域坝系分为水土流失监测示范坝系和非水土流失监测示范坝系两种情况。

（一）水土流失监测示范坝系及其监测内容

水土流失监测示范坝系是指作为黄土高原淤地坝监测系统组成部分的示范坝系，其目的是通过坝系监测体系建设，掌握和了解所在类型区淤地坝对流域水沙的拦截、调节和存贮机理、流域水沙的演变过程等，揭示流域水沙运动规律，为沟道治理措施的布局提供科学依据。同时，通过坝系监测体系建设，评价淤地坝建设对流域植被恢复、土地利用结构调整、退耕还林（草）成果巩固、农民经济收入增长以及交通、教育、卫生等社会状况改善的作用，为科学评价淤地坝建设成效提供技术支持，为淤地坝建设的宏观决策提供可靠依据。目前，这类坝系的数量并不多，整个黄土高原地区共布设了12条小流域坝系，其监测的内容需要按照《规定》的要求进行编制。主要包括以下几方面的内容。

1. 水文泥沙监测

（1）沟道降雨变化。

（2）沟道洪水变化。

（3）沟道泥沙变化。

2. 沟道侵蚀动态监测

（1）沟道横断面形态变化。

(2)沟道纵断面(比降)形态变化。

(3)沟道河床土石质变化。

3. 坝系淤积监测

(1)骨干坝淤积。

(2)中型坝淤积。

(3)小型坝淤积。

4. 坝系安全运行监测

(1)安全运行分类:①已建的各类型坝;②在建的各类型坝。

(2)监测内容:①完好、病险坝的数量;②损坏(含损坏、毁坏、人为破坏)的形式、部位、数量、原因等;③病险坝对坝系正常运行的影响。

(3)坝体及建筑物:①坝体有无滑坡、冲刷、裂缝、沉陷、位移、渗流等;②放水建筑物有无沉陷、裂缝、堵塞、部件损坏等;③对安全运行的影响。

5. 工程建设效益监测

(1)拦泥效益(各类型坝拦泥量、坝系拦泥总量)。

(2)经济效益(淤地面积、利用面积、农作物单产、总产等)。

(3)生态效益(促进退耕还林、加快农村产业结构调整等)。

(4)社会效益(减少入黄泥沙、改善沟道交通、促进地方经济发展)。

6. 雨量、植被变化监测

(1)观测治理前后降雨变化。

(2)观测治理前后植被生长变化。

(二)非水土流失监测示范坝系及其监测内容

非水土流失监测示范坝系是指对小流域坝系建设与运行管理中的水土流失监测未作明确规定的小流域坝系。目前,在黄土高原地区开展的小流域坝系大多属于此类坝系。按照有关规定,这类坝系仍需在施工期内开展为控制水土流失、监测生态环境治理效果相关的监测工作。其所发生的费用按照《水土保持工程概(估)算编制规定》,以"水土流失监测费"计入独立费用。其取费标准为第一部分至第三部分之和的0.3%~0.6%。

非水土流失监测示范坝系的监测的特点是,监测时效短,同一监测站点的资料连续性差。根据近年来黄土高原地区淤地坝试点工程建设情况看,一个坝系的建设需要3~5年的时间,而一座单坝的施工多在一年之内,有的工程仅需要数月的工期即可完工,因此在施工期开展的水土流失监测时效较短。

非水土流失监测示范坝系的监测内容建议如下。

1. 施工期降雨量的监测

施工期降雨量的监测主要是为淤地坝控制范围内的来水来沙量的分析提供基础资料，为分析小流域的降雨量与来水来沙量的关系积累资料，也为小流域坝系建设期水文泥沙分析奠定基础。

2. 施工期来水来沙量的监测

通过施工期淤地坝控制范围的来水来沙量监测，并结合施工期降雨量的监测，为分析计算小流域降雨量与水土流失的关系提供资料，为验证小流域土壤侵蚀模数、揭示小流域水沙运动规律提供基础数据。

3. 施工期坝址区扰动与未扰动地表水土流失监测

提供施工期坝址区扰动与未扰动地表水土流失的监测，分析小流域地表扰动后的水土流失特点和规律，为施工期扰动区的水土流失分析计算提供资料，为扰动区的水土流失防治措施的布局与设计提供依据。

4. 施工期坝址区生态环境治理效果监测

坝址区生态环境治理效果的监测，结合其他监测资料，分析评价流域综合治理效果，为小流域各项治理措施的科学布局与工程设计提供依据。

就每一项监测而言，虽然单坝的监测时段比较短，但各单坝的监测资料在小流域坝系建设期将形成3～5年的实测资料，将这些资料进行统一的汇总分析和积累，将会逐渐形成小流域坝系监测的珍贵资料，为分析不同类型区小流域水沙运动规律和水土流失防治提供技术支持。

三、案例剖析

乌拉素沟小流域坝系工程可行性研究报告的“监测内容”及其评析。

(一)案例

乌拉素沟小流域监测内容包括沟道侵蚀动态监测、坝系淤积监测、安全稳定监测和工程建设效果监测。

1. 沟道侵蚀动态监测

监测治理沟和非治理沟每次暴雨洪水所产生的沟头前进、沟岸扩张、沟道下切的长度、宽度、深度，以及每次暴雨洪水所产生的径流、泥沙量，为沟道侵蚀机理研究和坝系效益分析提供依据。

监测坡度在35°以上沟坡上的崩塌、泻溜、滑坡、泥石流发展趋势和所产生侵蚀量等。

2. 坝系淤积监测

监测典型淤地坝每次暴雨洪水上游来水来沙、库容淤积和出口断面水沙情况，监测由于建坝淤积了坝地使原来侵蚀最严重的沟道不再发生侵蚀，坝地淤积抬高侵蚀基准面使坝地周边的沟底下切、沟头前进、沟岸扩张减轻和淤地坝拦蓄上游洪水减小淤地坝下游侵蚀动力而产生的减蚀作用；监测淤地坝淤地面积、利用面积和坝地配套情况等。

3. 安全稳定监测

根据《土石坝安全监测技术规范》，并结合淤地坝工程等级、规模、结构型式及其所在地形、地质条件和地理环境等因素，淤地坝坝体监测包括变形监测和渗流监测。变形监测包括表面变形、裂缝及接缝和岸坡位移；渗流监测包括渗流量和坝体渗流压力（即观测断面上的压力分布和浸润线位置）。

4. 工程建设效果监测

（1）生态效益。监测淤地坝建设对流域生态环境的影响。包括流域及其典型地块的植被度、土壤理化性质、水质及小气候等。

（2）经济效益。经济效益包括农民经济收入的变化和淤地坝建设对流域工农业生产投入产出（用净现值与内部回收率两个指标）的影响，其基础是对农户经济收入变化的监测，以典型农户定点监测为主，监测典型农户的基本情况，年末生活性、生产性固定资产情况，当年新增生活性固定资产情况，年末生活性消费支出情况，生产投入与产出情况，生产间接投入情况，主产品质量分配情况，农户家庭收支、劳动力使用情况。

（3）社会效益。社会效益指淤地坝建设在促进农业增产、农民增收的基础上，也促进了农村经济发展和社会进步。采用典型地块定点监测和社会调查相结合的方式。典型地块主要监测坝地、坡耕地、水地、荒地的面积，种植作物，耕作情况，投入情况（肥料、农药、劳力等），产出情况（籽实、副产品）、年增产效益等；社会调查主要调查淤地坝建设对流域交通等农业生产条件的改善、劳动生产率的提高、教育等文化基础设施的改善和医疗等社会保障措施的改进等。

（二）案例评析

在小流域坝系可行性研究“监测内容”一节中，首先要交待清楚该坝系是示范性水土流失监测坝系还是一般性的水土流失监测坝系。乌拉素沟小流域坝系虽然提出了自己的监测内容，但仔细分析其所定内容就会发现，如果这些内容是为了满足科学研究而为专业监测者设计的话，内容就显不足；但如果是为了坝系的生产运行而为建设单位（落实到现实当中则是针对广大农民群众和其他现场管理人员）设计的话，内容又显太多、太难，如“沟道侵蚀动态监测”对一般非专业人员来说是很难做到的。所以，今后应首先确定本坝系监测的真正目的，然后再根据目的要求，实事求是地确定自己的监测内容。

四、应注意的问题

《规定》所要求的监测内容是针对已纳入全国水土保持监测规划或上级按类型区提出有监测要求的坝系所提出的，是一套比较全面而系统的内容要求；鉴于目前技术力量和经费等情况，一般无专门要求的坝系，其监测内容不宜广而全，应根据监测的目的，据实确定自己的监测重点。

坝系监测最初的构想是：为了全面、系统地监控和及时掌握坝系工程建设和运行的基本情况，积累基础资料，为坝系工程建设综合效益评价提供技术支撑，为宏观决策提供科学依据。针对这些构想，建设单位可以完成的应当是其中的“全面、系统地监控和及时掌握坝系工程建设和运行的基本情况”，而其他更多的构想内容则应当是针对不同层次的管理者和科学技术人员的，是为管理和科学研究服务的。所以，对没有纳入全国水土保持监测规划或上级没有提出有专业性监测要求的坝系来说，其监测内容应当选择那些建设管理需要且工作量不大、工作难度不高、群众或基层管理人员能够完成的项目。

第二节　监测站点布设原则

一、《规定》要求

说明各种监测站点的设置原则。

主要从站点设置范围、种类、部位，与已有其他观测站点结合，经济、方便等方面说明各种监测站点的选择情况。如雨量站、径流泥沙测验小区、生态监测点（土壤、水质、小气候）、植被监测点（乔木林、灌木林、草地）、骨干坝、中小型淤地坝观测断面如何选择等。

参见“小流域坝系监测技术导则”。

二、技术要点

各种监测站点设置原则的拟定，应符合黄委《小流域坝系监测技术导则》相关要求。具体内容应根据实际确定监测内容，提出在各类监测站点设置时的原则性要求，以保障监测工作能够按照预期目标顺利进行。

针对已纳入全国水土保持监测规划或上级按类型区提出有监测要求的坝系，各种监测站点设置原则，应坚持监测与生产运用相结合、近期与远期相结合、不同空间尺度相结合，还应遵循系统性、实用性、标准化、先进性原则。

系统性原则:监测点布设应科学合理,统筹考虑,突出重点。对单个淤地坝的安全运行指标,蓄水拦沙、生态、经济、社会效益,以及坝系流域沟道、坡面的治理动态、建后效益等进行系统性监测。

实用性原则:监测站点布设和监测方法选择要充分考虑必要性、可行性、实用性和可操作性。同时,考虑现有的技术、设备、资料和其他各种资源。

标准化原则:示范坝系监测体系建设,应将标准化、规范化贯穿于全过程中,严格遵循国家有关标准、技术规范、行业规定和相关要求,仪器设备尽可能标准化、系列化、自动化。

先进性原则:尽量采用自动测报、遥感、GPS 等新技术,实现监测信息的快速获取、传输与分析处理,为分析研究淤地坝建设的效益提供科学依据。

三、案例剖析

乌拉素沟小流域坝系工程可行性研究报告的"监测站点布设原则"及其评析。

(一)案例

1. 布设原则

(1)根据流域淤地坝建设情况,分区域、按工程类型布设监测站网。

(2)根据工程规模、工程布局以及工程运用方式等因素,合理布设监测项目及其相应设施。

(3)监测仪器、设施的选择,力求可靠、经济、实用、先进,便于数据采集、传输、处理、分析、运用等监测信息的系统化管理。

(4)应保证在恶劣气候条件下仍能进行必要的观测。必要时可设立专门的观测站(房)。

(5)监测站点布设应与已有的监测站点相结合,力求做到费省宏效。

2. 监测站点布设

(1)淤地坝库容淤积监测布设。在乌拉素沟小流域上、中、下游分别选择1 ~3座骨干坝(分别为乌拉素沟沟掌、阴湾主沟坝、侯家沟坝),右岸支沟白岭沟坝、大杨凯沟坝、左岸支沟点计沟骨干坝,以及碾房塔沟淤地坝。在这些淤地坝迎水坡面设置永久固定水尺,同时自沟道入库区直至坝前设置 2 ~3 个观测断面,并布设水尺,进行淤地坝库容淤积监测;在淤地坝附近布设地下水水位观测设施。

(2)坝体安全稳定监测布设。坝体变形的水平位移和岸坡位移利用全站仪进行监测,即竖向位移沉降观察,可采用埋设沉降管、沉降环的方法完成,埋设可随坝体填筑完成，也可在工程完成后，通过打孔完成仪器的安装埋设。

坝体渗流压力观测可在坝体横断面内间隔同样高程等距离地布置渗压计，由渗压计测值加测点对基准面的位势得出测点的总势能，便可绘出断面的等势线和浸润面；在坝址下游附近布设导渗沟，导渗沟出口设量水堰观测其渗流量。

坝体监测布设按不同施工方式、土质类别、坝高、坝坡坡比和岸坡削坡的不同组合进行。乌拉素沟小流域选择5座淤地坝，采用WL型系列涡流式沉降仪、钢弦式渗压仪、全站仪等仪器设备实施坝体监测，见表7－1。

表7－1　乌拉素沟小流域坝体监测布设基本情况

序号	工程名称	坝型	控制面积（km^2）	设计坝高（m）	施工方法	设备型号或名称
1	乌拉素沟沟掌	骨干坝	4.71	18.5	碾压	WL型系列涡流式沉降仪、钢弦式渗压仪、全站仪等
2	阴湾主沟坝		10.31	15		
3	侯家沟坝		12.46	18		
4	白岭沟坝		7.89	24		
5	大杨凯沟坝		8.01	24		

3.效益监测布设

为准确地反映项目实施后的经济与社会效益，在项目区范围内，以村民小组为单元，分典型农户和典型地块两个层次布设监测网点。每个村民小组布设一组典型农户，每组典型农户由好、中、差各1户组成。监测网点长期固定，连续监测。乌拉素沟小流域内有2个村民小组，布设典型农户6户，同时，在这些典型农户中，区分有无坝地典型户，进行对比监测。典型地块原则在典型农户经营的土地上选取，按耕地类型、作物种类和地貌位置布设。乌拉素沟小流域共布设典型地块10块，见表7－2。

表7－2　乌拉素沟小流域典型农户和典型地块布设情况

流域名称	村民小组（个）	典型农户（户）	典型地块（块）		
			坝地	坡耕地	小计
乌拉素沟	2	6	6	4	10

(二)案例评析

就可研报告本身而言,乌拉素坝系监测站点布设原则的主要内容基本达到了《规定》的要求,较明确地拟定了有关监测站点的布设原则,但对照坝系所设计的监测内容,前后内容并不能相互对应。如坝系在监测内容部分提出了沟道侵蚀动态监测,但在本节却并无有关的监测站点布设原则。这就表明其所设计的有关监测内容不便实施。其设计只能停留在文字上,而无法落实到实践当中去。

四、应注意的问题

对于一般坝系而言,其各种监测站点设置原则在系统性和先进性方面可能会存在一定困难,但实用性和标准化原则是必须坚持的。根据以往经验,在拟定各类监测站点设置时的原则性要求时,可主要围绕各种监测站点的布设方法、范围、种类、部位,与已有观测站点结合情况,以及骨干坝、中小型淤地坝选择观测断面情况等方面进行拟定。

第三节　监测站点建设

一、《规定》要求

说明要建设的监测站点种类和数量。

主要包括水文泥沙(径流)监测站、雨量站、坡面径流场、沟道侵蚀监测点(断面)、坝前基本水尺断面、坝内(区)测淤断面、坝体安全监测点、坝系稳定监测点、生态监测点(土壤、水质、小气候)、植被监测点(乔木林、灌木林、草地)等。

二、技术要点

监测站点建设安排可配合文字报告,借鉴表7－3完成。

监测项目的建设内容可配合文字报告,借鉴表7－4完成。

监测站点应标注在坝系总体布局图上。

三、案例剖析

乌拉素沟小流域坝系工程可行性研究报告的“监测站点建设”及其评析。

(一)案例

根据自动监测系统的组成,监测站点种类和数量包括坝体观测断面、生态监测点、植被监测点等,见表7－5。

表 7 – 3　坝系监测站点建设安排

监测内容	站点数量	站点名称	站点布设地点	建设时间	备注
水文泥沙					
雨量监测					
坡面径流监测					
沟道侵蚀动态					
坝系淤积					
安全稳定					
工程建设效果					
植被变化					
生态变化					
⋮					

表 7 – 4　监测站点建设内容统计

站点名称	仪器设备		其他建设内容	备注
	名称	规格型号		

表7－5　乌拉素沟小流域监测站点种类和数量

序号	单项工程名称	单位	数量	小计
1	沟道侵蚀监测点	个	5	
2	坝前基本水尺断面	个	7	
3	坝内测淤断面	个	14	
4	坝体安全和坝系稳定监测点	个	5	
5	生态监测点	个	10	
6	植被监测点	个		

（二）案例评析

按照《规定》“说明要建设的监测站点种类和数量”的要求衡量，乌拉素沟小流域坝系以表格的形式说明了要建设的监测站点种类和数量，满足《规定》的要求。分析其中的具体内容，其沟道侵蚀监测点使第一节的相关监测内容有所落实，但由于第二节并无这方面的布设原则和布设方法，从而使沟道侵蚀监测点无法落实。

四、应注意的问题

对已纳入全国水土保持监测规划或上级按类型区提出有监测要求的涉及监测内容较多的坝系，应首先对已确定的监测内容进行分类，提出各类监测站点建设的数量及建设时间。对一般坝系而言，其监测内容一般不是很多，可直接针对各项监测内容提出站点数量、站点名称、建设地点及建设时间等。

第四节　监测实施方案

一、《规定》要求

说明监测设施建设任务、建设时间和实施方案等。

说明各种监测的程序、方法和要求。

二、技术要点

（一）沟道工程建设动态监测的方法

采取统计调查和跟踪监测的方法。流域内骨干坝和中、小型淤地坝单独建立监测记录,对淤地坝分类编号,并在万分之一地形图上点绘坝系工程总体平面位置图,详细记载全流域已建成的和在建的骨干工程、中型淤地坝和小型淤地坝的坝名、地理位置、坝型、控制面积、坝高、库容(总库容、拦泥库容、滞洪库容)、开工时间、竣工时间等相关信息。监测已建工程和在建工程数量及结构变化对水土流失和径流的影响。

监测频次要求:第一年全面普查,建立监测台账,以后每年进行一次补充调查。

(二)拦沙蓄水监测

1. 拦沙量监测方法

淤地坝泥沙淤积量的测算可采用简化方法进行,一般有平均淤积高程法、校正因数法、概化公式法、部分表面面积法等。对有原始库容曲线的骨干坝及淤地坝淤积量的测算,可选用平均淤积高程法(适用于淤积面比降小于5‰的淤积体)和校正因数法。对无库容曲线的淤地坝淤积量的测算,可采用概化公式法和部分表面面积法。

对于测出的湿泥淤积体体积,要根据泥沙容重换算成重量,在测量时还应调查测算人工回填的土方量,并在淤积量中予以扣除。已经确定的监测工程,在工程施工前要重新校核原始的设计库容曲线,在施工过程中,应监测由于施工而扰动的土方在库内的淤积量。

监测频次为每年汛后进行一次。

2. 输沙量监测方法

在典型区域布设雨量站,数量根据流域面积大小确定,观测降水,推求流域内降水量。在流域出口建设把口站,如小流域出口建有淤地坝,应选择该淤地坝作为监测坝,利用泄流建筑物进行监测。小流域出口没有监测坝的,应在出口附近,选择适宜的位置,布设测验断面进行观测。输沙量监测应在暴雨洪水期间按次洪水进行。

含沙量采用横式取样器法、普通器皿法或比重瓶法测量。流量应根据不同断面采用流速仪法、浮标法、量水建筑物法等方法测量。根据测得的流量、含沙量资料,计算把口站的输沙量。

3. 蓄水用水监测的方法

水面面积的测量应在蓄水量监测的同时进行,采用普通测量的方法结合库容曲线推算。通过坝前水尺上的水位值,根据水位—库容—淤地面积关系曲线,推算淤地坝蓄水量。进行蓄水量监测的同时,采取普通测量和库容曲线图相结合的方法,测量计算水面面积。

灌溉用水量可根据涵管泄水流量的监测计算。人畜用水量采取调查受益区用水人畜数量及年平均用水定额进行概算。蓄水量监测每年汛后进行一次,灌溉用水量在每次泄水时监测,人畜用水量应在每年汛后进行一次量测和调查。

(三)坝地利用及其增产效益监测的方法

1. 坝地利用监测

淤地面积采用实地丈量结合水位—库容—淤地面积关系曲线推算,对各淤地坝的淤地面积进行统计。坝地利用面积采取实地调查测量的方式进行。坝地利用情况调查在对小流域土地总面积、耕地面积统计的基础上,对已利用的坝地面积进行统计。

2. 增产效益监测

采取调查统计的方式,对典型地块和典型农户进行调查。典型地块选择在小流域有代表性的坝地上,主要种植作物每块面积不小于0.5 hm^2。其具体计算方法:一是坝地典型地块上各类农作物应单打单收,分别求得其单位面积的产量;二是根据典型地块各类农作物产量,考虑复种指数,按面积求得加权平均单产。

坝地农作物种植面积监测,应按种植作物种类,考虑作物复种情况,进行调查统计。最后根据典型地块单产监测结果和坝地各类农作物面积,对小流域坝地总产量进行推算。在进行坝地各项指标监测的同时,调查统计小流域粮田总面积、平均粮食单产及粮食总产量。监测频次为每年监测一次。

(四)坝系工程安全监测

1. 坝体和泄水建筑物安全监测方法

坝体和泄水建筑物安全监测主要采取巡视检查的方法,定期对坝系内淤地坝坝体及其泄水建筑物进行现场勘测、调查统计、摄影录像。对发生问题的地方及时进行记录,同时采取补救措施。特别是在汛期前后,按规定的检查项目各进行一次。对发现异常的坝体和泄水建筑物,应进行特别巡视检查,组织专人对可能出现险情的部位进行连续监测。

每年汛前汛后对所有坝体进行比较全面或专门的巡视检查。

2. 坝系安全运行监测方法

以巡视检查为主,抽样调查为辅。一般在汛前、汛后、用水期前后、冰冻期和融冰期进行,每年至少监测2次,在坝系遇到严重破坏,影响安全运行和稳定的情况下,要加大巡查的次数。

三、案例剖析

乌拉素沟小流域坝系工程可行性研究报告的“监测实施方案”及其评析。

(一)案例

1. 监测程序、方法和要求

坝系监测主要运用常规与现代测试技术相结合的观测手段,采取试验观测与实地调查的方法等进行监测。

(1)按照《水文测验规程》观测降雨量、降雨历时、降雨强度、径流量、径流深、输沙量、拦蓄量及蒸发、下渗等指标,调查典型暴雨的有关参数。

(2)利用数字摄影、三维激光扫描仪等现代技术,监测侵蚀特征、类型、数量。

(3)土壤侵蚀大范围采用10 m左右精度的卫星影像和航空摄影,小范围借助GPS和全站仪等进行典型抽样调查。

(4)经济、社会效益监测。采用实地测算和农户调查相结合的方法,获取典型农户和典型单坝的土地利用、投入、产出等监测数据。

(5)生态效益监测。采用实地监测土壤理化性状、水质变化、水分利用、植被覆盖率等。

2. 监测信息处理

各种监测手段,获得的监测信息量大而广,必须采用计算机技术建立现代化的信息处理系统,实现对监测信息的快速采集、存储、管理和分析,才能有效地完成各种信息处理,并实时提出结果,支持综合监测工作。

(1)信息处理系统的内容。包括气象、径流监测点数据、坝系监测数据、坝系效益监测数据、社会经济数据采集;建立水文泥沙数据库、社会经济数据库;坝体工程管理数据库进行数据存储和管理。

系统输出的主要成果有:经整编处理后的多年河道水沙监测基本数据、坝体监测基本数据以及分析后得出的量化结果;社会经济基本数据以及变化幅度;坝系效益监测结果。

(2)监测信息处理系统的管理和运用。由准格尔旗监测部门负责乌拉素沟小流域坝系监测信息的采集、处理、分析和管理,做到信息共享,为规划、科研、开发、决策等提供科学依据。

(二)案例评析

乌拉素沟小流域坝系工程可研报告的“监测实施方案”主要内容基本达到了《规定》的要求,较明确地提出了监测的主要内容,拟定了监测站点的布设原则、监测站点建设的内容与要求以及监测实施方案,但有些实质内容可能很难落实。

四、应注意的问题

根据水土保持监测技术规程规定,水土保持监测主要采取地面观测、遥感监测、调查统计等方法进行。淤地坝监测涉及水土保持监测的多个方面,其监测方法可以是一种,也可以为多种,具体应视监测的内容和目的而定。

第八章　施工组织设计

第一节　建设时序分析

一、《规定》要求

根据坝系工程安全要求，统筹考虑坝系建设的拦沙、淤地目标，合理确定淤地坝建坝顺序，列表说明各年建设的工程数量和名称，见表 8－1。在坝系总体布局图上标明工程建设时间。

表 8－1　坝系建设时序安排

工程类型	××××年	××××年	××××年
骨干坝	（填写坝名）		
中型坝			
小型坝			

二、技术要点

施工组织设计是小流域坝系工程可行性研究报告的重要组成部分，是编制工程投资估算和招、投标文件的主要依据；是工程建设和施工管理的指导性文件。认真做好施工组织设计对准确选定坝址、坝型、枢纽布置、整体优化设计方案、适应施工条件、选定施工方法、做好施工准备、合理组织工程施工、保证工程质量、缩短建设周期、降低工程造价都有十分重要的作用。

坝系工程建设时序分析，首先是要研究在坝系工程中发挥控制作用的骨干坝的建设时序。从 1986 年治沟骨干工程试点建设到现在，每年安排骨干坝的数量有十几座、几十座乃至上百座。由于投资不稳定等原因，使得坝系建设中不同程度地存在着建坝顺序不尽合理的现象。在坝系建设的实践中，由于缺乏最优建坝顺序的投资保障，为了安全考虑，往往放弃了最优的建坝顺序方案，造成坝系中的空坝较多，要淤平种植还需十多年以后，使坝系的拦泥淤地、综合开发利用及投资效益显著降低。

科学合理的建坝顺序不仅能够节约投资，而且能够最大限度地发挥投资效益，达到费省效宏的目的。近年来，随着淤地坝亮点工程的实施及其投资的落实，为科学合理地按建坝顺序组织实施淤地坝建设提供了资金保障。因此，在进行坝系可行性研究中，必须进行建坝顺序的分析，以求最大限度地提高淤地坝建设的投资效益。

（一）坝系建设时序安排的原则

坝系建设时序安排的基本原则是在保障坝系建设安全的前提下，实现坝系工程效益最大化。

1. 骨干坝优先的原则

在坝系建设顺序安排中，应优先考虑和安排在坝系中发挥控制作用的骨干坝的建坝顺序，其次考虑和安排中小型淤地坝的建坝顺序。

2. 坝系建设效益最大化原则

在进行坝系建设时序安排中，可以利用各类淤地坝的设计淤积库容，调整坝系中各坝的建坝顺序，先建坝系中拦泥滞洪效益较高的淤地坝以便尽早实现对流域洪水泥沙的控制，实现坝系建设效益最大化。

3. 坝系建设与运行的安全性原则

在强调坝系建设实施顺序效益最大化原则的同时，应将坝系建设与运行的安全放在首位，无论坝系建设顺序如何调整，都不能以失去坝系建设与运行的安全为代价。因此，在调整和安排建设时序时，应遵循《水土保持治沟骨干工程技术规范》，将坝系的安全指标控制在适当的范围之内。漠视安全和无节制地抬高安全防范标准同样都是不可取的。

4. 坝系建设经济可行性原则

以最小的资金投入换取最大的拦蓄洪水泥沙效益，是坝系建设时序安排的又一原则。当然，考虑坝系建设的实施顺序也是要考虑资金的时间价值。

（二）控制建坝顺序的关键及分析计算方法

1. 控制建坝顺序的关键

确定建坝顺序，实际上是在确定的坝系空间布局方案的基础上，以最大限度地利用骨干坝的拦泥库容为核心，通过合理安排建坝次序，在保障坝系安全的前提下，实现坝系拦泥、淤地和对水土流失控制效益的最大化，提出坝系工程建设的时程布局方案。

2. 骨干坝建坝顺序的分析计算方法

安排建坝顺序首先应充分利用骨干坝建成初期拦泥库容，并以此作为骨干坝在实施过程中的临时滞洪库容，分析计算坝系建设初期单坝的最大控制面积。

骨干坝建成初期最大可控制面积按下式计算：

$$F' = (V - M_{沙} F'n'/\gamma)/M_{洪} \quad (8-1)$$

式中：F'为骨干坝建成初期最大可控制面积，km^2；V为骨干坝的设计总库容，m^3；$M_{沙}$为骨干坝控制范围内的土壤侵蚀模数，$t/(km^2 \cdot a)$；n'为骨干坝建成初期与F'对应的运行年限；γ为坝地淤积泥沙的干容重，t/m^3；$M_{洪}$为骨干坝控制范围内的校核洪水洪量模数，m^3/km^2。

以土壤侵蚀模数为10 000 $t/(km^2 \cdot a)$，校核洪水的洪量模数为100 000 m^3/km^2的小流域为例，控制面积为4 km^2、淤积年限为20年的骨干坝的总库容为99.26万m^3，其建设初期4年内的安全控制面积可达到8.0 km^2，是设计控制面积的2倍。而土壤侵蚀模数为16 000 $t/(km^2 \cdot a)$的同样控制面积和淤积年限的骨干坝的总库容为135万m^3，其建设初期4年内的安全控制面积可达到12.0 km^2，是设计控制面积的3倍。

可以看出，侵蚀模数越高其建设初期的安全控制面积增加的幅度越大。同时，增加淤积库容对提高建设初期骨干坝控制面积同样具有十分重要的意义。也就是说，在条件许可的情况下，我们可以通过增加淤积库容的方法，来调整其上游骨干坝的建坝时间，以提高小流域水沙利用率和坝地利用时间。所需增加拦泥库容的计算方法如下：

$$V' = M_{沙}(F' - F)n'/\gamma \quad (8-2)$$

式中：V'为骨干坝建成初期拦蓄设计区间面积以外控制面积内的泥沙所需增加的拦泥库容，m^3；F为骨干坝的设计区间面积，km^2；其他符号意义同前。

通过以上分析，可以得出这样的结论：在进行坝系实施进度安排中，从上而下逐一安排实施的方法是最为安全的，但就整个小流域而言，其控制水土流失的进度却是最为缓慢的；盲目地从下而上地实施，会因为建坝初期控制面积过大而影响坝系的防洪安全。科学的方法是，根据流域的具体情况，按照建坝初期的安全控制面积从上而下地分段安排实施进度。这样，可以提前一半以上的时间实现坝系控制范围的泥沙不出沟。

3. 中小型坝的实施顺序

对一个完善的小流域坝系而言，骨干坝与中小型坝的配置应达到一定的比例，这个比例应是坝系拦泥、淤地、防洪、保收等综合效益最佳的坝系工程配置关系。但对于处于坝系形成阶段的小流域，不应该苛求骨干坝与中小型淤地坝要达到一个什么样的比例。这一阶段坝系的首要任务是在坝系安全的前提下，最大限度地发挥坝系工程的拦泥淤地效益，为坝系尽早投入生产创造条件。

过早地在坝系单元内配置中小型淤地坝，不能增加坝系工程的拦泥淤地效益。由于位于骨干坝控制范围（坝系单元）内的中小型淤地坝，其设计淤积年限和防洪标准均低于骨干坝（一般骨干坝为20年，中型淤地坝为10年，小型淤地坝为5年），这就使得在骨干坝设计运行期内，中小型淤地坝要么需要加高加固，要么淤满后由于防洪标准不足，在大于其设防标准而低于骨干坝设防标准洪水条件下，被冲垮而被骨干坝所拦截。这样就达不到有效延长骨干坝设计淤积年限的目的。

科学的配置应是在坝系形成的初期，先建骨干坝，以形成坝系骨架，拦截流域内的洪水泥沙。在骨干坝建成10年后，建设坝系单元内的中型淤地坝，在中型淤地坝建成5年后，建设坝系单元内的小型淤地坝。这样可使坝系在建设初期减少约一半的投资，而达到更好的防洪拦泥淤地与坝系工程安全的效果。

由于目前的投资政策和机制的制约，小流域坝系工程的建设顺序还很难实现理想的顺序。这是因为，在目前的投资政策和机制条件下，一个坝系的实施过程或建设期限不可能拖得很长。为此，有必要研究在更大范围内进行坝系规划，分期进行坝系可研和坝系建设实施的可行性。

（三）影响建坝顺序的主导因子

通过对小流域洪水泥沙、坝系工程结构以及式（8－1）的研究，我们认为，影响坝系建坝顺序的主导因子有：小流域土壤侵蚀模数、洪量模数、骨干坝的设计淤积库容，以及坝系的空间布局方案。其影响作用分析如下：

（1）小流域土壤侵蚀模数。当骨干坝的淤积库容和洪量模数一定时，侵蚀模数越大，建坝顺序调整的幅度就越大。

（2）小流域洪量模数。当骨干坝的设计库容和小流域土壤侵蚀模数一定时，洪量模数越大，建坝顺序调整的幅度就越小。

（3）骨干坝的设计淤积库容。当小流域土壤侵蚀模数和洪量模数一定时，骨干坝的设计淤积库容越大，建坝顺序的调整幅度就越大。

（4）骨干坝的布局方案。骨干坝的空间布局方案对建坝顺序的影响是比较复杂的。应视流域的具体情况及相邻骨干坝之间的关系分析确定。

（四）小流域坝系建设顺序的基本形式

（1）先支毛沟后干沟。符合先易后难的原则，比较安全。适宜户包或联户承包的小流域坝系建设，以及按基建程序审批的面积在50 km^2 以上的小流域。

（2）先干沟后支毛沟。符合拦泥效益最大化的原则。工程建成后当年就可实现小流域洪水泥沙不出沟，存在的问题是小流域坝系建设必须有可靠的后续资金作保证，否则会对因坝系工程不能按进度实施而对主沟道淤地坝的安全造成威胁。始建于20世纪50～60年代的陕西省延安市宝塔区的碾庄沟小流域坝系和横山县赵石畔小流域坝系、山西省中阳县洪水沟小流域坝系、内蒙古自治区清水河县的范四窑小流域坝系和准格尔旗的活鸡兔小流域坝系等，都是按照先干沟后支毛沟的顺序建成的坝系。但由于受当时条件的制约，淤地坝施工缺乏统一的规划设计，这些小流域坝系在运行实践中都不同程度地受到洪水的威胁。随着人们对小流域坝系建设认识水平的提高和各项技术措施的日臻完善，洪水泥沙问题是可以在一定范围内得到妥善解决的。

(3)先干沟分段，按支毛沟划片，段片分治。兼顾了坝系安全与效益的原则。对流域内乡村较多或面积较大的小流域，可以分段划片，实行包干治理，小集中大联片。这种布设方案，兼顾了拦泥淤地效益与工程安全两个方面，适宜于面积在30 km^{2}以上的小流域。从理论上讲，按照这种方案，对流域面积较大的小流域，都可以将其划分为若干段片，实现投资最优化和效益最大化。因此，当淤地坝建设进入基建程序实施时，应该尽量推广这种小流域坝系建设顺序。

三、案例剖析

乌拉素沟小流域坝系工程可行性研究报告的“建设时序分析”及其评析。

(一)案例

淤地坝建设的作用主要体现在两个方面：一是控制水土流失；二是利用淤地坝拦泥淤地、蓄水灌溉等促进地方经济的发展。坝系建设时序分析的目的主要是使先建淤地坝的效益得到更大程度地发挥。首先分析坝系中各坝建设对当地经济发展的重要程度；其次分析先建淤地坝在保证防洪安全的条件下最大限度地发挥其拦沙蓄水效益，从而合理地确定流域坝系建设的顺序。

1. 各坝建设对当地经济发展的重要程度分析

根据单坝功能与作用分析及各坝在蓄水灌溉、人蓄饮水等方面发挥的作用，对地方经济发展的重要程度排序，见表8－2。

2. 保证防洪安全条件下最大限度地发挥各坝拦沙蓄水效益分析

结合各坝建设对当地经济发展的重要程度，在分析各坝在保证防洪安全条件下，最大限度地发挥其拦沙蓄水效益，提出三种建设时序方案。

(1)从上游始建。这种建坝时序，没有结合先建坝建设对当地经济发展的重要性和最大限度地控制洪水泥沙。该方案的优点是能够按照设计的单坝控制面积拦蓄洪水泥沙，按照设计淤积年限运行，骨干坝单坝运行安全。缺点是坝系建成初期骨干坝控制面积较小，中下游沟道水沙得不到拦蓄，单坝库容得不到充分利用，在较长时间内空余库容较大。按照先上游后下游的建坝思想，提出了建坝时序,见表8-3。

表8-2 乌拉素沟小流域新建骨干坝对地方经济发展的重要程度排序

编号	工程名称	控制面积(km^2)	序号	工程名称	控制面积(km^2)
1	阴湾主沟	10.31	8	安家渠	8.73
2	苏家塔	13.67	9	油房沟	6.73
3	侯家沟	12.46	10	乌拉素沟掌	4.71
4	白岭沟	7.89	11	点计沟	4.00
5	五当沟	6.98	12	秦家沟	3.10
6	大杨凯沟	8.01	13	乡塔沟	2.71
7	小杨凯沟	3.32	合　计		92.62

表8-3 从上游开始建坝时序分析

建坝时序	工程名称	控制面积(km^2)	骨干坝总库容(万 m^3)	坝控范围内来水来沙(万 m^3)			设计总库容与年来水沙总量之差(万 m^3)
				一年来沙量	300年一遇洪量	小计	
2005年	乌拉素沟掌	4.71	163.02	5.76	47.90	53.66	109.36
	油坊沟	6.73	232.93	13.98	116.34	130.32	102.61
	白岭沟	7.89	273.08	9.64	80.24	89.88	183.20
2006年	安家渠	8.73	302.15	10.67	88.78	99.45	202.70
	五当沟	6.98	241.58	8.53	70.99	79.52	162.06
	阴湾主沟	10.31	356.83	12.60	104.85	117.45	239.38
2007年	三道沟	2.18	42.09	2.66	22.17	24.83	17.26
	大杨凯沟	8.01	277.26	9.79	81.46	91.25	185.98
	小杨凯沟	3.32	114.91	4.06	33.76	37.82	77.09
2008年	苏家塔	13.67	397.67	14.04	116.85	130.89	266.78
	秦家沟	3.10	107.29	3.79	31.53	35.32	71.97
	乡塔沟	2.71	93.79	3.31	27.56	30.87	62.92
2009年	点计沟	4.00	138.44	4.89	40.68	45.57	92.87
	侯家沟	12.46	431.25	15.23	126.72	141.95	289.30

通过对始建骨干坝上游来水来沙进行分析计算，从表 8－3 分析可以看出：采取这种建坝时序，骨干坝总库容远远大于其控制范围内 300 年一遇的洪量，工程运行安全，但有可能较长时间为空库，不够经济。

（2）从中游始建。这种建坝时序，结合了先建坝建设对当地经济发展的重要性和最大限度地控制洪水泥沙。优点是坝系建成初期骨干坝能够控制较大范围的水沙，可利用上下游工程建设间隔年限较短的有利条件，有效利用拦泥库容拦蓄中游以上沟道的洪水泥沙，单坝库容得到充分利用。缺点是由于上游骨干坝没有建设，单坝在运行中，控制面积较大，加大了单坝的防洪压力，单坝不能够按设计的淤积年限运行。按照此种建坝时序的思想，从先建坝建设对当地经济发展的重要性、最大限度地控制洪水泥沙以及防洪安全分析，提出了较为优越的建坝时序，见表 8－4。根据表 8－4 分析，此方案能保障防洪安全，剩余库容较小，比较经济。

表 8－4　从中游开始建坝时序分析

建坝时序	工程名称	控制面积（km^2）	骨干坝总库容（万 m^3）	坝控范围内来水来沙（万 m^3）			设计总库容与年来水沙总量之差（万 m^3）
				一年来沙量	300 年一遇洪量	小计	
2005 年	阴湾主沟	30.73	356.83	37.56	312.52	350.08	6.75
	五当沟	6.98	241.58	8.53	70.99	79.52	162.06
	油坊沟	11.44	232.93	13.98	116.34	130.32	102.61
2006 年	白岭沟	7.89	273.08	9.64	80.24	89.88	183.20
	大杨凯沟	8.01	277.26	9.79	81.46	91.25	185.98
	苏家塔	20.09	397.67	24.55	204.32	228.87	168.80
2007 年	安家渠	8.73	302.15	10.67	88.78	99.45	202.70
	侯家沟	35.94	431.25	43.93	365.51	409.44	21.81
	小杨凯沟	3.32	114.91	4.06	33.76	37.82	77.09
2008 年	乌拉素沟掌	4.71	163.02	5.76	47.90	53.66	109.36
	三道沟	2.18	42.09	2.66	22.17	24.83	17.26
	点计沟	4.00	138.44	4.89	40.68	45.57	92.87
2009 年	秦家沟	3.10	107.29	3.79	31.53	35.32	71.97
	乡塔沟	2.71	93.79	3.31	27.56	30.87	62.92

(3)从下游始建。这种建坝时序，是从沟口开始建坝，主要是考虑先建淤地坝的最大拦沙蓄水效益，主沟分段控制，尽可能保证先建坝的防洪安全，控制全流域的洪水泥沙，取得较为显著的拦沙蓄水效益；不足之处是单坝控制面积过大，可能会造成工程运行中的安全隐患。按照上述建设时序建设思想，结合先建坝建设对当地经济发展的重要性和最大限度地控制洪水泥沙，分析计算出多种建坝组合，表8－5中的建坝时序组合是最安全的一种建坝组合。从表8－5分析，阴湾主沟坝远远达不到300年一遇的防洪标准，会给下游的苏家塔、侯家沟骨干坝带来防洪安全隐患，此方案防洪安全得不到保障，不可取。

表8－5　从下游开始建坝时序分析

建坝时序	工程名称	控制面积（km^2）	骨干坝总库容（万 m^3）	坝控范围内来水来沙（万 m^3）			设计总库容与年来水沙总量之差（万 m^3）
				一年来沙量	300年一遇洪量	小计	
2005年	侯家沟	19.17	431.25	23.43	194.96	218.39	212.86
	苏家塔	28.10	397.67	34.34	285.78	320.12	77.55
	阴湾主沟	45.35	356.83	55.43	461.21	516.64	－159.81
2006年	安家渠	23.35	302.15	28.54	237.47	266.01	36.14
	乌拉素沟掌	4.71	163.02	5.76	47.90	53.66	109.36
	秦家沟	3.10	107.29	3.79	31.53	35.32	71.97
2007年	白岭沟	7.89	273.08	9.64	80.24	89.88	183.20
	大杨凯沟	8.01	277.26	9.79	81.46	91.25	185.98
	小杨凯沟	3.32	114.91	4.06	33.76	37.82	77.09
2008年	五当沟	6.98	241.58	8.53	70.99	79.52	162.06
	油坊沟	6.73	232.93	8.23	68.44	76.67	156.26
	三道沟	2.18	42.09	2.66	22.17	24.83	17.26
2009年	点计沟	4.00	138.44	4.89	40.68	45.57	92.87
	乡塔沟	2.71	93.79	3.31	27.56	30.87	62.92

通过以上三种建坝时序方案分析，从流域中游始建坝既安全经济又合理可

行。因此，本次坝系可研建坝时序选择从中游始建，乌拉素沟小流域坝系骨干坝和中型淤地坝建设时序见表8－6。

表8－6　乌拉素沟小流域坝系建设时序安排

实施年度	骨干工程		中型淤地坝	
	座数	名称	座数	名称
2005	3	阴湾主沟骨干坝、五当沟骨干坝、油坊沟骨干坝		
2006	3	白岭沟骨干坝、大杨凯沟骨干坝、苏家塔骨干坝		
2007	3	安家渠骨干坝、侯家沟骨干坝、小杨凯沟骨干坝		
2008	3	乌拉素沟掌骨干坝、点计沟骨干坝、三道沟骨干坝	2	碾房塔沟、三道沟骨干坝
2009	2	秦家沟骨干坝、乡塔骨干坝	1	郝羊换沟

（二）案例评析

乌拉素坝系在分析各坝建设对当地经济发展的重要程度的基础上，又就先建淤地坝在保证防洪安全的条件下最大限度地发挥其拦沙蓄水效益方面，具体地对从上游始建、从中游始建和从下游始建三种建坝时序方案进行了对比分析，得出了从流域中游始建是既安全经济又合理可行的结论，从而确定了坝系建坝时序从中游始建。其确定的依据充分，说服力强，时序安排比较合理。

四、应注意的问题

可研阶段的施工组织设计当属施工组织总设计，是以整个项目为对象的，是整个项目施工准备和施工的全局性、指导性文件。由于坝系项目工程规模不大，技术相对简单，在进行施工组织总设计时应尽量做到具体化。

在具体安排坝系工程建设时序时，要以骨干坝为主线统筹安排坝系工程建设时序（旧坝改造及施工条件好、效益显著的控制性工程可优先考虑），再根据骨干坝建设顺序和坝系实际情况进行中、小型淤地坝建设时序安排。

第二节　工程建设进度

一、《规定》要求

根据坝系建设规模、设计淤积年限、施工条件、所需投资等，确定坝系工程建设进度安排和建设期,见表8－7。

表8－7　坝系建设进度安排

工程类别	进度计划(座)					
	××××年	××××年	××××年	××××年	××××年	××××年
骨干坝						
中型坝						
小型坝						
合计						

二、技术要点

编制坝系工程建设进度时,应根据国民经济发展需要,采取积极有效的措施满足主管部门对施工工期提出的要求。如果确认要求工期过短或过长、施工难以实现或花费代价过大,应按合理工期进行编制。

坝系工程建设进度是坝系中各单项工程施工活动的时间上的体现。编制的基本依据是坝系工程建设的总体规模、坝系工程建设时序分析、施工条件和所需投资等。其作用是确定各单项工程的开工和竣工时间,进而确定建设期劳动力、材料、施工机械的需要量,以及与之相适应的分年度投资进度。

建坝顺序的合理与否是坝系优化布设的重要因素,直接影响坝系的形成速度、工程投资、坝系拦蓄洪水泥沙和综合效益,是坝系建设的关键环节。本节就是根据建设时序、规模、设计淤积年限、施工条件、所需投资等,确定工程建设期,提出坝系工程进度安排。

(一)坝系工程建设进度安排原则

(1)遵循基建程序,适当留有余地。

(2)根据建设时序分析结论,体现安全前提下的效益优先原则。

(3)在保证工程质量的前提下,加快坝系工程施工进度。

(4)不断提高施工机械化水平,充分利用现有机械设备,减轻劳动力强度,并尽量选用效率高、效果好、成本低、容易掌握的施工机械。

(5)积极采用新技术、新工艺、新材料。

(6)做好人力、物力的综合平衡,力争均衡施工。

（二）坝系工程建设进度的确定

坝系工程建设进度应在施工总进度控制下，保证拟建工程在规定的期限内完成，并发挥投资效益，保证施工的连续性和均衡性，节约施工费用。

各单项工程的施工期限应在坝系工程建设时序分析的基础上，在坝系工程施工安全的前提下，优先安排效益大的工程。分清主次，抓住重点，优先安排坝系中的骨干坝的建设进度，并按照连续、均衡施工的要求，合理安排中小型淤地坝的施工进度，尽量使劳动力、施工机械和物资消耗在坝系工程建设过程中得到均衡，避免出现突出的高峰和明显的低谷，以利于劳动力的调配和原材料的供应。

各单项工程施工进度的安排，还应考虑施工场地转移以及下游工程建设拦蓄洪水对上游工程施工道路的影响。尽量连片施工，避免大跨度施工场地转移和下游工程拦蓄洪水造成上游工程施工道路淹没、重建，造成施工费用增加。

坝系工程建设进度一般采用表 8－7 的形式表达。

三、案例剖析

乌拉素沟小流域坝系工程可行性研究“工程建设进度”及其评析。

（一）案例

根据流域沟道工程现状，按照尽快建立布局合理、配置完善的坝系工程建设目标，考虑本次可研该流域坝系工程建设规模以及流域内水电和交通条件便捷、劳动力充足且施工经验丰富、施工机械先进等良好施工条件，确定乌拉素沟小流域坝系工程建设期为 5 年。建设时段为 2005～2009 年。建设进度安排见表 8－8。

表 8－8　乌拉素沟小流域坝系建设进度安排

工程类别	年进度计划（座）					合计
	2005 年	2006 年	2007 年	2008 年	2009 年	
骨干坝	3	3	3	2	2	13
中型淤地坝				2	1	3
合计	3	3	3	4	3	16

（二）案例评析

乌拉素沟小流域坝系可行性研究报告较好地处理了建设进度与建设时序的

协调与统一问题，建设进度服从了建设时序安排，从而也保证了报告内容的前后一致。坝系总建设期确定为5年，主要是当前的投资政策在其中起了关键作用。

四、应注意的问题

（一）工程建设进度应与当地的经济技术条件相适应

工程建设进度的安排，应与当地的施工技术队伍、技术装备，以及国家投资力度相适应。在黄土高原地区黄河中游多沙粗沙区的一些县（旗），经过多年的水土保持治沟骨干工程建设，培养和造就了一大批技术过硬、经验丰富的淤地坝工程建设管理队伍，有的地方还组建了专业的水土保持施工队伍，所有这些为淤地坝建设的顺利进行奠定了基础。近年来，随着黄土高原地区水土保持淤地坝试点工程的全面启动，淤地坝建设范围不断扩大，不可否认的是，在一些非重点水土流失治理地区，特别是一些缺乏淤地坝建设管理经验的县（旗），在坝系工程进度安排中，应本着循序渐进的原则，逐渐加大施工强度，加快施工进度，积极稳妥地搞好进度安排，避免盲目照搬施工经验丰富地区的进度安排，造成施工进度失控。

（二）工程建设进度安排中各类工程进度应适当均衡

按照目前的投资政策，骨干坝、中型坝和小型坝国家投资占工程总造价的比例是不同的。骨干坝国家补助投资比例较高，而地方匹配比例较小；中型坝国家补助投资比例较小，地方匹配比例较大；以往小型坝国家补助投资比例最小，地方匹配比例最大。最新的投资补助方案是小型坝国家不再补助投资，全部由地方匹配资金建设。因此，在工程建设进度安排中，要将各类工程适当均衡安排，避免国家补助的工程有人干，而国家没有补助的工程不能按要求的进度完成的现象发生。

第三节　施工条件

一、《规定》要求

说明骨干坝的施工期和中小型淤地坝的施工时间。概述交通、水电、道路等施工条件及气候、农事活动等因素对工程的年内施工期和有效施工时间的影响。

说明建筑材料来源情况。

说明当地劳动力的技能情况及施工能力。

二、技术要点

施工条件主要包括以下三大类。

（一）对坝系工程施工的影响条件

包括交通、电力、道路、通讯以及气候、农事活动、拆迁淹没等。交通道路条件应分别简述小流域的对外交通道路条件和小流域内的交通道路条件，以及施工交通道路条件及解决的初步方案；电力条件应简述小流域内电网的分布与走向，以及解决工程施工用电的初步方案；气候、农事活动主要是简述当地的气候特征，适宜的施工期，农忙的时期与工程施工期的关系，以及工程施工劳动力的协调方案；拆迁淹没对象的特征，对工程施工的影响，以及拆迁淹没时期的初步选定等。通讯条件主要描述对施工期防汛抢险队伍组织的影响，以及解决的初步方案。

（二）建筑材料来源和供应

包括筑坝材料的分布、特性、数量、水电供应等。

（三）劳动力状况及施工能力

简述小流域劳动力的分布、数量及施工能力，是否满足工程施工需要，以及劳动力不足情况下的解决方案。

为了更具体地反映施工条件对坝系建设的影响程度，需要对前两节的建设时序安排及进度安排进一步具体化，这就需要首先对骨干坝施工期和中小型淤地坝施工时间进行说明。

三、案例剖析

盐沟小流域坝系工程可行性研究“施工条件”及其评析。

（一）案例

1. 水电及交通条件

该流域低压电网已通到各行政村、自然村，距拟建坝坝址一般都在 1 km 以内，电源供给有保障，但需适当增加临时施工输电线路；沟道内均有大小不等的常流水，部分沟道可满足水坠坝施工用水；流域内有通往各乡、村的道路，但交通条件不好，部分骨干坝及中型淤地坝需要修建施工道路。

2. 气候及其他影响因素

流域地处温带大陆性气候，大陆性气候特点显著，多年平均气温 10 ℃，冻土时间长达 100 天，最大冻土深度为 103 cm，初冻日期在 12 月 1 日左右，解冻日期在 3 月 10 日左右，一般坝系工程施工期为 10 个月，其中约 4 个月为主汛期，坝体施工与放水工程施工有一定冲突,因此合理安排工序和开工时间是解决这一矛盾的重要途径。根据以往的施工经验,3 月中旬开工,汛前达到防汛坝高,或 9 月份开工,来年汛前达到防汛坝高或完成全部工程。流域气候特点为雨热同季,施工期同时也是农作物生长期,施工季节与农民农事活动同步,但由于该区施工一般都采用专业施工队建设,机械化程度比较高,所需劳动力较少,故工程建设受农事活动的影响较小。

3. 建筑材料的供给状况

流域的骨干坝土料上坝运距最大为 120 m,平均运距 80 m;中型坝最大运距 80 m,平均运距 70 m;小型坝最大运距 60 m,平均运距 50 m。土料上坝适应于推土机运土、推土机整平碾压。筑坝土料多为Ⅰ类和Ⅱ类黄土,自然湿容重为 1 650 ~ 1 850 kg/m^3 之间,疏松、透水、黏着力较差,适应于水坠、碾压等方法施工。由于土壤含水量较低,黏着力较差,因此采用碾压法施工时要求沿坝轴线方向铺土,铺土厚度要均匀,每层铺土厚度不超过 30 cm,压实后土料含水量达到 15% ~17%,干容重达到 1.55 t/m^3;对于湿化崩解速度快、透水性强、黏粒含量小、塑性指数小的土壤,有水源条件工程,尽量采用水坠方法施工,其允许充填速度见表 8 -9。流域内石料储量丰富,可就地取材,石料运距在 1 km 以内;水泥、柴油等建筑材料可在佳县城购买,运距 85 km 以内。

表 8 -9　水坠坝允许充填速度

土壤黏粒含量(%)	<10	10 ~ 15	15 ~ 20
旬平均充填速度(m/d)	0.2 ~0.5	0.15 ~0.2	0.1 ~0.15
两日最大升高(m)	<0.8	<0.6	<0.4
月最大升高(m)	<7.0	<5.5	<4

4. 劳动力技能状况及施工力量

坝系工程建设可通过多种形式组建专业施工队伍,实行招标投标制,招聘有施工资质的专业施工队伍参加骨干坝及中型淤地坝的建设,保证施工进度和施工质量。流域所在地干部群众通过多年水土保持治理和淤地坝工程建设,也已掌握了碾压、水坠筑坝的基本操作技能,并具有较为丰富的施工经验,施工力量和劳动技能可以满足坝系建设的要求。

(二)案例评析

盐沟坝系在施工条件的叙述方面具体、细致,如在“气候及其他影响因素”中,重点说明了一般坝系工程施工期为 10 个月,其中约 4 个月为主汛期,坝体施工与放水工程施工有一定冲突,但通过合理安排工序和开工时间等是能够解决这一矛盾的。

四、应注意的问题

本节需要说明各类施工条件对工程施工期和有效施工时间影响的有利和不利因素,并通过寻求应对不利因素的具体措施等,反映施工条件对坝系建设需要的满足程度。

第四节　施工方法

一、《规定》要求

(一)施工准备

简述工程施工、度汛、运输准备。

(二)施工组织与管理

简述施工组织、任务。

简述施工技术、质量要求、主要材料、设备和档案管理。

(三)施工方式与流程

选择施工方式。安排施工导流和导流建筑物的布置。

分别对不同施工(水坠、碾压)方式的坝体和放水工程的施工方法和工艺进行详细设计。绘制工艺流程图。

二、技术要点

(一)施工准备

施工准备是淤地坝建设单位为保证工程开工建设所必须完成的工作。其主要内容包括:施工现场的土地征用、拆迁;施工所需的水、电、通讯、路和场地;必需的生产、生活临时建筑;组织招标设计、咨询、设备和物资等服务;组织建设监理和工程施工的招标投标,确定工程监理单位和工程施工队伍。

1.施工准备的主要内容

淤地坝建设项目在主体工程开工之前,必须完成各项施工准备工作,其主要内容包括:施工场地迁占补偿,施工现场“四通一平”,生产生活临时建筑,组织招标设计,组织招标、投标等。

(1)施工场地迁占赔偿。建设单位根据淤地坝建设项目批准的基建年度计划，分期签订征地协议，办理征地、补偿、拆迁等手续，并拨付、缴纳各项有关费用。

(2)施工现场“四通一平”。建设单位完成淤地坝施工现场的“四通一平”工作，落实施工用水、用电、通信、施工道路等外部条件，完成施工场地平整和障碍物清除等工作，保证施工期间的需要。

(3)生产生活临时建筑。建设单位审核施工组织设计，按淤地坝施工进度要求为施工单位提供必需的临时用房和材料堆放、构件预制、临时设施等用地。

(4)组织招标设计。淤地坝建设项目设计完成后，建设单位应按照招标、投标的有关规定选择施工承包单位。招标设计阶段的工作内容，是在已批准初步设计的基础上，根据淤地坝建设项目的特点制订施工计划，编制招标文件。招标设计文件由建设单位报上级主管部门审定。

(5)组织招标、投标。骨干坝或淤地坝建设一般应采用招标方式来确定施工单位。建设单位决定进行工程项目招标后，要进行招标的组织准备、申请招标、确定招标方式和范围、划分和选择招标合同类型、编制招标文件、编制审核标底等六个方面的工作。

2.淤地坝施工准备的前提条件

骨干坝或淤地坝建设工程项目必须满足以下条件，施工准备方可进行。

(1)初步设计已经批准。淤地坝工程施工准备前，流域机构或省区业务主管部门已经审查和批准了项目初步设计。

(2)项目法人已经建立。大型骨干坝一般由省级水行政主管部门履行项目法人的职责，对建设项目进行管理，是建设项目的直接组织者和实施者，根据项目的建设规模、投资总额、建设工期、工程质量，实行项目建设的全过程管理。中小型淤地坝一般由县级组织履行法人职责，并负责管理。

(3)项目已列入计划。淤地坝工程建设项目已列入国家基本建设项目计划，并按不同的投资比例进行投资建设。

(4)有关土地使用权已经批准。骨干坝或淤地坝工程建设永久占地、取土区挖地、临时占地等工程用土地，根据各级土地管理部门权限，已批准骨干坝或淤地坝建设用地的使用权。

(5)已办理了报建手续。施工准备工作开始前，建设单位须依照管理体制及分级管理权限，向上级主管部门办理报建手续。完成项目报建登记后，方可开展施工准备工作。

3.施工准备工作的实施

(1)建立建设项目管理机构。建设单位应组织成立淤地坝工程建设项目部，并明确项目负责人，项目部委托工程监理单位具体负责工程施工的监理工作。

项目部作为建设单位的代表，负责项目的建设管理。一般下设综合部、计划财务部、工程建设部、安全生产部等部门。

经项目部授权的工程监理单位，对工程建设的质量、进度、造价控制进行综合性的监督管理。一般下设综合部、技术部、合同部、施工监理部、设备安全监理部等部门。

（2）完成施工准备工作内容。淤地坝工程项目部成立后，即可进行施工准备工作的实施。主要内容：办理工程用地手续，协调工程项目所在地地方关系，选择工程监理单位，完成“四通一平”及临时生产、生活建筑工程，组织招标设计、咨询、设备和物资采购，编制招标文件并组织工程招标投标，择优选定施工承包单位等。

（二）施工组织与管理

1. 施工组织机构及其任务

（1）建设单位。根据有关规定，建设单位应在淤地坝建设项目工地设立管理机构，根据一个建设单位可能有多个小流域坝系建设项目且地点分散的实际情况，建设单位可针对各个项目的具体情况，分别组建各个项目的建设管理机构。各项目管理机构对建设单位负责，代表建设单位进行项目建设的现场管理。

建设单位对所有建设项目负总责，进行全面管理。

（2）监理单位。经招投标或其他方式确定了监理单位并签订了监理委托合同以后，监理单位应尽快健全项目监理部，并明确相应的职责。建设单位在检查监理单位的组织落实情况时，应主要检查其人员配备情况，在数量、专业、技术水平等方面应符合合同约定和国家及上级的有关规定。

监理单位应根据监理项目的实际情况和建设单位的授权，制定监理工作规划及监理实施细则，以指导单位内部有效地开展业务工作。完成并批准的监理规划和实施细则需报建设单位。

（3）施工单位。在工程承包合同签订以后，施工单位应尽快建立该项目的施工管理组织机构。组织形式一般是施工项目经理部。项目经理部组建的原则：一是人员精干，二是机构设置合理，三是专业技术力量配置合理，四是授权明确。

施工单位应按照建设单位对淤地坝工程的要求，及时编制施工组织设计，并报请建设单位审查批准；施工单位还应建立完善的内部规章制度，包括工作制度、汇报制度、质量检查制度、各项责任制度、内部承包制度、信息管理制度、奖惩制度等,其中,质量检查制度需报建设单位和监理单位批准。

2. 施工过程中的控制管理

(1)进度控制。建设单位应根据工程工期和阶段进度目标,定期检查并及时掌握工程建设的实际进度,要求监理单位定期汇报工程建设的实际进度,并提供必要的进度报表;监理单位应审批施工单位的施工进度计划,制定相应的进度控制方案,对进度目标进行风险分析,制定防范性对策。当实际进度滞后于计划进度时,监督施工单位尽快采取相应措施进行调整。施工单位要按照计划进度加强内部管理,执行监理单位的指令,以保证建设工期目标能按期实现。

(2)质量控制。淤地坝施工质量由建设单位全面负责,监督施工单位的质量自检系统,通过监理单位监督检查各道工序的施工质量;对分部工程和隐蔽工程进行中间质量检验;及时处理施工中的质量缺陷,避免出现重大质量事故;及时组织进行质量验评和验收。

监理单位要加强施工过程中的质量控制。现场监理人员要明确工程的质量目标,熟悉质量控制的依据和要求,对关键工程部位和关键试验要实行旁站监理,对各道工序及时进行检查和抽查。建立定期向建设单位汇报制度,及时发现和处理施工中的质量缺陷,有大的质量缺陷要及时向建设单位汇报,以便及时研究处理。

施工单位要加强自身质量保证体系的实施,认真落实质量检查制度,填写和妥善保存原始资料。在保证质量的前提下,节约投资,加快进度。

(3)投资控制。建设单位要严格按照合同的约定拨付工程预付款;组织好对费用支出的审核,按形象进度拟定拨款计划;实行监理签证制度,重点做好工程价款的结算支付,严格控制工程变更,采取防范措施,避免索赔事件的发生。

3. 信息、人员和安全管理

(1)信息管理。在淤地坝施工过程中,应充分利用计算机,对施工过程中的工程质量信息、建设进度信息、工程造价信息等进行现场采集,并及时进行筛选、整理、分类、编辑、计算,使之变成可利用的形式。

(2)人员管理。要抓好对主要人员的管理,如监理单位的人员不能随意减少,现场监理工程师不能随意离开工地岗位,离开工地,应征得建设单位的批准;施工单位项目经理部的经理和主任(总)工程师易人和离开工地需经过监理单位的批准。

(3)安全管理。一要抓好安全制度的建立并落到实处;二要参建各方积极为安全施工创造条件;三要严肃、认真处理安全事故并及时上报。

（三）施工方式与流程

1. 淤地坝的施工方式

近年来，各地广泛应用的淤地坝施工方式为机械碾压淤地坝和水坠（水力冲填）淤地坝。在一些地方由于特殊的地形地质条件，也有采用浆砌石重力坝、堆石坝和干砌石坝、石拱坝、柔性植物淤地坝、定向爆破淤地坝（定向爆破水坠坝）的，在此一并简要介绍。在可行性研究报告的编制中，应根据各地的实际情况，因地制宜地选择适当的施工方法。

（1）机械碾压淤地坝。是指在土坝的修筑中，为了提高工作效率和施工质量，利用挖掘机、链轨推土机、装载机、自卸汽车等机械化施工设备，进行挖运土料、碾压夯实，并配以人工整修边坡而修筑的沟道拦泥蓄水建筑物。其特点是机械化程度高，施工进度快，修筑质量好。20 世纪 80 年代以来，黄土高原大部分地区广泛采用这种施工方法（图 8－1）。

图 8－1　机械碾压淤地坝

（2）水坠（水力冲填）淤地坝。水力冲填坝亦称水坠坝，是指利用水枪冲土，机械碾压边埂，代替人力运土、夯实程序而修筑的各类淤地坝。水坠（水力冲填）淤地坝对土料一般要求崩解速度快，易于脱水固结，固结后的土体有一定的防渗性能。常用的方法有：水中倒土、土中倒水、水力冲填三种，一般在土料透水性好且有常流水或能引水的沟道里采用。水坠筑坝具有进度快、功效高、工期短、投资少、质量好、适应范围广等显著的特点。20 世纪 50 年代中期以后到 80 年代末期，黄土高原多沙粗沙区人民群众在技术人员设计指导下，在有常流水或能引水的沟道中修建的大中型拦泥淤地建筑物多为这种淤地坝（见图 8－2）。目前这种施工方法仍在陕西榆林、甘肃定西、内蒙古鄂尔多斯等地广泛采用。

(a)冲填坝面及库区

(b)冲填土场及造泥沟

图 8－2　施工中水坠(水力冲填)淤地坝

(陕西横山县赵石畔小流域寺好峁骨干坝)

(3)浆砌石重力坝。采用浆砌石重力坝修筑的淤地坝在山西运城的少数工程中应用,坝高由几米到几十米,常见者在 25 m 以下,采用群坝时高度较小,一般单坝高为几米(见图 8－3)。这种坝能适应拦蓄各种泥石流,在沟谷狭窄,沟床、沟岸土质坚实的沟道,石料易于采集时均可修建。坝体断面为梯形,为防泥石流冲击、磨损,溢流段下游坝面可做成垂直或 1∶0.2 的坡。对不蓄水的坝,为减少坝上游面水压力的作用,坝体下部应设一定直径的泄水孔(排水孔),以泄除积水和部分细粒固体物质。土基上的坝,坝基两端应设齿墙增加抗滑稳定性。当坝基有淤泥层时,坝体应预留沉陷缝,间距为 10 ~ 15 m。坝顶溢流口通常做成梯形,为防溢流时对沟坡冲刷,在溢流口上下端两侧须设边墙,边墙顶应高出泥石流设计水位 0.5 m 以上。

(4)堆石坝和干砌石坝。用石料堆筑成的坝叫堆石坝,用石料干砌成的坝叫干砌石坝(见图 8－4)。两种坝的断面都为梯形,边坡一般为 1∶0.5～1∶2,均属透水性结构,由于砌石性质方法不同,干砌石坝边坡较堆石坝为陡,一般上游为 1∶0.5～1∶0.7,下游为 1∶0.7～1∶1,堆石坝则为上游 1∶1.1～1∶1.3,下游为 1∶1.3～1∶1.4。为减小作用在坝上的水压力和浮托力,坝体应设砌石排水管,管下设反滤层,由厚度为 0.2～0.3 m 的砾石和厚度为 0.15 m 的粗砂构成,排水管由大块石或条石做成。坝面为防泥石流冲击,应采用平板石或条石砌筑,各层间还须错开,保证坚固稳定。这种坝型在山西吕梁、临汾等地的少数工程中被采用。

图 8－3　浆砌石重力坝

图 8－4　堆石坝(干砌石坝)

在石料充足的地区可采用这两种坝型。堆石坝宜于机械施工,干砌石坝对石料规格尺寸要求较高,须熟练工人砌筑。

(5) 石拱坝。拱坝可建在沟谷狭窄、两岸基岩坚固的坝址处。石拱坝是在平面上呈拱形,一般用混凝土筑成,对中低水头的拱坝亦可用浆砌块石砌筑,称为浆砌石拱坝。其受力特点是坝体承受的水压力和泥沙压力等外荷载大部分通过拱作用于两岸基岩,只有少部分荷载通过梁传到坝底基岩,因此相对而言剖面较小,能充分发挥材料的强度,工程量小,投资少,见效快。在实践中,浆砌石拱坝一般分为等半径拱坝和等中心角拱坝两种类型(见图8-5、图8-6)。这种坝型在山西运城的个别工程中采用。

图8-5　石拱坝

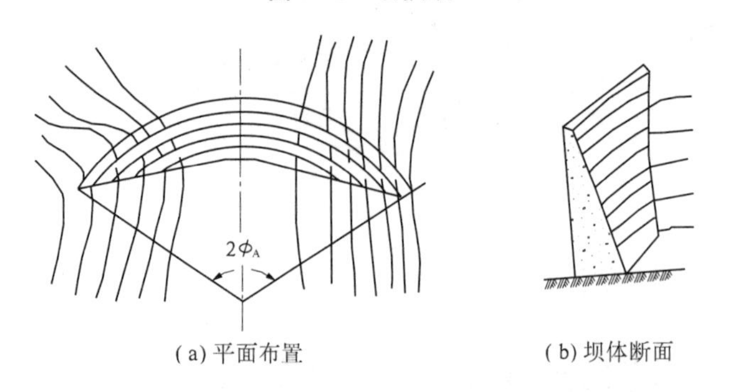

图8-6　拱坝平面及坝体断面示意图

拱坝对坝基及河岸的地质要求较严格,一般要求建筑在坚硬完整、不变形、能抵抗水的侵蚀和不透水的岩石地基上,石质最好是火成岩(如花岗岩、片麻岩、斑岩)或者是完整、均匀、坚固的沉积岩(如砂岩、石灰岩等)。对水平成层或倾向下游成层的岩基和岩性变化急剧的断层地区一般不宜建造拱坝,对坝头基岩中存在的节理和裂缝应进行分析后慎重考虑。

(6)定向爆破淤地坝(定向爆破水坠坝)。定向爆破筑坝是以炸药为运土工具,在沟岸高而陡峻的沟道内,通过借助炸药爆炸时的冲击力,将土料沿设计的方向瞬间运送到规定的坝址加以人工整修的过程(见图8-7)。

图 8－7　定向爆破筑坝

20 世纪 50～70 年代，黄土高原不少地方，采用定向爆破筑坝，建坝速度快，但因坝体质量不均，蓄水后易形成穿洞垮坝。在认真总结经验的基础上，70 年代后期以来，山西、内蒙古先后采用“爆破筑坝先期拦蓄洪水，爆堆体注水固结，水坠法加坝整修”的施工方法，使定向爆破和水坠两种快速筑坝方法有机结合，取得了良好效果。试验获得成功后，在黄土高原具有定向爆破且可水坠筑坝条件的地区得到推广应用。

（7）柔性植物坝（也称柳谷坊）。是利用活性植物在沟道中建成的用于拦蓄洪水泥沙的水土保持治沟措施。在特定的沟壑中（如砒砂岩地区），根据具体的沟壑断面尺寸和水沙条件，选择适宜的平面外型和植物种类，按照一定的株行距，或单一种植物或两种以上混合植物，垂直于水流方向多行栽植，以促进活性植物的干、枝成活生长作为未来坝体的骨架，利用汛期洪水挟带的大量泥沙，特别是首场洪水和在植物干、枝、叶的阻水影响下，使泥沙沉积填充于植物干、枝所形成的框架内，融泥沙与植物篱笆为一体，形成了柔性植物坝（见图 8－8）。建坝的关键是正确处理沟壑粗糙度与种植植物种类、株行距、栽植密度及水分条件的关系。这种坝型在内蒙古鄂尔多斯的砒砂岩地区试验研究并取得成功。

2. 淤地坝的施工导流和导流建筑物的布置

由于淤地坝工程规模较小，而黄土高原地区大部分沟道无常流水或常流水很小，一般在淤地坝的施工中不需要布设专门的导流建筑物。为了保证淤地坝工程施工度汛的安全，要求施工期的淤地坝在汛前完成放水建筑物的施工，并且要求坝高达到施工度汛坝高。

图 8－8 柔性植物坝(柳谷坊)

3. 不同施工方式的坝体和放水工程的施工工艺流程设计

根据所选定的坝体和放水建筑物型式,确定施工方法,设计工艺流程,并绘制工艺流程图。案例中设计了几种施工方法及工艺流程图,可供参考。

三、案例剖析

盐沟小流域坝系工程可行性研究“施工方法”及其评析。

(一)案例

根据《水土保持治沟骨干工程技术规范》(SL 289—2003),由于沟道有常流水,因此在坝系建设中尽可能采用水坠方式筑坝,对水坠条件不能满足施工要求的工程均采用碾压施工筑坝。

1. 施工准备

该流域坝系可行性研究批复后,建设单位应及时组织设计单位开展单项工程扩大初步设计,并按照“三项制度”的要求,做好技术设计、工程施工和工程监理的招标投标准备工作。通过工程招标,确定工程施工、工程监理单位。组成项目现场办公室,负责工程施工管理工作。其主要任务是:

(1)根据国家有关水利水保工程建设的技术要求,结合工程所在流域的实际条件,编制详细的施工计划、施工细则和有关的施工规定。

(2)根据坝址地形、地质条件,制定施工导流和工程度汛方案。

(3)拟定施工总进度、场地布置和临时设施的位置。

(4)提出需进行试验研究的项目和补充勘测的建议。

2. 施工管理

施工单位确定后，建设单位应及时组建工程建设指挥部，负责工程施工、技术、质量和设备管理，主要任务是：

(1)合理安排施工中各个环节，包括施工场地布设、施工放线和施工计划等，做到科学管理、文明施工。

(2)根据施工方法和筑坝材料特性，制定详细的施工程序和质量要求，并严格把关。

(3)随时掌握工程进度和质量情况，做好统计报表。

(4)做好工程竣工验收的准备工作，包括所有设计、施工、竣工文件和图纸以及财务决算报告等。

(5)做好工程技术档案的管理工作。

3. 施工方法

坝系工程中的骨干坝、中型淤地坝工程，主要由坝体和放水工程两部分组成，小型淤地坝为单一的土坝体，坝体施工分为水坠和碾压两种方法。各分部工程施工工艺流程如图8－9、图8－10、图8－11所示。

4. 典型工程施工组织设计(热峁骨干坝)

(1)施工组织。由项目办公室组织对项目的施工进行招标，确定工程施工单位，施工单位成立项目经理部，项目经理部在工程施工领导小组领导下进行工程建设。项目经理部设项目经理、项目副经理、技术总负责、施工技术员、质量检查员、安全员、统计员等，其主要职责是：

项目经理：由施工单位主要领导担任，全面负责工程建设。

项目副经理：由项目办公室和工程所在乡的有关领导担任，主要负责与当地村的有关事宜的协调和工程建设的筹劳工作。

项目技术总负责：由项目施工单位的主要技术负责人担任，主要职责是严格按照工程设计及有关规范要求，进行技术和质量把关。

项目技术员：由施工单位有经验的工程师担任，主要职责是控制工程质量与进度。

项目质检员：由项目办公室有关技术人员担任，主要职责是全面负责建筑材料及工程质量的监测工作。

项目安全员：由施工单位的技术人员担任，主要职责是全面负责工程建设中的安全检查与监督工作。

项目统计员：主要负责工程建设的各项统计及分析工作。

(2)施工方法。坝体采用水坠的方式进行施工，泄水设施采用斜卧式卧管，

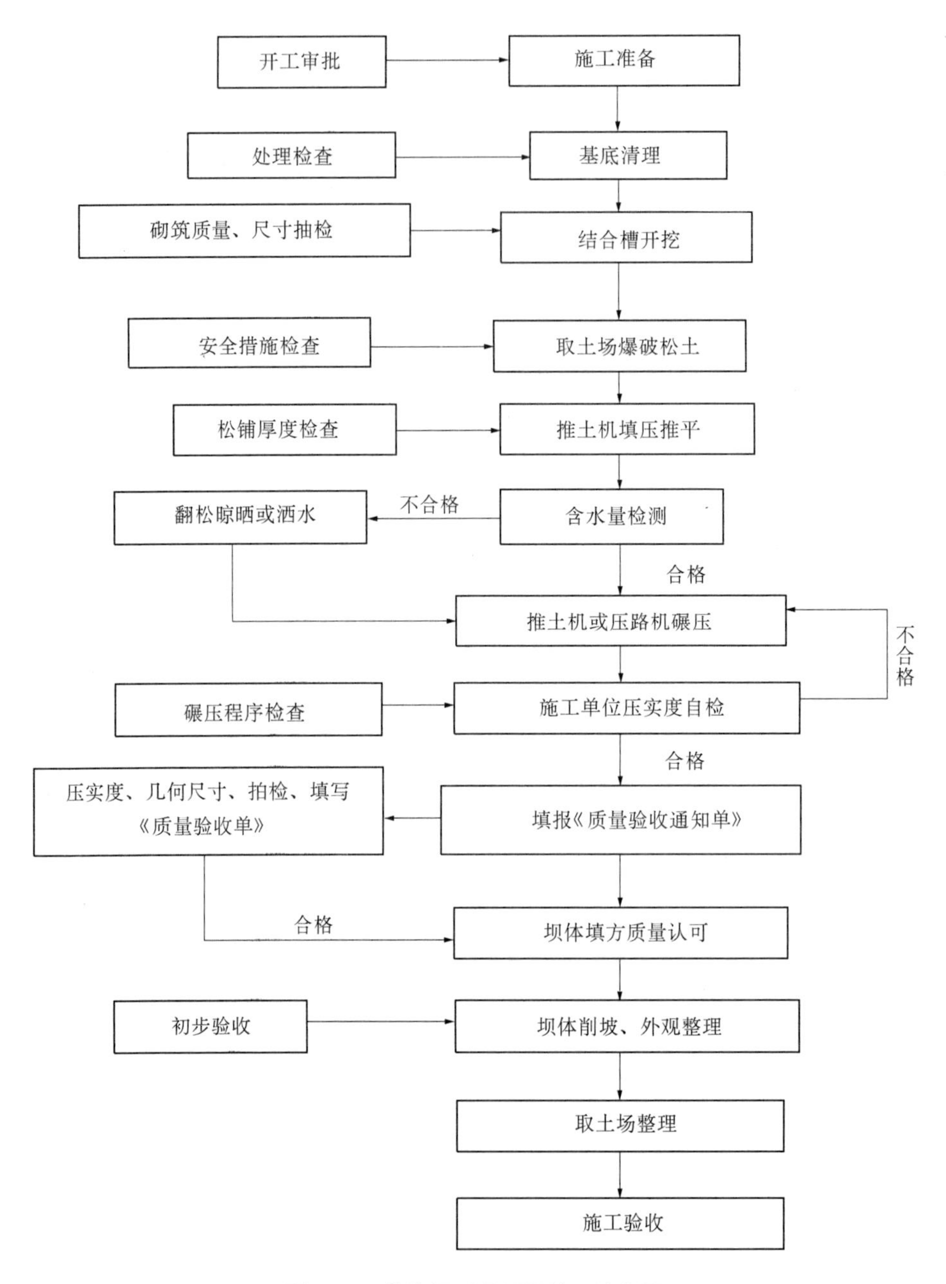

图 8－9　盐沟坝系碾压坝施工流程图

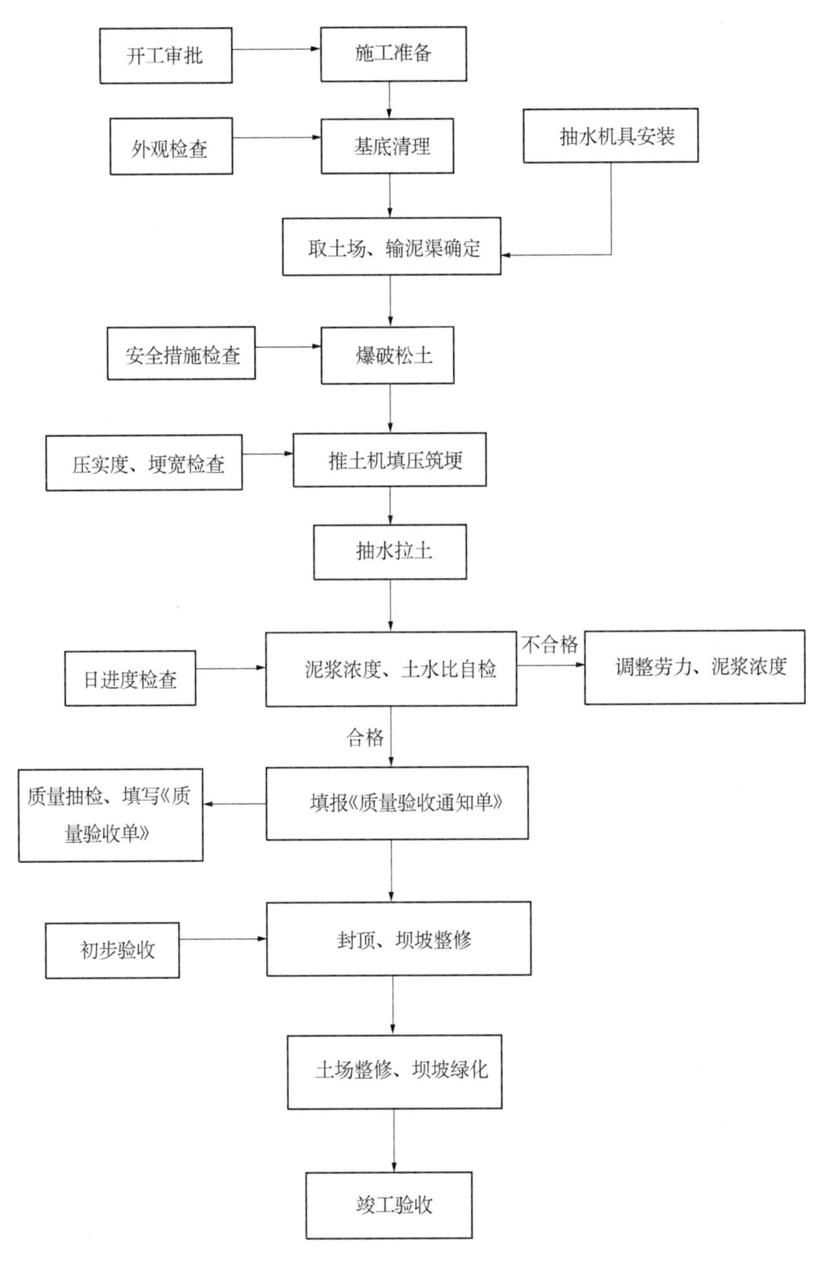

图 8－10　盐沟坝系水坠坝施工流程图

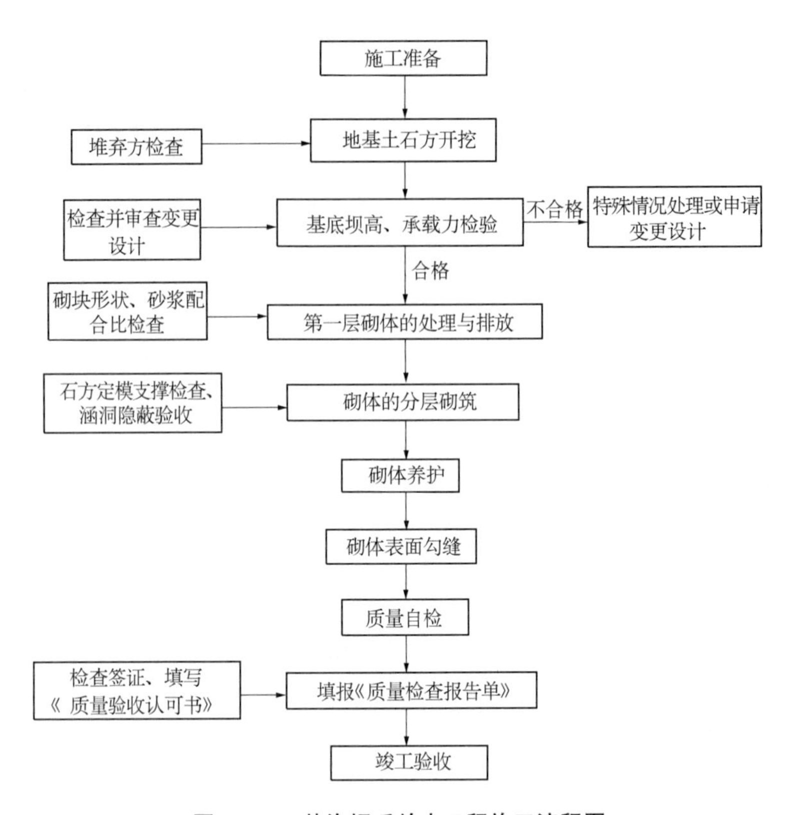

图 8－11　盐沟坝系放水工程施工流程图

输水设施采用浆砌拱涵,现场筑砌。

(3)施工材料。该工程施工料场位于左岸坝肩,距坝肩距离为 50 m,上坝土方一边取土,平均运距 80 m。石方可就近采石,运距 1.0 km,水泥、钢筋等从县城购买,运距为 70 km。

(4)施工进度。工程批准后,于 2006 年 3 月 15 日开工,2006 年 11 月 10 日竣工。施工进度横道图见表 8－10。

(5)运行管理。工程建成后,应按设计要求,结合小流域坝系利用的方式确定工程运用方案。①工程未淤满前,采用缓洪拦泥淤地运用方式,保持足够的滞洪库容,减轻对下游的危害;②库内淤积面达到设计高程后,应有足够的滞洪库容,控制在校核洪水标准下不漫坝,坝地应及时采取开沟防洪排水,以利于作物保收。

工程维修养护应按照任务大小进行日常维护和局部修补;对工程汛期发生的较大损坏部位进行年度检修;对建筑物某一部位达到使用年限时,及时进行加固改善;当建筑物遭受突然性破坏或出现险情时必须采取紧急措施,制止险情扩大。

表 8－10　工程施工进度计划

项目		2006 年				
		3 月	4 月	5 月……	10 月	11 月
土坝	清基及开挖结合槽					
	坝身冲填					
	修坡、封顶					
放水工程	基础开挖					
	筑砌					
临时工程	道路					
	工棚					
	土场整修					

对于土坝应及时处理坝体滑坡、裂缝及洞穴，填补坝顶过量沉陷，保持坝顶、坝坡的完整；清除排水沟内的淤泥和杂物，严禁在坝上挖坑、打井和进行对工程有害的活动。

根据工程管理任务、内容及控制运用确定工程的管理责任制度。落实工程管理人员和管理制度，明确责任，在工程管理中谁出现问题谁负责，从而确保工程正常运行，发挥其应有的效应。

（二）案例评析

盐沟坝系“施工方法”设计等施工组织设计所做的工作比较多，工作扎实、细致。该坝系不仅对整个坝系的施工准备、组织与管理等内容进行了总设计，而且选择了热峁骨干坝作为典型，对工程施工组织进行了典型设计，增强了设计成果合理性的说服力。

四、应注意的问题

对单项工程而言，扩大初步设计报告审批后才进入工程的施工阶段，其施工组织设计针对的是扩大初步设计报告的有关环节；而对于整个坝系项目而言，由于坝系可行性研究报告被上级有关部门批复之后即意味着项目立项成功、进入了项目施工（即实施）阶段，所以本节有关项目的施工准备、施工组织与管理、施工方式便是针对坝系可行性研究报告被上级有关部门批复之后的整个施工阶段，当然也包括单项工程扩大初步设计报告被审批之前的有关施工准备环节。

第九章　工程建设与运行管理

第一节　建设管理

一、《规定》要求

(一)组织形式

明确建设单位,提出工程建设期管理的组织形式和有关单位的职责,绘制组织结构框图。

提出工程招投标和建设管理的具体措施和考核目标、办法。

简述工程监理的内容、方法、程序及范围。

(二)资金管理

简要说明资金运行、报账、审批程序。

(三)财务管理

简要说明财务管理的内容、办法。

(四)质量管理

说明施工期质量保证措施和质量检测程序,明确建设单位、施工单位和监理单位的职责。

说明质量监督的组织形式,监督内容和方法。

二、技术要点

(一)组织形式

组织形式的主要内容即是建立健全两种机制,一是组织领导机制,二是建设管理机制。

目前在组织领导机制方面,一般要求有淤地坝工程建设任务的县和乡,要分别成立由政府主管领导负责的淤地坝工程建设领导机构;在建设管理机制方面,一般要求淤地坝作为国家投资为主的基本建设项目,要参照国家基本建设项目管理程序进行管理,在建设管理中全面实行项目法人责任制、建设监理制,逐步推行工程招投标制,认真履行合同制。

1. 建设单位及参建各方的职责及相互关系

(1)建设单位(即项目法人)。建设单位(项目法人)对项目建设负总责。因此,在项目建设可行性研究阶段就必须从组织形式上明确建设单位。在工程建设中建设单位的主要职责有:将建设纳入计划进行实施,组织实施不同阶段的建设任务,协调各方关系,对投资、进度和质量进行控制。

建设单位接受主管部门的领导,接受其下达的建设计划和对计划实施情况的监督;接受质量监督机构的监督检查。建设单位(项目法人)和监理单位、设计单位及施工单位是平等的合同关系,双方签订合同后,按照合同和国家有关规范、规定履行自己的职责,同时监督对方履行合同。

(2)监理单位。监理单位受建设单位的委托,按照合同和国家有关规定对项目建设进行管理,对建设单位负责。对于单纯的施工监理,在施工现场代表建设单位直接与施工单位接触,按照建设单位的授权发布各项指令,进行各种检查、验收,进行进度、质量和投资控制;对建设单位与施工单位的施工合同进行管理,直接掌握施工过程中的信息并进行管理,对整个施工现场进行组织协调。监理单位接受主管部门的行业指导,监理工作接受建设单位和质量监督部门的检查和监督。监理单位与施工单位是监理与被监理的关系。

(3)施工单位(承包商)。施工单位与建设单位签订施工承包合同,是平等的合同关系。施工单位要严格按照合同、工程设计和国家有关规范进行工程施工,确保工程质量和工程按期完成。在施工过程中各个环节接受监理单位的检查、监督和管理;接受设计单位的指导;全过程接受建设单位和质量监督机构的检查和监督。

施工单位有提出建议的权利,但对于已批准的设计、施工方案、施工方法等进行任何修改,都需要通过监理批准后方可实施。施工单位按规定向其他单位分包工程时,也要经过建设单位的批准。

(4)设计单位。设计单位受建设单位的委托,与建设单位签订设计委托合同,按照合同和国家及行业有关规范、规定进行工程设计,对建设单位负责,保证设计质量。在施工工程中向工地现场派出设计代表,指导施工,及时处理有关工程设计事宜。设计单位在工作中接受主管部门的领导和行业指导,同时接受建设单位和质量监督部门的检查和监督。

(5)主管部门。根据国家政策和有关规定,流域机构或各省区水土保持主管部门对建设项目进行宏观的、控制性的管理,对各单位进行行业指导和行业管理。主要包括:按权限组织审查和批复项目建议书、可行性研究报告、初步设计(详图设计)和工程概算(预算);对质量监督、监理和设计单位进行行业管理,指导开展工作；对建设单位下达项目计划和基建计划，批复开工报告：采取督查手段对项目建设和管理进行检查、监督和有效的控制。

（6）质量监督机构。依照国家法律和有关规定，水土保持质量监督机构行使政府的监督职能，从确保工程建设的质量出发，对工程建设的全过程进行质量监督。

2. 建设管理机制

（1）项目法人制。如前所述，实行项目法人制的目的在于明确项目建设的责任主体。项目法人的组建，要按照《国务院批转国家计委、财政部、水利部、建设部关于加强公益性水利工程建设管理若干意见的通知》（国发[2000]20 号）和水利部《关于贯彻落实国务院批转国家计委、财政部、水利部、建设部关于加强公益性水利工程建设管理若干意见的通知的实施意见》（水建管[2001]74号）有关要求执行。对于黄土高原地区水土保持淤地坝工程，《黄土高原地区水土保持淤地坝工程建设管理暂行办法》规定：建设单位由省级水行政主管部门负责组建，原则上由县级水利水土保持部门作为工程建设单位。

（2）建设监理制。按照《黄土高原地区水土保持淤地坝工程建设管理暂行办法》规定，淤地坝建设必须全面实行工程建设监理，监理工作按照水利部《水土保持生态建设工程监理管理暂行办法》（水建管[2003]79 号）执行。承担监理工作的单位不得与建设单位有行政隶属关系，且必须具有水土保持生态建设工程监理资格和能力。其中骨干坝的监理应由具有水利工程丙级和水土保持生态建设工程乙级以上监理资质的单位承担。监理单位应依据监理合同开展监理工作，选派足够的、具有相应资质的工程监理人员组成现场监理机构，实行总监理工程师负责制，按照“公正、独立、自主”的原则开展监理工作。建设单位应为监理单位提供必要的工作、生活条件。

（3）招标投标制。骨干坝的施工和所有淤地坝工程的监理，必须通过招投标择优确定施工及监理单位。其中库容在100 万 m^3 以上的骨干坝，须由具有水利水电工程施工总承包或水工大坝工程专业承包三级以上资质的施工单位承建。淤地坝工程施工和监理招标工作，须按有关规定在省级水行政主管部门监督下，由建设单位按照“公开、公平、公正”的原则组织进行。严禁对工程施工和监理进行转包、违法分包。

（二）资金管理

黄土高原地区水土保持淤地坝建设管理资金的使用范围、资金的运行、报账和审批程序应符合下列规定。

（1）淤地坝工程由中央、地方、群众共同投资或投工建设，地方各级政府要严格按照工程计划，落实地方配套资金，地方配套资金应纳入地方财政预算，专项列支。

(2)淤地坝工程建设资金必须设立专账，专款专用，不得以任何借口滞留和挪用。

中小型淤地坝原则上实行资金使用报账制度，根据工程建设进度，经监理单位同意，建设单位验收合格后在建设单位报账支付。骨干坝严格按照招标合同等规定支付工程建设费用。

(3)淤地坝工程建设资金的开支范围：项目固定资产投资；建设物料、材料采购及运杂费；直接用于工程建设的机械作业费用和劳务费用；有关科研和监测等独立费用。核定的建设管理等独立费用，只能用于工程勘测、设计、建设监理、质量监督、检查验收等所发生的支出。

(4)计划主管部门应根据上级下达的投资计划和项目计划，及时对建设单位下达计划。建设单位接到主管部门下达的项目计划后，应按招投标结果及时与有关单位签订合同。财务部门依据计划和合同编报用款申请，办理价款结算，同时监督计划和合同及时有效地执行，对不能正常完成计划和合同、不能及时办理价款结算和竣工决算的单位，财务部门应及时向本单位主管领导和上级主管部门反映。

(5)项目建设单位应按工程招标中标标书载明的工程量和价款与施工单位签订施工承包合同，不得随意变更。确需变更的，必须依据上级主管部门批准的设计变更等文件。合同签订前应由单位财务部门审核。

(6)资金支付的依据必须真实、合法。资金支付必须由施工单位提出书面申请，监理工程师签署意见，建设单位工程建设管理部门同意，财务部门审核，经建设单位主管领导签字同意后，财务部门依据合同和工程施工进度进行支付。

(7)建设单位应按规定的工期和合同及时完成工程建设，项目完工后，建设单位应及时完成项目竣工财务决算的编制，并自觉接受财政、审计部门的检查审计。在项目完工后应及时向主管部门提出项目竣工验收申请。对不能及时完成而无法进行竣工验收的项目，建设单位必须及时报告上级主管部门，说明原因并采取有效措施。已具备验收条件，而未申请办理竣工验收的，不得再列支任何费用。对跨年度不能完成竣工决算的项目，应提前向上级财务主管部门书面汇报。

(8)建设单位应在竣工决算编制完成后，依据财政部《基本建设财务管理规定》(财建[2002]394 号)和水利部“关于加强水利基本建设项目投资节(结)余管理的通知”(水规计[2002]33 号)的规定，将项目节余资金(扣除招标节余后)上缴上级主管部门。

(9)淤地坝建设引起的土地占用、搬迁及淹没损失，其补(赔)偿由工程所在县级人民政府负责解决。

(10)建设单位要按时上报财务、基建统计报表。

(三)财务管理

淤地坝建设财务管理的基本任务是：贯彻执行国家有关法律、行政法规、方针政策；依法、合理、及时筹集、使用建设资金；做好淤地坝建设资金的预算编制、执行、控制、监督和考核工作，严格控制建设成本，减少资金损失和浪费，提高投资效益。黄土高原地区水土保持淤地坝工程参照基本建设程序进行管理，各项财务管理应符合国家基本建设财务管理规定。

(1)建设单位要做好淤地坝建设财务管理的基础工作，按规定设置独立的财务管理机构或指定专人负责基本建设财务工作；严格按照批准的概预算建设内容，做好账务设置和账务管理，建立健全内部财务管理制度；对淤地坝建设活动中的材料、设备采购、存货、各项财产物资及时做好原始记录；及时掌握工程进度，定期进行财产物资清查；按规定向财政部门报送基建财务报表。

(2)建设项目在建设期间的存款利息收入计入待摊投资，冲减工程成本。

(3)建设项目在编制竣工财务决算前要认真清理结余资金。应变价处理的库存设备、材料以及应处理的自用固定资产要公开变价处理，应收、应付款项要及时清理，清理出来的结余资金按下列情况进行财务处理。

(4)建设单位管理费是指建设单位从项目开工之日起至办理竣工财务决算之日止发生的管理性质的开支。包括不在原单位发工资的工作人员工资、基本养老保险费、基本医疗保险费、失业保险费、办公费、差旅交通费、劳动保护费、工具用具使用费、固定资产使用费、零星购置费、招募生产工人费、技术图书资料费、印花税、业务招待费、施工现场津贴、竣工验收费和其他管理性质开支。其中，业务招待费支出不得超过建设单位管理费总额的10%。施工现场津贴标准比照当地财政部门制定的差旅费标准执行。建设单位管理费实行总额控制(以项目审批部门批准的建设单位管理费为准)，分年度据实列支。

(5)建设单位应当严格执行工程价款结算的制度规定，坚持按照规范的工程价款结算程序支付资金。建设单位与施工单位签订的施工合同中确定的工程价款结算方式要符合财政支出预算管理的有关规定。工程建设期间，建设单位与施工单位进行工程价款结算，建设单位必须按工程价款结算总额的5%预留工程质量保证金，待工程竣工验收一年后再清算。

(6)淤地坝建设项目竣工时，应编制基本建设项目竣工财务决算。小流域坝系工程建设周期长、建设内容多，单项工程竣工，具备交付使用条件的，可编制单项工程竣工财务决算。建设项目全部竣工后应编制竣工财务总决算。

(7)淤地坝建设项目竣工财务决算是正确核定新增固定资产价值,反映竣工项目建设成果的文件,是办理固定资产交付使用手续的依据。各编制单位要认真执行有关的财务核算办法,严肃财经纪律,实事求是地编制基本建设项目竣工财务决算,做到编报及时,数字准确,内容完整。

(8)建设单位及其主管部门应加强对淤地坝建设项目竣工财务决算的组织领导,组织专门人员,及时编制竣工财务决算。设计、施工、监理等单位应积极配合建设单位做好竣工财务决算编制工作。建设单位应在项目竣工后三个月内完成竣工财务决算的编制工作。在竣工财务决算未经批复之前,原机构不得撤销。

(9)淤地坝建设项目竣工财务决算的依据,主要包括:可行性研究报告、初步设计、概算调整及其批准文件;招投标文件(书);历年投资计划;经财政部门审核批准的项目预算;承包合同、工程结算等有关资料;有关的财务核算制度、办法;其他有关资料。

(10)基本建设项目竣工财务决算前,建设单位要认真做好各项清理工作。清理工作主要包括基本建设项目档案资料的归集整理、账务处理、财产物资的盘点核实及债权债务的清偿。

(四)质量管理

工程质量是淤地坝工程安全性、耐久性、可靠性、适用性、经济性、美观性的综合统一体,是工程的生命之所在,是确保投资效益的根本。因此,淤地坝建设项目的质量管理是建设项目管理的核心内容。

工程项目的质量管理,须按照基本建设程序和管理体制分清参建各方在每个阶段的职责;遵守国家和上级主管部门的法律、法规、规章,执行有关技术标准,遵循工程设计和有关合同要求;采取行政、法制和经济相结合的管理方式,利用竞争、激励、约束、奖惩等运行机制,控制各个环节和影响因素,全面开展建设项目的质量管理工作。

1. 质量管理体系

淤地坝工程建设项目的质量管理,实行项目法人(建设单位)负责、监理单位控制、企业(勘测、设计、施工、咨询、检测等)单位保证和政府监督相结合的管理体系。

2. 质量管理责任制

淤地坝建设项目的质量管理工作是一种责任行为,鉴于质量工作的重要性,通常实行质量管理责任制。目前主要实行的质量管理责任制有:行政领导人责任制、质量一票否决制、参建单位人员责任制、工程质量终身负责制等。

3. 施工单位质量管理

淤地坝施工单位是建设任务的最终承担者，是与工程质量关系最直接、最紧密的单位。项目法人（建设单位）通过招标等方式选定的施工单位，必须具有与工程项目相应的资质等级和经营范围，必须依据国家、水利行业有关工程建设法规、技术规程、技术标准的规定以及设计文件和施工合同的要求进行施工，对工程质量负责，承担相应责任，接受淤地坝工程质量监督机构的监督。

淤地坝施工单位应当建立起质量保证体系，推行全面质量管理。质量保证体系主要包括：质量管理机构与人员、规章制度、质量控制措施、现场测试条件、关键岗位持证上岗、工程结构划分、施工记录资料等内容。

主要管理环节包括：材料试验和设备、构件检测工作，工序质量控制，单元工程质量评定，质量事故处理，施工技术资料管理等内容。

4. 勘测设计单位质量管理

勘测、设计工作属于工程建设项目的前期工作范畴，其质量的优劣是根本性的，是建设实施阶段所不能或难以解决的。因此，勘测、设计、技术咨询等阶段的质量管理工作，对保证工程质量和提高投资效益至关重要。

项目法人（建设单位）通过招标或委托方式选定的勘测、设计、技术咨询等单位，必须具有与工程项目相应的资质等级和经营范围，接受工程质量监督机构的监督。

勘测、设计等单位应当建立健全质量保证体系，加强质量控制。通过建立组织、制定制度、编制计划、明确责任、检查落实等程序和措施，开展全面质量管理工作。

勘测、设计文件应当符合国家及行业主管部门有关工程建设和勘测、设计的法规、技术标准和合同的规定；提供的工程地质、水文地质、地形地貌等报告资料，数据可靠，论证充分，评价科学、准确；设计的依据要完整、准确、可靠，设计论证充分，计算成果可靠，设计深度符合设计阶段的技术要求，设计质量必须满足工程质量、安全需要，并符合规范的要求。设计文件齐全、完整。

设计单位应当按合同规定及时提供设计文件及施工图纸，并做好设计文件的技术交底工作；设计单位应当依据合同约定，在大中型工程项目及采用新技术、新材料、新结构、新工艺的施工现场，设立设计代表机构或派驻设计代表，落实设计意图，解决有关设计问题，处理设计变更事宜；设计单位应按水利部和黄委的有关规定参加工程验收，在阶段验收、单位工程验收和竣工验收中，对施工质量是否满足设计要求提出评价意见。

5. 监理单位质量控制

监理单位是工程项目建设管理的专业化队伍。建设工程项目的质量控制是监理单位“三控制、两管理、一协调”的职能之一。

淤地坝项目法人（建设单位）应通过招标或委托的方式选定监理单位。监理单位应依据与项目法人（建设单位）签订的监理合同和有关监理规定开展质量控制工作，就淤地坝工程的控制目标之一——工程质量向项目法人（建设单位）负责，承担相应的质量责任，并接受质量监督机构的监督。

监理单位的质量控制主要是通过制定工程项目监理规划，严格监理程序，实施旁站监理来实现。其中包括设立监理机构，配备监理人员，制定监理计划，确定监理准备工作的内容和实施质量控制的方式、方法、步骤、重点和保证措施等。依照法律、法规、技术标准监理设计、施工合同，代表建设单位对工程的设计、施工等质量工作实施监理和控制。保持所有质量管理和控制资料的齐全、完整，做到对工程质量负责、对建设单位负责。

6. 项目法人（建设单位）质量管理

淤地坝工程建设的项目法人（建设单位）代表国家行使建设组织管理职能，对工程项目的实施发挥主导作用，对工程项目的质量负全责，其质量管理工作是工程项目质量管理体系的核心。

首先，要设立质量检查机构，配备一定数量的专职质检员，明确项目负责人、技术负责人和质量检查员的质量职责；其次，要制定质量检查制度、工作制度、检查的方式和办法；最后，要备好质量检查的依据、检测仪器、检查记录表格等。

7. 工程质量监督

对淤地坝基本建设工程实施质量监督，是促进建设各方严格执行法律、法规、技术标准，加强自身内部管理，提高工程质量的有效方式。工程质量监督可以分为专职质量监督机构的政府监督和社会公众、新闻媒体等方面的社会监督两个层次。

（1）政府监督。政府质量监督是政府的行政职能之一，具有强制性、独立性和权威性，参与建设的各有关单位必须无条件接受。未经质量监督机构进行质量核定或核定不合格的工程，不得验收和投入使用；申报优质工程的项目，必须有相应的质量监督机构签署的工程质量评定意见，否则不予申报和评审。

（2）社会监督。社会监督包括社会公众监督和新闻媒体的舆论监督两个方面。在淤地坝工程的质量管理中，应充分发挥新闻媒体和社会各界的群众监督作用，实现质量管理的社会化。

各级建设管理单位应利用有关新闻媒体及其他方式，广泛宣传淤地坝工程建设和质量管理工作的重要意义，为质量管理工作奠定广泛的群众基础，提高社会公众对质量管理的参与意识；应在有关新闻媒体上公布质量管理部门的监督电话，便于随时接受社会各界对质量问题的监督和举报；对举报的质量问题，采取得力措施，及时进行调查、落实和整改，处理质量管理中的违规、违法行为，杜绝质量事故，确保淤地坝工程的建设质量。

8. 工程质量的检查与评定

淤地坝工程质量的检查与评定，是对工程质量的控制和综合评价，是工程质量管理工作的核心内容。工程项目的质量检查与评定，从建设程序上来说，可分为前期工作质量检查与评定和建设实施期的质量检查与评定两个阶段；从检查评定的主体来说，可分为上级主管单位对参建各方所有质量工作的宏观检查与评定和参建各方在职责范围内对作业质量进行的微观检查与评定两个层次。这里主要介绍施工阶段的微观质量检查与评定。其主要工作包括单元与分部工程划分、质量检查的方式方法、工程质量评定以及检查评定的成果资料等内容。其中单元工程质量等级评定标准见表9－1。

表9－1　单元工程质量等级评定标准

项目	主要检查检测项目	其他检测项目	其他检查检测项目	
			土建工程	金属结构
合格	全部符合	基本符合	70%	80%
优良	全部符合	符合	90%	95%

淤地坝质量检查与评定资料包括：各项依据、标准；工程项目划分资料；有关各方的质量管理组织机构、规章制度、工作计划；各种材料、设备、构件的出厂合格证、使用说明书以及试验、检测成果报告；施工单位对工序、中间产品、外观等进行的质量检查评定记录和其他施工记录；隐蔽工程和关键部位的检查验收资料；质量事故处理资料；有关各方进行的单元工程、分部工程、单位工程和工程项目的质量检查与评定资料；施工中形成的有关质量管理工作的文件、信息资料和会议纪要；其他有关质量管理和检查评定方面的资料。

9. 淤地坝工程保修

淤地坝工程实行保修制度。工程保修是指施工单位在工程竣工后的质量缺陷责任，保修期也就是质量缺陷责任期。

淤地坝工程保修期，从工程移交证书写明的工程完工日起，一般不少于一年；有特殊要求的工程，其保修期限在合同中规定。工程质量出现永久性缺陷的，承担责任的期限不受以上保修期的限制，水利工程在规定的保修期内出现质量问题，一般由原施工单位承担保修，所需费用由责任方承担。项目法人（建设单位)与施工单位签订的施工合同中,应对工程质量缺陷责任、保修期和保修金等内容加以明确。

10. 工程质量事故

凡淤地坝工程在建设过程中或竣工后,由于设计、施工、材料、设备等原因造成工程质量不符合规程、规范和合同规定的质量标准,影响工程使用寿命或正常运用,一般需做返工或采取补救措施的,统称为工程质量事故。由施工原因造成的为施工质量事故。

淤地坝工程质量事故,按对工程的耐久性、可靠性和正常使用的影响程度,检查处理事故对工期长短和直接损失的影响大小,分为一般、较大、重大和特大四类。

施工过程中发生质量事故,不分事故大小,施工、监理、项目法人(建设单位)要立即(24 小时内)逐级上报质量监督机构和主管单位,并严格按照分类标准(见表 9-2)进行评定和处理。

表 9-2　工程质量事故分类

事故等级	特性定义	设计改变	工期影响	直接经济损失
一般	质量不符合标准,返工修补处理后能满足设计要求	不需要	基本不影响	大体积混凝土、金属结构,机电安装 0.5 万~2 万元;土石方和混凝土薄壁结构 0.2 万~1 万元
较大	位于主体工程,返工修补后可正常运行,但安全、可靠性程度或寿命降低	一般变更	1~3 个月	大体积混凝土、金属结构,机电安装 2 万~20 万元;土石方和混凝土薄壁结构1 万~5 万元
重大	位于主体工程,结构整体性破坏或功能损失,影响安全或不能正常使用,且无法修补或修补后仍达不到要求	需对结构设计作重大变更	3~6 个月	大体积混凝土、金属结构,机电安装 20 万~200 万元;土石方和混凝土薄壁结构 5 万~50 万元
特大	主要单位工程或主要分部工程、隐蔽工程发生整体性倾覆、垮塌;重要设备报废;功能完全丧失,且无法补救,需拆除重建	需进行重新设计	6 个月以上	大体积混凝土、金属结构,机电安装 200 万元以上;土石方和混凝土薄壁结构 50 万元以上

质量事故处理坚持“三不放过”原则，即事故原因不查清不放过，主要事故责任者和职工未受到教育不放过，补救和防范措施不落实不放过。质量事故处理后，应按照处理方案和措施的质量要求和标准重新进行检查和评定，并在质量等级评定栏内加盖“处理”章。补强加固处理的单元工程，一律不得评为优良。

工程项目的主管单位、质量监督机构以及监理单位，在进行质量事故调查处理时，除要查明原因、研究确定处理方案和措施外，还要根据事故的原因、性质和各方的职责范围，明确责任单位及其责任人，以便按照有关文件和合同规定确定损失的承担和对责任单位及其责任人的处罚及责任追究。

11. 工程质量奖惩与责任追究

流域机构或省（区）各级建设主管部门，在工程建设中实行质量奖惩与责任追究制度。根据工程项目在建设期、有效运行期的质量情况，对有关单位或当事人进行奖惩或追究。

对获得优秀设计或优质工程的项目，除由评审机关颁发奖励证书外，建设主管单位根据有关规定，按照工程建设总造价的一定比例，给予设计单位或参与工程建设的有关单位相应的物质奖励，其中对项目法人代表应进行重奖。

根据水利部有关规定，结合淤地坝建设的实际情况，将质量事故分为重大以上（含重大）质量事故和较大（含较大）以下质量事故两个惩罚层次，区别情况，对有关单位和人员进行处罚、追究。并依照国家和行业主管部门对基本建设期间的有关惩罚规定和合同的约定，对有关企业、企业法人代表和企业当事人进行处罚；行政追究处分由被处分人员的管理单位或其上级单位作出；经济与法律追究由项目法人（建设单位）或主管单位作出。

三、案例剖析

盐沟小流域坝系工程可行性研究“建设管理”及其评析。

（一）案例

1. 项目建设管理的组织体系和机构设置

根据国家计委、财政部、水利部、建设部“关于公益性水利工程建设管理的若干意见的通知”（国发[2000]20号）精神，以及黄委对基本建设管理体制改革的总体要求，结合盐沟小流域坝系工程的实际，盐沟小流域坝系建设将全面实行项目法人负责制和项目监理制、积极推行招标投标制及合同管理制。以工程质量为中心，加强管理，强化基础工作，规范建管程序，确保该流域坝系建设顺利实施。

坝系建设项目在陕西省水利厅的统一领导下，对坝系建设行使行政管理职能，榆林市水务局作为项目的主管单位，对项目行使行业主管职能，佳县水利局作为项目的建设单位，履行项目建设单位职责，成立项目建设办公室，严格按照基本建设程序进行项目建设管理，同时接受上级单位对项目的计划管理和行业管理，完成项目建设任务。

佳县水利局作为项目的建设单位，对项目的工程质量、工程进度和资金管理总负责。在项目建设过程中，对项目建设进行现场组织实施协调与管理。工程所在乡(镇)政府给予全面配合与协助，确保工程建设与管护顺利进行。

项目建设单位与设计单位、施工单位和监理单位均为合同关系，全面实行合同管理。其中设计和监理单位，由建设单位通过招标或直接委托等方式，选定具有相应资质的单位承担，并签订有关合同；骨干坝工程统一由项目办公室委托有资质的招标中介机构组织施工招标，择优选定施工单位并签订施工承包合同；中小型淤地坝，由佳县水利局选择有资质的施工单位施工，并签订施工合同书。盐沟小流域示范坝系工程建设组织管理体系详见图9－1。

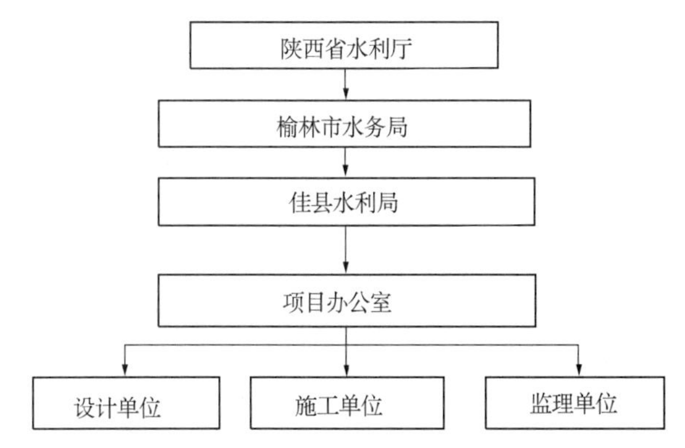

图9－1　盐沟小流域示范坝系工程建设组织管理体系框图

2. 质量管理

盐沟小流域坝系工程质量实行多级控制，项目建设在项目建设单位全面管理的前提下，通过设计、施工单位质量保证、监理单位质量控制、政府行政质量监督等手段，以达到保证工程质量的目的。

(1)项目的建设、设计、施工和监理单位要对工程质量负终身责任。参建各方必须严格按照水利部、黄委有关质量管理规定，制定质量管理规章制度，明确质量责任，并接受上级主管单位的质量监督和抽检。

(2)佳县水利局作为项目建设单位，对工程质量负全面责任，要建立健全工程质量保障体系。在与设计、施工、监理单位签订的合同中，必须有工程质量条款,明确质量标准和责任,以及每座工程的质量责任人。其派驻现场的管理人员(或机构)负责在施工现场对施工单位进行技术指导与质量检查。

(3)监理单位要建立健全质量控制体系,按照水利部《水土保持生态建设工程监理管理暂行办法》(水建管[2003]79 号)等有关规定,对项目建设进行进度、质量与投资控制。对工程量进行签证;对隐蔽工程和关键部位要实行旁站监理,并负责组织进行隐蔽工程的验收,凡隐蔽工程和关键部位未经监理单位验收签证的,不得进行下一步工序的施工。

(4)施工单位首先应具有相应的资质,并具有丰富的水土保持工程施工经验,严格按照施工合同、设计文件和国家有关规范标准进行工程施工,建立健全质量保证体系,制订内部质量管理制度和控制措施,明确质量责任人,配备专职质检员,做好施工质量自检记录,严把施工质量关。

(二)案例评析

该项目由佳县水利局作为项目建设单位,成立示范坝系工程项目建设办公室。建设单位与设计单位、施工单位和监理单位全面实行合同化管理。在质量管理中实行项目法人全面管理、多级控制。报告内容较为全面,文字精炼,思路清晰,管理体系健全、管理程序比较规范。所欠缺的是:

(1)项目建设办公室的具体身份及其职能不是很清楚,项目建设办公室与建设单位之间是合同关系还是其他什么关系,其行使职能是建设单位的全部职能还是哪些部分职能均需要进一步明确。

(2)“盐沟小流域示范坝系工程建设组织管理体系框图”中,不应包含陕西省水利厅、榆林市水务局等上级主管单位。报告中也出现了对上级管理部门的要求,忽视了建设单位是可研报告的主体身份,应予以避免。

(3)遗漏了财务与资金管理一大部分内容。

四、应注意的问题

总结当前的实践经验,在编写本节内容时要特别注意如下细节问题:

(1)要注意报告的人称问题。建设单位是报告的第一人称,可研报告是由建设单位选择有相应资质的规划设计单位承担完成的。

(2)要认真修订有关参考(或拷贝)内容。

(3)财务与资金管理应包括中央投资、地方匹配等,不应只就中央补助部分而言。

第二节　运行管理

一、《规定》要求

提出坝系工程运行管理的责任单位和形式。

提出产权落实(分配)方案,明确坝系工程投入运营后的权利、管护责任等。

提出骨干坝水资源的利用方案。

简述工程管护措施和管护责任落实情况。

二、技术要点

(一)黄土高原地区水土保持淤地坝工程运行管理的基本要求

(1)各省(区)应按照建、管、用、责、权、利相结合和谁受益谁管护的原则,制定并出台相关政策,因地制宜地积极推行淤地坝产权制度改革,通过承包、租赁、拍卖和股份合作等方式,明确工程经营使用权,落实工程运行管护责任。

(2)骨干坝的运行管理原则上由县或乡(镇)人民政府负责,中、小型淤地坝由乡(镇)人民政府或村民委员会负责。各级水利水保部门负责淤地坝运行管护的监督检查工作。

(3)通过产权制度改革回收的资金要设立专账,专户储存,建立工程管护维修基金,用于本辖区淤地坝的运行维护、监测等。

(4)淤地坝的防汛工作纳入当地防汛管理体系,实行行政首长负责制,分级管理,落实责任。各级水行政主管部门负责淤地坝防汛工作的技术指导和监督检查,督促运行管护责任主体搞好淤地坝设施的日常管理和维护。

(5)淤地坝工程管护要明确划定工程管理范围和保护范围,其范围的确定由省级水行政主管部门具体规定。

(二)淤地坝工程运行管理形式介绍

随着淤地坝大规模的开展,坝系的运用管理被各级政府和广大群众所重视,不断探索总结管理经验,通过有限地出让工程使用权,落实管护责任主体,鼓励农民和社会力量参与工程管护等措施,推行了乡村管护、承包租赁、股份合作、拍卖经营、集体统管、分户使用和经济实体管护等多种形式并存的淤地坝运行管理责任制。

1. 乡村管护形式

1)运作过程

这种运行管理模式是从工程竣工验收合格后,由县水保主管部门会同有关单位就将工程的管护和使用权移交给乡(镇)政府或村委会,并签订工程运用管理合同,乡(镇)政府再与工程所在村的村委会签订管理合同,具体经营管理由村委会负责。

2)管护者的责、权、利

(1)乡(镇)政府负责运行管理和管护责任落实,保证坝体及放水、泄洪建筑物的安全运行。

(2)乡(镇)政府负责将管护维修工作落实到工程所在村,或村委会选定的农户,签订管护合同。

(3)工程所有权和经营权收归乡(镇)水利水保站。

(4)第一年乡(镇)水保站从建设单位获取工程建设直接费5%,作为维护费。

(5)村委会协调解决管护人实施管护中有关问题,配合乡(镇)政府(站)建立防汛抢险组织。

(6)管护人按乡(镇)政府要求实施管护、维修并获取报酬。

3)主管部门职责

(1)县水保部门监督检查运行情况,负责(骨干坝)防汛检查、落实工作。

(2)乡、村委会帮助责任人解决有关问题。

4)典型实例

内蒙古准格尔旗水保局将东五色浪坝和公益盖沟2号坝分别与工程所在地的海子塔乡和沙圪堵镇签订了《水土保持治沟骨干工程管护合同书》。合同书中规定乙方必须建立管护组织,责任落实到人,还规定了4款管护责任,在“管护报酬”一条中规定:实行以坝养坝。运行及养护费,前期从利用库内蓄水发展灌溉养殖中提取,后期由淤成坝地的有偿租赁耕种收入中承担。

2. 承包租赁管护形式

这种模式一般是当工程下游新开发的土地或新增坝地产生效益后,由农民个体户、联户或非农业人员对淤地坝进行承包、租赁经营,自行管护,自主经营,自我受益,以地养坝。将农户这个最基本的社会治理单元和沟道工程这个最基本的自然单元紧密地结合在一起,较好地把群众种坝地和管理相统一,责、权、利和治、管、用有机结合,既保证了工程竣工后的正常运行,又发展了当地经济,增强了管护人员的责任心。这种方法承包期限一般为5~20年。

1)运作过程

(1)工程建成验收合格后,县水保部门作为甲方征求工程所在地的乡(镇)村委会或村民的意见,根据有关办法、制度划定管理保护范围及内容,确定承包方案。

(2)确定承包期限和承包金额,明确承包者的管护责任。

(3)公布承包有关事宜，并进行公开招标或议定承包者。

(4)签订承包合同、公证，收缴承包金。

2)管护者的责、权、利

(1)承包者按水保法及有关淤地坝管理规定和承包合同规定，负责工程保护范围内的管理工作。

(2)负责对坝体进行日常维修，保护坝体及放(泄)水建筑物的安全运行；负责汛期淤地坝的防汛和汛情上报。

(3)按合同缴纳承包金。

(4)依法享有对承包坝的自主经营权和全部合法收入，并可依照合同规定，具有继承、转让、抵押、参股经营的权利。

(5)合同期内，国家、集体在建设过程中需要征用承包范围内用地时，要按有关规定给予承包者一定的补偿。

3)主管部门的职责

(1)县级水保业务管理部门应对工程的管护提出明确的要求，负责对工程承包者进行技术指导，并督促承包者对工程及时维修。在汛期，根据坝系具体情况，提出运行要求。

(2)乡(镇)、村协调解决承包者管护的有关问题。

4)典型实例

承包管护在山西省占的比例较大，采用这种形式管护的大、中、小淤地坝有7 000余座，占全省淤地坝改制1.4万余座的50%左右。山西省神池县以乡水管站为依托，把管辖内的治沟骨干工程淤积开发的坝地以质论价，面向社会承包租赁。把榆岭沟坝淤成的43.3 hm^2 坝地、3.27 hm^2 水面，分别租赁给13户村民经营，种植优质蔬菜，发展养殖业，年收入突破10万元，人均增收1 000元，乡水管站每年收租金1.5万元。这样，既加快了当地群众脱贫致富的步伐，又为淤地坝的管护、维修、防汛闯出了一条新路。

3.股份合作管护形式

股份制是农村深化改革的又一创举。坝系中的治沟骨干工程，是以国家投入为主，实行国家、集体、个人多元化投入、多成分治理的项目，具体措施是在工程建设中，将资金、材料、群众投劳、淹没损失等均计价折股，按股划定坝地(水面)经营权，自主经营，效益部分也按股份所占比例分成。主要由两个或两个以上的投入主体按协议以资金、技术或劳力等形式入股，进行合作经营管理，按股分红，形成了利益共享、风险共担的利益共同体。这种形式有效地提高了群众的积极性，解决了单家独户力量单薄、无力加固维修和投入新建淤地坝的矛盾。

1)运作过程

(1)工程建设竣工验收后,由县级水利水保部门下设的管理单位在征求乡镇、村组及村民意见后,根据有关办法、制度划定管理保护范围及内容。

(2)各参股方分别提出各自的管理使用责权利,由乡(镇)主持,在村民大会上进行讨论,最终确定使用工程的参股方(单位)。

(3)签订合同。

2)管护者的责、权、利

(1)使用者按水土保持法及有关淤地坝管理规定和合同规定,负责工程保护范围内的监督,并对工程进行维修,保证坝系安全运行。

(2)使用者负责对淤地坝坝系的防汛安全和汛情及时上报,对淤地坝存在的安全问题应及时处理并及时上报。

(3)按合同交付使用金。

(4)依法享有对使用范围的自主经营权和全部合法收入,并可依照合同规定,具有继承和出让、抵押、参股的权利。

(5)在合同期内,国家、集体在建设过程中需要征用使用范围内用地时,要按有关规定给予使用者一定的补偿。

3)主管部门的职责

(1)县级水保业务管理部门应对工程的管理管护提出明确的要求,负责对工程使用者进行技术指导,并督促承包者对工程及时维修。在汛期,根据坝系具体情况,提出运行要求。

(2)乡(镇)、村协调解决承包者管护的有关问题。

4)典型实例

陕西省将这种形式主要用于投资较多,或利用面积较大,单个农户难以承担的新建坝、补修加固工程或大面积坝地改造利用工程等,目前有三种情况:

一是集体牵头,自愿参股,按股投资投劳,以股分地。淤地坝较多的乡村大多采用这种方法。如陕西省志丹县在榆树弯工程建设中,将国家投入的资金计入股份,从工程受益时起,坝地增产增收的70%归受益村民,由县主管部门核定后,按股分成,30%交水保局作为管护基金。同时对坝区周围及取土场进行了整地,并建果园26 hm^2,其分成办法是,第一年水保局提成10%,第二年提成20%,第三年到第十年每年提成30%,通过以上方式,解决了该流域5座工程的管护费用,既达到了以坝养坝的目的,又增加了群众的收入。如榆林市刘占峁村原有坝地54.4 hm^2,人均0.15 hm^2。实行股份合作制以来,不仅使原有的15座淤地坝得到了很好的维护和管理,而且新建淤地坝3座,可新淤坝地33.3 hm^2。

二是联户建坝，按股分地。这种形式适用于建坝条件较为优越，工程量相对较小，建坝后淤地面积较多的工程。府谷县罗家沟淤地坝，由于坝体受损，致使淤成的6.67 hm^2 坝地无法利用，1993 年20 户村民实行股份合作，以每股1 000元，筹资4 万元，修复了坝体。1996 年每股份种坝地0.17 hm^2，户均收入2 000余元。寨村村民贾某，联合8 户愿意合作的农户，采取以户投劳和出资的办法，建成可淤坝地4.7 hm^2 的淤地坝。坝地淤成后，每户可分得0.47 hm^2 坝地。再如陕西省府谷县黄甫乡贾寨村，由一户村民牵头，联合9 户村民，按户划股，每股2 700 元，新建了一座坝高为37 m 的土坝，受益后，9 户村民均分坝地，共同承担工程的维护费用，目前已种植坝地6.7 hm^2，经济效益显著。麻镇杜庄子村陈永坝建于1972 年，1990 年遭洪水冲毁，虽经多次维修，但因责、权、利不明而未从根本上解决问题，后由该村一个村民牵头组织了13 户村民按户入股，每股500元，共筹集资金2 万多元，由13 户村民共同完成了坝体维修配套任务，当年完工，当年受益，种植的3 hm^2 坝地当年就收回了全部资金。

三是多部门联合开发，利益分成。这种形式适用于人少地多，土地争议小，业务部门协调能力强的地方。如陕西省志丹县水保局、林业局和行政村签订合同，联合开发刘嘴淤地坝。水保局负责排洪渠的设计和施工，林业局负责苗木栽植与技术管理，村上提供土地并派专人管理。合同三方各分成30%，另外10%作为护坝人的报酬。山西省神池县闻家堡流域采取水利、林业、财政、畜牧、土地开发公司等部门投资入股，乡村土地资源折价入股，农民投劳入股，在公平、平等、自愿的原则下，吸纳社会资金13 万元，在沟道建设骨干工程1 座，淤地坝2座，坝系开发32 hm^2 坝地，当年收入就达20 多万元，形成了以干鲜果为主的经济林开发基地、以优质坝地为主的种苗培育开发基地和以引进、试种、培植新品种为主的科研生产基地等6 个开发基地。

4. 拍卖经营管护形式

淤地坝使用权拍卖具有公开、公平、公正、透明度高、购买者稳定感大的特点。工程使用权的拍卖是借鉴四荒拍卖的成功经验，在公开、公平、公正的原则下，由当地政府通过竞标、确权和公证，将工程的使用权向社会进行拍卖，自主开发经营。竞拍者可以是集体、个人、社会团体、企事业单位，其价格根据对工程资产的评估并结合市场情况确定，使用权的出售年限一般在10 ~30 年以内，由转让方与受让方签订出售转让合同，并对付款方式、期限及双方的权利和义务作了详尽规定，严格执行。

1）运作过程

（1）成立由县水利水保部门、国土资源管理局、计委、审计、统计、监察等单位负责人和乡、村代表组成的拍卖领导小组。

(2)根据有关办法、制度,并经多方充分协商,划定拍卖范围,进行资产评估,确定工程基价,明确产权,确定拍卖方案和时间。

(3)在一定范围内张榜公告拍卖方案。

(4)自愿报名,领导小组进行资格审查。

(5)召开竞标会进行公开竞标,确定买主,明确双方的责权利。

(6)与中标者签订购买合同,并进行公证。

2)管护者的责、权、利

(1)购买者对工程保护范围内进行监督管护和维修,保护坝体及放(泄)水建筑物的安全运行。接受主管部门防汛检查指导,不得进行掠夺式经营,工程出现险情及时报告。

(2)合同期内购买者对涉及范围内的坝地、水资源、五荒地有自主开发治理、自主经营权,经营收入全部归购买者,并可依照合同规定继承、转让、抵押、参股经营。

(3)在合同期内,国家、集体在建设过程中征用合同范围内用地时,按国家建设用地的有关规定给予购买者一定的经济补偿。

(4)购买者按要求交付购买金。

3)主管部门的职责

(1)县级水保业务管理部门负责(骨干坝)防汛检查、监督,提出运行管理和防汛方面的有关要求,并对购买者进行技术指导和培训工作。

(2)县水保部门、乡、村督促购买者对工程进行管护维修,协调解决工程中出现的纠纷。

拍卖这种形式对买卖双方的责权利规定较为细致,与承包、租赁等形式相比,购买者在全面负责淤地坝运行管理及日常维护的同时,拥有更多的自主权,如转让、抵押、继承权,也可以转包、租赁。目前在黄河上中游地区采取拍卖方式进行经营管理的工程还仅限于已淤满利用的淤地坝。治沟骨干工程因投资高,工程本身受益慢,加之涉及到防汛问题,实行拍卖有一定的困难。

4)典型实例

甘肃省华池县王沟骨干工程距离县城较近,周围人口密度大,使用的人多,维修的人少,管护责任难以落实,成了县水保部门的难题。县上通过分析研究,以一定的价格拍卖给距离工程较近的王某,现场签订了合同,司法部门进行了公证,使用年限为30年。甲方为华池县水保局。在合同中,对甲乙双方的权利义务及法律责任都作了明确约定。农户王某购买了工程后,充分利用坝址距县城较近的优势,积极发展养殖业,分期向库内投放鱼苗,同时发展假日旅游,为城区居民的垂钓、休闲、娱乐提供了优雅的环境场所。据统计,仅2002年一年,垂钓及出售鲜鱼纯收入达到3.2万元,经营王沟淤地坝使王某稳定脱贫,家庭生活已基本达到小康的标准。

5. 集体统管,分户使用管护形式

这是一种传统的运行管理形式,目前还较为普遍。由于绝大多数的淤地坝是由国家投资,村集体投劳修建或全部由村集体筹资投劳修建,产权归集体所有,其形成的坝地在实行土地承包责任制时,多数已分田到户,村民享有使用权。工程维修管护一般由村委会统一负责,所需资金和投劳则由村民分摊解决,由村委会确定专人负责日常管护。

1)运行过程

(1)工程建设竣工后,由县区水保部门下设的管理单位在征求乡(镇)政府和村组、群众意见后,根据有关办法、制度,划定管理、保护范围,将工程移交村组并签订协议。

(2)村委会召开村民大会,制定工程使用办法,明确管护人员,签订管护合同,将使用权划分给群众。

2)管护者的责、权、利

(1)管护者按照签订的管护合同内容,负责保护范围内的监督,并对工程存在的小问题进行及时维修,对大的隐患及时上报村委会。

(2)村委会对淤地坝存在的较大安全隐患和问题及时组织群众进行处理,保证坝体及放(泄)水建筑物的安全。在汛期按规定及时放水。

3)主管部门的职责

县水利水保局对工程管理管护提出明确要求,并督促村委会对工程进行及时维修。在汛期根据坝体情况提出运行要求,并进行技术指导。

这种运行管理形式在农村集体所有制、坝地集体经营情况下是有效的。实行联产承包责任制后,农村经济体制发生了重大变革,坝地由村、组统一分给农民耕种,形成坝地集体所有与农户自主经营的形式。该形式虽然照顾了多数人的利益,但往往由于责权利关系不密切,造成管护与使用脱节,进而出现有人种地,无人管坝,不利于调动群众护坝的积极性和淤地坝管护责任的落实,也不符合市场经济发展的规律和大规模建设淤地坝形势的要求,今后应加以改革。

6. 经济实体管护形式

这种形式一般是县水利水保部门或乡(镇)水管站以投入运行的淤地坝为依托,创办经济实体开发利用水土资源,自主经营,自我受益,自行管护。这种形式不仅实现了淤地坝的安全生产、安全运行，而且激活了行业自身，一坝活一站，一坝活一乡，还激活了整个小流域经济。该形式又分为乡（镇）水保站管理型和县水利水保局直接管理型两种。山西省平陆县油坊沟治沟骨干工程，随着产权制度的改革，1994 年常乐水管站贷款 20 万元，群众集资 10 万元，成立了油坊沟工程灌溉公司，公司加强管理，注重效益，配备 8 名专业管理人员，并且制定了管护制度和人员岗位责任制，奖励有标准，处罚有依据，制约有条款，使工程效益得到充分发挥。通过灌溉供水、发展水面养殖等，年纯收入近 30 万元，从收入中提取 20% 的资金用于护坝养坝、水毁修复，克服了过去“国家建，集体管，有人用，无人修”的弊端，同时也为乡（镇）水管站创办了实体，增加了收入。吉县 30 余座淤地坝中，有 20% 实行了乡（镇）水管站管理。县水利水保局直接管理型，如吉县余里沟淤地坝，从 1995 年建坝以来，一直采取县水利水保局直接承包管理的办法。县水利水保局首先成立管理机构，常设人员 5 人，而且每年要组建上百人的季节性水保专业队。目前，余里沟骨干坝的下游已建成淤地坝 8 座，已淤地 13.3 hm^2，每年县水利水保局仅靠坝地苗木，纯收入可达 14 万元。

7. 综合开发管护形式

这种办法主要结合“四荒”资源拍卖，通过购买荒沟，从建设淤地坝入手，进行综合治理、综合开发。即水利水保部门或其他实体为修建工程安排资金，工程所在乡村为其提供综合经营所需的土地和其他优惠条件，双方签订合同，工程建成后，即可行使土地使用权，工程由双方共同经营管理。山西省方山县水利水保局，为该县沙沟村投资兴建治沟骨干工程一座，河道治理 200 m，沙沟村为水利水保局提供坝下游的土地 3.3 hm^2，经营使用权 50 年不变，双方签订了土地占用合同，并经县公证处公证，县水利水保局在所划拨的土地上进行育苗、种菜，并利用大坝蓄水进行养鱼和灌溉，办粉条加工厂，实现了种、养、加的良性循环，将经营—管理—服务有机地结合到一起，实现了国家水保投入—产出—再投入的良性循环。陕西府谷县政协委员赵某，1996 年承包治理荒沟，已建淤地坝 3 座，可淤坝地 10 hm^2，实施流域综合治理，并发展种植业和养殖业，年收益超万元。

8. 赎买管护形式

这种形式主要是先由一户、联户投资新建或修复旧坝，经营一定期限后，由村集体一次性赎买，进行承包经营。如府谷县东梁村村民任某，1998 年与村里签约，自己投资 3 万元，新修土坝 1 座，可淤地 5.3 hm^2，坝地淤成前，由其自主经营，坝地淤成后，村里以 15 000 元/hm^2 的价格一次性赎买，然后进行承包经营，取得了较好的效果。

9. 划地作酬管护形式

在工程附近划出一定数量的土地作为管护人员的报酬田,收益归承包管护者。如山西吉县柳沟流域杏渠村自1987年治理结束后,经村委会协商,把流域内13.3 hm^2 荒坡划给管委会种植粮食和以苹果为主的经济林,管委会经过几年的经营管理,年收入达到10万余元。

10. 坝系持续发展运用管理模式

坝系持续发展运用管理模式包括三个方面的内容。

1)组建淤地坝管理理事会

淤地坝管理理事会是农民按照自愿原则自行组成的合作经济组织,是坝系运用管理的组织机构,也是实现坝系可持续发展管理活动的保证和依托。其运营原则是:以坝系安全为宗旨,以效益为导向,以坝系持续发展为目的,以农户家庭经营为基础,充分调动地方、集体和个人管理淤地坝的积极性,使资金、资源、劳动力等生产要素得到优化组织和合理配置。

2)建立淤地坝管理发展基金

通过淤地坝效益的积累,逐步建立淤地坝管理发展基金,为淤地坝工程的维修、加固、配套、改(扩)建提供资金来源,实现坝地资源可持续利用。

3)推行淤地坝产权制度改革

通过对淤地坝产权制度进行改革,解决以往产权制度不明晰、有人用无人管、病险严重的问题,明晰所有权,拍卖使用权,搞活经营权,放开建设权,使"建、管、用"相结合,"责、权、利"相统一;发挥经济杠杆的调节作用,使具有淤地坝受益权的群众积极主动地管理维修加固病险工程,全面巩固淤地坝建设成果;最大限度地激发农民和社会投入淤地坝管理的积极性,形成多元化、多层次、多渠道的社会投入体系,有效激活淤地坝的管理体系,使淤地坝建设逐步走向可持续发展的轨道。

形式多样的坝系运行管护形式,丰富了机制创新的内容,对建立健全黄土高原淤地坝建设良性循环运行机制提供了可以借鉴的经验,有利于激发群众建坝、护坝的自觉性,有利于调动社会各界广泛参与的积极性,有利于解决建设资金不足的问题,对促进农民增收、农业增产、农业经济发展和淤地坝建设健康发展起到了积极作用。

可行性研究报告编制过程中,编制单位应结合当地实际,并借鉴各地的先进经验,因地制宜地选择符合当地条件的管理模式,促进淤地坝运行管护制度的有效落实和淤地坝综合效益的全面发挥。

三、案例剖析

盐沟小流域坝系工程可行性研究“运行管理”及其评析。

（一）案例

盐沟小流域坝系作为公益性水土保持生态环境建设项目，能改善当地生产生活条件和生态环境，其运行安全及效益发挥与当地群众生产生活密切相关。因此，按照“谁受益、谁管护”的原则，工程竣工验收后，统一移交给工程所在乡政府，由乡政府和村民委员会负责工程的运行管理，工程防汛纳入当地水利部门的防汛管理体系，实行行政首长负责制，分级管理，落实责任。对此，佳县人民政府已专门发文作出了相应的承诺。同时，佳县水利局将在每座骨干坝设计时，与工程所在乡镇签订《工程建设与建后运行管理协议》，明确并落实该骨干坝的运行管理责任。

佳县水利局水保站负责坝系运行管理的技术指导，工程所在的乡（镇）政府作为工程管护的责任主体，制定管护制度，明确管护任务及责、权、利，并负责将各项工程的管护责任落实到所在地村民小组集体和受益人，由受益的村民小组或土地承包人具体负责工程的日常运行维护与管理。

盐沟坝系运行期间，按照行政隶属，在县政府指挥领导和乡（镇）政府协调监督下，骨干坝、淤地坝由受益村组织调配并维修管护，汛期及时巡查、上报汛情并积极全力组织抢险，汛后对坝体和放水工程全面维修加固，佳县水利局在维修管护技术方面给予大力支持，从而保证坝系工程安全运行并最大程度地发挥效益（坝系工程运行管理、组织管理体系见图9－2）。盐沟小流域坝系骨干坝、中小型淤地坝具体管护责任范围情况见表9－3。

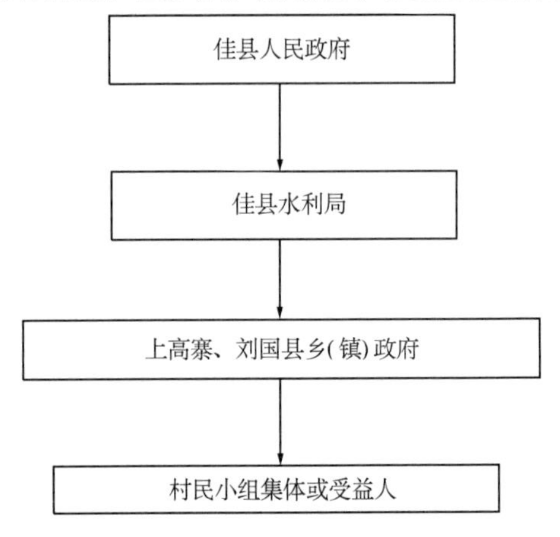

图9－2　坝系工程运行管理、组织管理体系框图

（二）案例评析

盐沟坝系按照“谁受益、谁管护”的原则，工程竣工验收后，统一移交当地政府负责工程的运行管理。佳县水利局水保站负责坝系工程的行业管理与技术指导，工程所在地乡政府作为工程管护的责任主体，受益的村民小组或土地承包人具体负责工程的日常运行维护与管理,并以坝系工程运行管理、组织管理体系框图形式,直观地表现了坝系运行管理体系,以表格形式明确了坝系具体管护责任范围等。所提运行管理方案不但基本满足了《规定》要求,且切实可行。

表 9－3　盐沟小流域坝系管护责任范围

乡(镇)	行政村	骨干坝	中型坝	小型坝
上高寨	徐家西畔	热峁	颜沟	
	徐家峁上	大佛寺	徐家沟	
	段家沟		段家沟 1 号	马家山 1 号、马家山 2 号、段家沟 2 号
	高家寨	刘家沟		洼上、小沟、稍圪塔
	高家洼上		大沙峁	
	前郑家沟	郑家沟		庙合沟
	后郑家沟	三皇塔	老小湾、山则沟	
	水湾沟	驼岔		榆合梁、水湾沟
	木瓜树峁	阴沟	十字峁	木瓜树峁、小沙峁、瑞峁、传家梁
	柳树峁	长梁峁	开光峁、庙山	如峁
	斗范梁	张家沟		
	陈家泥沟	红星坝、南沟坝		申家沟、四则沟、西峁
	高砭梁	胡铁坝、柳树峁	罗沟	芦草圪塔
	贺家寨		崖窑沟	
	稍店子	重壁梁	南沟	
	小计(座)	14	12	18
刘国具	吕家沟			
	白家后洼	细嘴子		
	白家铺	黑家寺		
	王家洼			
	草垛塄	草垛塄		
	高昌	高昌	吕家沟	
	小计	4	1	
合计(座)		18	13	18

四、应注意的问题

在淤地坝发展过程中，各地虽然总结出一些行之有效的运行管护办法，以地养坝、以水养坝、以林养坝等多种多样的运行管护机制。但有的淤地坝工程由于前期经济效益不明显，而一般管护承包者难以抵抗较大的自然风险，虽然淤地坝承包、拍卖给了个人，但租赁、承包人单方面的力量和经济能力有限，只能进行正常岁修，一旦遇到大的险情，仍然无力维修和加固。因此，针对不同地区、不同社会经济条件、不同规模，要因地制宜，不断探索和完善淤地坝运行管护机制。

第十章　投资估算

投资估算是指在项目投资决策过程中,依据现有的资料和特定的方法,对建设项目的投资数额进行的估计。它是可行性研究报告的重要组成部分,是项目决策的重要依据。投资估算的准确与否不仅影响到可行性研究工作的质量和经济评价结果,而且也直接关系到下一阶段设计概算的编制,对建设项目资金筹措方案也有直接影响。因此,全面准确地估算建设项目的工程造价,是可行性研究乃至整个决策阶段的重要任务。其作用表现在:一是项目主管部门审批项目可行性研究报告的依据之一;二是项目投资决策的重要依据,也是研究、分析、计算项目投资经济效果的重要条件,当可行性研究报告被批准后,其投资估算额就作为设计任务书中下达的投资限额,即作为建设项目投资最高限额,一般不得随意突破;三是对工程设计概算起控制作用,设计概算一般不得突破批准的投资估算额;四是可作为建设单位项目资金筹措及制定建设贷款计划的依据。当前水土保持工程投资已形成多元化格局,主要有各级政府投资、贷款、集资、利用外资等形式,建设单位可根据批准的投资估算筹措资金。

第一节　工程概况

一、《规定》要求

概述坝系工程情况,列表说明坝系工程量和材料用量,表格形式见表 10－1。

表 10－1　坝系工程量和材料用量估算

坝型	数量(座)	工程量			投工(工日)	主要材料			
		土方(万 m^3)	石方(m^3)	合计(万 m^3)		水泥(t)	砂子(m^3)	柴油(t)	炸药(t)
骨干坝									
中型坝									
小型坝									
合计									

二、技术要点

一般来说,投资估算作为相对独立的重要内容,可以单独编制成册,也可以作为一章来编制。但无论采取何种编制形式,都改变不了其相对独立性。所以投资估算要求将工程概况作为单独一节进行简要的说明。依据《水土保持工程概(估)算编制规定》(水总[2003]67 号),工程概况一般应包括以下几方面的内容。

(一)坝系建设地点

小流域的地理位置、行政隶属、所在支流(段)。

(二)坝系建设规模

即小流域面积,坝系内新建坝库的总座数、各类坝型的座数、新增总库容、滞洪库容、拦泥库容和新增可淤地面积。

(三)土料类别与施工方式

应简要说明坝址区土料类别、坝体施工方式、施工主要机械及组合形式等。

(四)坝系工程量

一般应列表分类统计各类淤地坝的工程量(包括土方、石方和混凝土方)和主要材料用量(包括水泥、砂子、柴油、炸药),说明施工总工期(施工总工日)和高峰人数等。

三、案例剖析

罗侯沟小流域坝系工程可行性研究报告[1]工程投资估算的"工程概况"及其评析。

(一)案例

罗侯沟小流域总面积98.74 km^2,共布设各类坝库工程19 座,其中新建骨干坝11 座,加固骨干坝1 座,新建中型坝7 座。工程新增总库容1 348.69 万 m^3,其中滞洪库容 520.49 万 m^3,拦泥库容 828.20 万 m^3,新增可淤地面积99.46 hm^2。

坝系工程建设总土方量210.04 万 m^3,石方1.22 万 m^3,混凝土方176.60 m^3。工程建设总投资2 875.74 万元。骨干坝、中型坝的工程量和材料用量见表10-2。

(二)案例评析

罗侯沟小流域坝系工程可行性研究报告概述了小流域内新建坝库的总座

[1]《罗侯沟小流域坝系工程可行性研究报告》由黄委黄河上中游管理局规划设计研究院编制,编制时间为2006 年7 月。

数，分类介绍各坝型的座数、新增总库容、滞洪库容、拦泥库容和新增可淤地面积，且列表说明了坝系工程量和材料用量，其表中内容比《规定》要求的更详细，主要的工程量和主要的材料用量都进行了汇总。还应对小流域坝系建设地点、土料类别、施工方式、施工主要机械和总工期等进行必要的简述。

表 10－2　罗侯沟小流域(片)坝系工程主要工程量及主要材料用量估算

坝型	建设性质	数量(座)	工程量				人工(万工时)
			合计(万 m^3)	土方(万 m^3)	石方(m^3)	混凝土(m^3)	
骨干坝	新建	11	184.44	183.63	7 992.00	127.40	70.91
	加固	1	5.16	5.11	490.80	7.80	2.40
	小计	12	189.60	188.74	8 482.80	135.20	73.31
中型坝	新建	7	21.68	21.30	3 749.31	41.40	11.16
	加固						
	小计	7	21.68	21.30	3 749.31	41.40	11.16
合计		19	211.28	210.04	12 232.11	176.60	84.47

坝型	建设性质	数量(座)	主要材料用量						
			钢材(t)	木材(m^3)	水泥(t)	块石(m^3)	碎(卵)石(m^3)	砂(m^3)	柴油(t)
骨干坝	新建	11	3.29	3.52	832.34	8 631.36	97.10	3 104.16	1 349.19
	加固	1	0.24	0.22	51.11	530.06	5.95	190.62	35.37
	小计	12	3.53	3.74	883.45	9 161.42	103.05	3 294.78	1 384.56
中型坝	新建	7	0.89	1.14	384.84	4 049.25	31.56	1 443.47	128.12
	加固								
	小计	7	0.89	1.14	384.84	4 049.25	31.56	1 443.47	128.12
合　计		19	4.42	4.88	1 268.29	13 210.67	134.61	4 738.25	1 512.68

四、应注意的问题

如前所述，投资估算中的工程概况是相对独立的一部分内容，要求对坝系工程的概况作简要的描述，所列案例中不同程度地存在着工程概况介绍不全的问题，应予注意。

在介绍坝系工程概况时,应简述坝系建设地点、坝系建设规模、工程量、主要材料用量、土料类别、施工方式、施工主要机械、施工总工期和施工总工日等,并应列表说明坝系工程量和主要材料用量估算,并应尽量做到数值正确、不要漏项。

第二节　编制依据

一、《规定》要求

说明投资估算依据的价格水平年、标准、工程概算定额等。

二、技术要点

投资估算编制依据应包括:国家、行业或工程主管部门、工程所在省(区)颁发的有关法令、制度、规定;水土保持工程概(估)算编制规定;水土保持工程概算定额及相关部门颁发的定额;小流域坝系工程设计文件及图纸;其他有关资料等。主要材料价格采用工程所在地造价管理部门发布的价格;主要材料价格要说明采用的价格水平年,现在一般都到某一季度。就某一个坝系工程的编制依据来说,就要具体到相应的文件名和文号。

三、案例剖析

罗侯沟小流域坝系工程可行性研究报告工程投资估算的"编制依据"及其评析。

(一)案例

(1)《工程勘察设计收费管理规定》(国家计委、建设部计价格[2002]10 号)。

(2)《工程建设监理费有关规定》(国家物价局、建设部[1992]479 号)。

(3)《关于水利建设工程质量监督收费标准及有关问题的复函》(国家计委收费管理司、财政部综合与改革司计司收费函[1996]2 号)。

(4)《水土保持工程概(估)算编制规定》。

(5)《水土保持生态建设工程概(估)算定额》(水总[2003]67 号)。

(6)罗侯沟小流域(片)坝系工程相关设计资料。

(7)按现行规定,本坝系投资估算采用概算定额乘以 1.05 的过渡系数(应为扩大系数;编者注)编制。

(8)本坝系可研投资估算主要材料价格依据《离石市 2006 年第一季度建设

工程材料差价解决办法》(中阳县城乡建设局中建字[2005]15号)。

(二)案例评析

罗侯沟小流域坝系工程可行性研究报告对投资估算编制所依据的规定、标准和定额作了较为全面的介绍,对工程勘测设计收费、工程建设监理费、工程质量监督收费、坝系工程相关设计文件和主要材料价格的价格水平年等都作了简要说明,同时说明了投资估算基础单价是在概算定额的基础上扩大5%(原报告将这一扩大系数称为“过渡系数”欠妥)进行编制的,这是投资估算的编制规定。还应简要说明人工预算单价,主要材料,施工用电、水、风、砂石料、苗木、草、种子等预算价格的计算依据,主要设备价格的编制依据,施工机械台时费定额和其他有关指标采用的依据,以及水土保持工程费用计算标准及依据。

四、应注意的问题

在说明投资估算依据时,应将投资估算所依据的相关文件、规定、标准、定额等全部纳入其中,同时要注意收集新的规定、办法和各地价格、人工工资的调整文件,并及时剔除已经废止的文件、规定、标准和定额。例如:工程监理费以前是采用国家物价局、建设部关于发布《工程建设监理费有关规定》的通知([1992]价费字479号);2007年国家发展改革委、建设部以发改价格[2007]670号文重新规定,同时声明[1992]价费字479号文件废止。因此,投资估算依据一定要收集最新的办法、文件。

第三节　编制方法

一、《规定》要求

简要说明编制方法。

(一)基础单价

计算说明流域所在的工资类型区人工单价。

计算说明水平年主要材料价格,列表说明主要材料价格。

计算说明机械台时费。

(二)工程单价

简要说明工程单价的构成及计算方法。

简要说明独立费用的组成及计算方法。

简要说明预备费的组成及计算方法。

二、技术要点

投资估算是可行性研究报告的重要组成部分,是决定项目是否可行的重要依据,是确定是否列入基建项目计划的依据,是批准初步设计的重要依据,还是初步设计概算静态总投资的最高限额。其投资估算编制的方法必须符合主管部门的相关规定。小流域坝系工程可行性研究报告投资估算的编制方法应符合《水土保持生态建设工程概(估)算编制规定》的要求。

《水土保持生态建设工程概(估)算编制规定》将水土保持工程项目划分为:第一部分工程措施、第二部分林草措施、第三部分封育治理措施、第四部分独立费用等四部分。四部分之后列示预备费,前述各项合计为工程总投资。其中工程措施、林草措施和封育治理措施各部分又下设一、二、三级项目。根据小流域坝系工程的特点,投资估算主要涉及第一部分工程措施,少量涉及林草措施,一般不涉及封育治理措施,而独立费用则是都要涉及的重要内容之一。

《水土保持生态建设工程概(估)算编制规定》将水土保持工程费用分为:建安工程费、林草措施费、设备费、独立费用和预备费等。

按照《水土保持生态建设工程概(估)算编制规定》,水土保持工程措施、林草措施和封育治理措施费由直接费、间接费、企业利润和税金四部分组成。直接费指工程施工过程中直接消耗在工程项目上的活劳动和物化劳动,由基本直接费和其他直接费组成。基本直接费包括人工费、材料费、机械使用费。

(一)基础单价

基础单价包括人工工资、材料价格和施工机械台时费等。

1. 人工工资

工程措施按1.5~1.9元/工时(地区类别高、工程复杂取高限,地区类别低、工程不复杂取低限)。林草措施按1.2~1.5元/工时(地区类别高、工程复杂取高限,地区类别低、工程不复杂取低限)。

2. 材料预算价格

1)主要材料价格

主要材料价格按当地供应部门材料价或市场价加运杂费及采购、保管费率计算。其计算方法如下:

材料预算价格=(材料原价+包装费+运杂费)×(1+采购及保管费率)

材料原价——按工程所在地区就近大的材料公司、材料交易中心的市场价或选定的生产厂家的出厂价计算。

运杂费——铁路运输按铁道部现行《铁路货物运价规则》及有关规定计算;

公路及水路运输,按工程所在省、自治区交通部门现行规定计算。

材料采购及保管费率——工程措施按1.5%～2.0%;林草(籽)措施按1.0%计算。

按上述方法计算出主要材料预算价格后,应列入主要材料预算价格汇总表(见表10－3)。

表10－3 主要材料预算价格 (单位:元)

序号	名称及规格	单位	数量	预算价格	其中		
					原价	运杂费	采购及保管费

2)其他材料预算价格

其他材料预算价格可执行工程所在地区就近城市建设工程造价管理部门颁发的工业民用建筑安装工程材料预算价格。

3)砂、石料价格

砂、石料价格按当地购买价或自采价计算。购买价超过70元/m^3的部分计取税金后列入相应部分之后。

4)电价

电价根据当地实际电价计算。

5)水价

水价根据实际供水方式计算。

6)风价

风价按0.12元/m^3计算。

3.施工机械使用费

施工机械使用费指消耗在工程项目上的机械磨损、维修和动力燃料费等,包括基本折旧费、修理费、替换设备费、安装拆卸费、机上人工费和动力燃料费等。

基本折旧费——指施工机械在规定使用年限内回收原值的台时折旧摊销费用。

修理费——指施工机械使用过程中,为了使机械保持正常功能而进行修理所需的摊销费用和机械正常运转及日常保养所需的润滑油料、擦拭用品的费用以及保管机械所需的费用。

替换设备费——指施工机械正常运转时所耗用的设备及随机使用的工具等

摊销费用。

安装拆卸费——指施工机械进出工地的安装、拆卸、试运转和场内转移及辅助设施的摊销费用。

机上人工费——指施工机械使用时所配备人员的人工费用。

动力燃料费——指施工机械正常运转时所耗用的水、电、油、煤和木柴等的费用。

计算方法采用《水土保持工程概(估)算定额》附录中的施工机械台时费定额计算,对于定额缺项的施工机械,可参考有关行业的施工机械台时费定额。其施工机械台时费汇总表如下(见表10－4)。

表10－4　施工机械台时费汇总　　(单位:元)

序号	名称及规格	台时费	其中				
			折旧费	修理费及替换设备费	安装拆卸费	人工费	动力燃料费

(二)取费标准

1.其他直接费

其他直接费包括冬雨季施工增加费,仓库、简易路、涵洞、工棚、小型临时设施摊销费及其他等。其他直接费的费率标准见表10－5。

表10－5　其他直接费费率

工程类别	计算基础	其他直接费费率(%)
工程措施	占基本直接费	3.0～4.0
林草措施		1.5

注:工程措施中的设备及安装工程和其他工程不再计其他直接费。

2.间接费

间接费是指工程施工过程中构成成本,但又不直接消耗在工程项目上的有关费用,包括工作人员工资、办公费、差旅费、交通费、固定资产使用费、管理用具使用费和其他费用等。间接费费率标准见表10－6。

表10－6　间接费费率

工程类别	计算基础	间接费费率(%)
工程措施	占直接费	5.0～7.0
林草措施		5.0

3. 企业利润

企业利润是指按规定工程措施、林草措施费用中应计入的利润，各类工程的企业利润率取费标准见表10－7。

表10－7　企业利润率

工程类别	计算基础	企业利润率(%)
工程措施	直接费与间接费之和	4.0
林草措施		2.0

注：①工程措施中的设备及安装工程、其他工程是按指标计算的，不再计利润；②林草措施中的育苗棚、管护房、水井等是按指标计算的，不再计利润。

4. 税金

税金是指国家对施工企业承担建筑、安装工程作业收入所征收的营业税、城市维护建设税和教育费附加。各类工程的税金率见表10－8。

表10－8　税金率

工程类别	计算基础	税金率(%)
工程措施 林草措施	直接费、间接费、企业利润之和	3.22

注：①工程措施中的设备及安装工程、其他工程是按指标计算的，不再计税金；②林草措施中的育苗棚、管护房、水井等是按指标计算的，不再计税金。

(三)单价编制

1. 工程措施单价的编制

1)直接费

直接费＝基本直接费＋其他直接费

基本直接费＝人工费＋材料费＋机械使用费

人工费＝定额劳动量(工时)×人工预算单价(元/工时)

材料费＝定额材料用量×材料预算单价

机械使用费＝定额机械使用量(台时)×施工机械台时费(元/台时)

其他直接费＝基本直接费×其他直接费费率

2)间接费

间接费＝直接费×间接费费率

3)企业利润

企业利润＝(直接费 ＋ 间接费)×企业利润率

4)税金

税金＝(直接费 ＋ 间接费 ＋ 企业利润)×税金费率

5)单价

单价 = 直接费 + 间接费 + 企业利润 + 税金

2. 林草措施单价的编制

1)直接费

直接费 = 基本直接费 + 其他直接费

基本直接费 = 人工费 + 材料费(不含苗木、草及种子费)
+ 机械使用费

人工费 = 定额劳动量(工时) × 人工预算单价(元/工时)

材料费 = 定额材料用量 × 材料预算单价

机械使用费 = 定额机械使用量(台时) × 施工机械台时费(元/台时)

其他直接费 = 基本直接费 × 其他直接费费率

2)间接费

间接费 = 直接费 × 间接费费率

3)企业利润

企业利润 =(直接费 + 间接费) × 企业利润率

4)税金

税金 =(直接费 + 间接费 + 企业利润) × 税金费率

5)单价

单价 = 直接费 + 间接费 + 企业利润 + 税金

3. 安装工程单价的编制

安装工程单价是指构成固定资产的全部设备的安装费。安装费中包括直接费、间接费、企业利润、税金。

(1)排灌设备的安装费占排灌设备费的6%。

(2)监测设备的安装费占监测设备费的10%。

(四)分部工程估算的编制

1. 工程措施

(1)坝系工程。根据设计工程量乘以按《水土保持工程概算定额》计算的单价(投资估算时计算的单价应扩大5%)进行编制。

(2)设备及安装工程(排灌设备和监测设施)。设备费按设计的设备数量乘以设备的预算价格编制,设备安装费按设备费乘以费率进行编制。

(3)其他工程。按设计的数量乘以扩大单位指标进行编制。

2. 植物措施

(1)栽植费。根据设计的各种苗木、草皮及种子的数量乘以按《水土保持工程概算定额》计算的单价(投资估算时计算的单价应扩大5%)进行编制。

(2)各类苗木、草、草皮等的购置费。根据设计的数量(扣除本项目自建苗圃提供的苗木、草、草皮等的数量)分别乘以苗木、草、草皮等的预算价格进行编制。

(3)各类苗木的种子及草种子的购置费。根据设计的数量分别乘以苗木种子及草种子的预算价格进行编制。

(4)抚育费。根据设计需要的抚育内容、数量、次数及时间,按《水土保持工程概算定额》进行编制。

(5)苗圃中的育苗棚、管护房、水井按扩大单位指标进行编制。

(6)拦护设施。根据设计工程量乘以按《水土保持工程概算定额》计算的单价进行编制。

(7)补植各类苗木、草等费用和补植所需的苗木、草等购置费的编制方法与上述(1)、(2)、(3)的内容相同。

(五)独立费用

独立费用包括建设项目管理费、工程建设监理费、科研勘测设计费、征地及淹没补偿费、水土流失监测费、工程质量监督费。

1.建设项目管理费

建设项目管理费包括项目经常费和技术支持培训费。

(1)项目经常费。指建设单位在工程项目的立项、筹建、建设、竣工验收、总结等工作中所发生的管理费用。主要包括:工作人员的工资、附加工资、工资补贴、办公费、差旅交通费、工程招标费、咨询、完工清理费、林草管护费及一切管理费用性质的开支。项目经常费按第一部分至第三部分之和的0.8%～1.6%计算。

(2)技术支持培训费。指为了提高水土保持人员的素质和管理水平,保证治理质量,提高治理水平,促进水土保持工作的发展,对主要水土保持技术人员、治理区的县乡村领导、干部和农民群众,进行各种类型的技术培训所发生的费用。技术支持培训费按第一部分至第三部分之和的0.4%～0.8%计算。

2.工程建设监理费

工程建设监理费指工程开工后,聘请监理单位对工程的质量、进度、投资进行监理所发生的各项费用。工程建设监理费按国家及建设工程所在省、自治区、直辖市的有关规定计算。

3.科研勘测设计费

科研勘测设计费包括科学研究试验费和勘测设计费。

(1)科学研究试验费。指在工程建设过程中,为解决工程建设中的特殊技术难题,而进行必要科学研究所需的经费。坝系工程可按第一部分至第三部分之和的0.2% ~0.4%计算。一般不列此项目。

(2)勘测设计费。指项目建议书、可行性研究、初步设计和施工图设计阶段(含招标设计)发生的勘测费、设计费和为勘测设计服务的科研试验费用。勘测设计的工作内容、范围及工作深度应满足各设计阶段的要求。勘测设计费按国家计委、建设部计价格[2002]10号文《工程勘察设计收费标准》计算。

4. 征地及淹没补偿费

征地及淹没补偿费是指工程建设需要的永久征地、临时征地及地面附着物等所需支付的补偿费用。征地及淹没补偿费按工程建设及施工占地和地面附着物等的实物量乘以相应的补偿标准计算。

5. 水土流失监测费

水土流失监测费是指施工期内为控制水土流失、监测生态环境治理效果所发生的各项费用。水土流失监测费按第一部分至第三部分之和的0.3% ~0.6%计算。

6. 工程质量监督费

工程质量监督费是指为保证工程质量而进行的监督、检查等发生的费用。工程质量监督费按国家建设工程所在省、自治区、直辖市的有关规定计算。

独立费用取费标准见表10-9。

(六)预备费

预备费包括基本预备费和价差预备费。

1. 基本预备费

基本预备费是指为解决在工程施工过程中,经上级批准的设计变更和为预防意外事故而采取的措施所增加的工程项目的费用。基本预备费按工程估算第一部分至第四部分之和的6%计算。

2. 价差预备费

价差预备费是指为解决在工程施工过程中,因人工工资、材料和设备价格上涨以及费用标准调整而增加的费用。价差预备费的计算可根据工程施工工期,以分年度的静态投资为计算基数,按国家规定的物价上涨指数计算。计算公式如下:

$$E = \sum_{n=1}^{N} F_n[(1+p)^n - 1] \qquad (10-1)$$

表 10－9　独立费用取费标准

编号	费用名称	计算基础或依据	费率(%)
一	建设项目管理费		
1	项目经常费	第一部分至第三部分之和	0.8 ~ 1.6
2	技术支持培训费	第一部分至第三部分之和	0.4 ~ 0.8
二	工程建设监理费	国家发展改革委、建设部发改价格[2007]670 号文	
三	科研勘测设计费		
1	科学研究试验费	第一部分至第三部分之和	0.2 ~ 0.4(一般不列此项目)
2	勘测设计费	国家计委、建设部(2002)10 号文	
四	施工期水土保持监测费	第一部分至第三部分之和	0.3 ~ 0.6
五	征地及淹没补偿费	按实际情况计列	
六	工程质量监督费	按国家计委收费管理司、财政部综合与改革司“关于水利建设工程质量监督收费标准及有关问题的复函”计司收费函[1996]2 号或建设工程所在省、自治区、直辖市的有关规定执行	0.05 ~ 0.1

式中:E 为价差预备费;N 为合理建设工期;n 为施工年度;F_n 为建设期间第 n 年的分年投资;p 为年物价指数。

三、案例剖析

魏家沟小流域坝系工程可行性研究报告工程投资估算的“编制办法”及其评析。

(一)案例

按照基本建设程序和投资概(估)算要求进行编制,采用静态方法计算,投资估算水平年确定为 2005 年。

1. 基础单价

(1)人工预算单价。庆城属七类地区,依据水利部《水土保持工程概(估)算编制规定》,查取人工费 1.7 元/工时。

(2)材料预算单价。主要原材料预算价格包括材料市场购买价、运杂费及采购保管费，采购及保管费费率取2%。砂、石料价格计算在工程概预算中均按70元/m³计取，超出部分计取税金后列入到材料差价部分。施工用电价格采用当地电力部门规定，电价为0.6元/(kW·h)。用水成本价平均为1元/m³，主要材料价格详见表10－10。

表10－10　主要材料预算价格汇总

序号	名称及规格	规格型号	单位	来源	预算价格（元）	其中		
						购价（元）	运杂费（元）	采购及保管费（元）
1	水泥	425#	t	庆城	312.41	290.00	16.28	6.13
2	钢材	A3	t	庆城	3 776.63	3 685.50	17.08	74.05
3	木材	板材	m³	庆城	1 466.84	1 421.00	17.08	28.76
4	柴油	0#	kg	庆城	4.41	4.30	0.02	0.09
5	汽油	90#	kg	庆城	5.09	4.97	0.02	0.10
6	炸药		t	庆城	3 893.42	3 800.00	17.08	76.34
7	雷管		发	庆城	0.306 1	0.30	0.000 1	0.006
8	导火索		m	庆城	0.52			
9	砂子	中砂	m³	庆城	111.76	90.00	21.76	
10	碎石	2～4 cm	m³	庆城	110.86	87.00	23.86	
11	块石		m³	庆城	108.86	85.00	23.86	
12	钢筋混凝土管	500 mm×55 mm×4 000 mm	m	庆城	170.37	137.03	30.00	3.34
13	钢筋混凝土管	800 mm×80 mm×3 000 mm	m	庆城	318.41	282.17	30.00	6.24
14	钢筋混凝土管	1 000 mm×100 mm×3 000 mm	m	庆城	424.01	385.70	30.00	8.31
15	水		m³		1.00			
16	沥青		kg	庆城	2.61	2.54	0.02	0.05
17	扎丝		kg	庆城	6.00			
18	钢模		kg	庆城	4.26	4.16	0.02	0.08
19	铁件		kg	庆城	3.90	3.80	0.02	0.08
20	电	220 V	kW·h		0.60			
21	电焊条		kg	庆城	7.67	7.50	0.02	0.15
22	风		元/m³		0.12			

(3)施工机械台时费。施工机械台时费由两类费用构成：一类费用分为折旧费、修理及替换设备费和安拆费；二类费用分为人工费、动力燃料费或消耗材料费，以工时数量和实物消耗量表示，其费用按国家规定人工工资计算办法和当地物价水平分别计算。

2. 工程单价

(1)工程措施单价计算。工程项目单价包括直接费、间接费、计划利润、税金四部分。

(2)各项费用取费标准:

a. 工程措施取费标准,见表 10 - 11。

表 10 - 11　工程单价取费标准

编号	费用名称	计算基础	费率
一	直接费	人工费、材料费及机械使用费的合计	
二	其他直接费	基本直接费	4%
三	间接费	直接费	7%
四	企业利润	直接费和间接费之和	4%
五	税金	直接费、间接费和利润之和	3.22%

投资估算阶段工程项目单价为概算定额扩大 5%。

b. 独立费用取费。独立费用包括建设管理费、科研勘测设计费、水土流失监测费、工程质量监督费、工程建设监理费、征地及淹没补偿费。

建设管理费包括项目经常费、技术支持培训费;科研勘测设计费包括勘测设计费。各项取费详见表 10 - 12。

表 10 - 12　独立费用取费标准

序号	费用名称	编制依据及计算公式
一	建设管理费	
1	项目经常费	第一至第三部分之和的 1.6%
2	技术支持培训费	第一至第三部分之和的 0.8%
二	工程建设监理费	第一至第三部分之和的 2.0%
三	科研勘测设计费	
1	勘测费	基价 ×0.55 ×1.0
2	设计费	基价 ×0.8 ×0.85
四	征地及淹没补偿费	施工占地和地面附着物的实物量乘以相应的补偿标准
五	水土流失监测费	第一至第三部分之和的 0.6%
六	工程质量监督费	第一至第三部分之和的 0.1%

(3)坝系工程费用组成。魏家沟坝系工程费用由基本费和预备费两部分组成。

a. 基本费。基本费包括四个部分:第一部分工程措施费;第二部分林草措施费;第三部分封育治理措施费;第四部分独立费用。

b. 预备费。预备费包括基本预备费和价差预备费两部分。其中,基本预备费按基本费的6%计,价差预备费依据国家计委计投资(1999)1340号文件规定暂不列计。

(二)案例评析

魏家沟小流域坝系工程可研报告按《规定》要求,简要说明了编制方法,并按照《水土保持工程概(估)算编制规定》和当地所属地区类别,正确地计算出工程施工人工费;材料价格采用当地物价局和建委发布的综合材料预算价格指导价,同时按采购价、运杂费、采购保管费三部分进行计算,列出了主要材料预算价格汇总表;说明了施工机械使用费的构成。另外,还应补充其计算方法和施工机械台时费汇总表等。

四、应注意的问题

(一)可行性研究投资估算编制与初步设计概算编制的异同点

(1)投资估算的基础单价的编制与概算相同。

(2)工程措施、林草措施及封育治理措施工程单价的编制与概算相同,考虑设计深度不同,单价乘以1.05的扩大系数。

(3)独立费用的编制方法及标准与概算相同。

(4)可行性研究投资估算基本预备费费率取6%,扩大初步设计投资概算基本预备费取3%,价差预备费费率与概算相同。

(5)投资估算表格基本与概算表格相同。

(二)单价编制

1. 基础单价编制

编制基础单价时要按照基本建设程序和水利部(水总[2003]67号)文件精神进行编制,费用的构成、各种费率的计取和编制办法应详细、具体,而且内容要简捷,具有针对性和可操作性。并注意以下问题:

(1)要注意单位的统一。

(2)要注意材料预算价格是按采购价、运杂费、采购保管费三部分计列的,材料价格只是政府部门或市场调查的采购价,还应考虑运杂费和采购保管费。

(3)要注意超过70元/m^3的砂石料应进行材差计算。

(4)要注意施工机械台时费的计算方法,并列出施工机械汇总表,不可漏项或缺项。

2. 工程单价编制

编制工程单价应按照水利部水总[2003]67 号文的编制规定,同时根据工程所涉及的工作内容列出投资估算项目,工程及工作内容不涉及的项目,无需计列投资估算项目,如林草措施单价等。

另外,根据《水土保持生态建设工程概(估)算编制规定》的要求,在工程可行性研究报告编制阶段,用《水土保持工程概算定额》编制估算工程单价时,应在概算单价基础上扩大5%。

(三)独立费用和预备费的编制

编制独立费用和预备费时,其各种费率的计取应严格执行水利部水总[2003]67 号文的编制规定。不得随意增减项目和调整费率。

(四)监理费用的编制

坝系监理费用的计算按照《建设工程监理与相关服务收费管理规定》(发改价格[2007]670 号)执行。监理费用计算方式分为两类,即公式法和人工日工资法两种。

1. 公式法

实行政府指导价的建设工程施工阶段监理收费,其基准价根据《建设工程监理与相关服务收费标准》计算,浮动幅度为上下 20%。发包人和监理人应当根据建设工程的实际情况在规定的浮动幅度内协商确定收费额。实行市场调节价的建设工程监理与相关服务收费,由发包人和监理人协商确定收费额。

1)施工监理服务收费计算

(1)施工监理服务收费 = 施工监理服务收费基准价 ×(1 ± 浮动幅度值)。

(2)施工监理服务收费基准价 = 施工监理服务收费基价 × 专业调整系数 × 工程复杂程度调整系数 × 高程调整系数。

2)施工监理服务收费基价

施工监理服务收费基价是完成国家法律法规、规范规定的施工阶段监理基本服务内容的价格。施工监理服务收费基价按施工监理服务收费基价表(见表 10 - 13)确定,计费额处于两个数值区间的,采用直线内插法确定施工监理服务收费基价。

3)施工监理服务收费的计费额

施工监理服务收费以建设项目工程概算投资额分档定额计费方式收费的,其计费额为工程概算中的建筑安装工程费、设备购置费和联合试运转费之和,即工程概算投资额。对设备购置费和联合试运转费占工程概算投资额40%以上的工程项目,其建筑安装工程费全部计入计费额,设备购置费和联合试运转费按40%的比例计入计费额。但其计费额不应小于建筑安装工程费与其相同且设备购置费和联合试运转费等于工程概算投资额40%的工程项目的计费额。

表10-13　施工监理服务收费基价　(单位:万元)

序号	计费额	收费基价	序号	计费额	收费基价
1	500	16.5	9	60 000	991.4
2	1 000	30.1	10	80 000	1 255.8
3	3 000	78.1	11	100 000	1 507.0
4	5 000	120.8	12	200 000	2 712.5
5	8 000	181.0	13	400 000	4 882.6
6	10 000	218.6	14	600 000	6 835.6
7	20 000	393.4	15	800 000	8 658.4
8	40 000	708.2	16	1 000 000	10 390.1

注:计费额大于1 000 000万元的,以计费额乘以1.039%的收费率计算收费基价。其他未包含的其收费由双方协商议定。

工程中有利用原有设备并进行安装调试服务的,以签订工程监理合同时同类设备的当期价格作为施工监理服务收费的计费额;工程中有缓配设备的,应扣除签订监理合同时同类设备的当期价格作为施工监理服务收费的计费额;工程中有引进设备的,按照购进设备的离岸价格折换成人民币作为施工监理服务收费的计费额。

施工监理服务收费以建筑安装工程费分档定额计费方式收费的,其计费额为工程概算中的建筑安装工程费。

作为施工监理服务收费计费额的建设项目工程概算投资额或建筑安装工程费均指每个监理合同中约定的工程项目范围的计费额。

4)施工监理服务收费调整系数

施工监理服务收费调整系数包括:专业调整系数、工程复杂程度调整系数和高程调整系数。

(1)专业调整系数是对不同专业建设工程的施工监理工作复杂程度和工作量差异进行调整的系数。水土保持专业调整系数为0.9。

(2)工程复杂程度调整系数是对同一专业不同建设工程项目的施工监理复杂程度和工作量差异进行调整的系数。工程复杂程度分为一般、较复杂和复杂三个等级,其调整系数分别为:一般(Ⅰ级)0.85;较复杂(Ⅱ级)1.0;复杂(Ⅲ级)1.15。计算施工监理服务收费时,工程复杂程度在相应章节的“工程复杂程度表”中查找确定。

(3)高程调整系数如下:

海拔 2 001 m 以下的为 1;

海拔 2 001 ~3 000 m 的为 1.1;

海拔 3 001 ~3 500 m 的为 1.2;

海拔 3 501 ~4 000 m 的为 1.3;

海拔 4 001 m 以上的,高程调整系数由发包人和监理人协商确定。

5)部分监理工作收费计算

发包人将施工监理服务中的某一部分工作单独发包给监理人,按照其占施工监理服务工作量的比例计算施工监理服务收费,其中质量控制和安全生产监督管理服务收费不宜低于施工监理服务收费额的 70%。

6)多个监理收费计算

建设工程项目施工监理服务由两个或者两个以上监理人承担的,各监理人按照其占施工监理服务工作量的比例计算施工监理服务收费。发包人委托其中一个监理人对建设工程项目施工监理服务总负责的,该监理人按照各监理人合计监理服务收费额的 4% ~6% 向发包人加收总体协调费。

7)其他服务收费

其他服务收费,国家有规定的,从其规定;国家没有规定的,由发包人与监理人协商确定。

2. 人工日工资法

对于提供短期的监理服务采用表 10 – 14 的计费方式收费。

表 10 – 14　建设工程监理与相关服务人员人工日费用标准

建设工程监理与相关服务人员职级	工日费用标准(元)
一、高级专家	1 000 ~1 200
二、高级专业技术职称的监理与相关服务人员	800 ~1 000
三、中级专业技术职称的监理与相关服务人员	600 ~800
四、初级及以下专业技术职称的监理与相关服务人员	300 ~600

注:本表适用于提供短期服务的人工费用标准。

第四节　工程总投资

一、《规定》要求

计算并列表说明静态总投资、分类（不同建设性质、不同类型淤地坝）静态投资，表格形式见表 10－15。

表 10－15　坝系工程投资估算　　（单位：万元）

编号	工程或费用名称	建安工程费	设备购置费	独立费用	合计	占基本费%	资金来源	
							中央投资	地方配套
	一、建筑工程							
1	骨干坝（新建）							
2	骨干坝（加固改建）							
3	中型坝（新建）							
4	中型坝（加固改建）							
5	小型坝							
	二、设备及安装工程							
1	排灌设备							
2	监测设施							
	三、临时工程							
1	低压线路架设							
2	施工道路							
3	施工房屋							
	四、独立费用							
1	建设管理费							
2	科研勘测设计费							
3	施工期水土保持监测费							
4	工程质量监督费							
5	植物措施管护费							
6	技术培训与科技推广费							
7	坝系监测费用							
	基本费（一～四合计）							
	预备费							
	基本预备费							
	价差预备费							
	静态投资							
	总投资							

二、技术要点

工程总投资泛指工程静态总投资、工程总投资。

(一)工程静态总投资

工程静态总投资包括工程措施费、林草措施费、封育治理措施费、独立费用、基本预备费。

(二)工程总投资

工程总投资包括工程措施费、林草措施费、封育治理措施费、独立费用、基本预备费和价差预备费。

工程总投资的编制应按规定的表式和计算方法进行。

三、案例剖析

魏家沟小流域坝系工程可行性研究报告的“工程总投资”及其评析。

(一)案例

魏家沟坝系工程估算总投资2 197.91万元,其中骨干工程1 749.94万元,中型淤地坝400.43万元,小型淤地坝47.54万元,坝系单位库容投资1.38元/m^3,单位拦泥投资2.93元/m^3,见表10-16。

(二)案例评析

魏家沟小流域坝系工程可行性研究报告估算了坝系静态总投资,并列表说明了不同类型淤地坝的投资和总投资,按照《规定》要求,还应分不同建设性质列示投资;独立费用中计列了水土流失监测费。对于坝系工程建设的植物护坡措施等费用都应列入投资估算,不可漏项或缺项。

四、应注意的问题

(1)要按照《规定》要求,详细填制坝系工程投资估算表,尤其是坝系建设性质、建坝类型、单坝投资等都应进行说明。

(2)根据坝系工程设计的工程量以及施工过程中所修建的临时工程和植物防护措施等都要认真核对与核算,不可漏项或缺项。

(3)水土流失监测费分为施工期水土保持监测费和坝系监测费用两种。

施工期水土流失监测费是指为了有效开展施工过程中的新增水土流失监测,在独立费用中计列的水土流失监测费。施工过程中地表扰动后,水土流失比不扰动前要严重得多,尤其是以水力侵蚀为主的地区,为了及时总结不同施工条件下扰动地表的水土流失规律,研究施工过程中的水土流失防治技术,规定要求在施工过程中都要开展施工期水土流失监测,并将施工期水土流失监测费按照统一的费率列入独立费中。

表 10-16 坝系工程投资估算 (单位:万元)

序号	工程或费用名称	建安工程费	林草工程费		设备费	独立费用	合计
			栽植费	林草及种子费			
	第一部分 工程措施						1 876.35
1	骨干坝	1 496.65					
2	中型淤地坝	338.75					
3	小型淤地坝	40.95					
	第二部分 林草措施						
	第三部分 封育治理措施						
	第四部分 独立费用						197.16
1	建设管理费					45.03	
2	工程建设监理费					37.53	
3	科研勘测设计费					82.76	
4	征地及淹没补偿费					18.70	
5	水土流失监测费					11.26	
6	工程质量监督费					1.88	
	一至四部分合计						2 073.50
	基本预备费						124.41
	静态总投资						2 197.91
	差价预备费						
	工程总投资						2 197.91

坝系监测费是指为了研究坝系工程建成后对流域洪水泥沙变化的影响、坝系淤积过程、坝系效益及坝系后评估,而在坝系工程实施完成后设立的坝系工程监测项目所需的费用。一般由坝系工程建设主管部门根据小流域坝系的分布及其特征,在不同类型区进行选点布设,单独立项。其目的是为坝系的安全运行和后评估提供监测数据。坝系工程监测费应在设备安装项目中分列设备购置费和安装费。安装费按费率计入,监测费可单列或按费率计算。

除特别说明外,一般小流域坝系可行性研究报告的投资估算只计算施工期水土流失监测费。

(4)按照水利部《水土保持工程概算编制规定》(水总[2003]67 号),在总报告中应附总概算表 1 ~ 表 9 等基本表格。

第五节　资金筹措

一、《规定》要求

列表说明资金筹措方案(国家、地方投资比例和金额),表格形式见表10－17。

表10－17　资金筹措

工程类型	投资(万元)	资金筹措			
		国家(万元)	比例(%)	地方(万元)	比例(%)
骨干坝 中型坝 小型坝					
合计					

二、技术要点

坝系工程建设筹资的基本要求是:合理确定资金需要量,力求提高筹资效果;认真选择资金来源,力求降低资金成本;适时取得资金,保证资金投放需要。

根据资金来源,确定资金筹措的原则和方案,按照国家、地方投资比例计算出国家、地方投资的资金额度,同时对资金筹措方案进行可行性论证,以保证资金的落实和坝系工程的建设。

三、案例剖析

魏家沟小流域坝系工程可行性研究报告的"资金筹措"及其评析。

(一)案例

1.筹资方案

按照国家关于生态建设项目投资方向,资金来源由国家投资、地方政府匹配两个渠道筹措。具体筹措原则为:

(1)骨干坝国家投资65%,地方匹配35%;

(2)中型淤地坝国家投资50%,地方匹配50%;

(3)小型淤地坝国家投资30%,地方匹配70%。

按照以上方案计算,坝系建设总投资2 197.90万元,其中国家投资1 351.93

万元,地方匹配 845.97 万元。资金筹措方案见表 10 – 18。

表 10 – 18　魏家沟小流域坝系工程资金筹措

工程类型	投资（万元）	资金筹措			
		国家（万元）	比例（%）	地方（万元）	比例（%）
骨干坝	1 749.94	1 137.46	65	612.48	35
中型淤地坝	400.42	200.21	50	200.21	50
小型淤地坝	47.54	14.26	30	33.28	70
合　计	2 197.90	1 351.93	61.51	845.97	38.49

2. 可行性

国家投资部分,由黄河水土保持生态工程建设专项资金按年度计划定额拨付。

庆城县地处老区,社会经济发展水平较低,地方财政较困难,但由于本项目的实施对改善当地农业生产条件、发展农村经济具有举足轻重的作用,地方政府积极承诺通过多渠道筹措匹配资金,使该项目能顺利实施。

近几年世界银行项目骨干坝、淤地坝坝系建设影响较大,对改善生态环境和农业生产条件起到了积极示范作用,坝系区农户是坝系工程建设的主要受益者,参与工程建设的积极性很高。

因此,本项目资金筹措方案是可行的。

(二)案例评析

魏家沟小流域坝系工程的资金筹措内容比较完善,说明了资金筹措的原则和筹措方案,给出了国家、地方投资比例和国家与地方投资的金额,符合《规定》要求。同时能结合当地实际情况,对资金筹措方案的可行性进行了论证,值得借鉴推广。

四、应注意的问题

坝系工程建设项目是一项多方受益的项目,为了保障项目得以顺利实施,必须保证按期足额投入项目资金。编写此部分内容时,应按照国家关于生态建设项目投资方向,结合实际制定资金筹措方案和资金筹措渠道,同时对资金筹措方案的可行性要进行论证。

第六节　年度投资

一、《规定》要求

根据进度安排，分别计算各年的投资并列表，表格形式见表 10－19。

表 10－19　坝系工程分年度投资　　　　（单位：万元）

工程类型	第一年			第二年			第三年		
	小计	中央投资	地方配套	小计	中央投资	地方配套	小计	中央投资	地方配套
骨干坝									
中型坝									
小型坝									
合计									

二、技术要点

根据坝系中各单坝的作用，在保证坝系建设安全的前提下，按照效益最大化原则、方便施工并适当考虑资金的均衡性，科学合理地安排坝系建设顺序和分年度投资。坝系建设的分年度投资安排应符合以下原则。

（一）骨干坝优先的原则

在坝系建设顺序和调整安排中，应优先考虑和安排在坝系中发挥控制作用的骨干坝的建坝顺序和年度投资。其次考虑和安排中小型淤地坝的建坝顺序和年度投资。

（二）坝系建设效益最大化原则

在进行坝系分年度投资安排中，应按照效益最大化的原则科学合理地确定建坝顺序，优先安排坝系中滞洪拦泥效益显著的工程，以便尽早实现对流域洪水泥沙的控制，最大限度地发挥资金的时间价值，实现坝系综合效益的最大化。

（三）坝系建设与运行的安全性原则

在确定坝系建设分年度投资过程中，应将坝系建设与运行的安全性放在首位，应按照《水土保持治沟骨干工程技术规范》的要求，将坝系的安全指标控制在适当的范围之内。漠视安全和无节制地抬高坝系安全防范标准同样都是不可取的。

（四）坝系建设分年度投资均衡性原则

安排分年度投资，应适当考虑坝系建设期各年度投资额度的大体均衡。就目前而言，坝系建设的总工期一般在 3 ~5 年内，各年度的投资水平不应悬殊过大，以免造成人力、机械以及管理工作在工程建设期的大幅变化。

三、案例剖析

魏家沟小流域坝系工程可行性研究“年度投资”及其评析。

（一）案例

魏家沟小流域坝系建设静态总投资 2 197.91 万元，工程建设施工期 5 年，分年度投资见表 10 –20。

表 10 –20　坝系工程分年度投资　（单位：万元）

工程类型	第一年		第二年		第三年		第四年		第五年	
	小计	中央投资	小计	中央投资	小计	中央投资	小计	中央投资	小计	中央投资
骨干坝	249.59	162.23	314.63	204.51	318.75	207.19	415.75	270.24	451.22	293.30
中型坝	33.95	16.98	144.76	72.38	0	0	135.24	67.62	86.47	43.24
小型坝	0	0	0	0	47.54	14.26	0	0	0	0
合计	283.54	179.21	459.39	276.89	366.29	221.45	550.99	337.86	537.69	336.54

（二）案例评析

魏家沟小流域坝系工程的年度投资是根据坝系可行性研究报告的工程进度安排的。对不同的工程类型分别计算了各年的中央投资，但未计算地方匹配投资，若严格按表 10 –19 要求增加地方匹配投资就完善了。

四、应注意的问题

在安排各年的投资时，要按照坝系可行性研究报告的工程进度安排和《规定》要求，计算出不同工程类型、不同年份的中央投资和地方匹配，并列表说明。

第十一章　效益分析与经济评价

第一节　效益分析

坝系工程效益是指工程投入运行后所获得的社会、经济、生态效益。坝系工程效益可分为基础效益(保水保土)、经济效益、社会效益和生态效益等四类。四者间的关系是:在保水保土效益的基础上,产生经济效益、社会效益和生态效益。

坝系工程效益的特点:一是随机性。由于水文状况具有随机性,因而工程的效益也具有随机性。如遇丰水年份,水沙较多时,坝的拦泥淤地速度较快,经历一次或几次大洪水淤积的泥沙,就可以种植作物;如遇枯水年份,水沙较少,拦泥淤地速度就较慢。二是复杂性。由于工程多建在地形破碎、沟壑纵横、植被稀少、地表裸露、降雨少而集中的地区,水的利用情况非常复杂。采用蓄洪排清方式,上游对水沙的拦蓄和利用会影响中下游的水沙量;但同时上游工程又能够保障下游的防洪安全,减少下游河道泥沙淤积及用于下游河道冲淤的洪水量。因此,效益计算必须综合考虑上、中、下游的相互关系。三是综合性。坝系工程是多目标开发、综合利用的工程,具有防洪、拦泥、种植、灌溉、养殖、供水、旅游等多方面效益,效益计算必须综合考虑。

效益分析是坝系工程可行性研究报告编制的重要组成部分。通过效益分析,可以系统全面地反映坝系工程取得的基础效益、经济效益、社会效益和生态效益,为项目决策提供科学依据。

一、《规定》要求

(一)基础效益

说明基础效益(主要指蓄水保土效益)分析的范围和方法;分析确定基础效益的主要参数(各类工程的蓄水保土指标);计算坝系工程的基础效益。

(二)经济效益

说明经济效益(直接和间接经济效益)分析的范围和方法。

分析确定坝系工程经济效益的主要参数(包括各类工程的投入产出物价

格,各类工程的单位投入、产出量等)。

简述各类工程的增产、增收情况以及对流域人均收入和消费水平提高的贡献等。

(三)生态效益

说明小流域坝系工程建设的蓄水保土及对下游的防洪、减灾作用。

分析阐述小流域坝系工程建设对改善当地生态环境的作用。

(四)社会效益

简述坝系工程建设对流域农业经济及生产结构优化调整的作用。

简述坝系工程建设对土地利用、生产率提高的促进作用。

简述坝系工程建设在改善地方交通条件和促进社会进步等方面的作用。

二、技术要点

(一)基础效益

坝系工程基础效益是指坝系工程就近拦蓄暴雨所形成的地表径流及挟带泥沙的作用。一般包括减沙效益和蓄水效益。

1.减沙效益

坝系工程减沙效益指标分为年减沙量、总拦沙量和坝系工程减蚀量。

1)坝系工程年减沙量

坝系工程年减沙量是指坝系工程建成后年平均拦减泥沙的数量。其计算方法是:按照小流域坝系工程控制范围内的水土流失面积乘以侵蚀模数。

坝系工程年减沙量计算公式为:

$$E = M_s F \tag{11-1}$$

式中:E 为坝系工程年减沙量,万 t/a;F 为小流域坝系控制范围内的水土流失面积,km^2;M_s 为坝系工程控制范围内的土壤侵蚀模数,万 t/(km^2·a)。

2)坝系工程总拦沙量

坝系工程总拦沙量是指坝系工程中的各类淤地坝按照设计拦泥库容淤满后可拦减泥沙的总量,即坝系工程总拦沙量为骨干坝、中型坝和小型坝的设计拦沙量之和。

坝系工程总拦沙量计算公式为:

$$V_{沙总} = \sum_{i=1}^{n} V_{沙骨i} + \sum_{i=1}^{n} V_{沙中i} + \sum_{i=1}^{n} V_{沙小i} \tag{11-2}$$

式中:$V_{沙总}$为坝系工程总拦沙量,万 m^3;$V_{沙骨i}$为第 i 座骨干工程的设计拦泥库容(设计拦沙量),万 m^3;$V_{沙中i}$为第 i 座中型坝的设计拦泥库容(设计拦沙量),万

m^3；$V_{沙小i}$为第 i 座小型坝的设计拦泥库容（设计拦沙量），万 m^3。

2. 蓄水效益

坝系工程的蓄水效益是指坝系工程在未淤满前，拦蓄地表径流的数量。通常坝系工程的蓄水效益按下列各式计算：

$$V_{径}=0.1Fh \tag{11-3}$$

$$V_{能}=V_{淤}-\frac{FM_s n}{\gamma} \tag{11-4}$$

$$V_{蓄}\leqslant(V_{径},V_{能}) \tag{11-5}$$

式中：$V_{径}$ 为淤地坝工程控制范围内的天然径流总量，万 m^3；F 为淤地坝工程控制范围内的面积，km^2；h 为流域平均年径流深，mm；$V_{能}$ 为淤地坝工程的蓄水能力，万 m^3；M_s 为淤地坝工程控制范围内的土壤侵蚀模数，万 $t/(km^2 \cdot a)$；n 为淤地坝工程运行年数，a；$V_{蓄}$ 为淤地坝工程蓄水量，万 m^3；γ 为坝内拦淤泥沙的干容重，t/m^3，一般取 $\gamma=1.35\ t/m^3$。

式(11－3)为淤地坝工程控制范围内的天然径流量计算公式，主要受流域天然降水及地下出渗量的影响。

式(11－4)为淤地坝工程的蓄水能力计算公式。由式(11－4)可知，淤地坝工程的蓄水能力最大值出现在淤地坝工程建成初期，此时，淤地坝工程的蓄水能力为淤地坝工程的拦泥库容。淤地坝工程的蓄水能力随着淤地坝工程运行及拦泥作用的发挥而衰减。淤地坝工程设计拦泥库容淤满后，淤地坝工程即失去蓄水能力。

式(11－5)为淤地坝工程蓄水量计算公式。由式(11－5)可知，淤地坝工程的蓄水量应取淤地坝工程天然径流量与计算年份淤地坝工程的蓄水能力二者中的较小值。即当天然径流量小于淤地坝工程蓄水能力时，天然径流可以全部拦蓄在淤地坝工程内，淤地坝工程的蓄水量等于淤地坝工程控制范围的天然径流量；当天然径流量大于淤地坝工程蓄水能力时，天然径流中的一部分（相当于淤地坝工程蓄水能力）拦蓄在淤地坝工程内，其余部分将通过淤地坝工程的放水设施下泄到下游河道，淤地坝工程的蓄水量等于淤地坝工程的蓄水能力。

由于淤地坝的蓄水量受天然来水量和淤地坝的淤积状况两个因素制约，因此淤地坝的蓄水能力应逐年、逐坝列表进行分析计算（见表11－1）。

淤地坝的蓄水效益则应按照其蓄水运用的作用分别计算。

（二）经济效益

经济效益一般包括灌溉效益、防洪效益、养殖效益、供水效益、旅游效益、种植效益、拦泥效益等。通过有工程与无工程相比较，定量计算分析经济效益，计算所增加的财富或减少的损失。

表 11－1　坝系工程蓄水量及蓄水效益分析计算

坝名		×××坝	×××坝	×××坝	×××坝	……	合计
设计淤积库容							
天然径流量							
蓄水量	第一年 第二年 ⋮ 第 n 年						
	合计						
蓄水效益							

经济效益包括直接经济效益和间接经济效益。直接经济效益主要有种植效益、养殖效益、灌溉效益、防洪保护效益等;间接效益为拦泥效益。经济效益采用静态和动态两种方法进行计算。通过对坝地产出物定额及单价实地调查分析,确定坝地投入产出定额及单价,按照数量计算其经济效益。各种投入产出物的价格均按编制水平年市场价格确定,通常坝地单位面积投入产出量,是根据典型小流域调查结果,结合项目区及统计局等有关部门的调查、统计和规划资料,进行综合分析比较确定。

1. 种植效益

工程淤积年限期满后,坝地开始产生直接种植效益,其坝地利用率按 80% 计算。坝地种植效益按下列公式计算:

$$B_1 = F_{粮} \times \eta \times q_{粮} \times p_{粮} + F_{经} \times \eta \times q_{经} \times p_{经} \tag{11-6}$$

式中:B_1 为计算年种植效益,万元;$F_{粮}$ 为粮食作物面积,hm^2;$F_{经}$ 为经济作物面积,hm^2;η 为利用率,$\eta = 80\%$;$q_{粮}$ 为粮食作物单产,万 kg/hm^2;$q_{经}$ 为经济作物单产,万 kg/hm^2;$p_{粮}$ 为粮食作物单价,元/kg;$p_{经}$ 为经济作物单价,元/kg。

2. 养殖效益

对有常流水的沟道,坝系工程建成初期,可利用设计拦泥库容拦蓄地表径流,若可蓄水养鱼,应计入养鱼效益。经典型调查,养鱼水面面积可按坝系工程设计淤积面积的 30%～50% 计。计算公式为:

$$B_2 = F_{淤} \times \eta \times q \times p \tag{11-7}$$

式中：B_2 为养殖效益，万元；$F_{淤}$ 为坝系工程设计淤积面积，hm^2；η 为养殖水面面积占设计淤积面积的百分率，一般为 30%～50%；q 为养殖单产，万 kg/hm^2；p 为养殖产品单价，元/kg。

3. 灌溉效益

骨干坝建成初期可利用设计拦泥库容，拦蓄地表径流，发展灌溉面积。一般在建成第二年就可以蓄水。黄河上中游地区是一个干旱、缺水的地区，坝库蓄水可灌溉下游沟台川地和下游坝地，提高作物产量。在宁夏一些地方，多利用骨干坝前期蓄水，采用小型抽水设备，抽灌库区两岸沟台川地，为干旱地区农业增产创造了有利条件。灌溉效益一般按灌溉产量与无灌溉产量对比计算。计算公式为：

$$B_3 = F_{灌} \times \Delta q \times p \qquad (11-8)$$

式中：B_3 为灌溉效益，万元；$F_{灌}$ 为灌溉面积，hm^2；Δq 为增产产量，万 kg/hm^2；p 为产品单价，元/kg。

4. 防洪保护效益

由于骨干坝具有较高的防洪标准，因而对其下游耕地、坝地可以起到防洪保护作用。所以，防洪保护效益可以在工程的设计运行期内，按工程可保护耕地面积计算。灾害率一般取 35%。计算公式为：

$$B_4 = F_{保} \times 35\% \times \Delta q \times p \qquad (11-9)$$

式中：B_4 为防洪保护效益，万元；$F_{保}$ 为保护耕地面积，hm^2；Δq 为增产产量，万 kg/hm^2；p 为产品单价，元/kg。

5. 减少下游河道淤积效益

坝系工程建成后，有效地拦截了小流域坝系工程控制范围内的洪水泥沙，减少进入黄河河道的泥沙，减轻了黄河下游河道河床的淤积抬高。减淤效益的计算可根据坝系工程拦沙量和所在地区粗泥沙含量，分析计算减少下游河道淤积泥沙量，再按下游河道的清淤费用的单价，计算出减少下游河道淤积的经济效益。计算公式为：

$$B_5 = \alpha \times W_s \times q_{清} \qquad (11-10)$$

式中：B_5 为减少下游河道淤积效益，万元；W_s 为淤地坝总拦泥量，万 m^3；$q_{清}$ 为黄河下游河道清淤费单价，元/m^3；α 为下游河道泥沙淤积系数，有实测资料时，可按实测资料分析计算，无实测资料时，粗泥沙集中来源区取 $\alpha = 0.35 \sim 0.40$，多沙粗沙区 $\alpha = 0.20 \sim 0.23$，多沙区 $\alpha = 0.19 \sim 0.21$。

各区涉及县(区、旗)名称见表 11-2。

表 11-2　不同类型区县(区、旗)名称及淤积系数

类型区	下游河道泥沙淤积系数(α)	涉及县(区、旗)名称
粗泥沙集中来源区	0.35~0.40	陕西府谷、神木、榆阳区、靖边、佳县、清涧、米脂、子洲、绥德、横山、安塞、子长;内蒙古准格尔旗、达拉特旗、伊金霍洛旗
多沙粗沙区	0.20~0.23	陕西延川、子长、延长、宝塔区、安塞、清涧、吴旗、子洲、吴堡、横山、绥德、米脂、靖边、志丹、佳县、榆阳区、定边、神木、府谷;内蒙古准格尔旗、和林、清水河、达拉特旗、东胜区、伊金霍洛旗;山西兴县、柳林、临县、离石区、石楼、大宁、隰县、永和、中阳、方山、保德、偏关、河曲、五寨、神池;甘肃华池、环县、镇原、庆城;宁夏盐池
多沙区	0.19~0.21	青海湟中、互助、民和、西宁市、平安、乐都、化隆、循化、尖扎、贵德;甘肃庆城、宁县、西峰区、环县、合水、华池、正宁、镇原、平凉市、泾川、灵台、崇信、华亭、榆中、秦安、庄浪、静宁、武山、漳县、天水、通渭、甘谷、张家川、陇西、渭源、清水、永靖、东乡、康乐、临夏、临夏市、临洮、广和、和政、定西、会宁、靖远;宁夏彭阳、西吉、隆德、固原、同心、海原、盐池;内蒙古准格尔旗、乌审旗、东胜区、达拉特旗、和林、伊金霍洛旗、鄂托克前旗、托克托、凉城、清水河;陕西府谷、子长、延川、清涧、吴旗、榆阳区、靖边、米脂、子洲、绥德、横山、定边、神木、佳县、志丹、安塞、宝塔区、延长、彬县、长武、旬邑、宜川、吴堡、韩城;山西离石区、宁武、方山、汾西、柳林、偏关、吉县、静乐、中阳、保德、乡宁、平陆、交口、河曲、蒲县、芮城、石楼、神池、大宁、右玉、五寨、永和、平鲁、兴县、隰县、岚县、临县、岢岚;河南三门峡湖滨区、孟津、陕县、宜阳、渑池、伊川、巩义、洛宁、灵宝、嵩县、新安

注:多沙区面积 19.1 万 km^2,包含多沙粗沙区 7.86 万 km^2 和粗泥沙集中来源区 1.88 万 km^2,而多沙粗沙区又包含粗泥沙集中来源区 1.88 万 km^2。

一些工程可能还有其他经济效益,如供水效益、旅游效益等,应分别采用相应的计算方法,计算出各自的经济效益值。最后,将以上经济效益合计就可得到总经济效益,即:

$$B = B_1 + B_2 + B_3 + B_4 + B_5 \tag{11-11}$$

式中:B 为坝系工程总经济效益,万元;其余符号意义同前。

(三)生态效益

生态效益是指坝系工程对改善气候、环境、植被生长等方面的作用。通常应用有工程与无工程相比较,定量计算或定性分析生态效益。

生态效益主要体现在淤地坝建成后,拦蓄洪水泥沙,调节天然径流,改善水环境,调节区域温度、湿度、降雨等小气候。同时,使荒沟变良田,促进退耕还林还草,使生态环境得到改善。

生态效益主要从蓄水保土、减少泥沙流失、延缓下游河道淤积和减轻洪水灾害可能造成的损失,以及小流域坝系工程建设对改善当地生态环境的作用等方面进行阐述。

(四)社会效益

社会效益是指坝系工程在促进区域经济、社会发展、人民群众安居乐业和提高人民福利水平方面所起的作用。通常应用有工程与无工程相比较,定量计算或定性分析社会效益。

社会效益主要表现为坝地建成后,可能减轻各种自然灾害造成的损失和促进社会进步等。减轻损失主要包括减少水土流失,避免干旱、风沙造成的经济损失等。促进社会进步主要表现为改善农业生产条件、增加高产稳产农田、改善人居环境、拉动内需、带动区域经济发展等方面。

简述这部分内容时,应尽可能进行定量的分析计算(如流域农业经济、生产结构优化、土地利用、生产率提高等),不便定量计算时,可进行定性描述。

三、案例剖析

广丰小流域坝系工程可行性研究报告的“效益分析”及其评析。

(一)案例

坝系工程效益分析计算与评价,依据水利部《水土保持综合治理效益计算方法》进行。坝系效益主要包含基础效益、经济效益、生态效益、社会效益。对项目实施所产生的保水保土效益和经济效益进行重点分析,对生态效益和社会效益只作简略性分析。

1.基础效益

(1)拦泥效益。坝系年拦泥按各骨干坝控制面积内流失量的总和计算。

$$W_s = \sum_{i=1}^{n} M_{si} F_i$$

式中:W_s 为坝系年拦泥量,万 t/a;M_{si} 为单元小区为 i 的年侵蚀模数,万 t/(km^2 · a);F_i 为单坝控制面积,km^2。

本坝系工程控制面积为 72.03 km^2，侵蚀模数为 0.55 万 t/(km^2·a)，坝系年拦泥量为 39.62 万 t。

(2)拦蓄径流效益。按各骨干坝控制面积和年平均径流模数计算：

$$W_s = \sum_{i=1}^{n} M_0 F_i$$

式中：W_s 为坝系年拦蓄径流量，万 m^3/a；M_0 为年径流模数，万 t/(km^2·a)；F_i 为单元小区为 i 的控制面积，km^2。

单元坝系控制面积为 62.48 km^2，单元坝系外控制面积为 10.21 km^2。径流模数为 2.65 万 m^3/(km^2·a)，坝系年拦蓄径流量为 192.43 万 m^3。

2. 经济效益

(1)计算范围。经济效益只计算坝系建设新增加措施的效益，原有措施虽然也会增加效益，但未投入建设资金，因此不计算其效益。分析期为 30 年，采用静态分析法。

经济效益分为直接经济效益和间接经济效益。其中直接经济效益主要包括种植效益、养殖效益、灌溉效益；间接经济效益包括拦泥效益、防洪保护效益和人畜饮水效益。中小型淤地坝的直接经济效益只计算种植效益，间接效益只计算拦泥效益。

(2)经济效益计算，分项计算如下。

a. 拦泥效益。按设计拦泥库容 V_1 和淤积年限 N 作为计算依据，考虑向下游河道输沙系数为 0.5，河道清淤费用 j_1 以 6 元/m^3 计。根据上游减沙的下泄泥沙量替代下游因此而节省的清淤及加堤费用的方法计算坝系拦泥减沙的间接经济效益。

$$B_1 = \frac{0.5V_1}{N} j_1$$

从工程建成开始算起，拦泥效益年限为设计淤积年限。经计算，项目计算期拦泥效益为 624.1 万元。

b. 灌溉效益。按工程可灌面积 W_2(hm^2)、单位面积粮食增产量 α_2(kg/hm^2)和粮食单价 j_2(元/kg)计算：

$$B_2 = W_2 \alpha_2 j_2$$

骨干坝在前期工作运行时，是以水库的形式运用，第一年秋季蓄水，第一年末与第二年初灌水，对下游川台地及坝地均可起到灌溉作用。流域下游共计有 500 hm^2，种植玉米灌溉效益按工程可灌溉面积的 80% 计。按每公顷产值 8 400 元/kg，扣除投资费用 5 000 元/hm^2，粮食净增效益确定为 3 400 元/hm^2。从工程建成的第二年算起，灌溉计算期按淤积年限减 2 年。经计算，计算期累计灌溉增产效益为 2 594.6 万元。

c. 养殖效益。养鱼水面积 W_3（hm^2）按设计淤地面积对应的水面积 50% 计，养殖效益按下式计算：

$$B_3 = W_3 \alpha_3 j_3$$

式中：α_3、j_3 分别为单位面积产量（kg/hm^2）和单价（元/kg）。

骨干坝建成后，前期可蓄水养鱼，养鱼水面积按设计面积的 50% 计，产量按 2 000 kg/hm^2，单价 3.5 元/kg，故单位水面面积养殖效益确定为 7 000 元/hm^2，每个骨干坝另外还可养鸭 500 只，每只鸭投入 30 元，可净产出 20 元。从工程建成的第三年算起，养殖计算期为淤积年限减 3 年。经计算，计算期内累计养殖效益 444.7 万元。

d. 种植效益。年种植面积 W_4（hm^2）按设计淤积面积的 80% 计，保收率按 75% 计。

$$B_4 = 0.75 W_4 \alpha_4 j_4$$

式中：α_4、j_4 分别为单位面积产量（kg/hm^2）和单价（元/kg）。

坝地单产 7 000 kg/hm^2，粮食单价按 1 元/kg，故坝地单产效益为 7 000 元/hm^2。扣除坝地种植成本投入（种子、化肥、农药等）2 500 元/hm^2，确定单坝地净种植效益 4 500 元/hm^2。按工程设计淤积年限期满后开始计算，计算期内，骨干坝 382.0 万元，中型淤地坝 83.3 万元，小型淤地坝 19.0 万元，小计种植效益为 484.27 万元。

e. 防洪保护效益。按骨干工程有效淤积年限内可保护下游耕地或坝地面积 W_5（hm^2），灾害率按 10% 计算：

$$B_5 = 0.10 W_5 \alpha_5 j_5$$

式中：α_5、j_5 分别为单位面积产量（kg/hm^2）和单价（元/kg）。

骨干坝可以对下游耕地、坝地起到防洪和保护作用。骨干工程建成后就具有防洪保护效益，防洪保护效益在工程淤积年限内，按工程可保护耕地面积 500 hm^2 计算，灾害率按 10%，保护耕地单产量按 7 000 kg/hm^2。经计算，计算期内保护效益为 620.7 万元。

f. 人畜饮水效益。从工程建设的第二年开始，供水量按流域内大约三分之二计 2 690 户的家庭人畜饮水，每户每月用水 9 m^3，供水费用按广丰流域 5 元/m^3 计算，供水效益计算的期限为淤积年限内。经计算，计算期内累计解决人畜饮水效益为 2 517.8 万元。

以上六项产生的经济效益总计 7 286.17 万元。

3. 生态效益

(1)保水保土作用显著。流域坝系新增拦泥量441.72万m^3、拦蓄径流量688.84万m^3,蓄水保土作用显著提高。工程的建设将会增加土壤植被的拦蓄作用,改善土壤的水分和养分含量,从而使流域内严重的水土流失得到有效控制,表现为以下两方面:第一,坝系促进高质量沟坝地建设,沟坝地拦蓄水土,避免土壤及其养分的流失,加速土壤的熟化过程,改善作物生长的土壤环境,更加有利于作物的生长发育,可以大大提高作物产量;第二,由于坝地保水保肥能力增强,提高了沟坝地的粮食单产,一般能达到坡耕地的5~10倍,从而使水土资源得到充分的利用。

(2)减少泥沙流失,延缓下游河道淤积。经过建设,流域骨干坝达到22座,淤地坝达到21座,流域内严重的水土流失得到基本控制,将有效地减少进入下游河道的泥沙特别是粗颗粒泥沙,延缓下游河道淤积,从而减轻下游河道清淤工作量,节省一定的劳力、物力和经费。

(3)减轻洪水灾害可能造成的损失。通过淤地坝建设,流域工程防洪能力提高到200年以上一遇洪水标准,各类坝联合运用,削洪调沙,有效地防止沟道下切、沟岸扩张,抬高侵蚀基准,稳定沟坡,减轻水土流失;调节河川径流,降低洪水含沙量,减轻下游洪水压力,增加清水径流量,减小洪涝灾害给工农业生产造成的损失,为合理利用水资源创造有利条件。

4. 社会效益

(1)农业生产条件明显改善。沟道坝系工程建设可有效地控制土壤侵蚀,为农业生产创造良好条件。项目建设期末,全流域将新增高产稳产坝地80.64 hm^2,将促进坡耕地的退耕还林还草。当新增坝地全部发挥效益后,粮食年产量将稳步增加。

(2)劳动生产率提高,土地利用结构趋于合理。坝地大幅度增加,促使当地农民改广种薄收为少种高产多收,农业生产将逐渐向集约化经营发展,劳动生产率明显提高,农民收入得到较大提高。同时,土地资源得到充分开发利用,土地利用结构得到进一步合理调整。

(3)促进社会进步,主要表现在以下两个方面:

a. 改善基础设施条件。坝系工程建设,使部分骨干坝、淤地坝坝顶作为连通乡、村级道路的桥梁,直接改善当地交通条件,有力地促进农村经济发展。

b. 增加社会就业机会,提高人民生活水平。项目建设所需劳动力、材料为当地农民带来经济效益的同时,也促进了当地区域经济的快速增长,道路、交通、医疗卫生以及文化教育等各项事业随之得到较大发展。农民群众居住条件、生活卫生条件以及文化教育条件均得到改善，人民生活水平显著提高。

（二）案例评析

1. 基础效益方面

该报告在基础效益计算时，坝系年拦泥量按各骨干坝年均拦泥量的总和计算，拦蓄径流效益按各骨干坝控制面积与年平均径流模数的总和计算。在计算过程中，对分析的范围、年侵蚀模数、年径流模数等主要参数作了说明，符合《规定》要求。

2. 经济效益方面

报告阐述了经济效益分析的范围和方法，列出了拦泥效益、灌溉效益、养殖效益、种植效益和防洪保护效益的计算公式，公式中涉及的各种参数也进行了说明，还增加了人畜饮水效益的计算，项目计算期为30年。该报告内容比较详细、全面，值得学习和借鉴。如果再对各类工程的增产、增收情况以及对流域人均收入和消费水平提高的贡献等进行说明就更好了。

3. 生态效益方面

报告从蓄水保土、减少泥沙流失、延缓下游河道淤积和减轻洪水灾害可能造成的损失三个方面进行了论述，但缺少对改善当地生态环境的分析阐述。

4. 社会效益方面

该报告按《规定》要求，从农业生产条件明显改善、提高劳动生产率、调整土地利用结构、改善基础设施条件、增加社会就业机会、提高人民生活水平等方面进行了阐述，基本满足要求。建议在今后的工作中，进一步从有工程与无工程方面进行比较，用定量数据说明，这样就更好了。

四、应注意的问题

效益计算期应根据坝系工程的使用年限确定，一般取20～30年。对效益分析计算所采用的相关参数应进行必要的分析、核实和说明，保证基础数据的翔实可靠。在引用其他流域的调查观测资料时，应注意两者的自然和社会经济条件基本一致或具有较好的相关性。

坝系工程的各种效益计算的起始年份应根据工程施工组织设计提出的工程建设控制进度确定。一般当年汛前完成防汛坝高的工程应从实施之年开始计算，否则应以次年开始计算。

（一）基础效益

计算基础效益时，应说明分析的范围、基础效益主要参数的确定依据和采用的计算方法。

（二）经济效益

在计算经济效益（直接和间接经济效益）时，要注意经济效益分析的范围和所采用的方法，说明坝系工程经济效益主要参数（包括各类工程的投入产出物价格，各类工程的单位投入、产出量等）的确定依据。建议在进行效益分析前，对小流域坝系进行实地调查、统计和分析，使确定的主要参数尽可能符合当地实际，同时要简述各类工程的增产、增收情况以及对流域人均收入和消费水平提高的贡献等。

（三）生态效益

编写生态效益时，除了论述蓄水保土、减少泥沙流失、延缓下游河道淤积和减轻洪水灾害可能造成的损失外，还应对改善气候、环境、植被生长和改善当地生态环境的作用等方面进行阐述。

（四）社会效益

编写该部分内容时，应尽量从有工程与无工程这方面去比较，条件具备时应进行定量计算，以实物量或货币表示；不能作定量计算的，应根据实际情况作定性描述。

第二节　经济评价

一、《规定》要求

说明经济评价的依据和方法。

说明经济分析的主要指标（包括计算期、基准年、贴现率、内部收益率等）。见表 11－3。

表 11－3　坝系工程（方案 1、2）效益计算　　（单位：万元）

<table>
<tr><th rowspan="3">序号</th><th rowspan="3">年份</th><th colspan="7">静态分析 $i=0$</th><th colspan="5">动态分析 $i=7\%$</th></tr>
<tr><th colspan="2">投入</th><th colspan="5">效益</th><th rowspan="2">投资</th><th rowspan="2">运行费</th><th rowspan="2">效益</th><th rowspan="2">净效益</th><th rowspan="2">累计净效益</th></tr>
<tr><th>建设投资</th><th>运行费</th><th>生产效益</th><th>拦泥效益</th><th>灌溉效益</th><th>净效益</th><th>累计净效益</th></tr>
<tr><td>1</td><td>2004</td><td></td><td></td><td></td><td></td><td></td><td></td><td></td><td></td><td></td><td></td><td></td><td></td></tr>
<tr><td>2</td><td>2005</td><td></td><td></td><td></td><td></td><td></td><td></td><td></td><td></td><td></td><td></td><td></td><td></td></tr>
<tr><td>⋮</td><td></td><td></td><td></td><td></td><td></td><td></td><td></td><td></td><td></td><td></td><td></td><td></td><td></td></tr>
<tr><td></td><td></td><td></td><td></td><td></td><td></td><td></td><td></td><td></td><td></td><td></td><td></td><td></td><td></td></tr>
<tr><td>30</td><td></td><td></td><td></td><td></td><td></td><td></td><td></td><td></td><td></td><td></td><td></td><td></td><td></td></tr>
<tr><td colspan="2">合计</td><td></td><td></td><td></td><td></td><td></td><td></td><td></td><td></td><td></td><td></td><td></td><td></td></tr>
</table>

说明项目运行费的计算方法和成果。

提出项目总经济效益和主要措施的经济效益分析成果。

提出国民经济合理性评价结论。

二、技术要点

坝系工程经济评价是工程建设前期的重要工作,是坝系工程可行性研究阶段的重要组成部分。经济评价主要是从国民经济发展的角度,评价工程建设的贡献及工程的经济合理性。其任务是根据经济社会发展战略和行业、地区发展规划的要求,计算坝系工程的费用和效益,通过多方案比选,对拟建坝系工程的可行性和经济合理性进行分析论证,做出经济评价,为坝系建设提供决策依据。

(一)经济评价依据

经济评价的主要依据有《水利建设项目经济评价规范》(SL 72—94)、《建设项目经济评价方法与参数》(第三版,2006 年)和《水土保持综合治理 效益计算方法》(GB/T 15774—1995)等。

(二)经济评价方法

经济评价方法按照是否考虑资金的时间价值,可分为静态评价法与动态评价法两种方法。经济效益除计算工程建设所形成的新增坝地的种植效益和坝库蓄水带来的养殖效益外,还应计算工程建成后,减少对下游河道淤积产生的间接效益。上述效益如何计算前一节已介绍,在此不进行阐述。

(三)经济评价指标体系

经济分析的主要指标有:坝系工程经济计算期(一般取 30 年)、基准年、贴现率(水土保持项目属公益性建设项目,在进行经济评价时以 7% 和 12% 的贴现率进行计算和评价)、内部收益率、经济内部收益率、净现值、效益费用比。

1. 社会折现率

社会折现率是项目国民经济评价的重要通用参数,各类建设项目的国民经济评价都要采用国家统一规定的社会折现率。社会折现率是项目经济效益的一个基准判据,是国民经济评价主要指标经济内部收益率的基准值,用以衡量项目的经济效益。

淤地坝建设是一项社会公益性事业,以拦洪减沙、改善生态环境、合理利用水土资源为主要目的。因此,经济评价选用 7% 的社会折现率进行计算,同时采用国家统一规定的 12% 的社会折现率进行计算,供评价参考。

2. 经济内部收益率(*EIRR*)

经济内部收益率是从项目国民经济评价角度反映项目的相对指标,它显示项目占用的资金所能获得的动态效益。

经济内部收益率($EIRR$)以工程计算期内各年效益净现值累计等于零时的折现率表示。内部收益率大于或等于社会折现率且其数值越高时,说明工程经济可行性越好。计算公式为:

$$\sum_{t=1}^{n}(B-C)_t(1+EIRR)^{-t}=0 \tag{11-12}$$

式中:$EIRR$ 为经济内部收益率;B 为年效益,万元;C 为年费用,万元;n 为计算期,年;t 为计算期各年的序号;$(B-C)_t$ 为第 t 年的净效益,万元。

3. 经济净现值($ENPV$)

经济净现值($ENPV$)是指用社会折现率将工程计算期内各年净效益流量折算到工程建设初期(即基准年)的现值之和,是反映工程对国民经济净贡献的绝对指标。经济净现值大于零,说明工程经济可行。经济净现值越大,表明工程所带来的经济效益的绝对值量越大。经济净现值计算公式为:

$$ENPV=\sum_{t=1}^{n}(B-C)_t(1+i)^{-t} \tag{11-13}$$

式中:i 为社会折现率;B 为年效益,万元;C 为年费用,万元;n 为计算期,年;t 为计算期各年的序号;$(B-C)_t$ 为第 t 年的净效益,万元。

4. 经济效益费用比($EBCR$)

经济效益费用比($EBCR$)是以选定的社会折现率为基准,工程效益现值与费用现值之比,比值大于1,说明工程建设经济可行。经济效益费用比按下列公式计算:

$$EBCR=\frac{\sum_{t=1}^{n}B_t(1+i)^{-t}}{\sum_{t=1}^{n}C_t(1+i)^{-t}} \tag{11-14}$$

式中符号意义同前。

(四)项目总经济效益和主要措施的经济效益分析

项目总经济效益和主要措施的经济效益分析一般用主要经济指标进行分析评价,贴现率采用7%和12%分别进行经济效益评价。评价结果如下:

当经济内部收益率($EIRR$)大于或等于社会折现率时,项目在经济上是可行的。

当经济内部收益率($EIRR$)≥0 时,项目在经济上是可行的。

项目的经济可行性应根据经济效益费用比的大小确定,当效益费用比

$EBCR \geqslant 1.0$ 时，该项目经济可行。

在进行经济效益分析时，也要对项目进行不确定因素影响的分析——敏感性分析。由于项目自身的特点，决定了对于建设过程中可能出现的各种自然灾害、人为因素、原材料和劳力价格波动、工期延长等因素都会对项目建设产生较大影响，因此分不同情况对项目进行敏感性分析，找出不利情况下的风险，以便在项目安排和建设过程中，采取积极的防范措施，避免最不利的情形发生，以保证项目能顺利实现预期目标。

（五）工程费用计算及国民经济评价

1. 工程费用计算

1）工程投资

淤地坝工程费用应包括工程固定资产投资和年运行费。固定资产投资应包括淤地坝建设达到设计规模由中央、地方、集体和个人不同渠道投入的全部建设费用，按工程投资估算的内容计算。

2）年运行费

年运行费是指坝系工程在运行期内，每年对其进行生产管护中所需要支付的各项费用，它包括生产费、工程维修费和管理费。

生产费是指坝系工程建成后，提供了生产条件，每年进行生产的费用。如：坝地种植时需要的种籽、化肥、植保费；水面养殖需要的鱼种、捕捞设备、饲料费；机械运行需要的燃料、动力费；林草补植、更新费及劳动工资等。在效益估算中，生产费可直接计入相应各项生产的投入。

工程维修费是指坝系工程每年需要支付的维修、养护费用。包括日常维修、养护、年修及大修等费用。大修费用包括水毁后的大修及机械运行中规定使用年限的大修，其费用可分摊到各年。维修费一般可按坝系工程建设投资的一定比例进行估算，在效益分析中计入成本。

管理费是指坝系工程运行过程中，需要管理人员进行管护所支出的费用。包括管理人员的工资、附加工资和福利费，行政开支及当年的防汛、观测、科学试验等费用。管理费应计入在总投资费用之内。

年运行费按工程实际年运行费和工程正常运行需要的年运行费两种情况计算。实际年运行费可以采用物价指数法将各年实际年运行费换算成计算标准年价格水平费用，亦可将实际年运行费占原固定资产投资的比例乘以换算后的固定资产投资求得。工程正常运行需要的年运行费可参考相关工程年运行费率标准进行计算。工程年运行费从坝建成第二年开始计算。

2. 国民经济评价

国民经济评价是评价淤地坝工程建设对国民经济的净贡献。评价时,要剔除工程费用中属于国民经济内部转移支付的部分,包括利润、税金等。材料、工资都按影子价格计算。其计算分为工程建设主要投入物影子价格计算和主要产出物影子价格计算。

影子价格通常是指一种资源的影子价格。其定义为:某种资源处于最佳分配状态时,其边际产出价值就是这种资源的影子价格。影子价格是社会对货物真实价值的度量,只有在完善的市场条件下才会出现。然而这种完善的市场条件是不存在的,因此现成的影子价格也是不存在的,只有通过对现行价格的调整,才能求得它的近似值。

影子价格被广泛地用于投资项目对社会国民经济的评价和效益与费用分析。

影子汇率是一个单位外汇折合成国内价格的实际经济价值,也称之为外汇的影子价格。它在国民经济评价中,用来进行外汇与人民币之间的换算。它不同于官方汇率,官方汇率是由中国人民银行定期公布的人民币对外汇的比价,是在币种兑换中实际发生的比价,而影子汇率仅用于国民经济评价,并不发生实际交换。

1)主要投入物影子价格计算

(1)材料影子价格。工程建设所用材料,可根据需要数量及其对费用的影响程度,划分为主要材料与其他材料两类。柴油、汽油、木材、钢材、水泥、炸药等六种为主要材料,其余为其他材料。各类材料的影子价格应根据材料类型、供应条件并参照原价格进行计算。由生产厂家直供的货物,不计贸易费用。

柴油、汽油影子价格按减少外贸出口货物计算,其计算公式为:

柴油、汽油影子价格 = 柴油、汽油离岸价 × 影子汇率 - 供应厂到口岸运输费用及贸易费用 + 供应厂到拟建工程的运输费用及贸易费用

柴油、汽油离岸价采用《建设项目经济评价方法与参数》(以下简称《经济参数》)规定值。

国内影子运费按如下公式计算:

国内影子运费 = 铁路运费 × 铁路货运影子价格换算系数 + 公路运费 × 公路货运影子价格换算系数 + 内河运费 × 内河货运影子价格换算系数 + 杂费 × 杂费影子价格换算系数

(2)水泥影子价格按非外贸货物计算,其计算公式为:

水泥影子价格 = 水泥出厂影子价格 ×(1 + 贸易费用率) + 影子运费

水泥出厂影子价格可按成本分解法计算。在缺乏资料时,也可采用《经济参数》规定值。

(3)施工机械台班影子价格应分以下两类费用分别进行调整。对工程设计概(估)算所列基本折旧费、大修理费等施工机械台班费中的第一类费用,可按其费用值乘以相应的影子费用换算系数进行调整;对工程设计概(估)算所列工资及材料费等施工机械台班费中第二类费用,则可按相应影子价格进行调整。

(4)劳动力影子价格。劳动力影子价格即影子工资,应包括劳动力边际产出和劳动力就业或转移而引起的社会资源消耗两部分,按工程设计概(估)算中的工资及福利费乘影子工资换算系数计算。一般淤地坝工程建设的影子工资换算系数可采用1.0,建设期内使用大量民工的小型淤地坝工程,其民工影子工资换算系数可采用0.5。某些特殊工程建设根据当地劳动力充裕程度及所用劳动力技术熟练程度,可适当提高或降低影子工资换算系数。

2)主要产出物(农产品)影子价格计算

小麦影子价格按减少进口计算,其计算公式为:

$$\text{小麦影子价格} = \text{小麦到岸价影子汇率} \times (1 + \text{贸易费用率}) + \text{国内影子运费}$$

小麦到岸价可采用世界银行、亚洲开发银行提供的价格,也可参考我国口岸价格及国际市场价格进行测定。

玉米、油料、棉花、大豆、花生等农产品影子价格按外贸出口货物计算,其计算公式为:

$$\text{玉米等农产品影子价格} = \frac{\text{农产品离岸价} \times \text{影子汇率} - \text{国内影子运费}}{1 + \text{贸易费用率}}$$

玉米等农产品的离岸价可采用世界银行、亚洲开发银行提供的价格,也可参考我国口岸价格及国际市场价格进行测定。除小麦、水稻、玉米、油料、棉花、大豆、花生外,其他农产品的影子价格可按当地市场价格计算。

3. 不确定性分析

淤地坝工程应进行不确定性分析,包括敏感性分析和概率分析,评价工程在经济上的可靠性,估计工程建设可能承担的风险,供决策参考。

敏感性分析应根据工程建设特点,分析、测算固定资产投资、效益、投入物和产出物的价格、建设期年限等主要因素中,一项指标浮动或多项指标同时浮动对主要经济评价指标的影响,并列表或敏感性分析图表示。对最敏感的因素,应研究提出减少其浮动的措施。

概率分析应计算工程净现值的期望值和净现值大于或等于零时的累计概率。

三、案例剖析

乌拉素沟小流域坝系工程可行性研究报告的“经济评价”及其评析。

(一)案例

1. 评价依据和方法

水土保持生态建设项目具有十分明显的社会公益性,其社会经济效益远远超过项目的财务收入,因此本项目经济评价着重进行国民经济方面的分析,分析计算项目全部费用和效益,考察项目对国民经济所作的贡献,以评价项目的经济合理性。

本项目经济评价依据《水利建设项目经济评价规范》(SL 72—94)、《水土保持综合治理效益计算方法》(GB/T 15774—1995)和《建设项目经济评价方法与参数》等规范中的要求和方法,分别采用静态和动态分析方法进行计算。经济效益除计算坝系工程建设所形成的新增坝地的种植效益和坝库蓄水带来的灌溉、养殖效益外,还计算坝系工程建设后,减少下游河道淤积所产生的间接效益。

对坝系工程建设涉及的各项投入及产出的效益,在分析时均折算为货币形式表示。无法用货币形式表示的,只作定性分析。

经济计算期取30年,基准年为2004年。

在经济分析的基础上,对项目实施中可能出现的不利情况作必要的分析预测,并提出适当的预防策略。

2. 经济分析的主要指标

(1)贴现率。根据《水利建设项目经济评价规范》,水土保持项目是以减少泥沙、恢复生态环境为主要目的,属社会公益性建设项目,在进行经济评价时,选用7%的贴现率。

(2)内部收益率。经济内部收益率(*EIRR*)以项目计算期内各年净效益现值累计等于零时的折现率表示。内部收益率大于或等于社会贴现率且其数值越高时,说明项目经济可行性越好。

(3)净现值。净现值(*ENPV*)为用所选的贴现率将计算期内各年净效益折算到基准年的现值之和。其大于零时,说明项目经济可行。

(4)效益费用比。效益费用比(*EBCR*)为在选定的贴现率时,项目效益与费用的现值之比。其比值大于1时,说明项目经济可行。

3. 工程运行费计算

据以前对骨干坝和淤地坝的管护经验结合桑记沟流域实地调查情况，每座骨干坝每年运行管理费确定为2 000元，每座淤地坝每年运行管理费确定为500元。运行费从建成第二年开始计算。

4. 坝系工程建设总经济效益及分析

工程建设的各种效益发挥的年限各不相同，拦泥效益从工程建成后开始计算，灌溉效益按淤积年限减3年计算，养殖效益从工程建成后第二年开始计算，养殖年限为淤积年限减5年，种植效益从工程淤积期满后计算。经计算，总经济效益为7 688.66万元，效益费用比为1.51。工程建设的经济评价结果见表11－4。

表11－4　效益分析及经济评价结果

项目	单位	指标	备注
总经济效益	万元	7 688.66	社会折现率7%
总费用	万元	2 662.43	社会折现率7%
净现值	万元	910.40	社会折现率7%
内部收益率	%	11.48	社会折现率7%
效益费用比		1.51	社会折现率7%
投资回收期	年	11.60	社会折现率7%

从表11－4结果中看出，在包含减沙效益的情况下，内部收益率大于7%的社会折现率；在社会折现率$i=7\%$时，各项经济评价指标均符合项目经济可行的标准。

5. 敏感性分析

按照《水利经济计算规范》中的要求，对项目进行了不确定因素影响分析。由于项目自身的特点，决定了对于建设过程中可能出现的各种自然灾害、人为因素、原材料和劳力价格波动、工期延长等因素都会对项目建设产生较大影响，因此分四种情况对项目进行敏感性分析。分别为：①效益减少20%；②投资增加10%；③效益推迟2年；④投资增加10%且效益推迟2年。敏感性分析结果见表11－5。

从表11－5的敏感性分析结果看出，乌拉素沟小流域坝系工程建设的总体上有一定的抗风险能力。但在效益减少20%、投资增加10%且效益推迟2年的不利情况下净效益、效益费用比均有较大幅度降低，应在项目的安排和建设过程中，采取积极的防范措施，避免最不利的情形发生，以保证项目能顺利实现预期目标。

表 11－5　乌拉素沟小流域坝系工程敏感性分析结果

指标	单位	分析因素			
		效益减少 20%	投资增加 10%	效益推迟 2 年	投资增加 10% 且效益推迟 2 年
内部收益率	%	8.45	10.13	9.00	8.01
净现值	万元	281.86	687.17	484.79	261.56
效益费用比		1.21	1.37	1.30	1.18

6. 国民经济合理性评价结论

从经济评价的各项指标可见，项目建设的经济效益较好，经济内部收益率大于社会折现率（7%），经济净现值大于零，效益费用比大于 1。同时项目建设具有较为明显的生态、社会效益。所以，项目建设在经济上是合理可行的。

7. 工程建设对环境的影响评价

坝系中各工程建设是分散性作业，施工机械和人员较多，且多为实施时间较短的土方工程，施工不会对环境造成不良影响。最后，需要指出的是，坝系工程在施工过程中应注意保护坝址区原有植被，选择适宜的施工方式，待工程竣工后对损坏植被进行恢复，对取土场实施复垦，可将新增水土流失减小到最低程度；此外，工程运行前期蓄水阶段，根据已有工程运行实践，不会造成大的库岸滑坡，少量坍塌亦不会导致工程库容损失。

（二）案例评析

报告对小流域坝系工程进行了经济评价，说明了经济评价的依据和方法，对经济分析的主要指标（包括计算期、基准年、贴现率、内部收益率等）进行了计算，对坝系工程的运行费也进行了说明，提出了项目总经济效益和主要措施的经济效益分析成果及国民经济合理性评价结论，符合《规定》要求。

四、应注意的问题

一是要注意基准年的确定，它关系到折现率的取值年限。二是要注意工程年运行费的计算，否则将对工程的维护运行带来影响。三是评价结论要简明扼要，重点突出，便于工程的审批与建设。

第十二章　结　论

第一节　综合评价

一、《规定》要求

分别从经济合理性、技术可行性、生态环境建设需要性与可持续发展和社会进步等方面对项目进行综合评价。

二、技术要点

(1)经济合理性包括:小流域坝系工程的总投资应控制在一定的限额内,否则,将会改变项目的审批程序;项目在经济计算期的投资内部回收率应大于内部折现率;经济效益净现值要大于0;效益费用比应大于1;投资回收年限要较短;抗风险能力强。评价小流域坝系工程建设在经济上是否合理可行。

(2)技术可行性包括三方面内容:一是小流域坝系可研本身的技术可行性,包括可研技术路线的正确性,可研编制执行的标准、规范合理性,基础资料收集方法的正确性等;二是可研成果在该流域实施的技术可行性,主要说明施工的技术条件是否可行;三是实现坝系建设目标的技术可行性,包括坝系控制面积、各类工程配置、防洪拦沙能力、淤地能力、坝系保收能力等指标的技术合理性。

(3)生态环境建设需要性,主要说明坝系工程对流域水土流失的控制程度,对减少入黄泥沙的作用,对流域退耕还林还草及生态建设的作用等。

(4)可持续发展和社会进步方面,主要评价坝系建设对流域经济可持续发展的作用,包括对土地利用结构的改善、农村产业结构调整、对当地群众生产生活条件和居住环境改善、对周边地区治理的影响和辐射作用等。

三、案例剖析

乌拉素沟小流域坝系工程可行性研究报告的“综合评价”及其评析。

(一)案例

1.技术可行

乌拉素沟小流域坝系可研是在对流域水沙特点、沟道特征等自然条件分析的基础上，针对现状沟道工程存在的主要问题，在坝系建设目标分析论证的前提下，通过坝系单元划分、单元坝系骨干坝与中型淤地坝实地布设配置，依据水利部、内蒙古自治区颁布的治沟骨干工程和淤地坝规范标准、内蒙古自治区水文水资源勘测局订正的水文泥沙参数以及实测坝址资料，经过大量、详细的技术经济指标分析计算，在对坝系防洪保收能力、拦泥淤地数量面积、投资效益等进行方案比选的基础上，确定了乌拉素沟小流域坝系工程布局方案、建设总量和建设规模，结果表明，在流域及当地现有施工条件下，通过合理确定建坝时序、精心组织施工和规范工程建设管理，推荐坝系工程建设方案完全能够建设完成并正常运行，同时既定坝系建设目标完全能够实现。因此，乌拉素沟小流域坝系工程建设方案从技术上讲是完全可行的。

2. 经济合理

坝系工程在经济效益分析中充分考虑了现状、实施后达到的水平、农产品的供需以及效益等多方面的因素，确定了较为合理的计算参数，通过分析计算，项目投资内部收益率为11.48%，经济净现值为910.40万元，效益费用比为1.51。项目经济合理。

3. 生态环境明显改善

通过坝系工程建设，合理布设淤地坝工程，计算期内可拦泥沙3 137.64万t，其中可减少粗泥沙537.48万t；骨干坝年均蓄水量为365.55万m^3，可新增坝地407.21 hm^2，可促进全流域的坡耕地退耕还林还草，将有效增加项目区的林草覆盖率，增加降水的拦蓄和入渗量，减少洪水，增加常流水，全面提高项目区的水资源利用率，使得项目区动植物种类与数量明显增加，生态环境趋向良性循环，干旱、洪水、风沙等自然灾害减轻。

4. 社会影响大

乌拉素沟小流域坝系工程的实施不仅使项目区环境得到改善、经济得到发展，而且促进整个乌拉素沟小流域的开发治理，为黄河流域生态环境建设工作积累经验、树立典型。通过应用先进的科学技术和管理经验，在培养技术骨干和管理人才、提高农民的科学文化素质和劳动技能方面，也将会产生深远的影响。

（二）案例评析

乌拉素沟小流域坝系工程可研报告在技术可行性评价中提出：该小流域坝系工程布局是在分析流域水沙特点、沟道特征等自然条件的基础上，针对沟道工程存在的主要问题，在分析论证坝系建设目标的前提下，通过坝系单元划分、中型淤地坝实地配置，并在方案比选的基础上提出的布局方案。单坝工程的技术经济指标是依据水利部、内蒙古自治区颁布的治沟骨干工程和淤地坝规范标准、内蒙古自治区水文水资源勘测局订正的水文泥沙参数以及实测坝址资料确定的。从方案布局及规模确定两个方面说明了该可行性研究本身在技术上是可行的。其次评价了在现有施工条件下,通过合理确定建坝时序、精心组织施工和规范工程建设管理,有能力完成实施建设方案并保证正常运行,完全能够实现既定坝系建设目标,进而说明该坝系工程建设方案在技术上是完全可行的。

在经济合理性评价中,从项目投资内部收益率、经济净现值和效益费用比等国民经济指标方面评价其经济合理性。

在生态效益评价中,从工程拦沙、蓄水量方面定量地评价了工程的作用,从新增坝地、促进坡耕地退耕还林还草,提高流域林草覆盖度、增加水资源利用率等方面定性地评价了工程作用。

在可持续发展和社会进步方面,简略地评价了坝系工程的社会影响。应进一步评价坝系工程对土地利用结构的改善、农村产业结构的调整、对当地群众生产生活条件和居住环境的改善、对周边地区治理的影响等方面的作用。

四、应注意的问题

(1)综合评价是对整个坝系可行性研究成果的总体评价,应按照《规定》要求逐条进行评价。经济合理性评价主要依据国民经济指标评价,评价内容包括坝系工程总投资、投资内部回收率、经济效益净现值、效益费用比、投资回收年限等;技术可行性评价,主要包括可行性研究本身的技术可行性、可研成果实施的技术可行性和实现建设目标的技术可行性;生态环境建设需要性,主要评价水土流失的控制程度、对实现黄河减沙的作用,坝地增加对流域退耕还林还草及生态建设的作用;可持续发展和社会进步方面,主要评价对土地利用结构改善、农村产业结构调整、对当地群众生产生活条件和居住环境改善、对周边地区治理的影响作用。

(2)评价中尽量采用定量数值说明工程建设的作用,对无法定量的可采用定性评价。

(3)在评价中应界定生态环境、可持续发展和社会进步三个方面的定义和区别,不能相互混淆。

第二节　可研结论

一、《规定》要求

阐述小流域坝系工程建设的可行性研究结论。

二、技术要点

综合评价结论是对小流域坝系建设做出的结论性评价意见。应简要说明小流域坝系工程的可行性研究结论,包括工程建设规模、坝系控制流域面积、库容规模、淤地面积、防洪、拦沙能力、项目投资及效益等,并简要阐述坝系建设对减少河流泥沙、促进地方经济发展、改善生态环境的作用。

建设规模主要说明可行性研究推荐方案新建、加固骨干坝和中小型淤地坝的数量;坝系控制流域面积主要说明推荐方案新增骨干坝控制流域面积,全流域骨干坝累计控制面积,骨干坝控制面积占流域总面积的百分比;库容规模包括坝系工程新增总库容、新增拦泥库容、新增滞洪库容,坝系工程建成后达到总库容、拦泥库容和滞洪库容;淤地面积主要说明新增规模和达到规模;防洪、拦沙能力主要说明坝系工程的防御洪水能力和拦蓄泥沙的年限;投资及效益方面主要说明方案的静态投资规模,$i=7\%$ 时的经济净现值、内部收益率、效益费用比和投资回收年限等。

三、案例剖析

乌拉素沟小流域坝系工程可行性研究报告“可研结论”及其评析。

(一)案例

乌拉素沟小流域坝系可行性研究新增骨干工程 13 座,新增中型淤地坝 3 座,骨干坝控制面积 92.62 km^2,占乌拉素沟小流域水土流失面积的 97.0%,新增滞洪库容 937.75 万 m^3,新增拦泥库容 2 264.05 万 m^3。工程建成后,流域坝系单元可达到基本相对稳定,整体防洪能力可达到 300 年一遇的洪水标准。工程建成后可新增坝地 407.21 hm^2,可促进流域全部坡耕地退耕还林还草,改善农业生产条件,减少水土流失,改善生态环境,坝系建设经济效益显著,技术上合理可行,建议尽快付诸实施。

(二)案例评析

乌拉素沟小流域坝系工程可行性研究报告在综合评价结论中,说明了坝系工程的建设规模,坝系控制流域面积和控制率。

应分别说明坝系工程的总库容、总拦泥库容和总滞洪库容以及坝系新增总库容、拦泥库容和滞洪库容。

应简述坝系工程建设投资及主要效益指标。

综合评价结论表述的层次有待进一步条理化,应从工程建设规模、坝系控制流域面积、库容规模、淤地面积、防洪、拦沙能力、项目投资和工程效益主要指标等方面全面说明评价结论。

四、应注意的问题

综合评价结论是整个坝系可行性研究成果的总结,应该全面而简要。同时,可根据坝系可研成果提出项目实施意见等。

附　录

水利部黄河水利委员会文件

黄水保〔2004〕2 号

关于印发《小流域坝系工程建设可行性研究报告编制暂行规定》的通知

黄河流域各省(区)水利厅、委属有关单位:

为了规范小流域坝系工程建设可行性研究报告编制工作,我委组织编制了《小流域坝系工程建设可行性研究报告编制暂行规定》。现印发你们,请遵照执行。执行中的问题、意见和建议,请通过电子邮件(hrqin@ yellowriver. gov. cn)或其他方式反馈黄委水保局。

附件:小流域坝系工程建设可行性研究报告编制暂行规定

二〇〇四年三月一日

小流域坝系工程建设可行性研究报告编制暂行规定

前　言

简要说明小流域坝系可行性研究任务来源,坝系建设目标,可行性研究报告编制依据、过程,编制单位和主要成果等。

1　综合说明

简述小流域的地理位置、所在支流(段)、行政隶属、流域面积,所属侵蚀类型区及侵蚀量等。

简述自然条件、社会经济状况、土地利用(人均土地、耕地等)。

简述流域治理现状(主要是沟道治理现状)和存在的主要问题。

简述建设目标、任务。

简述总体布局及规模。

简述工程建设期的总投资与资金筹措，以及进度安排。

简述运行期管理方式。

简述坝系工程建设项目的综合效益。

附小流域位置示意图和小流域坝系工程特性表（表1－1）。

表1－1　坝系工程特性

小流域名称					
建设地点				省　县　乡	
建设期				年	
项目				单位	数量
流域概况		流域面积		km^2	
		流域人口		人	
		劳动力		个	
		林草覆盖率		%	
		水土流失面积		km^2	
		土壤侵蚀模数		$t/(km^2 \cdot a)$	
		治理面积		km^2	
		治理程度		%	
		多年平均降水量		mm	
		沟道常流水流量		m^3/s	
		多年平均径流量		万 m^3	
		多年平均输沙量		万 t	
工程现状	数量	骨干坝		座	
		中型坝		座	
		小型坝		座	
	指标	骨干坝控制面积		km^2	
		总库容		万 m^3	
		拦泥库容		万 m^3	
		剩余库容		万 m^3	
		可淤地面积		hm^2	
		已淤地面积		hm^2	
设计指标	淤积年限	骨干坝	四级	年	
			五级	年	
		中型坝		年	
		小型坝		年	
	洪水重现期(a)	骨干坝	四级	设计/校核	
			五级	设计/校核	
		中型坝		设计/校核	
		小型坝		设计/校核	

项目			单位	数量
工程规模	淤地坝	骨干坝	座	
		中型坝	座	
		小型坝	座	
		骨干坝控制面积	km^2	
		坝系总库容	万 m^3	
		坝系拦泥库容	万 m^3	
		设计淤地面积	hm^2	
工程量		土方	万 m^3	
		石方	m^3	
		混凝土方	m^3	
		钢筋混凝土方	m^3	
主要材料用量		水泥	t	
		钢材	t	
		砂子	m^3	
		石子	m^3	
		块石	m^3	
		混凝土管	m	
		柴油	t	
用工			万工日	
投资		总投资	万元	
	其中	中央	万元	
		地方	万元	
效益		年拦泥能力	万 t	
		可灌溉面积	hm^2	
		年可增产粮食	万 kg	
经济指标		单位库容投资	元/m^3	
		单位拦泥投资	元/m^3	
		经济净现值	万元	
		效益费用比		
		内部收益率	%	
		投资回收年限	年	

注：林草覆盖率指乔、灌郁闭度≥30%、草≥50%的成片林草地占流域总面积的比率。

2 基本情况

2.1 自然概况

2.1.1 地理位置

说明小流域的地理位置、坐标，所在支流、行政区域、流域面积等。

2.1.2 地貌地质

简述小流域的地形地貌、沟壑密度、高程、相对高差及坡度组成等地貌特点。

简述小流域地质构造、地层岩性等地质特征和有关坝系工程建设的地质条件及天然建筑材料等。

2.1.3 土壤植被

简述地面组成物质及特征，说明土壤种类、分布、土层厚度等。

说明植被类型、结构分布、覆盖度等。

2.1.4 气象水文

(1)说明小流域气温、无霜期、日照、季风(包括强度)等气象特征，见表2－1 。

表2－1 气象特征值

气象站名	气温(℃)			≥10℃积温(℃)	蒸发量(mm)	总辐射量(kJ/cm^2)	大风日数(d)	封冻期(月·日)	解冻期(月·日)	观测年限(a)
	年最高	年最低	年平均							

说明:根据建站以来的多年资料填写。大风指5级以上的风。

(2)说明小流域降水、蒸发、暴雨时空分布等特征，见表2－2。

表2－2 降水特征

雨量站	年降水量(mm)					最大24 h降水量(mm)	多年平均汛期降水量(mm)	多年平均暴雨次数(次)
	最大		最小		多年平均			
	数值	年份	数值	年份				

注:暴雨指24 h降雨≥50 mm的强降雨。

(3)说明小流域径流特性、洪水特性、输沙规律等。

根据表2－3～表2－5及调查资料确定坝系工程建设所需的年径流参数、不同频率的洪水过程线、输沙模数等。

表 2-3　径流泥沙特征

流域面积(km^2)	年径流量(万 m^3)					年平均汛期径流量(万 m^3)	多年平均洪水次数(次)	径流模数($m^3/(km^2 \cdot a)$)	年输沙量(万 t)	输沙模数($t/(km^2 \cdot a)$)
	最大		最小		多年平均					
	径流量	年份	径流量	年份						

注：洪水指一次洪峰≥2 倍多年平均流量的径流过程。

表 2-4　不同设计频率洪量模数

洪水重现期(a)	5	10	20	30	50	100	200	300
洪量模数(万 m^3/km^2)								

表 2-5　不同设计频率洪峰流量模数

洪水重现期(a)	5	10	20	30	50	100	200	300
洪峰流量模数($m^3/(s \cdot km^2)$)								

2.1.5　沟道特征分析

(1)采用 A. N. strahler 沟道分级原理(最小等级沟长≥300 m)对沟道特征进行定量分析。量算各级沟道的流域面积、沟长、比降、沟床宽等特征值,进行分级分类统计。见表 2-6。

表 2-6　沟道特征分析

沟道标号	集水面积(km^2)	平均沟长(km)	平均沟床宽(m)	平均比降(%)	沟道断面形状
$Ⅰ_1$					
$Ⅰ_2$					
…					
Ⅰ级小计					
$Ⅱ_1$					
$Ⅱ_2$					
…					
Ⅱ级小计					
$Ⅲ_1$					
$Ⅲ_2$					
…					
Ⅲ级小计					
$Ⅳ_1$					

续表 2－6

沟道标号	集水面积（km^2）	平均沟长（km）	平均沟床宽（m）	平均比降（%）	沟道断面形状
$Ⅳ_2$					
…					
Ⅳ级小计					
Ⅴ					

注：(1) A. N. strahler 沟道分级方法，从流域上游开始，以最小（沟长≥300 m）不可分支的毛沟为Ⅰ级沟道，两个Ⅰ级沟道汇合后的下游沟道称为Ⅱ级沟道，两个Ⅱ级沟道汇合后的下游沟道称为Ⅲ级沟道，以此类推。流域出口所在沟道为最高级沟道。

(2)沟道标号规则：从流域上游开始，沟长较长的一条Ⅰ级沟道为$Ⅰ_1$，较短者为$Ⅰ_2$；$Ⅰ_1$与$Ⅰ_2$汇合后的Ⅱ级沟道为$Ⅱ_1$；汇入$Ⅱ_1$沟道的Ⅰ级沟道从上向下依次为$Ⅰ_3$、$Ⅰ_4$、…；和$Ⅱ_1$沟道相汇的另外一条Ⅱ级沟道标号为$Ⅱ_2$；$Ⅱ_1$和$Ⅱ_2$相汇形成的Ⅲ级沟道标号为$Ⅲ_1$；…；依次类推。

(2)绘制沟道组成结构图（标明沟道分级编号）。

(3)描述沟道形状、各级沟道之间的关系及左右岸分布情况。

(4)绘制各级典型沟道纵断面图，说明现状淤地坝的建设情况和淤积情况。

2.2 社会经济状况

2.2.1 行政区划

简述所涉及的乡、村总人口、人口密度、农业劳动力等。

分别说明不同地类、不同级别沟道上的人口分布特点、淹没影响。

2.2.2 土地利用现状

简述土地总面积、不同土地类型的面积、利用情况和结构等。

分析小流域土地利用现状及存在的问题。见表 2－7。

2.2.3 经济状况

简述小流域农业（包括农、林、牧、副业等）及乡镇（包括村办工业）企业的生产水平，经济结构、比例，总产值和农民收入状况。

2.2.4 基础设施建设情况

简述小流域的交通、通讯、供水、供电、居民点建设等情况。

绘制小流域社会经济现状图（在沟道组成结构图上标明行政区划、土地利用分布、工矿企业建筑物及居民点分布、交通、供电线路等信息）。

2.3 水土流失概况

2.3.1 土壤侵蚀状况

分析论述流域所在地区主要侵蚀方式和特点，说明不同侵蚀强度的面积、侵蚀量及其分布。见表2－8。

表2－7 社会经济现状

辖区	省(区)		
	县(旗)		
	乡	个	
	村	个	
人口	农户数	户	
	总人口	人	
	农业人口	人	
	农业劳力	个	
	人口密度	人/km^2	
社经指标	总土地面积	km^2	
	水土流失面积	km^2	
	人均土地	hm^2	
	人均耕地	hm^2	
	人均基本农田	hm^2	
产值	总	万元	
	人均	元	
收入	总	万元	
	人均	元	

表2－8 侵蚀面积及强度分布

流域面积(km^2)	不同侵蚀强度面积(km^2)										侵蚀模数(万t/(km^2·a))	沟壑密度(km/km^2)
	轻度		中度		强度		极强度		剧烈			
	面积	占%	面积	占%	面积	占%	面积	占%	面积	占%		

2.3.2 侵蚀模数分析与确定

通过不同地貌单元的侵蚀模数，加权平均计算流域平均侵蚀模数，或用淤地坝淤积量反推流域平均侵蚀模数，并与当地水文手册值进行比较分析，确定小流域侵蚀模数。

3 淤地坝工程现状与分析

3.1 水土保持生态建设现状

简述小流域水土保持生态建设现状、治理程度及措施结构等。

简述开展水土保持综合治理的作用和效果。

分析小流域开展水土保持工作的经验及存在的主要问题。

简述当地政府和群众对开展水土保持工作的积极性、认识和要求。

3.2 淤地坝建设现状分析

分别说明骨干坝、中、小型淤地坝的数量、控制面积。

列表分类说明淤地坝工程的结构、技术经济指标，见表3－1。

绘制小流域淤地坝工程现状分布图。

表3－1 淤地坝工程现状

工程编号	沟道编号	坝名	坝型	建坝时间	控制面积(km^2)	坝高(m)	库容(万 m^3)			淤地面积(hm^2)			枢纽结构	备注
							总	拦泥	已淤	可淤	已淤	利用		
			骨											
			骨											
骨干坝小计														
			中											
			中											
中型坝小计														
			小											
			小											
小型坝小计														
合计														

注：工程编号由建设性质、类型和序号组成，X—现状，G—规划，G—骨干坝，Z—中型坝，X—小型坝，序号按沟道编号顺序排列。如第23号规划骨干坝的工程编号为GG_{23}。

3.2.1 拦沙蓄水作用分析

分析说明淤地坝的拦沙能力和水资源利用情况。

3.2.2 保收能力分析

分析现状淤地坝的淤积利用情况和增产效果；以现状骨干坝(大型淤地坝)控制范围为单元(骨干坝控制范围以外所有中小型淤地坝按一个单元处理)，分析保收能力。见表3－2。

表3－2 ×××流域坝系现状保收能力分析

单元名称	淤地面积(hm^2)	保收面积(hm^2)	保收率(%)
×××单元			
……			
骨干坝未控区			
合计			

注：×××为骨干坝名。

3.2.3 防洪能力分析

分析骨干坝及坝系工程的整体防洪能力，见表3－3。

表3－3 淤地坝现状防洪能力分析

沟道编号	工程名称	控制面积(km²)	枢纽组成	库容(万m³)		设计洪水总量(万m³)						剩余防洪能力(a)
				总	剩余	0.2%	0.3%	0.5%	1.0%	2.0%	5.0%	
全流域												

3.3 淤地坝现状评价

3.3.1 工程布局评价

(1)分析骨干坝在沟道内的布局情况、控制范围、单坝可淤地面积与控制面积比值的合理性(以单坝或坝系单元列表分析)。

(2)分析骨干坝、中小型淤地坝在各级沟道的分布、配置情况。

(3)从防洪、拦泥、淤地、生产方面分析评价骨干坝、中小型淤地坝在各级沟道上的“拦、蓄、种”功能组合关系和作用。

3.3.2 工程运行管护评价

说明工程的淤积、生产利用，运行管护情况和建筑物运行安全状况，见表3－4。

评价工程运行管护措施及效果。

表3－4 淤地坝工程运行管护现状

编号	坝型	工程名称	剩余淤积年限(a)	主体工程运行情况			管护措施	维修意见
				坝体	溢洪道	泄水洞		
	骨							
	骨							
	中							
	中							
	小							
	小							

3.3.3 工程建设的主要经验与存在问题

分析坝系作用的发挥程度(与原设计对比)。

总结淤地坝工程布局特点、建设和运行管护经验。

分析工程结构布局、配置、运行管护等方面存在的主要问题。

4　坝系建设目标

4.1　指导思想

针对小流域的具体特点和存在的主要问题,从治理水土流失、改善生态环境、促进退耕还林还草和经济社会发展等方面阐述小流域坝系建设的宗旨,提出本小流域坝系建设的指导思想。

4.2　编制依据

简述编制坝系建设可行性研究报告所依据的法律法规、技术规范、标准、水土保持规划、文件、规定等。

4.3　建设原则

简述坝系建设所遵循或坚持的原则。包括建设重点、坝系布局、建设管理、资金筹措等方面。

4.4　建设目标

4.4.1　建设目标分析论证

(1)分析说明坝系可控制范围。

(2)根据坝系控制范围内的侵蚀强度和产流产沙特点,分析计算坝系所需的拦泥库容、防洪库容和总库容。

(3)根据流域沟道组成结构和各级沟道特点,结合淤地坝现状,分析各级沟道的坝地发展潜力,提出坝系建设的拦沙和淤地目标。

(4)根据坝地发展潜力、人口分布和经济发展目标,提出退耕还林和土地利用结构调整的目标。

4.4.2　建设目标

根据4.4.1分析论证提出坝系建设目标和主要指标(控制水土流失、拦沙、防洪、总库容、淤地、退耕还林、土地利用结构调整、土地生产率等指标)。

具体说明整个建设期和分期的拦泥、淤地数量。

简要说明坝系建设的其他目标(如生态、社会进步等方面)。

5　总体布局

提出布局的思路和遵循的原则。

5.1　坝系单元划分

5.1.1　划分原则

说明坝系单元(骨干坝与控制范围内中小型淤地坝的组合)的划分原则,主要从骨干坝单坝控制规模、面积最佳(合理),防洪风险、淹没损失最小,布设均衡等方面确定。

5.1.2 坝系单元划分方法与步骤

按沟道分级顺序,结合骨干坝控制面积、坝址条件、淹没情况等初选骨干坝址,实地踏勘确定坝系单元的骨干坝址,量算控制面积。

5.1.3 划分结果

列表说明坝系单元划分结果,见表5-1。

绘制坝系单元组成结构图。

表5-1 坝系单元划分结果

单元编号	所在沟道编号	单元名称	控制面积(km^2)	备注
		×××单元		
合计				

注:×××为骨干坝名称。

5.2 坝系单元内中小型淤地坝配置

5.2.1 配置方法

说明不同坝系单元内中小型淤地坝配置的原则和方法。

根据坝系单元内的沟道组成结构、淤地坝现状,通过图上坝址初选、实地踏勘,结合控制面积和水沙特点,合理配置坝系单元内中小型淤地坝。

5.2.2 工程配置

确定各个坝系单元内中小型淤地坝的布局与数量配置,并列表说明。见表5-2。

表5-2 坝系单元工程配置情况

坝系单元名称	控制面积(km^2)	骨干坝建设性质	中型坝(座)			小型坝(座)		小计
			现状	新建	加固	现状	新建	
×××单元								
……								
合计								

注:×××表示骨干坝名称,骨干坝建设性质包括现状、新建、加固。

5.3 坝系单元以外工程数量的确定

对坝系单元以外（无骨干坝控制，只能配置中小型淤地坝）的沟道的坝系工程分别进行配置，确定数量和主要指标，并列表说明。见表5－3。

表5－3 坝系单元外中小型淤地坝配置情况

沟道编号	沟道名称	面积（km^2）	中型坝（座）			小型坝（座）		淤地坝控制面积（km^2）	备注
			现状	新建	加固	现状	新建		
合计									

5.4 坝系总体布局与比选方案

综合各坝系单元和坝系单元以外工程配置情况，进行合理性分析和必要的调整，说明配置结果，绘制坝系工程布局图（方案1），列表说明坝系建设规模。见表5－4。

表5－4 小流域坝系建设规模（方案1）

名称	骨干坝（座）			中型坝（座）			小型坝（座）	备注
	现状	新建	加固	现状	新建	加固		
坝系单元小计								
坝系单元外								
合计								

列表说明方案1坝系工程配置的骨干坝、中小型淤地坝的技术经济指标。见附表1、附表2。

5.5 比选方案

（1）根据论证确定的坝系建设目标和规模，适当调整坝系的结构和布局，说明调整的理念和布局思路与方法，形成新的布局方案即方案2。

（2）按照调整后的结构布局分别确定各个坝系单元和坝系单元以外的中小型淤地坝的配置数量。

(3)综合各坝系单元和坝系单元以外工程配置情况,说明配置结果,绘制比选方案(方案2)坝系工程布局图,列表说明比选方案坝系规模。表式同表5－4。

(4)列表说明比选方案坝系工程配置的骨干坝、中小型淤地坝的技术经济指标。见附表1、附表2。

5.6 方案对比分析

根据确定的技术经济指标综合分析比较不同布局方案的优劣。

5.6.1 防洪能力对比

分不同时段和不同频率列表对两个方案中各个坝系单元及坝系整体防洪能力进行分析对比。见附表3。

5.6.2 拦泥能力对比

对两个布局方案在设计淤积期限内的拦泥能力和过程进行对比分析。

5.6.3 淤地面积对比

对两个布局方案在设计淤积期限内的淤地面积和变化过程进行对比分析。

5.6.4 保收能力对比

分不同时段(如第5、15、25年)列表对两个方案中各个坝系单元及坝系整体保收能力进行对比。见附表4。

5.6.5 投资对比

根据主要技术经济指标计算结果,分别对每个方案的投资情况进行对比,见表5－5。

表5－5 坝系布局方案比较

项目		单位	方案1	方案2	比较
建设条件					
水沙控制能力	坝系中骨干坝控制面积	km^2			
	面积控制率	%			
	滞洪库容	万 m^3			
	防御洪水频率	%			
拦沙能力	坝系在淤积年限内总拦沙量	万 t			
	泥沙拦截率	%			
淤地能力	坝系淤地面积	hm^2			

续表 5－5

项目			单位	方案1	方案2	比较
保收能力	建成后第5年末保收率		%			
	建成后第15年末保收率		%			
	建成后第25年末保收率		%			
	保收率>90%设计淤积年限		年			
投资效益	估算总投资		万元			
	静态累计经济效益		万元			
	动态（$i=7\%$）	净现值	万元			
		效益费用比				
		内部回收率	%			
		投资回收年限	年			
水资源利用			万 m^3/年			
有效运行期			年			
方案推选						

5.7　方案推荐

通过两个方案的综合比较，优选提出推荐方案。

列表说明推荐方案的建设规模。见表 5－6。

表 5－6　坝系建设规模

时段	坝型	工程数量（座）	库容（万 m^3）			淤地（hm^2）		
			总	拦泥	滞洪	可淤	已淤	利用
现状	骨干坝							
	中型坝							
	小型坝							
	小计							

续表 5-6

时段	坝型		工程数量（座）	库容（万 m^3）			淤地（hm^2）		
				总	拦泥	滞洪	可淤	已淤	利用
新增	骨干坝	新建							
		加固							
	中型坝	新建							
		加固							
	小型坝	新建							
		加固							
	小计								
达到	骨干坝								
	中型坝								
	小型坝								
	合计								

6 坝系工程主要指标

6.1 设计标准

说明骨干坝、中小型淤地坝工程的设计标准和依据。

6.2 骨干坝主要技术经济指标的确定

逐座确定骨干坝的主要技术经济指标。

6.2.1 库容

根据不同频率设计洪水模数和控制范围产沙情况确定拦泥库容、防洪库容和总库容。

6.2.2 坝高、淤地面积

说明坝高、淤地面积确定的方法和依据。测量坝址断面和库区断面，绘制坝高—库容、坝高—淤地面积关系曲线，确定坝高和淤地面积。

6.2.3 坝体

说明坝体断面确定过程，根据坝高分别确定坝体断面、坝顶宽、坝坡比、马道和反滤体结构。

6.2.4 溢洪道

阐述溢洪道技术指标的确定过程，根据设计洪水模数进行坝系调洪演算，确定溢洪道的设计泄洪能力和结构。

6.2.5 泄水洞

阐述泄水洞技术指标的确定过程,确定泄水洞的设计流量和结构。

6.2.6 工程量计算

分别计算各个骨干坝的工程量(坝体、溢洪道、泄水洞)和材料用量,确定相关的技术指标,并列表说明。见附表1、附表2。

6.3 典型中小型淤地坝设计

中小型淤地坝结构设计采用典型坝进行。

6.3.1 典型坝的选择

根据中小型淤地坝的控制范围,结合流域洪水、泥沙特点,对其进行分级(中型坝控制面积级差0.4 km^2,或库容级差10万 m^3,小型坝控制面积级差0.3 km^2,或库容级差5万 m^3),分别选取不同级别的中小型淤地坝典型,并进行代表性分析。

6.3.2 不同级别中小型淤地坝典型的指标确定

按照骨干坝单坝技术指标确定的方法和步骤,分别确定不同级别的典型中小型淤地坝的主要工程结构(坝体、溢洪道、泄水洞),进行详细的典型设计,并附设计报告。

6.3.3 其他中小型淤地坝工程技术指标的推算

根据不同级别中小型淤地坝典型的设计指标估算出各类(级)中小型淤地坝的主要工程量和材料用量。列表汇总中小型淤地坝的技术经济指标。见附表1、附表2。

汇总各个骨干坝和不同级别中小型淤地坝典型(坝体、溢洪道、泄水洞)的断面图、关系曲线、计算公式、主要指标表等,编制坝系工程设计报告(可研报告附件)。

7 监测设施建设

7.1 监测内容

说明坝系监测的主要内容。

主要包括水文泥沙监测、沟道侵蚀动态监测、坝系淤积监测、安全稳定监测、工程建设效果监测等。

7.2 监测站点布设原则

说明各种监测站点的设置原则。

主要从站点设置范围、种类、部位,与已有其他观测站点结合,经济、方便等方面说明各种监测站点的选择情况。如雨量站、径流泥沙测验小区、生态监测点

（土壤、水质、小气候）、植被监测点（乔木林、灌木林、草地）、骨干坝、中小型淤地坝观测断面如何选择等。

参见“小流域坝系监测技术导则”。

7.3 监测站点建设

说明要建设的监测站点种类和数量。

主要包括水文泥沙（径流）监测站、雨量站、坡面径流场、沟道侵蚀监测点（断面）、坝前基本水尺断面、坝内（区）测淤断面、坝体安全监测点、坝系稳定监测点、生态监测点（土壤、水质、小气候）、植被监测点（乔木林、灌木林、草地）等。

7.4 监测实施方案

说明监测设施的建设任务、建设时间和实施方案等。

说明各种监测的程序、方法和要求。

8 施工组织设计

8.1 建设时序分析

根据坝系工程安全要求，统筹考虑坝系建设的拦沙、淤地目标，合理确定淤地坝建坝顺序，列表说明各年建设的工程数量和名称，见表8－1。在坝系总体布局图上标明工程建设时间。

表8－1 坝系建设时序安排

工程类型	××××年	××××年	××××年
骨干坝	（填写坝名）		
中型坝			
小型坝			

8.2 工程建设进度

根据坝系建设规模、设计淤积年限、施工条件、所需投资等，确定坝系工程建设进度安排和建设期，见表8－2。

表8－2 坝系建设进度安排

工程类别	进度计划（座）		
	××××年	××××年	××××年
骨干坝			
中型坝			
小型坝			
合计			

8.3　施工条件

说明骨干坝的施工期和中小型淤地坝的施工时间。概述交通、水电、道路等施工条件及气候、农事活动等因素对工程的年内施工期和有效施工时间的影响。

说明建筑材料来源情况。

说明当地劳动力的技能情况及施工能力。

8.4　施工方法

8.4.1　施工准备

简述工程施工、度汛、运输准备。

8.4.2　施工组织与管理

简述施工组织、任务。

简述施工技术、质量要求、主要材料、设备和档案管理。

8.4.3　施工方式与流程

选择施工方式。安排施工导流和导流建筑物的布置。

分别对不同施工(水坠、碾压)方式的坝体及放水工程的施工方法和工艺进行详细设计。绘制工艺流程图。

9　工程建设与运行管理

9.1　建设管理

9.1.1　组织形式

明确建设单位,提出工程建设期管理的组织形式和有关单位的职责,绘制组织结构框图。

提出工程招投标和建设管理的具体措施和考核目标、办法。

简述工程监理的内容、方法、程序及范围。

9.1.2　资金管理

简要说明资金运行、报账、审批程序。

9.1.3　财务管理

简要说明财务管理的内容、办法。

9.1.4　质量管理

说明施工期的质量保证措施和质量检测程序,明确建设单位、施工单位和监理单位的职责。

说明质量监督的组织形式、监督内容和方法。

9.2　运行管理

提出坝系工程运行管理的责任单位和形式。

提出产权落实(分配)方案,明确坝系工程投入运营后的权利、管护责任等。

提出骨干坝水资源的利用方案。

简述工程管护措施和管护责任落实情况。

10 投资估算

10.1 工程概况

概述坝系工程情况,列表说明坝系工程量和材料用量,见表 10-1。

表 10-1 坝系工程量和材料用量估算

坝型	数量(座)	工程量			投工(工日)	主要材料			
		土方(万 m^3)	石方(m^3)	合计(万 m^3)		水泥(t)	砂子(m^3)	柴油(t)	炸药(t)
骨干坝									
中型坝									
小型坝									
合计									

10.2 编制依据

说明投资估算依据的价格水平年、标准、工程概算定额等。

10.3 编制方法

简要说明编制方法。

10.3.1 基础单价

计算说明流域所在的工资类型区人工单价。

计算说明水平年主要材料价格,列表说明主要材料价格。

计算说明机械台班费。

10.3.2 工程单价

简要说明工程单价的构成及计算方法。

简要说明独立费用的组成及计算方法。

简要说明预备费的组成及计算方法。

10.4 工程总投资

计算说明静态总投资;分类(不同建设性质、不同类型淤地坝)静态投资。见表 10-2。

表 10－2　坝系工程投资估算　　（单位：万元）

编号	工程或费用名称	建安工程费	设备购置费	独立费用	合计	占基本费%	资金来源	
							中央投资	地方配套
一、建筑工程								
1	骨干坝（新建）							
2	骨干坝（加固改建）							
3	中型坝（新建）							
4	中型坝（加固改建）							
5	小型坝							
二、设备及安装工程								
1	排灌设备							
2	监测设施							
三、临时工程								
1	低压线路架设							
2	施工道路							
3	施工房屋							
四、独立费用								
1	建设管理费							
2	科研勘测设计费							
3	施工期水土保持监测费							
4	工程质量监督费							
5	植物措施管护费							
6	技术培训与科技推广费							
7	坝系监测费用							
基本费（一～四合计）								
预备费								
基本预备费								
价差预备费								
静态投资								
总投资								

10.5　资金筹措

说明资金筹措方案（国家、地方投资比例和金额），见表 10－3。

表 10－3　资金筹措

工程类型	投资（万元）	资金筹措			
		国家（万元）	比例（%）	地方（万元）	比例（%）
骨干坝					
中型坝					
小型坝					
合计					

10.6　年度投资

根据进度安排，分别计算各年的投资，见表 10－4。

表 10－4　坝系工程分年度投资　　（单位：万元）

工程类型	第一年			第二年			第三年		
	合计	中央投资	地方配套	合计	中央投资	地方配套	合计	中央投资	地方配套
骨干坝									
中型坝									
小型坝									
合计									

11　效益分析与经济评价

11.1　效益分析

11.1.1　基础效益

说明基础效益（主要指蓄水保土效益）分析的范围和方法。

分析确定基础效益的主要参数（各类工程的蓄水保土指标）。

计算坝系工程的基础效益。

11.1.2　经济效益

说明经济效益（直接和间接经济效益）分析的范围和方法。

分析确定坝系工程经济效益的主要参数（包括各类工程的投入产出物价格，各类工程的单位投入、产出量等）。

简述各类工程的增产、增收情况以及对流域人均收入和消费水平提高的贡献等。

11.1.3　生态效益

说明小流域坝系工程建设的蓄水保土及对下游的防洪、减灾作用。

分析阐述小流域坝系工程建设对改善当地生态环境的作用。

11.1.4　社会效益

简述坝系工程建设对流域农业经济及生产结构优化调整的作用。

简述坝系工程建设对土地利用、生产率提高的促进作用。

简述坝系工程建设在改善地方交通条件和促进社会进步等方面的作用。

11.2　经济评价

说明经济评价的依据和方法。

说明经济分析的主要指标(包括计算期、基准年、贴现率、内部收益率等)。见附表5。

说明项目运行费的计算方法和成果。

提出项目总经济效益和主要措施的经济效益分析成果。

提出国民经济合理性评价结论。

12　结论

12.1　综合评价

分别从经济合理性、技术可行性、生态环境建设需要与可持续发展和社会进步等方面对项目进行综合评价。

12.2　结论

阐述小流域坝系工程建设的综合评价结论。

附图:

×××小流域沟道组成结构图
×××小流域社会经济现状图
×××小流域水土流失及水土保持现状图
×××小流域淤地坝分布现状图
×××小流域坝系工程布局图

附件:

附件一:×××小流域坝系工程建设投资估算报告
附件二:×××小流域骨干坝工程设计(汇总)报告
附件三:×××小流域中型坝典型工程设计报告
附件四:×××小流域小型坝标准工程设计报告

附表:

附表1　坝系布局（方案1、方案2）工程技经指标

工程编号	坝名	控制面积（km^2）	坝高（m）	库容（万 m^3）			可淤地面积（hm^2）	工程量					投资（万元）			投工（万工日）	主要材料					建设性质	施工方法
				总	拦泥	滞洪		土方（万 m^3）	石方（m^3）	混凝土（m^3）	钢筋混凝土（m^3）	合计（万 m^3）	建安投资	总	国投		钢材（t）	水泥（t）	砂子（m^3）	柴油（t）	炸药（t）		
骨干坝小计																							
中型坝小计																							
小型坝小计																							
合计																							

附表 2　坝系工程(方案 1、方案 2)主要建筑物设计指标

编号	坝名	坝体							泄水洞														溢洪道					
							马道			卧管				涵洞				明渠							输水段			
		坝高(m)	顶宽(m)	顶长(m)	铺底宽(m)	内外坡比(内/外)	高程(m)	宽/长(m)	设置位置	断面(m×m)	设置高度(m)	建筑类型	长度(m)	断面(m×m)	设置高度(m)	建筑类型	长度(m)	断面(m×m)	设置高度(m)	建筑类型	长度(m)	泄水流量(m^3/s)	设置位置	建筑类型	溢洪道长(m)	断面宽(m)	断面高(m)	最大流量(m^3/s)

附表 3　坝系(方案 1、方案 2)防洪能力分析

编号	坝系单元名称	控制面积(km^2)	库容(万 m^3)			第××年末实有滞洪库容(万 m^3)						不同频率洪水总量(万 m^3)					
			总	已淤	剩余	5	10	15	20	25	30	10%	5%	2%	1%	0.5%	0.2%

附表 4　坝系(方案 1、方案 2)保收能力分析

子坝系名称	第 5 年末			第 10 年末			第 15 年末			第 20 年末			第 25 年末			第 30 年末		
	保收面积(hm^2)	淤地面积(hm^2)	保收率(%)	保收面积(hm^2)	淤地面积(hm^2)	保收率(%)	保收面积(hm^2)	淤地面积(hm^2)	保收率(%)	保收面积(hm^2)	淤地面积(hm^2)	保收率(%)	保收面积(hm^2)	淤地面积(hm^2)	保收率(%)	保收面积(hm^2)	淤地面积(hm^2)	保收率(%)
合计																		

附表 5　坝系工程(方案 1、方案 2)效益计算

(单位:万元)

序号	年份	静态分析($i=0$)							动态分析($i=7\%$)				
		投入		效益									
		建设投资	运行费	生产效益	拦泥效益	灌溉效益	净效益	累计净效益	投资	运行费	效益	净效益	累计净效益
1	2004												
2	2005												
⋮	⋮												
30	2033												
合计													

参 考 文 献

[1] 中华人民共和国国家标准.水土保持综合治理技术规范 沟壑治理技术(GB/T 16453.3—1996)[S]. 北京:中国标准出版社,1996.

[2] 中华人民共和国水利行业标准.水土保持治沟骨干工程技术规范(SL 289—2003)[S].北京:中国水利水电出版社,2003.

[3] 中华人民共和国水利行业标准.水坠坝技术规范(SL 302—2004)[S].北京:中国水利水电出版社,2004.

[4] 水利部. 水土保持概(估)算编制规定[M].郑州:黄河水利出版社,2003.

[5] 黄河上中游管理局.黄河流域水土保持骨干坝扩大初步设计编制大纲[R].2006.

[6] 黄河上中游管理局.淤地坝系列丛书 淤地坝规划[M].北京:中国计划出版社,2004.

[7] 黄河上中游管理局.淤地坝系列丛书 淤地坝设计[M].北京:中国计划出版社,2004.

[8] 黄河上中游管理局.淤地坝系列丛书 淤地坝施工[M].北京:中国计划出版社,2004.

[9] 黄河上中游管理局.淤地坝系列丛书 淤地坝监测[M].北京:中国计划出版社,2005.

[10] 黄河中游水土保持委员会办公室.水利亮点工程淤地坝[M].北京:中国科学技术出版社,2004.

[11] 王礼先.水土保持学[M].北京:中国林业出版社,1995.

[12] 黄河水利委员会.黄土高原水土保持实践与研究[M].郑州:黄河水利出版社,1995.

[13] 周月鲁,郑新民.水土保持治沟骨干工程技术规范应用指南[M]. 郑州:黄河水利出版社,2006.

[14] 郑新民,王英顺.水坠坝设计与施工[M].郑州:黄河水利出版社,2006.

[15] 常茂德,等.黄土丘陵沟壑区小流域坝系相对稳定及水土资源开发利用研究[M].郑州:黄河水利出版社,2007.

[16] 徐建华,林银平,等.黄河中游粗泥沙集中来源区界定研究[M].郑州:黄河水利出版社,2006.